최신 전철전력공학

김백 저

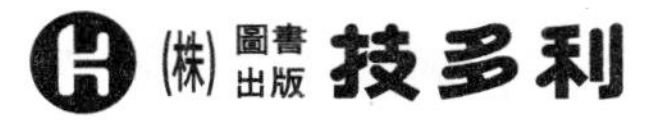

[저자약력]

저자 : 김 백

- 연세대학교에서 전기공학으로 학사, 석사 및 박사 학위 취득
- 한국교통대학교 철도대학 교수
- 한국철도학회 부회장 역임
- 항공철도사고조사위원회 위원
- 정부 및 철도 유관기관의 자문위원 및 평가위원 활동
- 한국과학단체총연합회 우수논문상 및 한국철도학회 학술상 수상
- 철도 유공자 국토교통부 장관 표창 수상 등

최신 전철전력공학

2015년 11월 20일 초판 인쇄

저 자 : 김 백
발행인 : 김 복 순

발행처 : (株)圖書出版 技多利
주 소 : 서울 성동구 성수이로 7길 7, 512호
(성수동2가 서울숲한라시그마밸리2차)
전 화 : 497-1322~4
팩 스 : 497-1326
등 록 : 1975년 3월 31일 NO. 서울 제6-25호
이메일 : kidarico@hanmail.net
홈페이지 : http://www.kidari.co.kr

ISBN 978-89-7374-360-5 정가 : 38,000원

머리말

"If your photographs aren't good enough,
you're not close enough."

- Robert Capa (1913~1954) -

저자가 좋아하는 사진작가인 로버트 카파의 글입니다. 당신이 찍은 사진이 마음에 안 든다면 그 이유는 피사체에 충분히 다가서지 않아서였기 때문이며 대상을 면밀히 관찰하지 못했기 때문일 것입니다. 마찬가지로 새로운 지식을 습득하거나 발견하고자 할 때에도 그 대상에 충분히 가깝게 다가가서 모든 면을 살펴보고 알게 된 것들 만이 진정으로 자기 자신을 만족시킬 수 있는 지식으로 자리 잡을 것입니다. 근간에 전기철도와 관련해서 많은 기술서적들이 출판되고 있으며 이 분야의 다양한 내용들을 다루고 있습니다만, 실무 위주의 각종 사실이나 공식을 단순히 나열하거나 소개하는 방법으로는 인과관계 또는 과정에 중점을 두어야 하는 대학 교재로서 적합하지 않다고 생각하였습니다. 본 서적은 전기철도와 관련된 모든 지식을 전달하기 위해 제작되지는 않았습니다. 대신, 전철전력분야에서 중심이 되는 공학적 문제들을 독자들이 그간 익힌 전기공학의 기초 지식을 활용하여 다방면으로 분석하고 이해하며 더 나아가 응용할 수 있도록 하는데 역점을 두어 제작되었습니다. 모쪼록 이 책으로 공부하는 독자 여러분들 모두 단순한 사실의 암기만이 아닌, 이 책의 제작 의도와 맞는 소기의 결과를 얻어 가시길 기원합니다.

2015년 11월 1일

한국교통대학교 철도대학
교수 **김 백**

CONTENTS

제1장 전기철도 일반

제2장 전차선로

제3장 전차선의 파동과 차량의 운행

제4장 선로 임피던스 계산

CONTENTS

제5장 열차 부하 산정과 성능 모의

제6장 교류 전철용 변압기

제7장 AT 급전계통

제8장 BT 급전계통

CONTENTS

CONTENTS

제13장 전식

제14장 SCADA 시스템과 측정 데이터의 처리

제15장 전력 케이블

제1장

전기철도 일반

1. 전기철도의 장점과 단점
2. 전기철도의 분류
3. 교류 전기철도의 분류

1. 전기철도의 장점과 단점

1.1 전기철도의 장점

가. 수송력의 증가

철도의 수송능력은 열차의 편성 단위, 열차의 운행 속도 및 운행 횟수에 의해 정해지게 된다. 일반적으로 전기차량은 전동기의 출력이 커서 구배가 큰 선로에서도 열차를 고속으로 운전할 수 있으며 가속도 특성이 좋으므로 정차장 간격이 짧은 구간에 있어서는 열차의 평균속도(표정속도)가 높고 특히 지하철 전동차와 같은 경우는 고밀도 운전으로 열차 운행 횟수를 높일 수 있어 여객의 대량 수송이 가능하게 되므로 대도시의 통근 수단으로 적합하다고 할 수 있다. 디젤기관차나 디젤동차 등은 주전동기에 관계없이 탑재하고 있는 디젤 기관의 출력에 의하여 견인력이 제한을 받게 되나, 전기차량은 대전력계통으로부터 직접 전력을 공급받으므로 대출력으로 열차를 용이하게 견인할 수 있으며 속도도 높일 수 있다. 한편 동력차의 견인력 F는 답륜 점착계수 μ에 $F = \mu W$ 로 비례(W는 차중)하는데, 동력이 집중되어 있는 기관차의 경우를 예로 든다면 디젤기관차의 점착계수는 약 0.25~0.28이고 교류 전기기관차는 약 0.32~0.34이므로 동일 중량이라면 전기기관차가 약 30[%] 정도 더 큰 견인력을 갖게 되는 것이다.

나. 에너지의 효율적 이용

디젤기관차나 증기기관차가 1차 에너지원인 석유나 석탄 등을 차량 자체가 가지고 있는 내・외연 기관에서 연소시켜 동력을 얻는 반면에 전기철도는 발전 원가가 저렴하며 효율 좋은 대규모의 상업용 발전소로부터 발전된 전력을 수전 받아 사용하게 되므로 국가 전체적인 에너지 이용 측면에서 에너지 이용의 효율성이 높아지게 된다.

[표 1.1] 동력 형태별 일반적인 열효율 비교

동력차별	효율(유효견인력)	비고
증 기 기 관 차 디 젤 기 관 차 전 기 기 관 차	5% 내외 20% 내외 25% (58%) 내외	( )는 수력발전인 경우

다. 차량 수선유지비의 절감

디젤기관차는 내연기관과 발전기가 동력차 내부에 탑재되어 있으며 이에 따른 내연기관의 보수비용과 윤활유 등의 유지비가 요구된다. 전기차량은 이에 비해 수선비와 유지비가 디젤기관차의 약 1/6 정도로 알려져 있다.

라. 환경친화성

전기차량은 매연이 없으며 디젤기관차나 증기기관차에 비해 소음이 적어 보다 환경 친화적이라 할 수 있다.

마. 열차 운전 취급의 간단화

전기차량은 속도제어가 간단하고 정확하며 특히 급수, 급유 등의 설비와 관련 작업이 없으므로 이에 따른 운영 인력의 감소가 가능하다.

바. 경영의 합리화

위에서 기술한 전기철도의 이점은 결과적으로 수입 증대와 경비 절감으로 이어져 경영 합리화를 이룰 수 있다.

1.2 전기철도의 단점

가. 초기투자비의 증가

전기차량의 운행에는 송전선로, 변전소 및 전차선로 등의 기반시설이 필요하므로 초기에 투자비가 증가되며 이들 시설물의 유지보수비가 고정적으로 지출되게 된다.

나. 전식과 유도장해

대부분의 경우 전기철도에서는 궤도가 부하전류의 귀선로로 이용되므로 직류 방식의 전기철도 경우는 궤도에서 대지로 귀환전류의 일부가 누설되어 지중에 매설되어 있는 각종 금속류 및 궤도 부속품에 전식을 일으키는 경우가 있으며 이에 대한 대비책을 필요로 한다.

또한 교류 방식의 전기철도 경우는 근접한 가공 통신선에 전자유도장해를 일으키게 되므로 급전시스템은 유도장해를 방지하는 측면에서 기술적인 검토가 필요하다.

다. 전철화에 따른 기존 지상시설물의 개수

전기차량은 주로 가공선으로부터 전력을 공급받게 되므로 역사, 터널, 육교 및 선로횡단 시설물 등에 전기적 안전설비를 하여야 하며 신호설비는 위치 변경이나 궤도회로 방식을 전철화 방식에 따라 변경 개수하여야 하고 통신설비는 차폐케이블화하는 등의 조치가 필요하다.

2. 전기철도의 분류

2.1 수송 목적에 의한 분류

가. 일반 전기철도

(1) 시가지 철도(Street railway)

시가지 도로상에 건설하여 버스처럼 운행되는 차량으로서 노면전차라고도 하며 저속으로 운전 시격이 짧은 편이다. 스위스 등 유럽에서는 아직도 많이 운행되고 있으며 우리나라에서는 1892년 12월에 미국인 H. Collblen과 H.D Hostwick 2인이 대한제국 황실의 특허를 얻어 서대문—청량리 간에 최초로 운행되었다. 1969년 도시교통 혼잡에 따른 교통장해를 이유로 서울과 부산에서 철거되었다.

(2) 시내 고속도 철도(Rapid transit railway)

도시 내의 고가 철도 및 지하 철도 등을 총칭하는 것으로 타 교통기관에 지장 없이 고속 운전이 가능하여 대도시 교통수단으로 각광을 받고 발전하고 있다.

(3) 교외 철도(Suburban railway)

도시를 중심으로 시가지 외곽을 운행하거나 시가지에서 교외로 운행되는 철도로 시내 고속도 철도와 규모가 비슷하다.

(4) 도시간 철도(Interurban railway)

도시와 도시간을 연결하는 철도로 차량의 출력이 높고 일반적으로 정차 간격이 멀어서 표정속도도 크다.

(5) 간선 철도(Trunk line railway)

국내의 간선을 이루는 철도로서 정차장 간격이 길고 열차 단위가 커서 전기기관차 또는 전동차로 고속 운행된다.

(6) 등산 철도

산악지대의 급경사면을 운행하는 철도로서 차륜의 점착력이 높아야 하며 일반적으로 궤도는 치차(기어의 톱니) 궤도로서 견인력이 큰 것이 특징이다. 그리고 산악 및 등산 등에 이용되므로 보안도가 높아야 한다.

나. 특수 전기철도

(1) 강삭 철도

특별한 급경사면에서 차량을 강삭(Cable)에 의하여 끌거나 내려서 운전하는 것으로서 주로 산의 정상이나 유람지 등으로 사람을 수송함을 목적으로 하며 운전구간은 짧고 운전 속도는 극히 느린 것이 특징이다.

(2) 가공 삭도

공중에 조가된 강삭에 의하여 차량을 상하로 운반하는 것으로서 강삭 철도와 거의 비슷하다. 일반적으로 케이블카라고 불리나 로프웨이(Ropeway)라 하는 것이 옳다.

(3) 현수 철도

단궤도를 높은 곳에 부설해서 차량의 상부에 달아매어 차륜으로 궤도에 현수되는 동시에 궤도상을 주행하게 된다. 궤도는 도로 위 또는 냇가에서 특수한 고가교를 만들어 부설하게 된다.

(4) 무궤도 전차

노면전차와 자동차의 중간으로서 궤도없이 차륜에는 고무타이어를 사용한다. 전차선으로부터 전력을 받아 운전되며 자동차와 같이 핸들이 있다.

(5) 동력 탑재식 철도

전차선으로부터 전력을 공급받지 않고 차량 내에 발전기 또는 축전기를 탑재해서 전동기에 의해 열차를 운전하는 철도를 총칭한다. 디젤전기기관차, 축전지기관차 등이 포함된다.

2.2 전기 방식에 의한 분류와 성능 비교

가. 직류 방식의 전기철도

직류 방식의 전철변전소는 전력회사로부터 고압 또는 특고압의 교류전력을 공급받아 적당한 전압으로 낮추고 이를 다이오드나 싸이리스터를 사용한 정류 또는 정류제어회로를 통하여 직류로 변환시키게 된다. 변환된 직류전류는 전차선로를 통하여 전기차량에 공급되게 된다. 차량의 견인전동기로서는 기존에는 주로 기동 토-크가 큰 직류직권전동기를 사용하였으나 근래 운행되는 가변전압 가변주파수(VVVF) 방식의 차량에는 유도전동기가 견인전동기로서 사용되는 추세이다.

제 2차 세계대전 이전까지 직류 방식이 전기철도의 일반적인 방식이었으며 현재도 세계전기철도의 약 50[%] 이상을 점유하고 있다. 급전전압으로는 대개 500[V], 600[V], 1500[V] 및 3000[V] 등을 채용하고 있는 바, 저압으로는 600[V], 고압으로는 1500[V]가 가장 많이 사용되고 있다. 또한 직류 방식의 부하전류는 일반적으로 교류 방식에 비해 훨씬 크므로 전차선의 마모 기준 등을 검토하여 충분한 단면적을 가진 전차선을 사용하여야 하며 또한 대전류에 따른 전압강하를 방지하기 위하여 변전소의 설치 간격을 좁혀야 한다.

나. 교류 방식의 전기철도

교류 방식은 상별, 주파수별, 전압별 등으로 분류할 수 있다. 철도의 전철화 과정은 직류 방식으로부터 시작되었으나 1889년에 스위스에서 처음으로 3상2선식 42[Hz] 750[V] 교류 방식의 전철이 건설되었다. 그 후 독일, 스웨덴, 노르웨이 등 유럽 각국에서 $16\frac{2}{3}$[Hz], 15000[V] 교류 전철이 건설되었으며 일본, 영국, 프랑스, 러시아, 중국 및 우리나라 등에서는 타 방식에 비해 전차선로와 변전소의 건설비가 저렴하고 전압강하가 적은 사용 주파수 50[Hz] 또는 60[Hz]의 25[kV] 방식의 전철이 건설되었다. 오늘날에는 이 방식이 일반적인 교류 방식이 되고 있다.

다. 직·교류 방식의 비교

교류 방식의 장·단점은 다음과 같다.

(1) 교류 방식의 장점

1) 집전이 용이하다.

전기차량의 운행 속도 상승과 편성 단위 증가에 따라 차량 부하전류는 같이 증가하므로 이에 따른 팬타그래프의 집전 능력 한계가 문제가 될 수 있다. 이런 측면에서 교류 전기차량은 직류에 비하여 집전 전류가 적으므로 가벼운 집전판을 사용할 수가 있다. 따라서 가선에 대한 추종 성능이 우수하여 이선이 적으며, 고속운전에 적합하다고 할 수 있다.

2) 사용 전압의 조정이 간편하다.

교류 전기차량은 차량 내에서 변압기 탭 절환 장치나 싸이리스터 등을 사용한 정류제어회로를 이용하여 다양한 직·교류전압을 얻어낼 수 있다. 전기차량의 주전동기 설계에 있어서도 축 당 출력에 가장 적합한 전압을 선택할 수 있어 동축수가 적은 대출력 전기차량의 제작이 가능하다. 또한 보조회로의 설계에 있어서도 직류 전기차량은 보통 가선전압으로 움직이는 보조회로에 직류용 기기를 사용함으로서 소용량의 기기는 절연 설계 상 불리하나 교류 전기차량의 경우는 저압 기기를 사용할 수 있으므로 제작비가 적고 보수도 간단하다.

3) 점착 성능이 우수하다.

교류 전기차량은 직류 전기차량에 비해 우수한 점착 성능을 나타내며 이로 인해 실용상 인장력이 대단히 높아 소형기관차로서도 큰 견인력을 얻을 수 있다. 동력집중형 기관차인 경우를 비교하면 일반적으로 교류기관차가 직류기관차보다 약 30[%] 이상 큰 견인력을 갖고 있다.

4) 고장 판별이 용이하다.

직류 방식에서는 낮은 급전전압으로 인하여 정상적인 상태의 운전전류도 상당히 큰 값을 나타내게 되며, 전차선의 지락사고 시 고장전류 등과 비교해도 별 차이를 나타내지 않는 경우도 있다. 이로 인해 직류 방식에서는 단순히 전류의 절대적인 크기만으로는 고장 판별이 어려우며 고장 판독에는 특별한 알고리즘이 필요하게 된다. 반면 교류 방식에서 고장전류는 정상적인 운전전류에 비해 상당히 크게 되므로 전류의 대소 비교만으로도 고장 여부의 판별이 가능한 이점을 갖고 있다.

5) 전철 건설비가 저렴하다

25[kV] 교류 방식은 1500[V] 직류 방식에 비하여 동일 부하에 대한 부하전류의 크기가 훨씬 작아서 전차선로의 경량화가 가능하다. 그리고 전압강하 면에서 볼 때 동일 선로 조건이라면 직류 방식의 변전소 간격은 약 10[km]인데 비하여 교류 방식은 30~40[km]가 되므로 역시 변전소 건설비가 대폭 감소된다.

이상과 같은 장점이 있는 반면 교류 방식의 단점은 다음과 같다.

(2) 교류 방식의 단점

1) 전압이 높아 절연 내력을 높여야 하므로 절연 설비비가 증가된다.

2) 차량이 복잡하다.

일반적으로 전기차량 내에 변압기와 정류기 등이 탑재되어 차량이 복잡해진다.

3) 인접 통신선로에 대한 유도장해가 심하다.

교류 전기철도에서 전차선로는 대지를 귀로로 하는 송전선로로 볼 수 있으므로 통신선로에 대하여 전자유도장해를 준다. 특히 싸이리스터 제어 차량 운행 시에는 위상제어에 의해 제3, 제5 고조파가 많이 포함되어 인근 통신선의 유도장해는 더욱 증가한다. 이러한 유도장해를 방지하기 위하여 인접 통신선로는 차폐케이블화 하여 지하에 매설하고 BT 또는 AT 급전방식을 택하여 유도장해를 경감시키도록 해야 한다.

4) 전원의 불평형

3상 송전계통에서 단상부하를 사용하게 되므로 전원 측에 전압 및 전류 불평형이 일어나게 된다. 전원 측 불평형에 대한 대책으로서 전철변전소의 주변압기는 Scott 결선 또는 변형 Wood Bridge 결선 등으로 한다.

(3) 직류 방식의 이점은

1) 토-크 특성이 우수산 직류직권전동기의 사용이 용이하다.

2) 철도 연변의 통신선로에 전자유도장해가 없다.

3) 전력 회생제동이 상대적으로 용이하다.

(4) 직류 방식의 단점은

1) 정류 장치가 필요하므로 변전소의 설비가 고가로 된다.

2) 전압이 낮으므로 전류가 커서 선로 및 지지물의 건설비가 높다.

3) 귀선로의 누설전류에 의하여 지하 매설 금속물에 전식 피해가 있다.

3. 교류 전기철도의 분류

교류 전기철도는 급전선로의 구성, 급전구간의 분할 및 전압·주파수 방식에 따라 분류할 수 있으나 여기서는 급전선로의 구성 방식 및 급전구간의 분할 방식에 따른 분류에 대하여 살펴보기로 한다.

3.1 급전선로의 구성 방식에 따른 분류

가. 직접 급전방식

가장 간단한 급전회로로 전차선로 구성은 [그림 1.1]과 같이 전차선과 레일만으로 된 것과 레일과 병렬로 별도의 귀선을 설치한 2가지 방식이 있다. 우리나라에서는 차량기지 또는 짧은 측선 이외에는 거의 적용하지 않으나 프랑스, 러시아, 미국, 독일($16\frac{2}{3}$[Hz]), 캐나다 등에서는 널리 실용되고 있는 급전방식이다. 이 방식의 특징은 회로구성이 간단하기 때문에 대단히 경제적이지만 전기차량의 귀환전류가 레일에 흐르므로 대지누설전류에 의한 전자유도장해가 대단히 크고 레일 전위도 다른 방식에 비해 큰 결점이 있다.

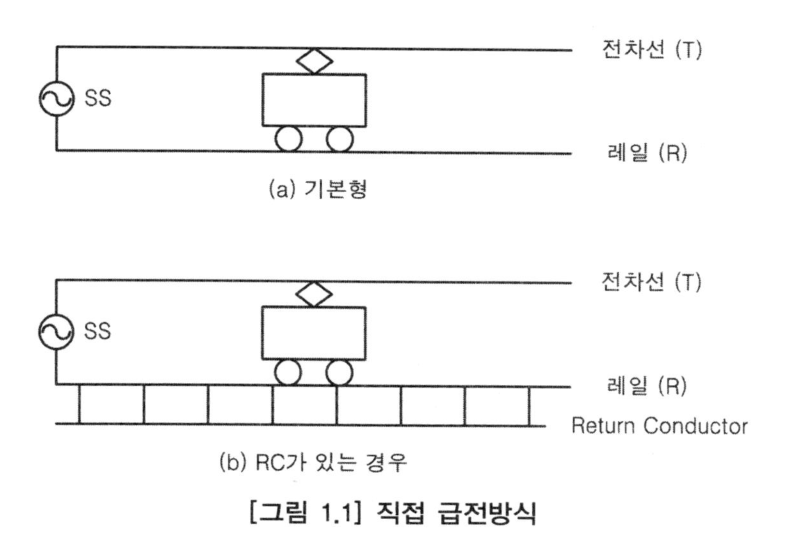

[그림 1.1] 직접 급전방식

나. 흡상변압기(BT : Booster Transformer) 급전방식

단상 교류 전기철도에서는 궤도를 귀선으로 하는 경우 대지에 누설되는 부하전류로 인하여 인접 통신선에 전자유도장해를 발생하게 된다. 대지전류를 가급적 적게 흐르게 하기 위하여 궤도에 흐르는 전류를 강제로 흡상시켜 부급전선으로 흐르도록 전차선과 부급전선 사이에 권선비가 1:1인 2권선 변압기를 설치하는 급전방식을 흡상변압기(Booster transformer) 방식이라 하며 우리나라 산업선에서 채택하고 있다. 흡상변압기는 약 4[km] 마다 설치하고 있다. 그러나 전차선로에 흡상변압기를 설치하면 부스터섹션(Booster Section)이 있어서 전기차량이 이곳을 통과할 경우 섬락 현상이 발생하게 되고 이로 인하여 고속 대전류 집전에는 전기적으로 불리하다. 이러한 점을 보완하기 위한 방안으로서는 콘덴서나 저항을 삽입하는 방식 등이 채택되고 있다.

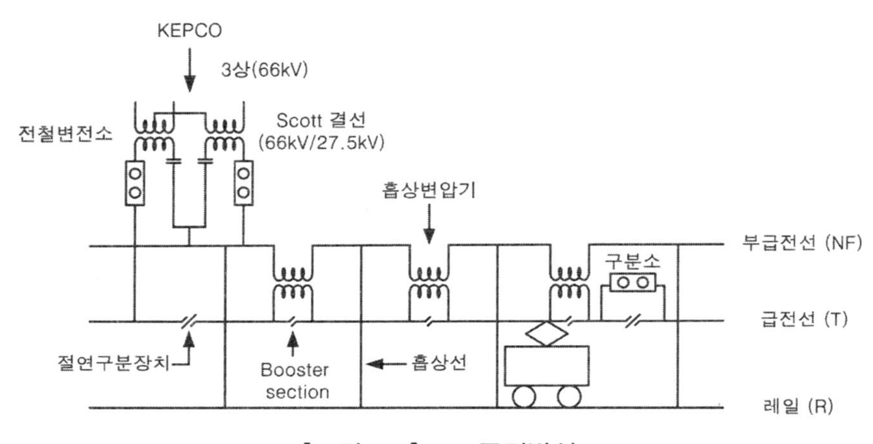

[그림 1.2] BT 급전방식

다. 단권변압기(AT : Auto Transformer) 급전방식

고속 대전류 부하 구간의 전기철도에서는 섹션을 통과할 때의 섬락 현상과 함께 전차선로의 전압강하가 큰 문제로서 전차선로의 허용전압 규정치는 최대로 표준전압의 +10[%], 최저로 표준전압의 -20[%]까지이다. 즉 표준전압이 25[kV]인 경우 최대 27.5[kV]에서 최저 20[kV]까지가 된다. 그러므로 최저 전압치 이하로 전압강하가 있을 경우를 대비하여 변전소 간격을 좁혀야 하거나 열차 운행 계획표(Dia)를 기술적으로 감안하여 작성하여야 한다.

이러한 문제점을 해결하며 동시에 건설비의 절감 등을 고려한 급전방식이 단권변압기(AT : Auto Transformer) 급전방식이다. 단권변압기란 동일 철심에 하나의 연속된 권선을 감고 그의 일부가 1차 및 2차의 회로에 공통으로 접속된 변압기를 말한다. BT 급전방식의 약점인 부스터섹션이 없어져 고속 집전이 용이하며, 급전전압은 종전의 2배로 되므로 전압강하가 적고 변전소의 간격을 멀리 할 수 있는 장점이 있다. 즉 BT 방식의 변전소 간격이 30[km]인 경우 AT 방식의 변전소 간격은 약 100[km]로 확대된다. 레일에 흐르는 전류는 차량을 중심으로 각각 반대방향의 AT쪽으로 흐르기 때문에 근접 통신선에 대한 유도장해도 적게되는 장점이 있다.

우리나라 수도권 전철에서는 이 AT 방식을 채택하고 있으며 AT의 설치 간격은 보통 10[km] 정도로 하고 있다.

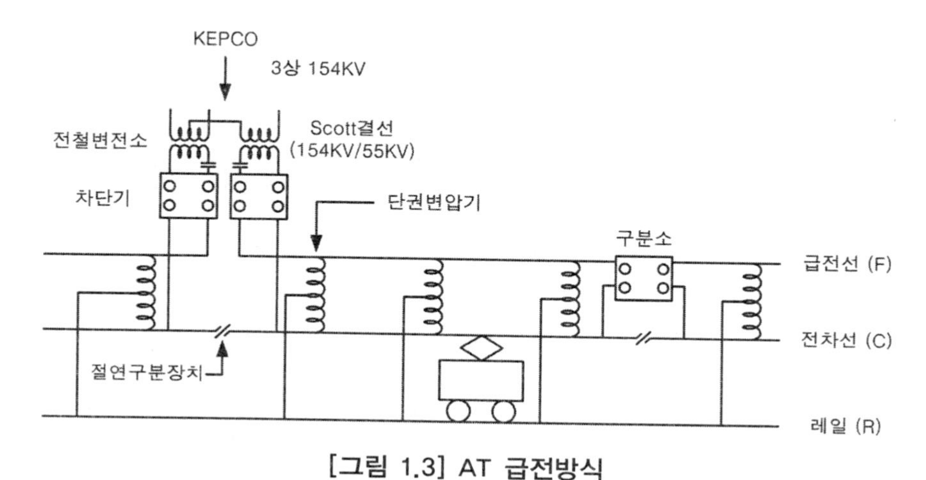

[그림 1.3] AT 급전방식

[표 1.2] BT 급전방식과 AT 급전방식과의 비교

	BT 급전방식	AT 급전방식	비 고
급전전압 및 급전거리	AC 25kV 변전소 간격이 좁다. (약 20km) 차량 수전 전압은 AT와 같은 25kV(팬타-레일간)	AC 50kV 변전소 간격이 넓다 (40-100km)	급전 가능 거리는 급전 전압의 2승에 비례하며 AT 방식 쪽이 송전 선로 건설비가 BT 방식보다 싸다.
전차선로	간단하다(저렴)	복잡하다(고가)	
부스타섹션	필요하다. 전기차량이 부스터섹션을 통과할 때 심한 아-크를 발생하므로 소호대책이 필요. 가선 구조가 복잡하게 되어 보수가 어렵다.	필요 없다. 고속 대용량 집전에 적합하다 보수하기가 쉽다	부스터섹션의 소호 대책으로는 NF 콘덴서 방식과 저항 섹션 방식이 있다.
통신유도	전자 유도장해는 AT보다 작다.	고조파 유도장해는 BT보다 작다.	
부하전류 분포	3선 중 2선에만 흐름	3선에 분포되어 흐름	
전압강하	급전전압이 AT에 비해 낮기 때문에 같은 마력의 전기차에 공급하는 전류가 크게 되며 전차선로의 전압강하가 커진다.	BT 방식의 1/3 정도로서 대용량 장거리 급전에 적합하다.	급전전압이 2배로 되면 전류는 1/2로 되며 전압 강하의 크기는 1/4로 된다.
회로보호	급전전압이 상대적으로 낮으므로 고장전류가 적어 보호가 어렵다.	급전전압이 상대적으로 높으므로 보호가 비교적 용이하다.	고장전류는 전압에 비례한다
고장점 표정	부스터섹션에서 선로의 임피던스가 불연속이 되나, 대체로는 긍장에 비례하므로 고장점 표정은 AT 방식과 비교하여 상대적으로 쉽다고 할 수 있다.	임피던스가 선로 긍장에 선형 비례하지 않으므로 고장점 표정이 어렵다. 흡상 전류비 방식을 채용.	

3.2 급전구간의 분할 방식에 따른 분류

가. 방면별 이상 급전방식

이 방식은 [그림 1.4]에서 보듯이 상・하행선의 복선 선로에서 스콧트 변압기(주로 사용하는 변압기가 스콧트 변압기이므로 스콧트 변압기를 예로 함)의 M상 및 T상 전압을 각각 방면별로 급전하는 방식을 말한다. 예를 들어 서울—부산간 선로라면 M상은 상행・하행의 구별 없이 서울 방면으로 공급하고, T상은 마찬가지로 상행・하행의 구별 없이 부산 방면으로 급전하는 방식을 말한다. 따라서 이 방식은 변전소 앞에 이상 구분용 절연 구분장치가 필요하게 된다. 그러나 반대로 역구내 등의 건널선에는 이상 구분용 절연구분장치가 필요없다. 이 방식의 장점으로는 상・하행선의 복선 선로에서 열차의 운행 횟수나 조건은 서로 같으므로 M상 및 T상의 부하가 시간 평균적으로 같게 되어 3상 전원 측의 불평형을 줄일 수 있으며 설령, 상・하행선 중 1 선로가 단전되는 경우에도 열차 부하는 시간 평균적으로 같게 된다. 또한 급전구분소(SP)에서 상・하행선이 동상이므로 타이 결선으로 선로 임피던스의 감소도 가능하다. 우리나라에서는 이 방식을 채택하고 있다.

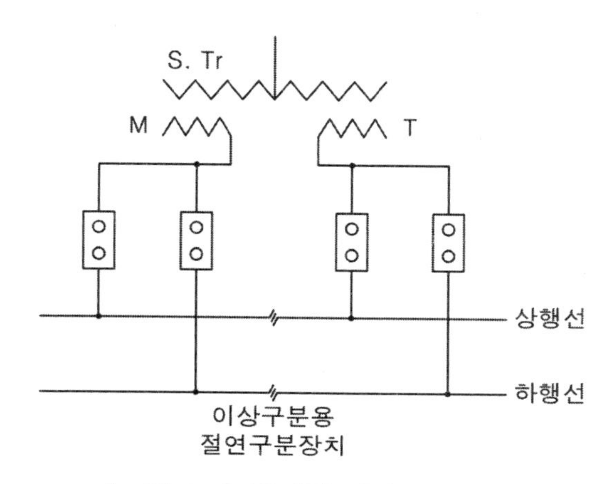

[그림 1.4] 방면별 이상 급전방식

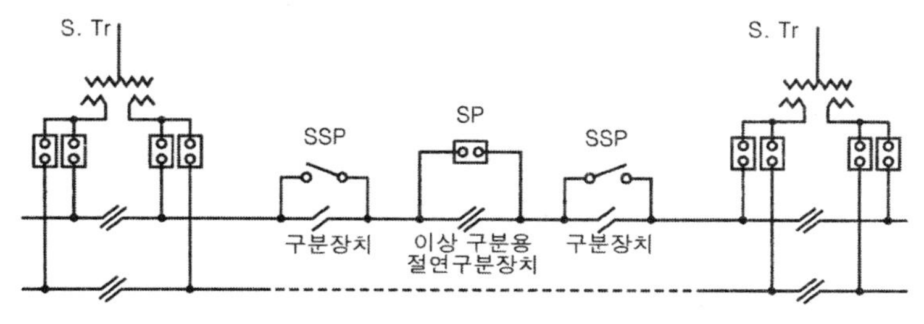

[그림 1.5] 방면별 이상 급전방식의 회로 구성

(1) 급전구분소(SP : Sectioning Post)

교류 전기철도에서는 전차선로를 편단 급전으로 운영하고 있는데 이는 양단 급전으로 할 시 전압의 크기와 위상의 불일치가 문제가 되기 때문이다. 따라서 변전소와 변전소 중간에 SP를 설치하고 평상시에는 SP의 CB는 개방 상태로 운영을 한다. 만일 작업 또는 고장 등의 이유로 1개 변전소가 정전될 시에는 SP의 CB를 투입하여 반대편 변전소로부터 연장 급전을 하여 열차가 운행될 수 있도록 한다. SP의 앞에는 이상용 절연 구분치가 필요하다.

직류 전기철도에서는 위상의 불일치 문제가 없으므로 교류의 경우와는 반대로 전차선로를 양단 급전하고 있는데 이때 직류 SP의 CB는 상시 투입 상태로 운영되다가 선로 사고 시 등에는 사고 구간을 분류하고 단축하는 목적으로 개방되게 된다.

(2) 보조 급전구분소(SSP : Sub Sectioning Post)

교류 전철은 직류 전철에 비해 변전소 간격이 넓기 때문에 중간에 SP를 설치하여도 변전소와 SP간의 거리가 넓다. 이 때문에 전차선 보수 작업 시 또는 사고 시 정전 구간이 길게 되어 변전소와 SP간에 SSP를 더 설치하여 정전 구간을 축소시킨다. 따라서 평상시 SSP의 CB는 투입 상태로 운영되게 된다. SSP의 앞에는 SP와는 달리 에어섹션 같은 구분장치를 설치한다.

나. 상하행선별 이상 급전방식

[그림 1.6]과 같이 M상 및 T상 전압을 각각 상행선 및 하행선에 급전하는 방식이다. 따라서 변전소 앞에는 이상 구분용 절연구분장치를 사용할 필요없이 에어섹션을 사용할 수 있으며 이로 인하여 열차가 비교적 고속으로 운전하는 데는 적합하나, 역구내 등의 건널선에는 이상 구분용 절연구분장치가 필요하게 된다.

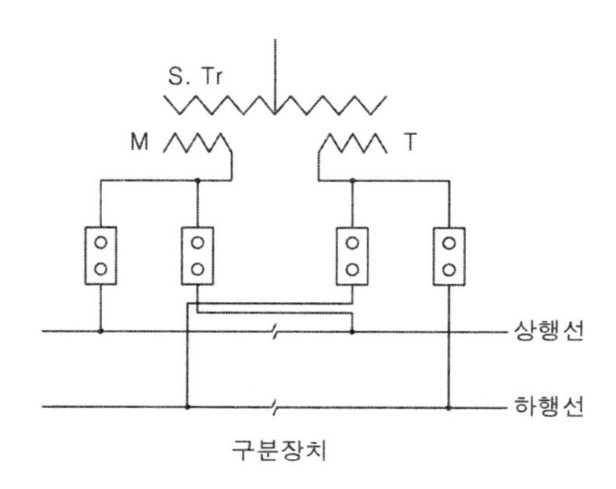

[그림 1.6] 상하행선별 이상 급전방식

제2장

전차선로

1. 전차선로의 개요
2. 전차선로의 특징
3. 전차선 설비 기준
4. 전차선로의 조가 방법
5. 전차선로 지지물
6. 현수선 관련식과 드로퍼 길이 등의 산출
7. 애자(Insulator)
8. 구분장치
9. 곡선당김장치와 진동방지장치

1. 전차선로의 개요

전차선로는 지상에 부설된 궤조(Rail) 및 전기차량에 전력을 공급할 수 있는 가공전선과 이를 지지하는 구조물 등으로 구성되어 있다. 전기차량에 직접 접촉하는 전차선(Trolley wire), 전차선을 궤도상 일정한 높이로 조가하기 위한 조가선(Messenger wire), 변전소로부터의 전력을 공급하는 급전선(Feeder)과 이것들을 지지하는 철제지지물 등이 있으며 전기차량의 부하전류를 변전소로 다시 반환시키기 위한 귀선로 등으로 구성된다. 귀선로는 궤조, 그리고 궤조와 궤조와의 이음매를 연결하는 귀선본드 및 부급전선으로 구성된다. 전차선로는 가선하는 방식에 따라 가공단선식, 가공복선식, 강체식 및 제3궤조식 등으로 나눌 수 있는데 일반적으로는 가공단선식이 많이 쓰인다.

1.1 가공식

가. 가공단선식

전차선을 궤도 상부에 가설하고 전기차량은 집전장치(팬타그래프)를 통하여 전차선과 직접 접촉 습동하면서 전력을 공급받으며 레일을 부하전류의 귀선로로 이용하는 방식으로서 가선 구조가 복선식에 비해 간단하며 설비비 및 보수비가 저렴하다. 결점으로는 누설전류에 의해 직류식에서는 지중 금속 매설물에 전식을 일으키고 교류식에서는 전자유도장해를 일으킨다.

나. 가공복선식

부하전류의 귀선로도 궤도 상부에 전차선과 같이 가선하는 방식으로서 전기차량은 2조의 집전장치를 가지고 있다. 이 방식은 전차선로의 구조가 복잡하고 설비비 및 보수비가 높으며 전선 상호간의 절연이 곤란하여 전압을 높일 수 없는 단점이 있으나 대지 누설전류의 우려가 없어 전식이나 유도장해면에서는 이점을 갖고 있다. 주로 노면전차 등에 사용되고 있다.

다. 강체식

지하철에 적합하도록 개발된 가선 방식으로서 이 방식을 채택하면 기존 카테나리 방식에서 고려해야 할 이도(Dip)의 문제가 없으므로 터널의 단면 축소가 가능하여 공사비가 경감되며 아울러 전차선 단선에 따른 안전 및 보수상의 문제에도 유리하다. 그러나 전기차량이 고속으로 운행 시 팬타그래프의 도약 현상이 발생할 수 있어 운전 속도는 제한적이다.

1.2 제3궤조식

전차선 대신 운전용 궤도와 병행으로 급전 궤도를 부설하여 집전하는 방식으로 지지 구조가 간단하고 가공 설비가 필요하지 않기 때문에 터널 단면을 작게 할 수 있는 이점이 있다. 하지만 감전의 위험 때문에 전압은 DC600[V] 또는 DC750[V]를 사용하고 있다.

2. 전차선로의 특징

2.1 송배전선로와의 차이점

전차선로를 일반 전력용 송배전선로와 구분 짓게 하는 특징으로는 보통 다음과 같은 것들을 들고 있다.

- ○ 전기차량의 운전에 의하여 수전점의 이동과 부하량의 급격한 변동을 수반한다.
- ○ 전기차량의 집전장치는 전차선과 전기적으로 불완전한 접속 상태를 유지한다.
- ○ 철도선로의 구조물에 의한 설치상의 제한을 가지고 있다.
- ○ 가공단선식에 있어서는 궤조를 귀선으로 하는 1선 접지의 전기회로이다.
- ○ 예비 선로는 갖기 힘든 설비이다.

2.2 전차선로의 구비 조건

○ 기계적 강도가 커서 자중뿐 아니라 강풍에 의한 수평방향 하중, 적설, 결빙 등의 수직방향 하중에 견딜 수 있을 것
○ 도전율이 크고 내열성이 좋을 것
○ 전차선의 취급을 용이하게 하기 위해 적절한 허용 굴곡반경을 갖고 있어야 할 것
○ 건설 및 유지비용이 적을 것
○ 내마모성이 강할 것

위의 조건을 만족시키는 것으로서 우리나라에서는 단면적이 110[mm^2]인 '원형 홈붙이' 경동선을 널리 사용한다. 대전류를 필요로 하거나, 고장력 구간에서는 단면적이 170[mm^2]인 것을 사용한다.

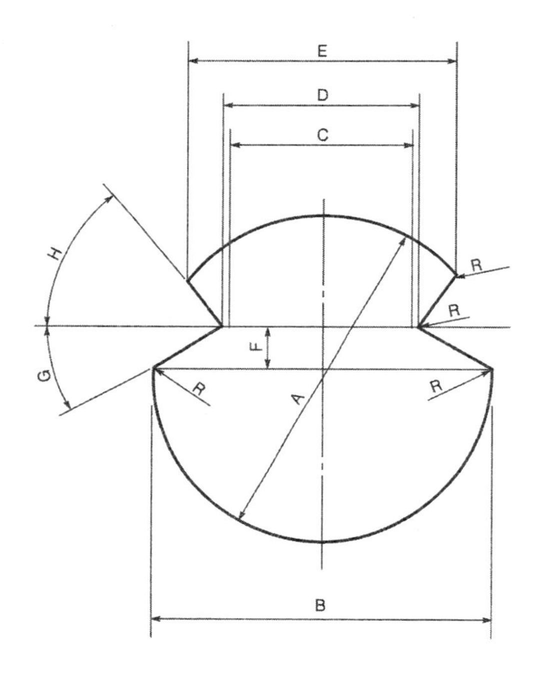

구분 [mm^2]	A [mm]	B [mm]	C [mm]	D [mm]	E [mm]	F [mm]	G	H	R	WT [kg/m]	허용하중 [kg]	선팽창 계수
170	15.49	15.49	7.32	7.74	11.43	2.4	27°	51°	0.38	1.5111	2,682	1.7×10^{-5}
110	12.34	12.34	6.85	7.27	9.75	1.7	27°	51°	0.38	0.9877	1,773	1.7×10^{-5}

[그림 2.1] 원형 홈붙이 경동선 규격

2.3 전차선의 마모 한도

전차선은 팬타그래프와의 불완전 접촉(이선 등)에 의한 아-크 및 습동판과의 마찰에 의해 전기적, 기계적으로 마모가 발생한다. 이에 따라 전차선은 마모 한도를 정해놓고 있으며 그 마모 한도의 단면적을 기준으로 하여 전차선 수명을 결정한다. Cu 170[mm^2](+조가선 CdCu 80[mm^2])를 사용하는 전차선은 표준 장력인 1,400[kgf]에서의 마모 한도를 8.5[mm]로 규정하고 있으며, Cu 110[mm^2](+조가선 70[mm^2])를 사용하는 전차선은 표준 장력인 1,000[kgf]에서의 마모 한도를 7.5[mm]로 규정하고 있다.

[표 2.1] 전차선 마모 한도

전차선 종류	신품직경 (높이 A)	마모 한도 (잔존 높이)	잔존 단면적	표준 장력
Cu 170[mm^2]	15.49[mm]	8.5[mm]	97.45[mm^2]	1,400[kgf]
Cu 110[mm^2]	12.34[mm]	7.5[mm]	67.59[mm^2]	1,000[kgf]

2.4 전차선의 이선

전차선은 팬타그래프의 진행에 따라 압상하게 되는데 지지점 부근은 조가선이 고정되어 있고 각종 금구류 들로 인하여 경점이 되므로 압상력이 작은 반면, 지지점간의 중앙 부근은 압상력이 크다. 이 때문에 팬타그래프는 진행하면서 상하 운동을 파상적으로 반복하게 된다. 속도가 높아짐에 따라 공기역학적으로 전차선의 압상력은 증대하지만 일정한 한계속도에 도달하면 압상력은 포화되고 그 이상의 속도에서는 팬타그래프가 전차선과 습동하는 것이 곤란하게 되고, 이어서 이선이 발생한다.

가. 이선의 종류

(1) 소이선

이선 시간이 수 십 분의 1초 정도인 것으로 팬타그래프 습동판의 미세 진동에 의한다.

(2) 중이선

이선 시간이 수 분의 1초 정도인 것으로 팬타그래프가 전차선의 경점 등에 의한 충격으로 발생한다.

(3) 대이선

전차선의 경점 또는 연점에 의해 일어나는 것으로 보통 1~2초 정도이다. 전차선의 지지점을 통과한 직후에 팬타그래프 전체가 도약되어 생기는 현상이다.

나. 전차선에 미치는 이선의 영향

○ 이선 개소의 시점부 및 종단부는 아-크 및 충격에 의해 국부적으로 전차선의 마모가 촉진되고 결과적으로 단선 발생 가능성이 높아진다.

○ 이선이 크게되면 운전용 전력을 집전할 수 없게 된다.

○ 이선이 격심하면 전기차량의 주전동기나 보호기기류가 섬락에 의해 파괴되기 쉽다.

○ 무선 잡음 장해를 발생한다.

다. 이선 방지

이선율은 다음과 같이, $\text{이선율} = \dfrac{\text{이선시간}}{\text{실운전시간}} \times 100\ [\%]$로 표시되는데 고속운전을 위해서는 이선율이 1% 이하여야 한다. 이선율을 최대한 낮추기 위해서는 다음 3요소를 고려하여 전차선로를 시공하여야 한다.

(1) 전차선의 높이가 일정하여야 한다.

전차선에 고저차가 있거나 전차선의 구배 변환점에서는 팬타그래프가 관성 때문에 도약 현상을 일으켜 이선이 생기기 쉽다. 따라서 전차선은 가급적 수평으로 가설할 필요가 있다.

(2) 전차선에 부분적인 동요가 없어야 한다.

전차선의 접속개소나 곡선당김장치, 진동방지장치 등의 가선 철물류를 붙인 개소는 다른 부분에 비하여 전차선의 부분적 하중이 증가하여 차량이 이곳을 통과할 때에는 팬타그래프가 전차선으로부터 받은 충격으로 약간 하강하였다가 다시 복귀될 때까지 이선 현상이 일어난다. 전차선의 탄성이 전구간에 걸쳐 균일해야 이선이 적게 일어난다는 것이다.

(3) 전차선의 장력이 항상 일정해야 한다.

전차선은 온도 변화에 따라 신축하여 결과적으로 전차선 높이에 고저차가 발생할 수 있다. 전차선에 장력을 주지 않으면 전차선의 강성은 대단히 약해지고, 장력을 크게 하면 전차선이 끊어질 위험이 있으므로 이러한 점을 고려하여 전차선의 장력을 결정하고 자동장력조정장치로 항상 일정한 장력을 유지할 필요가 있다.

3. 전차선 설비 기준

3.1 전차선의 높이

레일면 상에서 5,200[mm]를 표준으로 하며 최고 5,400[mm], 최저 5,100[mm]로 한다. 단 구름다리, 육교, 교량 및 역사 등 부득이한 경우에는 그 높이를 산업선에 한하여 4,850[mm]까지 허용하고 있다. 강체 가선 구간에서는 레일면상 4,750[mm]를 표준으로 한다.

3.2 전차선의 구배

전차선의 고저차는 원활한 집전을 위해 적을수록 좋겠으나 고저차를 지지점의 간격으로 나눈 값, 즉 전차선 구배는 레일면에 대하여 본 선로에서는 3/1,000(터널, 구름다리 등과 건널목이 인접한 장소에서는 4/1,000) 이하, 측선에서는 15/1,000 이하로 한다.

3.3 전차선의 편위

전차선과 궤도 중심선과의 수평 거리를 편위라 한다. 전차선이 궤도 중심선으로부터 너무 이탈하면 운행 중 팬타그래프가 전차선에 끼어 사고를 일으키는 경우가 있으므로 편위는 일정 한계를 정해놓고 있다. 전차선 편위의 한계는 팬타그래프의 집전 유효 폭을 약 1[m]로 보고 차량의 동요에 따른 팬타그래프 경사를 고려하여 최대를 좌우 250[mm]로, 표준 편위를 200[mm]로 정하고 있다.

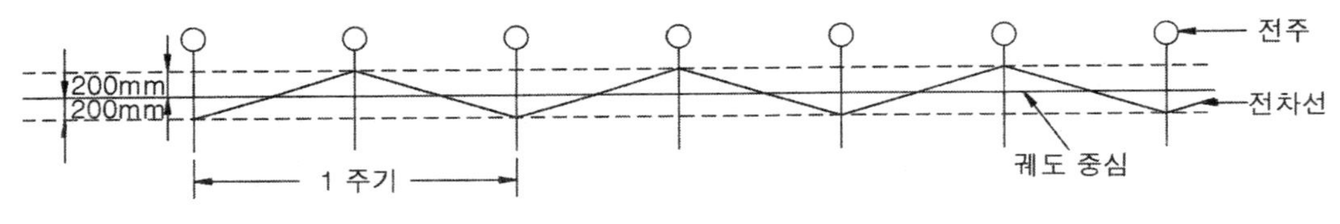

[그림 2.2] 지그재그 가선

또 팬타그래프가 습동판의 한 부분만을 연속하여 전차선과 접촉하면서 미끄러지면 편마모의 원인이 되며 접촉판이 파손될 위험이 있으므로 이것을 방지하기 위하여 직선로 및 곡선반경 1,600[m] 이상의 선로에서는 전주 2개 사이를 일주기로 좌우 교대로 200[mm]의 편위를 두도록 하고 있다. 이것을 지그재그(Zigzag) 가선이라 한다.

4. 전차선로의 조가 방법

전차선을 지지하는 방법에 따라 직접 조가 방식, 카테나리(현수) 조가 방식, 강체식으로 나눈다.

4.1 직접 조가 방식

조가선을 설치하지 않고 직접 전차선을 늘어뜨리는 방식으로 비용이 저렴하다는 장점도 있으나, 조가점이 경점이 되는 단점을 가지고 있어 저속 주행하는(45[km/h] 이하) 역구내 측선이나 노면 전차선 등으로 사용되는 정도다. 우리나라에서는 카테나리 조가 방식을 주로 사용하고 있으며 터널구간 등에서는 강체식을 사용하기도 한다.

4.2 카테나리 조가 방식

전차선의 위쪽에 조가선을 설치하고 이 조가선에 행거(Hanger)나 드롭퍼(Dropper)로 전차선을 잡아매어 전차선의 처짐을 조가선이 흡수토록 함으로써 전차선은 레일 상면으로부터 고저차없이 일정한 높이가 되도록 하는 구조이다. 또 기온의 변화 등에 대응하여 신축 가능토록 하고 항상 일정한 장력이 유지되도록 전차선의 끝에 활차를 매개로 하여 무거운 추를 다는 중력추식 자동장력조절장치가 일반적으로 사용된다.

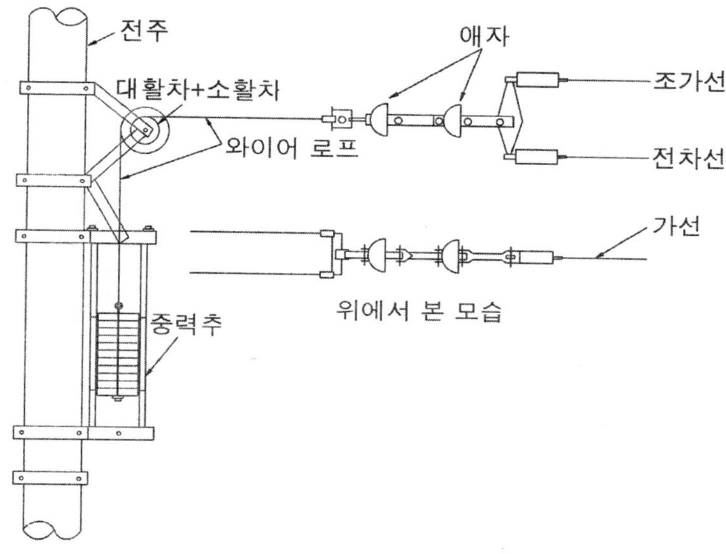

[그림 2.3] 중력추식 자동장력조절장치

카테나리 조가 방식은 조가선과 전차선이 거의 동일 수직면 상에 있도록 가설하는 수조식(수도권 방식), 조가선과 전차선이 수직면에 대해서 옆으로 경사지게 가설되는 사조식(산업선 방식)이 있으며 수조식은 또한 조가선과 전차선의 배열 방식에 의해 다양한 세부 조가방식을 갖고 있다. ([그림 2.4] 참조)

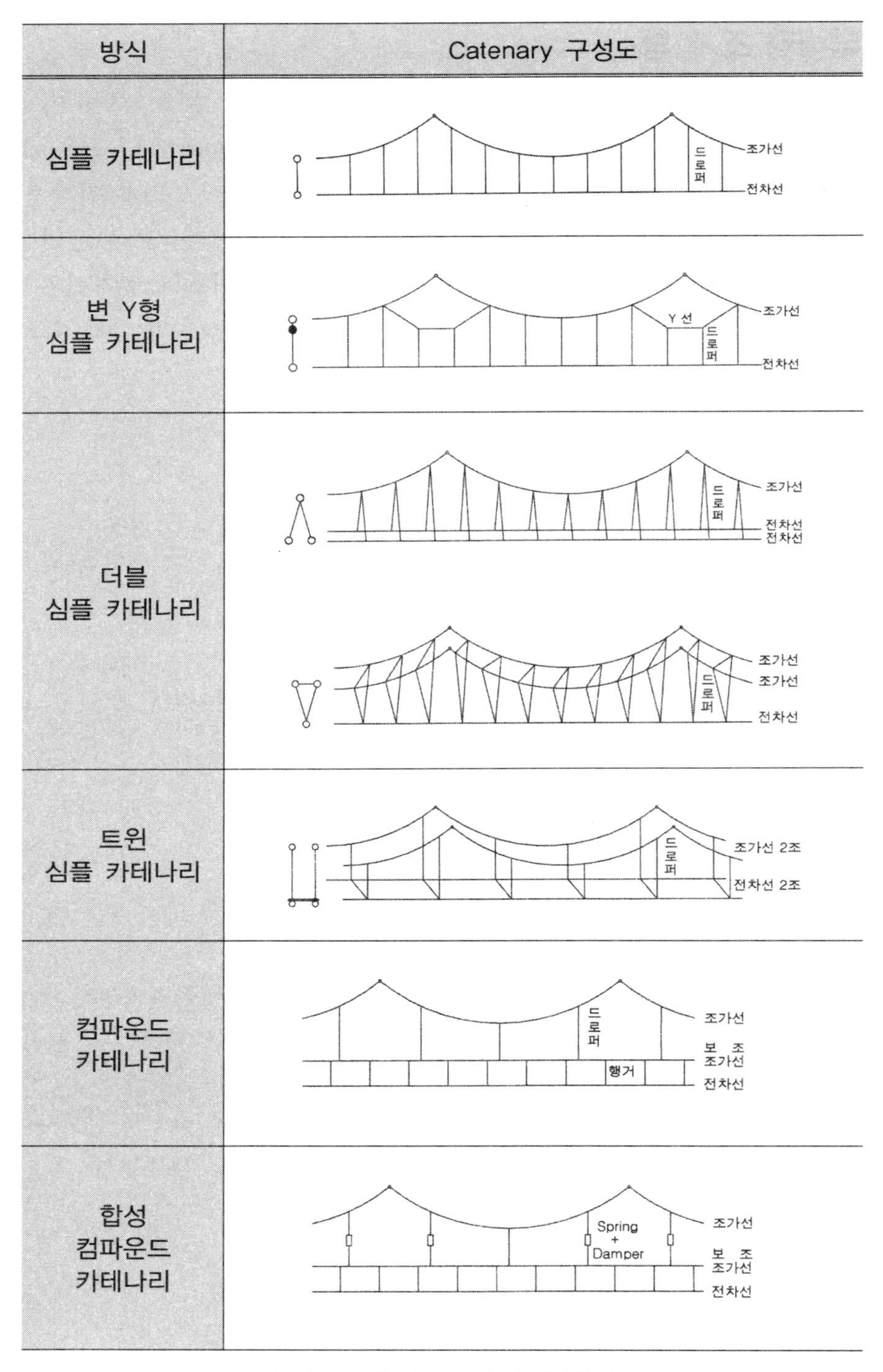

[그림 2.4] 카테나리 조가 방식

가. 심플 카테나리(Simple catenary)식

조가선과 전차선의 2조로 구성되어 있고 조가선에서 드로퍼(Dropper)로 전차선이 궤도와 수평이 되도록 매달아 주는 구조의 방식이다. 카테나리식 중 가장 기본적인 형태이며 현재 널리 채용되고 있다. 한편 심플 카테나리와 같은 구조를 가지고 있으나 가선 장력을 크게 한 것을 헤비 심플 카테나리(Heavy simple catenary)식이라 한다. 장력이 크기 때문에 경간 중앙 부근의 전차선 압상량이 적어 동적인 상태에서도 전차선의 수평성이 향상되므로 집전 특성이 좋고 풍압에 의한 치우침이 적다. 또한 가선 동요 및 진동이 적어 안정도가 높으며 전선 직경을 굵게 할 수 있어 내마모성, 내부식성도 유리하다.

나. 변 Y형 심플 카테나리식

속도 향상을 위하여 심플 카테나리식의 지지점 부근에 조가선과 병행으로 15[m] 정도의 Y선을 가선하여 드로퍼로 전차선을 매달아 내리는 구조이며 이것은 Y선에 의해 지지점 부근의 압상량을 크게하여 양쪽 지지점 아래를 팬타그래프가 통과 시 경점을 경감하고 경간 중앙부와의 압상량의 차를 작게 함으로써 선을 방지한다. 그러나 Y선의 장력 조정이 어렵고 또 지지점에서 가선 압상력과 가고가 커서 강풍 시에 가선의 경사가 발생하는 등 내풍 특성에 약점이 있다.

다. 더블 심플 카테나리(Double simple catenary)식

이 방식에는 전차선을 더블(2조)로 하는 방식과 조가선을 더블(2조)로 하는 방식이 있다. 전차선을 2조로 하는 경우는 전차선의 전류 용량을 증가시키고자 하는 것이 목적이며 조가선을 2조로 하는 경우는 장경간 개소에서 풍압에 의한 전차선의 편위를 감소시키고자 하는 것이 목적이다.

라. 트윈 심플 카테나리(Twin simple catenary)식

기설 심플 카테나리 구간의 가고를 변경하지 않고 고속도에 대응하며 집전 성능을 높일 수 있는 방법으로 개발된 방식이고 심플 카테나리식 2조를 일정한 간격(표준 100[mm])으로 병행한 구조이다. 심플 카테나리식에 비하여 건설비가 높고 가선 구조가 복잡하지만 팬타그래프에 의한 가선의 상・하 변위가 작아 전차선의 압상 특성이 우수하고 전차선이 2조이므로 집전전류 용량이 커서 고속 운전 구간이나 열차 밀도가 높은 구간에 많이 쓰여 지고 있다.

마. 컴파운드 카테나리(Compound catenary)식

심플 카테나리식의 조가선과 전차선 사이에 보조 조가선을 설치하여 조가선에서 드로퍼로 보조 조가선을 매달고, 행거로 보조 조가선에서 전차선을 매달아 내리는 구조의 방식이다. 일반적으로 보조 조가선은 경동연선 100[mm^2]를 사용하기 때문에 집전전류 용량이 크고 또 팬타그래프에 의한 가선의 압상량이 지지점과 경간 중앙에서 큰 차이가 없어 속도 특성이 높아지므로 고속 운전 구간이나 중부하 구간에 적합하다. 그러나 가설에 필요한 공간이 커지므로 지지물의 높이를 늘릴 필요가 있어 심플 카테나리식에 비해 건설비가 매우 높아진다.

바. 합성 컴파운드 카테나리식

컴파운드 카테나리식의 드로퍼에 스프링과 공기 댐퍼(Damper)를 조합한 합성 소자를 사용한다. 스프링과 댐퍼의 조합으로 가선 특성에 맞는 적절한 제동 계수(Damping factor)를 선정하여 이선을 최소화함으로서 고속 운전을 가능케 하는 방식이다.

번호	명칭
①	전차선
②	조가선
③	급전선
④	부(-)급전선
⑤	드로퍼
⑥	H형 전주
⑦	전주 기초
⑧	가동 브라켓
⑨	곡선당김금구
⑩	장간애자
⑪	현수애자
⑫	완철

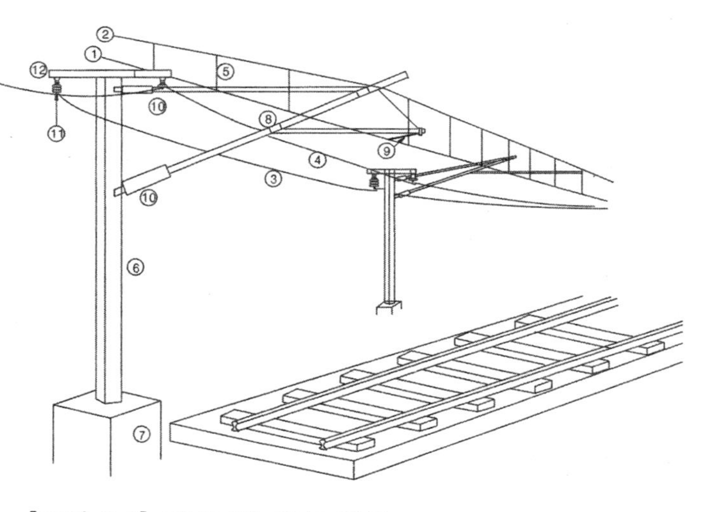

[그림 2.5] 전차선로 구성 예시

4.3 강체식

터널 구간에서는 카테나리 방식을 적용하게 되면 터널의 단면적이 커질 수밖에 없으며 단선 등의 보안상 문제 때문에 강체식이 사용된다. 강체식은 전차선을 강체에 완전히 일체화한 것으로서 터널 천정 또는 벽체에 취부된 브라켓이나 지지 애자를 사용하여 알루미늄제의 T-bar 또는 R-bar를 고정시키고 여기에 전차선을 가설한 방식이다.

강체식의 장점으로는,

○ 전차선의 단선 사고가 방지된다.

○ 건널선 등 교차 개소에서 팬타그래프가 가선에 끼는 사고가 방지된다.

○ 전차선의 압상이 적고 터널 단면을 작게할 수 있다.

○ 곡선당김장치가 필요없다.

단점으로는,

○ 전차선의 탄성이 적어 전기차량이 고속으로 운전되는 경우 이선 현상이 발생하기 쉽다. (T-bar의 경우 : 75[km/h], R-bar의 경우 : 100[km/h])

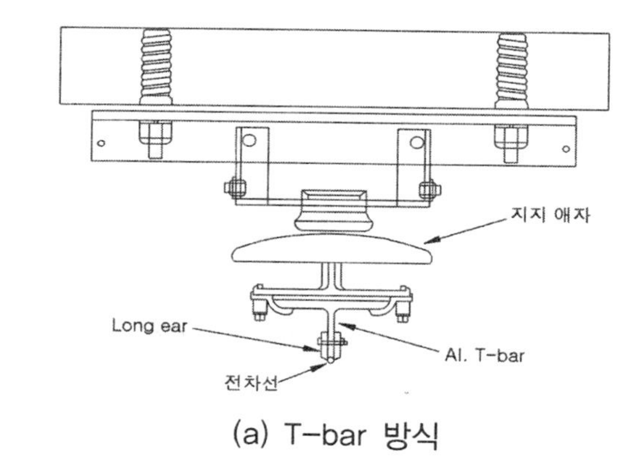

(a) T-bar 방식

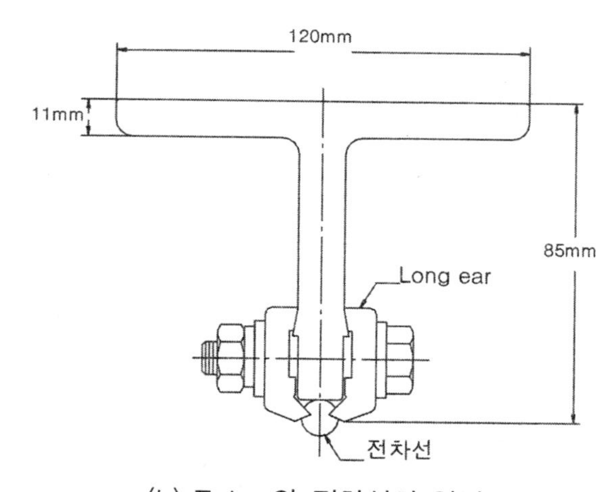

(b) T-bar와 전차선의 연결

[그림 2.6] 강체식 T-bar 방식

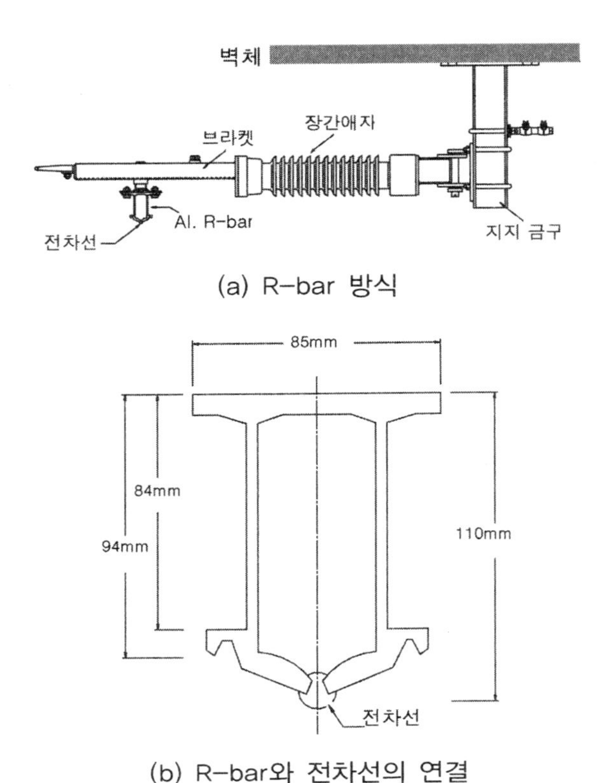

(a) R-bar 방식

(b) R-bar와 전차선의 연결

[그림 2.7] 강체식 R-bar 방식

5. 전차선로 지지물

전차선로의 기본적인 지지물 방식으로는 다음과 같은 것들이 있다.

5.1 전주

전주는 하중의 크기나 설치 장소의 상황 등에 따라서 철주, 강관주, 콘크리트주, 목주 등이 사용된다. 목주는 종래 직류 전기철도에서 많이 사용되었으나 최근에는 콘크리트주의 제작기술이 진보되고 강도가 크고 수명도 길며 대량 생산이 가능하여 널리 채용되고 있다.

5.2 고정 빔(Beam)

강재를 사용하여 브라켓 또는 대문형으로 구성된 빔이다. 조가선의 이동에 자유롭게 추종할 수가 없어 조가선의 장력 조정이 곤란하다.

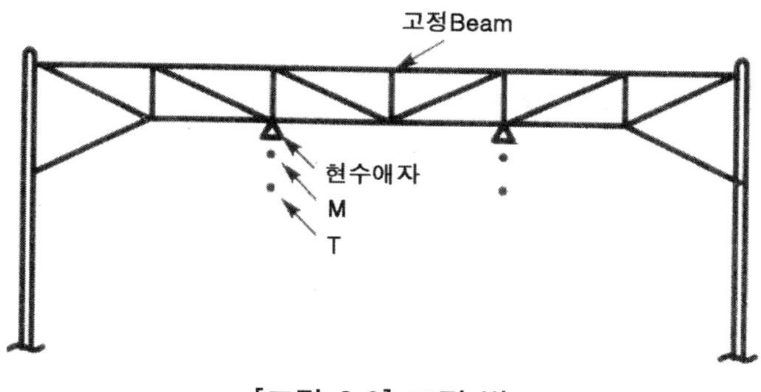

[그림 2.8] 고정 빔

5.3 스팬(Span)선 빔

스팬선은 선로 양측 전주 사이의 궤도를 횡단하여 1~3단으로 가설된 지지용 선조를 말한다. 이 방식은 빔의 구조가 간단하고 종래 무궤도 전차에 널리 채용되었으며 간선 철도에서는 구내 측선에 채용된 예가 있다.

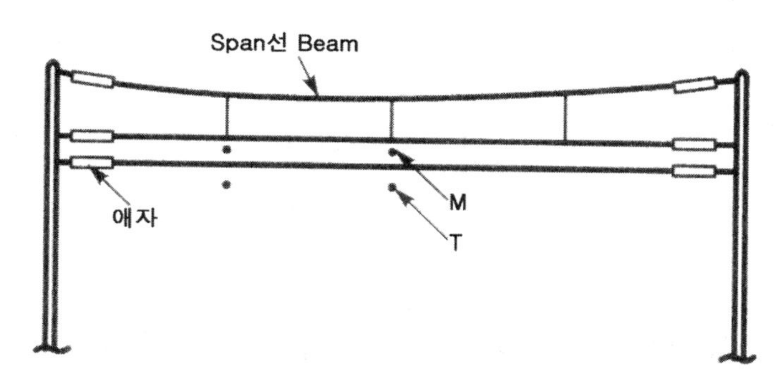

[그림 2.9] 스팬선 빔

5.4 가동 빔(가동 브라켓)

브라켓 본체가 전주와의 접합부를 중심으로 하여 좌우로 자유롭게 회전하며 조가선과 전차선의 이행에 추종 가능한 구조의 빔을 가동 빔 또는 가동 브라켓이라고 한다. 보통 장간애자를 사용하고 빔 전체가 절연되어 있다. 가동 빔 방식의 장점으로는,

- ○ 조가선, 전차선의 이행에 자유롭게 추종하므로 장력 조정이 용이하며 그 변화가 작고 균일하게 된다.
- ○ 장간애자는 자기 세정 효과가 뛰어나므로 디젤차량의 배기가스 등에 의한 오염이 적다.
- ○ 빔 전체가 절연되어 있으므로 대지와의 이격거리가 크고 활선 작업 시 안전도가 높다.
- ○ 곡선당김금구류의 설치가 용이하다. 그러나 장간애자를 사용하므로 애자가 파손되면 곧바로 빔이 탈락하는 단점이 있다.

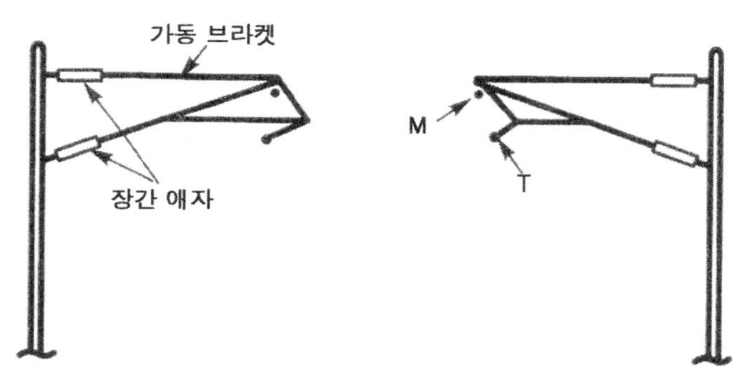

[그림 2.10] 가동 빔

6. 현수선 관련식과 드로퍼 길이 등의 산출

전차선로를 균일 질량을 가진 분포질량 물체로 보면, 이를 양단 지지하는 경우에 현수선(Catenary) 형태의 곡선이 생긴다. 따라서 전차선로 설계 및 시공과 관련하여 드로퍼의 길이, 전선류의 길이, 가선 장력 등을 구하기 위해서는 현수선 관련식을 알아야 한다.

현수선 관련식은 다음과 같은 과정을 거쳐 구할 수 있다.

6.1 양단 지지점의 높이가 같은 경우(등가고의 경우)

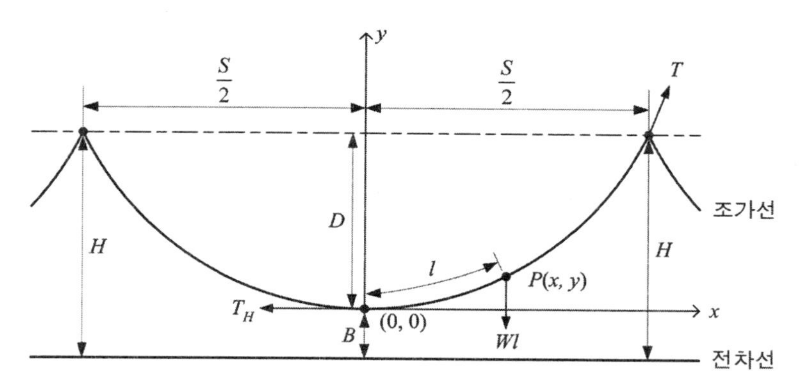

[그림 2.11] 양단 지지점의 높이가 같은 경우

가고는 양단에서 H[m]로 일정,
최대 이도(Dip)는 D[m],
경간은 S[m],
합성 전차선(조가선, 전차선, 드로퍼 포함)의 단위 길이 당 무게는 W[kg/m],
전차선의 길이 L[m],
최대 이도 지점에서 조가선과 전차선의 간격은 B[m],
드로퍼의 길이는 L_D[m],
지지점에서 합성 전차선의 장력은 T[kg] 이라고 하자.

최대 이도 지점을 원점 (0,0)로 하는 xy좌표계를 설정하고 수평축은 x축, 수직축은 y축으로 한다. 장력의 수평성분 T_H는 전체 전선에 걸쳐 일정하므로 P점에서 다음 관계가 성립한다.

$$\frac{dy}{dx} = \frac{Wl}{T_H} \tag{2.1}$$

여기서, l 은 원점에서 P점까지의 전선의 길이. 그리고

$$dl = \sqrt{dx^2 + dy^2} \tag{2.2}$$

따라서,

$$\frac{dl}{dx} = \sqrt{1 + \left(\frac{dy}{dx}\right)^2} = \sqrt{1 + \frac{W^2 l^2}{T_H^2}} \tag{2.3}$$

또는,

$$dx = \frac{dl}{\sqrt{1 + \frac{W^2 l^2}{T_H^2}}} \tag{2.4}$$

$\int \frac{du}{\sqrt{1+u^2}} = \sinh^{-1}u + C$ 인 적분공식으로부터 (2.4)식은,

$$\sinh^{-1}\frac{W}{T_H}l = \frac{W}{T_H}x + C$$

이고, $x=0$ 일 때 $l=0$ 이므로 $C=0$, 결국

$$l = \frac{T_H}{W}\sinh\frac{W}{T_H}x \tag{2.5}$$

(2.5)식을 (2.1)식에 대입하여

$$\frac{dy}{dx} = \sinh\frac{W}{T_H}x$$

$$\therefore \ y = \frac{T_H}{W}\cosh\frac{W}{T_H}x + K$$

$x=0$ 일 때 $y=0$ 이므로 $K = -\frac{T_H}{W}$ 따라서,

$$y = \frac{T_H}{W}\left[\cosh\left(\frac{W}{T_H}x\right) - 1\right] \tag{2.6}$$

한편 $\cosh u = 1 + \frac{u^2}{2!} + \frac{u^4}{4!} + \cdots$ 인 급수로 전개할 수 있으므로 급수의 2번째 항까지만 고려하여 (2.6)식을 전개하면 다음과 같이 된다.

$$y = \frac{1}{2}\frac{W}{T_H}x^2 \tag{2.7}$$

양단 지지점의 높이가 서로 같은 경우에 최대 이도 지점은 경간의 중간에서 발생하므로 (2.7)식에 $x = \frac{S}{2}$ 를 대입하면 $y = D$를 얻는다.

$$D = \frac{W S^2}{8 T_H} \tag{2.8}$$

전차선의 길이 L는 (2.5)식에 $x = \frac{S}{2}$ 를 대입하고 2배하면 나온다.

$$L = \frac{2 T_H}{W} \sinh\left(\frac{W S}{2 T_H}\right) \tag{2.9}$$

한편 $\sinh u = u + \frac{u^3}{3!} + \frac{u^5}{5!} + \cdot \cdot \cdot$ 인 급수로 전개할 수 있으므로 급수의 2번째 항까지만 고려하여 (2.9)식을 전개하면 다음과 같이 된다.

$$L = S + \frac{W^2 S^3}{24 T_H^2} \tag{2.10}$$

지지점의 장력 T는

$$T = \sqrt{T_H^2 + \left(W \frac{L}{2}\right)^2} = T_H \sqrt{1 + \sinh^2\left(\frac{WS}{2T_H}\right)} \tag{2.11}$$

$$= T_H \cosh\left(\frac{WS}{2T_H}\right)$$

$$\cong T_H + \frac{1}{8} \frac{W^2 S^2}{T_H}$$

(2.8)식을 고려하면 (2.11)식은 다음과 같이 쓸 수도 있다.

$$T = T_H + WD \tag{2.12}$$

드로퍼의 길이 L_D는 원점으로부터 x[m] 떨어진 지점에서,

$$L_D = B + y = H - D + y$$

이므로 (2.7)식과 (2.8)식을 대입하여,

$$L_D(x) = H - \frac{W S^2}{8 T_H} + \frac{1}{2} \frac{W}{T_H} x^2 \tag{2.13}$$

이 된다.

6.2 양단 지지점의 높이가 다른 경우

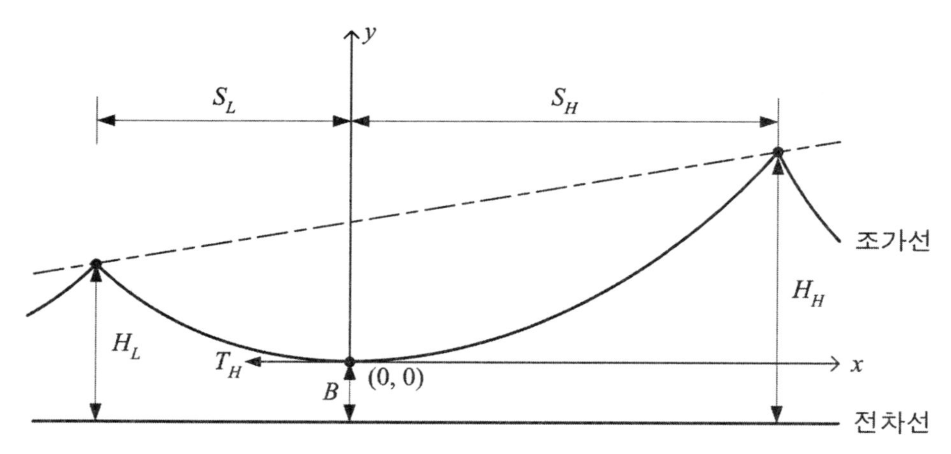

[그림 2.12] 양단 지지점의 높이가 다른 경우

양단의 가고가 서로 다른 경우는 최대 이도 지점이 경간의 중간에서 발생하지 않으므로 우선은 최대 이도 지점을 찾는 것이 문제이다. 최대 이도 지점에 그림과 같이 원점 (0,0)를 설정하고 원점에서부터 우측 지지점(가고가 높은 지지점)까지의 길이를 S_H[m], 좌측 지지점(가고가 낮은 지지점)까지의 길이를 S_L[m]라 하고 $S_H+S_L=S$[m]로 한다. (2.6)식을 이용하면 $x=S_H$일 때 $y=H_H-B$이므로,

$$H_H-B=\frac{T_H}{W}\left[\cosh\left(\frac{W}{T_H}S_H\right)-1\right] \tag{2.14}$$

한편 좌측으로도 다음식이 성립한다.

$$H_L-B=\frac{T_H}{W}\left[\cosh\left\{\frac{W}{T_H}(S-S_H)\right\}-1\right] \tag{2.15}$$

(2.14)식에서 (2.15)식을 빼고 급수를 사용하여 근사화 하면,

$$H_H-H_L\cong\frac{T_H}{W}\left(\frac{1}{2}\frac{W^2}{T_H^2}S_H^2\right)-\frac{T_H}{W}\left\{\frac{1}{2}\frac{W^2}{T_H^2}(S-S_H)^2\right\}$$

$$=\frac{1}{2}\frac{W}{T_H}\left(-S^2+2S\times S_H\right)$$

따라서,

$$S_H = \frac{S}{2} + \frac{T_H}{WS} \cdot (H_H - H_L) \tag{2.16}$$

$$S_L = S - S_H = \frac{S}{2} - \frac{T_H}{WS} \cdot (H_1 - H_2) \tag{2.17}$$

이 된다. 이제 원점(최대 이도 지점)으로부터 가고가 높은 지지점까지의 높이 D_H은 (2.6)식 또는 근사식인 (2.7)식에 (2.16)식을 대입하여 얻을 수 있다.

$$D_H = \frac{1}{2}\frac{W}{T_H}\left\{\frac{S}{2} + \frac{T_H}{WS}(H_H - H_L)\right\}^2 \tag{2.18}$$

$$= \frac{1}{8}\frac{W}{T_H}\left\{S + \frac{2T_H}{WS}(H_H - H_L)\right\}^2$$

또한 원점으로부터 가고가 낮은 지지점까지의 높이 D_L는 마찬가지로,

$$D_L = \frac{1}{2}\frac{W}{T_H}\left\{\frac{S}{2} - \frac{T_H}{WS}(H_H - H_L)\right\}^2 \tag{2.19}$$

$$= \frac{1}{8}\frac{W}{T_H}\left\{S - \frac{2T_H}{WS}(H_H - H_L)\right\}^2$$

(2.18)식 및 (2.19)식으로부터 $D_L + (H_H - H_L) = D_H$ 이 됨을 확인할 수 있다. 따라서 원점으로부터 가고가 높은 지지점까지의 구간에서 드로퍼의 길이는 다음과 같이 산출된다.

$$L_D = B + y = H_H - D_H + y = H_L - D_L + y$$

(2.7)식, (2.18)식 및 (2.19)식을 사용하면,

$$L_D(x) = H_H - \frac{1}{8}\frac{W}{T_H}\left\{S + \frac{2T_H}{WS}(H_H - H_L)\right\}^2 + \frac{1}{2}\frac{W}{T_H}x^2 \tag{2.20}$$

또는,

$$L_D(x) = H_L - \frac{1}{8}\frac{W}{T_H}\left\{S - \frac{2T_H}{WS}(H_H - H_L)\right\}^2 + \frac{1}{2}\frac{W}{T_H}x^2 \tag{2.21}$$

가 된다. 전차선의 길이나 장력 등도 이와 같은 방법으로 원점에서부터 시작하여 각각 좌·우측으로 계산해 나가면 구할 수 있다.

6.3 드로퍼 길이 계산 예

앞에서 구한 식을 적용하여 드로퍼의 길이를 계산해 보기로 한다.

가. 등가고의 경우

계산에 사용하는 데이터는 다음과 같다.

가고 : $H_1 = H_2 = 0.96[\text{m}]$

경간 : $S = 50[\text{m}]$

전차선 : Cu 170[mm²], 단위중량 1.511[kg/m]

조가선 : CdCu 80[mm²], 단위중량 0.710[kg/m]

드로퍼 평균중량 : 0.1[kg/경간 1m]

드로퍼 배치 : 그림 참조

가선 수평장력 : 1400[kgf]

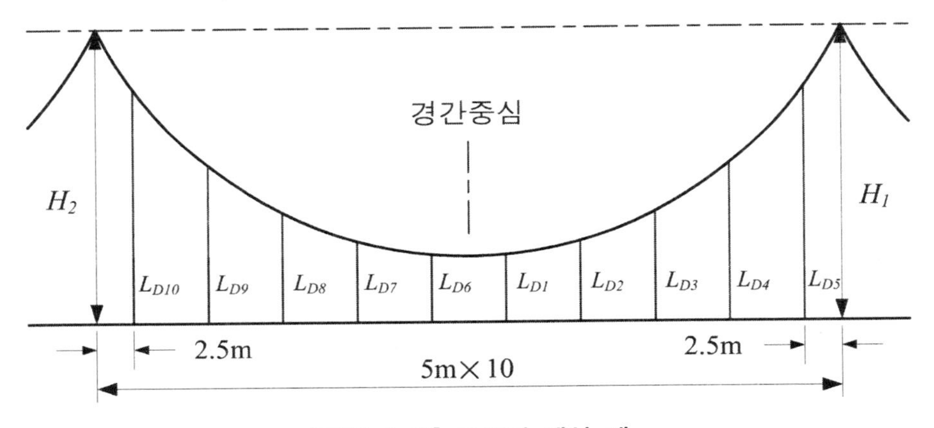

[그림 2.13] 드로퍼 계산 예

$W = 1.511 + 0.710 + 0.1$ 이고 (2.13)식으로부터,

$$L_{D1} = L_{D6} = L_D(2.5) = 0.96 - \frac{2.321 \times 50^2}{8 \times 1400} + \frac{1}{2} \times \frac{2.321}{1400} \times 2.5^2 = 0.447[\text{m}]$$

$$L_{D2} = L_{D7} = L_D(7.5) = 0.489[\text{m}]$$

$$L_{D3} = L_{D8} = L_D(12.5) = 0.571[\text{m}]$$

$$L_{D4} = L_{D9} = L_D(17.5) = 0.696[\text{m}]$$

$$L_{D5} = L_{D10} = L_D(22.5) = 0.862[\text{m}]$$

나. 양단 지지점의 높이가 다른 경우

드로퍼의 배치간격과 가선 조건은 위의 경우와 모두 같고 가고만 $H_H = H_2 = 0.96$ [m], $H_L = H_1 = 0.71$[m]로 서로 틀린다고 가정하기로 한다. 이 경우 최대 이도 지점은 (2.16) 또는 (2.17)식으로부터

$$S_H = \frac{S}{2} + \frac{T_H}{WS} \cdot (H_H - H_L) = 28.016[\mathrm{m}]$$

$$S_L = 21.984[\mathrm{m}]$$

의 관계가 있으므로 '가. 등가고의 경우'와 비교하면 우측으로 3.016[m] 이동하게 된다. 따라서 L_{D1} 위치보다 오른쪽 $3.016 - 2.5 = 0.516$[m] 지점에 최대 이도 지점이 놓인다. 이제 L_{D2} , L_{D3} 등 우측, 가고가 낮은 지점으로의 드로퍼 길이는 (2.20)식 또는 (2.21)식을 사용하면,

$$L_{D2} = L_D(5-0.516) = H_L - \frac{1}{8}\frac{W}{T_H}\left\{S - \frac{2T_H}{WS}(H_H - H_L)\right\}^2 + \frac{1}{2}\frac{W}{T_H}(5-0.516)^2$$

$$= 0.326[\mathrm{m}] \qquad < (2.21)\text{식 사용} >$$

마찬가지로,

$$L_{D3} = L_D(9.484) = 0.384[\mathrm{m}]$$

$$L_{D4} = L_D(14.484) = 0.483[\mathrm{m}]$$

$$L_{D5} = L_D(19.484) = 0.624[\mathrm{m}]$$

그러면 좌측, 가고가 높은 지점으로의 드로퍼 들, L_{D1} , L_{D6} , L_{D7} , ... 의 길이는,

$$L_{D1} = L_D(0.516) = H_L - \frac{1}{8}\frac{W}{T_H}\left\{S - \frac{2T_H}{WS}(H_H - H_L)\right\}^2 + \frac{1}{2}\frac{W}{T_H}(0.516)^2$$

$$= 0.310[\mathrm{m}] \qquad < (2.21)\text{식 사용} >$$

$$L_{D6} = L_D(5.516) = 0.335[\mathrm{m}]$$

$$L_{D7} = L_D(10.516) = 0.401[\mathrm{m}]$$

$$L_{D8} = L_D(15.516) = 0.509[\mathrm{m}]$$

$$L_{D9} = L_D(20.516) = 0.658[\mathrm{m}]$$

$$L_{D10} = L_D(25.516) = 0.849[\mathrm{m}]$$

7. 애자(Insulator)

전차선로에서 애자는 가선(전차선, 조가선, 급전선 등) 및 그 부속설비(곡선당김장치, 진동방지장치 등)를 전주 또는 완금 등에 지지하는 경우나 또는 가선을 전기적으로 구분하는 경우(구분장치)에 사용한다. 애자는 대기 중의 습도, 먼지, 매연(특히 공장 지대 또는 디젤차량 병용 운전구간은 더욱 심함), 해안지역의 염해 등에 의하여 표면이 오손되고 이에 따라 연면 거리가 감소하여 절연 파괴로 이어질 가능성이 증대한다. 전차선로에는 현수애자, 핀애자, 장간애자, 지지애자 등이 주로 사용된다.

7.1 애자의 종류

가. 현수애자

애자련을 형성하여 광범위한 전압 범위에 대응할 수 있으며 형상을 자유로이 할 수 있고 부분적인 절체 보수가 가능하므로 가장 널리 사용되는 애자이다. 현수애자는 자기부분의 지름이 180[mm]와 254[mm]의 두 종류가 있으며 애자련을 구성하는 연결금구의 형상에 따라 클레비스(Clevis)형과 볼소켓(Ball socket)형이 있다. 전기철도에서 현수애자는 표준적으로 [표 2.2]와 같이 사용된다.

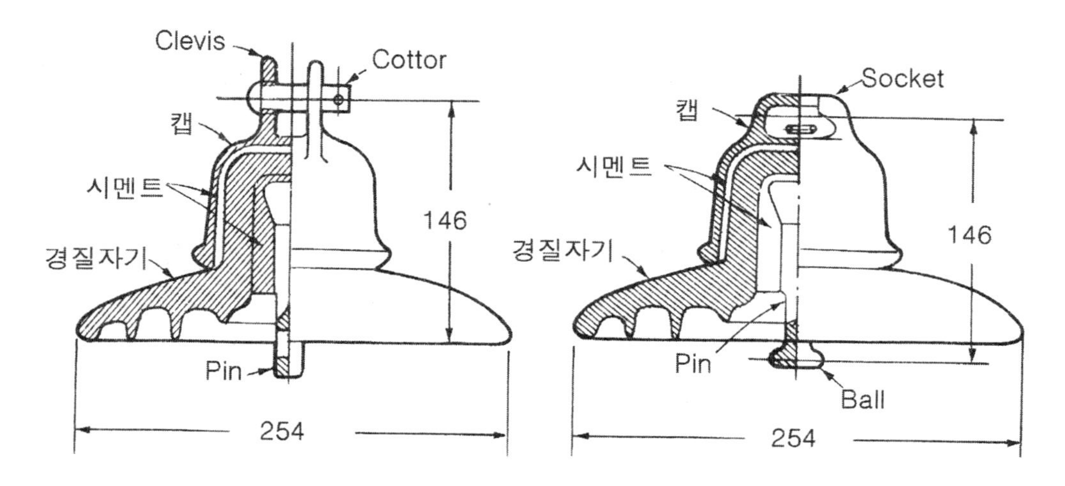

[그림 2.14] 클레비스형과 볼소켓형 현수애자(254[mm])

[표 2.2] 현수애자의 표준적인 사용 구분

구간	용도	규격 및 수량
DC1500[V]	조가선 지지	180[mm]×2EA
AC25[kV]	전차선, 급전선의 지지 및 인류	254[mm]×4EA(오손구간 : 5EA)
	부급전선 지지	180[mm]×1EA(오손구간 : 2EA)

나. 핀애자

터널 내 부급전선용으로 일부 사용되고 있으나 절연 열화가 빠르고 기계적 강도가 약하며 바인드선이 필요한 것 등 보수에 불리한 결점이 많다.

다. 장간애자

등 간격으로 삿갓을 붙인 1본의 자기체 봉의 양단에 현수애자용 캡을 부착한 것으로서 사용 전압에 따라 연결 개수를 바꿀 수 있도록 되어 있다. 교류 전철화에 따라 가동 브라켓과 함께 실용화되었다. 장간애자는 건조섬락전압의 저하가 적고 오손에 강하며 섬락 시 아-크가 자기부분에 접촉해도 파손이 잘 안되는 등 여러 이점이 있어 사용이 확대되고 있다. 장간애자에는 20[kV], 25[kV] 교류용과 직류 1500[V], 3000[V]용, 그리고 용도에 따라서는 인장용과 항압용이 있으며 인장용은 급전선, 전차선의 인류 개소 및 가동 브라켓의 수평 파이프에 사용되며, 항압용은 가동 브라켓의 경사 파이프에 사용된다. 가동 브라켓의 구조상 장간애자가 섬락, 파손될 경우 가선 지지력이 전혀 없는 결점이 있으므로, 특히 교류 25[kV] 구간에서는 이러한 섬락에 의한 애자 파손을 없애기 위하여 애자 섬락 보호용의 지락도선을 취부하고 있다. 장간애자는 그간 자기재의 애자를 사용해 오다 근래에 폴리머(Polymer : 중합체) 소재의 장간애자가 개발되어 사용이 늘어나고 있는 추세이다. 폴리머 소재의 장간애자는 자기 소재에 비하여 경량(약 7.5kg 정도로 자기재의 32kg에 비해 1/4수준)으로 운반・설치가 쉬우며, 내오손성, 자기 세정 능력, 표면 발수성 등에서 우수한 특성을 나타내고 있다. 반면 자기재 애자는 장기간에 걸친 사용 실적으로 우수한 내트래킹 특성 및 장기 신뢰성이 입증되어 있다.

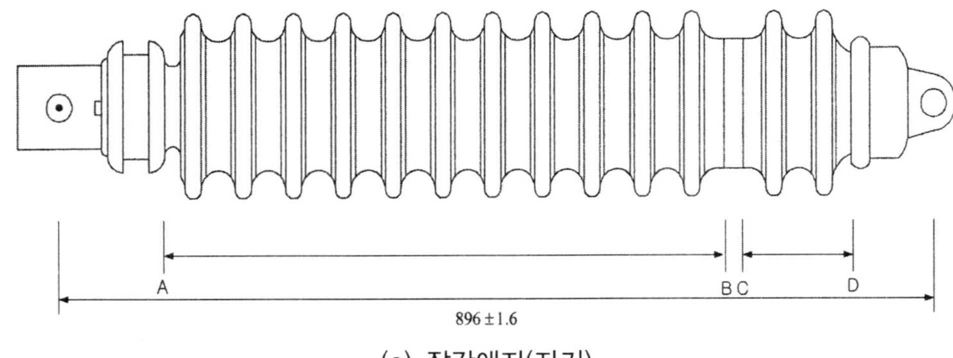

(a) 장간애자(자기)

(b) 장간애자(폴리머)

[그림 2.15] 장간애자

라. 지지애자

과선교 하부 등의 특수한 개소나 기기의 지지용으로 쓰인다.

7.2 애자의 전기적 특성

가. 애자의 캐패시턴스

현수애자의 경우에는 캡과 핀사이에, 핀애자의 경우에는 전선과 핀사이에 캐피시턴스가 존재한다. 또 애자 표면에 수분이나 먼지 등이 부착하면 일종의 도전성 피막을 이루게 되므로 이 피막에 의하여 자기 양극간에 캐패시턴스가 증가한다. 현수애자의 캐패시턴스는 1련의 개수에 따라서 다르지만 10~45[pF] 정도, 1련 5~6개 이상에서는 10[pF]로 거의 일정하다.

나. 애자의 섬락전압

현수애자의 경우, 1련의 상하에 전압을 걸어 그 전압을 점점 증가시켜 가면 결국 지속 아-크를 발생하여 단락하게 된다. 이러한 현상을 섬락(Flashover)라 하고, 이때의 전압을 섬락전압(Flashover voltage)이라고 한다. 이 섬락전압은 전압의 파형, 애자의 형태, 크기, 오손 상태, 외기의 밀도, 온도 및 습도 등에 따라 그 값이 달라진다. 애자의 섬락전압에는 다음 4가지가 있다.

(1) 건조섬락전압

공기 중에서 깨끗하고 건조한 애자의 양 전극 간에 상용주파수전압을 가했을 때의 값이며, 온도 20[℃], 기압 760[mmHg], 상대습도 65~85[%]일 때의 전압 실효치를 표준으로 한다. 건조섬락전압의 값은 애자의 모양이 주어지면 거의 일정하게 되며 애자의 절연 특성의 기준이 된다.

(2) 주수섬락전압

비가 와서 애자 표면이 젖은 상태를 상정한 것으로 뇌우 등 주수 상태에서 섬락이 많이 발생하므로 실제로 중요한 전압이다. 주수시험에 있어서는 불변수압하의 분수구에서 비가 오듯이 하며, 물방울은 작고 고르게 하고, 주수각도는 45°로, 주수량은 3[mm/분], 그리고 주수에 사용하는 물의 고유저항은 10[kΩ · cm]를 표준으로 한다.

(3) 유중파괴전압

애자를 구성하는 자기의 절연내력을 나타내는 것으로 애자를 절연유 속에 넣고 그 양극 간에 상용주파수전압을 가하였을 때 파괴되는 전압이다. 건전한 애자의 유중파괴전압은 섬락전압보다 훨씬 높으며 254[mm] 현수애자에서는 140~160[kV], 180[mm] 현수애자에서는 120~130[kV] 정도이다.

(4) 충격섬락전압

표준충격파의 전압을 가할 때 애자에 섬락을 유발하는 전압으로서 보통 50[%] 섬락전압치로 나타낸다. 이것은 충격전압을 가했을 때 섬락회수(6회 이상)가 전압 인가 회수의 50[%]일 때의 인가전압 파고치이다. 이 값은 애자 개수에 거의 비례하며 애자의 형상 및 치수에는 별로 영향을 받지 않는다. 충격전압 특성도 상용주파수에 대한 것과 마찬가지로 주수 시의 특성이 중요한데 섬락 시간이 짧을 때에는 건조 시와 주수 시의 특성이 거의 같으나 섬락까지의 시간이 길면 주수섬락전압은 건조섬락전압보다 10[%] 정도 낮아진다.

[표 2.3] 표준적인 섬락전압값[kV]

규격 및 구성		건조섬락 전압	주수섬락 전압	50[%]충격섬락 전압
현수애자	180[mm]	65	35	115
	254[mm]	80	50	125
현수애자련 254[mm]사용	2개 연결	155	90	255
	3개 연결	215	130	355
	4개 연결	270	170	440
	5개 연결	325	215	525
	10개 연결	590	415	945
	16개 연결	875	630	1425
	20개 연결	1055	750	1745
장간애자 (자기 및 폴리머)	A-B	230	180	380
	C-D	70	50	100

7.3 애자의 열화

가. 애자의 열화

애자는 사용하는 동안 다양한 원인으로 자기절연층에 균열 또는 관통공이 생겨 절연저항과 절연내력의 저하 등 전기적 특성이 열화되고, 기계적으로도 인장강도가 저하하는 등 열화가 된다. 이러한 애자의 열화는 그 사용 상태와 설치 위치에 따라 다르다. 애자의 열화율은 표준 현수애자에서 1년에 약 0.05[%]정도이다. 현수형으로 설치된 현수애자련에서는 맨 위쪽의 애자가 제일 열화되기 쉽고 내장형의 애자련에서는 전선에 가까운 애자가 열화되기 쉬운 경향이 있다.

나. 애자의 열화 요인

(1) 제조 결함

애자 제조상 자기질의 불량, 시멘트의 불량, 접속방법의 불완전, 자기체를 소성 냉각하는 방법의 부적당 등을 들 수 있다. 제조상의 결함이 있는 불량애자는 시간에 따라 급격히 열화한다.

(2) 온도의 영향

태양의 직사에 의하여 고온으로 된 애자가 비에 젖어 급격히 냉각되면 심한 온도 변화를 받는다. 애자는 열팽창계수가 다른 자기, 철, 시멘트 등으로 되어 있어 각 부에 스트레스가 생기고 이로 인해 열화한다.

(3) 시멘트의 화학 팽창

시멘트는 오랜 세월이 지남에 따라 공기 중의 수분, 탄산가스 등을 흡수하여 경화, 팽창한다. 이 때문에 자기에 스트레스를 주어 열화의 원인이 된다.

(4) 전계와 코로나에 의한 영향

선로전압에 의한 전계 스트레스, 그 밖의 이상 전압에 의하여 큰 스트레스를 받으면 자기가 열화한다. 클레비스형 현수애자의 경우에는 클레비스 부분이 약간 뾰족하고 또한 이것을 2개 이상 연결하였을 때 클레비스 선단과 위쪽 애자 사이의 공기가 전계 스트레스를 받아서 열화한다. 또 해안 지방은 염분이 포함된 바닷바람 때문에 표면에 누설전류가 흐르든지, 코로나 때문에 국부적으로 가열되어 열화되고 나중에는 전기적으로 파괴된다.

다. 열화 애자의 검출

열화 애자의 검출 방법에는 사선 상태와 활선 상태에서 하는 2가지 방법이 있다. 사선 상태의 검출 방법으로는 절연저항의 측정을 들 수 있는데, 절연저항의 측정은 주로 현수애자에 대해 하는 것으로 1,000[V] 메가를 사용한다. 그러나 절연저항은 절연내력과는 다르므로 결과를 그대로 믿을 수 있는 것은 아니다. 어느 정도 이하를 꼭 불량애자로 보는가는 확정되지 않았으나 대체로 1,000~2,000[MΩ] 이상이면 양호한 것으로 판정한다. 활선 상태의 검출 방법으로는 초음파펄스 검출 방법이 있다. 국부 절연파괴 또는 코로나가 발생하고 있는 애자로부터 나오는 초음파를 검출해 내거나, 1~5[MHz]의 초음파펄스를 피시험 애자에 투사하여 내부에 결함이 있으면 결함 부분에서 초음파의 일부분이 반사되어 탐촉자에 수신되는 현상을 이용하는 것으로 열차가 운행 중인 상태에서도 열차의 노이즈와는 구별되므로 검출 신뢰도가 높다.

8. 구분장치

8.1 구분장치의 개요

전차선로가 모든 선에 걸쳐 전기적으로 접속되어 있다면 전차선로의 일부에 단선 및 장애 등의 사고가 발생한 경우 또는 정전 작업의 필요가 생길 경우 전체 전차선로를 정전시켜야만 한다. 따라서 사고 혹은 작업상의 이유로 정전시켜야 할 경우 그 영향을 사고 구간 또는 작업 구간에 한정시키고 기타 구간은 가압 상태를 유지하기 위하여 전차선에 절연체를 삽입하되 팬타그래프가 전차선과 접촉하면서 습동하는 데는 지장이 없도록 한 장치를 섹션(Section) 혹은 구분장치라 한다. 구분 개소의 조가선은 애자를 사용 절연하며, 급전선은 차단기 또는 개폐기로써 가압과 무가압이 가능토록 되어 있다.

구분장치는 변전소 급전구분소 및 보조 급전구분소 앞의 전차선에 설치하고 다음 개소에도 설치한다.

- ○ 교류 구간에서 위상이 다른 경우, 교류와 직류의 접속 부분
- ○ 운전 계통이 다른 선로간
- ○ 상하선간의 건널선
- ○ 역구내의 측선을 본선에서 분리하는 경우와 측선을 적당한 그룹으로 분리하는 경우
- ○ 차고선을 본선에서 분리하는 경우

8.2 구분장치의 종류

가. 에어섹션(Air section)

전차선에 절연물을 삽입하지 않고 공기로 절연한 것으로 아래 [그림 2.16]에서 A, B전원이 같은 종류(예를 들어 같은 스콧트 변압기의 M상끼리 또는 T상끼리)로서 위상이 동일하여 팬타그래프가 양쪽 전차선을 같이 접촉하여도 무방한 경우에 설치하며 이 구간을 통과할 때 열차는 계속 가압 상태를 유지한다. 따라서 열차는 항상 역행 운전이 가능하며 특별한 추가 부담이 없이 설치가 간단하고 경제적이다. 평행

부분의 전차선의 이격 거리는 300[mm]를 표준으로 정하고 있다.

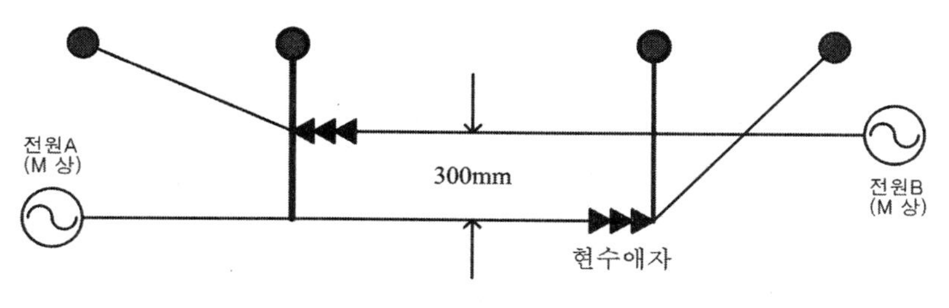

[그림 2.16] 에어섹션

나. 비상용 섹션

설비구조는 에어섹션과 동일하나 평상시에는 회로적으로 연결된 상태로 사용하며 화재 또는 장애 사고 발생 시에는 전차선을 전기적으로 구분한다. SP, SSP 사이에 1개소 이상 설치한다.

다. 에어조인트(Air joint)

다른 구분장치들이 전기적 구분을 목적으로 하고 있음에 반해 전기적으로는 접촉하고 있으면서 전차선을 기계적으로 구분하여 주는 장치를 말하며 양 전차선의 이격 거리는 150[mm]를 표준으로 한다. 전차선의 가설 긍장이 늘어나면 취급하기가 곤란할 뿐만 아니라 자동장력조정장치의 중력추 동작범위가 지지점의 지상높이에 의해 한정되어 있으므로 전선의 선팽창 계수와 온도변화의 범위에 의해 인류 간격이 한정될 수밖에 없다. 따라서 중간 중간에 약 1,600[m] 이하로 전차선을 구분 절단하여 자동으로 장력을 조정하는 것이 에어조인트를 설치하는 이유다. 이때 인류와 다음 인류 구간의 전선이 서로 교차되는 평행 개소가 반드시 생기게 되며 이 평행 개소를 균압선을 이용하여 전기적으로 접촉시킨 것이 에어조인트이다. 즉 기계적으로 완전히 구분된 별개의 설비를 전기적으로 균압선을 사용하여 접속한 것을 말한다.

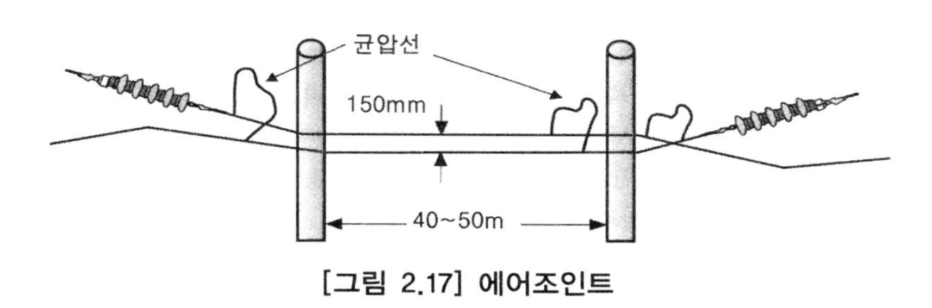

[그림 2.17] 에어조인트

라. 애자섹션(Section insulator)

각종 애자를 절연물로 전차선에 삽입해서 구분하고 팬타그래프의 집전장치에는 지장이 없도록 슬라이더를 취부한 구조로 동 위상의 상·하선 구분, 본선과 측선의 구분 등에 사용된다. 애자섹션은 절연재의 재질에 의해 애자형 섹션과 FRP제 섹션으로 대별할 수 있다. 애자형 섹션은 절연성과 수명이라는 측면에서는 FRP제 섹션에 비해 좋으나 설비의 경량화 및 경제성 측면에서는 FRP제 섹션보다 떨어진다.

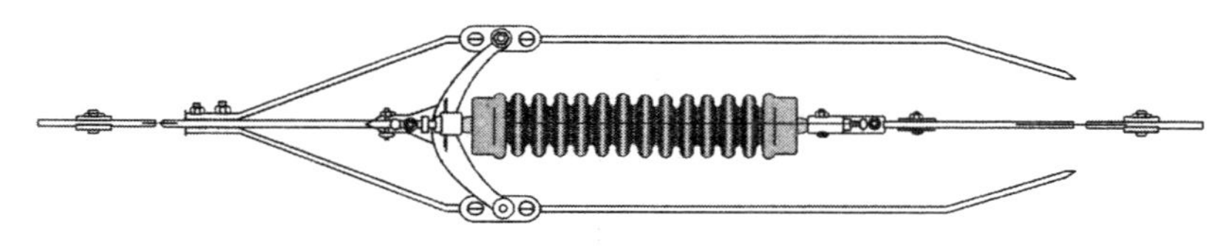

[그림 2.18] 애자형 섹션 예(장간애자)

마. 데드섹션(Dead section)

전차선로에서 전기 방식이 서로 다른 경우 즉 교류와 직류가 만나게 되는 부분 또는 같은 교류 구간이라도 위상(M상과 T상)이 서로 다른 부분에서는 일정한 절연 간격을 두어 두 계통을 구분하게 된다. 이 경우 절연된 구간을 사구간(Dead section) 또는 절연구간(Neutral section)이라 하게 되는데 전기차량이 이 지점을 지날 때는 동력 공급 없이 타력으로 운행을 하여야 한다.

(1) 절연구간의 설정기준

절연구간을 통과할 때에는 전기차량은 동력이 없는 상태로 타행으로 운행하여야 하므로 타행 운전을 원활히 하기 위하여 절연구간은 가급적 평탄지 또는 완만한 하구배 및 직선구간에 설치하게 되는데 부득이 하더라도 곡선반경(R)은 800[m] 이상, 상구배는 5[‰] 이내가 되는 장소를 선정하여야 한다. 한편 차량의 구조에 따른 팬타그래프간 거리, 팬타그래프의 수 및 차량이 절연구간을 통과할 때 발생하는 아크의 길이 등을 고려하여 절연구간의 길이를 산정하여야 한다. 다음은 우리나라에서 적용하고 있는 절연구간의 길이 산정 방법이나, 구간에서 운행하는 차량의 특성 및 선로 여건에 따라 틀려지기도 한다.

(2) 절연구간의 길이 산정

1) 교류/교류 구간(수도권)

섹션을 통과할 때 Notch-off 상태로 통과한다면 아크 발생이 없으나 절연구간의 길이를 선정할 때는 가혹 조건이라 할 수 있는 Notch-on의 상태를 가정한다. 실험에 의한 결과는 25[kV] 전차선로에서 전기차량 부하 1.0[kVA]당 3.0[mm]

의 아-크가 발호하는 것으로 알려져 있어 섹션 통과시의 운전 부하량을 최대 2,600[kVA]로 하면 아-크는,

$$2,600\,[\text{kVA}] \times 3\,[\text{mm/kVA}] = 7,800\,[\text{mm}] \approx 8\,[\text{m}]$$

또한 수도권 운행 VVVF 전동차량의 팬타그래프간 거리 13[m]와 여유 길이 1[m]를 고려하여 절연구간의 길이는,

$$8\,[\text{m}] + 13\,[\text{m}] + 1\,[\text{m}] = 22\,[\text{m}]$$

로 정하고 있다. ([그림 2.19] 참조)

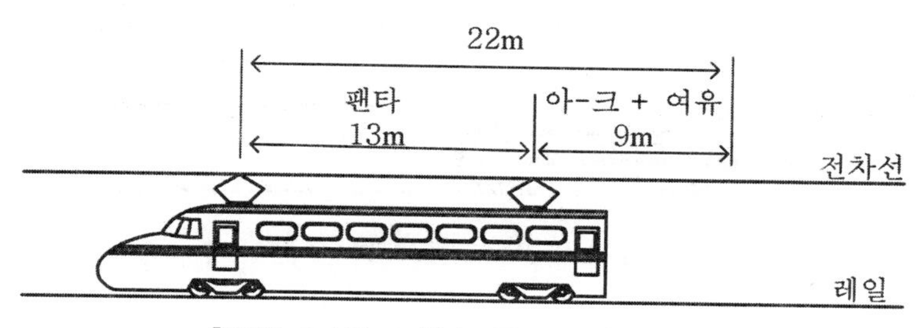

[그림 2.19] 교류/교류 구간(수도권)

2) 교류/교류 구간(산업선)

아-크의 발호 길이는 위 수도권의 경우와 동일하게 8[m]로 보고 있으며, 다만 전기기관차를 2대 연결하였을 경우를 상정하여 전기기관차의 길이 20[m]와 팬타그래프간 거리 12[m]를 고려하여,

$$8\,[\text{m}] + 20\,[\text{m}] + 12\,[\text{m}] = 40\,[\text{m}]$$

로 정하고 있으나 다시 이를 50m로 확장하였다. ([그림 2.20] 참조)

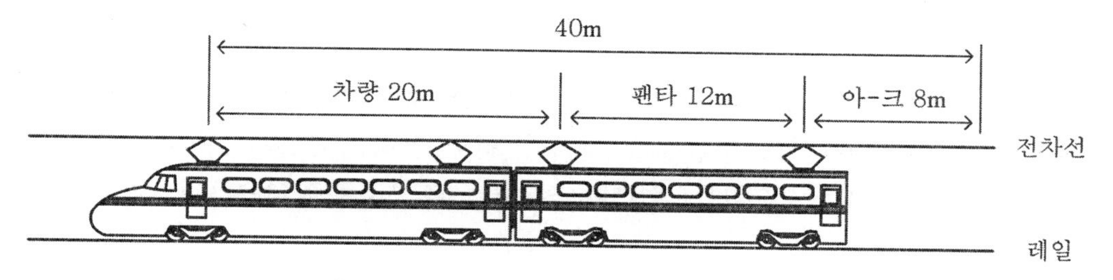

[그림 2.20] 교류/교류 구간(산업선)

3) 교류/직류 구간

위의 두 경우와는 다른 방식으로 절연구간의 길이를 산정한다. 차량은 '교류 → 직류'로 통과하는 경우보다는 '직류 → 교류'로 통과하는 경우가 계전기 및 MCB의 동작 시간 소요가 크므로 '직류 → 교류' 통과를 상정한다.

전동차의 최대 속도를 80[km/h]로 가정하면 이는 초속으로 22[m/s]로서 MCB

동작 시간을 2[s]로 할 때의 진행 거리는 $2[s] \times 22[m/s] = 44[m]$ 가 된다. 여기에 여유분 6[m]을 고려하여 최소 절연구간 길이는 50[m]로 한다. 한편 VVVF 전동차의 팬타간 거리 13[m]와 여유분 3[m]까지를 고려하면 실 절연구간 길이는,

$$50[m] + 13[m] + 3[m] = 66[m]$$

로 정하고 있다. ([그림 2.21] 참조)

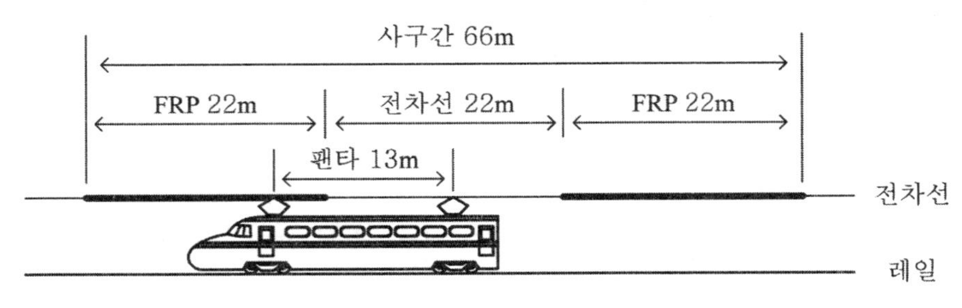

[그림 2.21] 교류/직류 구간

9. 곡선당김장치와 진동방지장치

9.1 곡선당김장치

곡선 부분의 선로에서 전차선은 곡선의 횡장력으로 인해 내측으로 장력이 작용하며 이로인해 전차선은 궤도 중심선을 벗어나 궤도 안쪽으로 쏠리게 된다. 곡선당김장치는 바깥쪽으로 전차선을 당겨 전차선을 궤도 중심선상에 위치하게 만드는 장치이다.

가. 취부장소 및 방법

가동 브라켓과 고정 브라켓 등의 각 지지점에는 다음과 같이 설치한다.

1) 궁형(900mm)은 레일 면에 대하여 11°, 직선형은 레일 면에 대하여 15°를 표준으로 한다.
2) 궁형 곡선당김장치의 취부 금구는 궤도 중심면에서 1m이상 이격하든가 또는

기타의 방법에 의하여 팬타그래프의 통과에 지장이 없도록 설치한다.

3) 자동장력조정장치를 설치한 합성 전차선은 장력 조정에 대한 곡선당김장치의 억제저항이 될 수 있는 한 적게 되도록 한다.

4) Beam하 스팬선에는 직선형 곡선당김장치를 사용할 수 있다.

5) 조가선 및 전차선의 무효부분에는 필요에 따라 보조 곡선당김장치를 설치한다.

나. 보조 곡선당김장치

1) 분기부 부근 등에서 주 곡선당김장치만으로 중간 편위의 규정치 확보가 곤란한 지점에는 보조 곡선당김장치를 시설한다.

2) 보조 곡선당김장치에 사용하는 전선은 조가선 또는 경동연선 38[mm^2]를 사용한다.

3) 보조 곡선당김장치의 조가선에는 조가선용 도르래를 사용함을 원칙으로 하고 전차선에는 궁형 또는 직선형 당김금구를 사용한다. 다만 무효부분의 전차선에는 쐐기형 크램프 또는 조가선용 도르래를 사용한다.

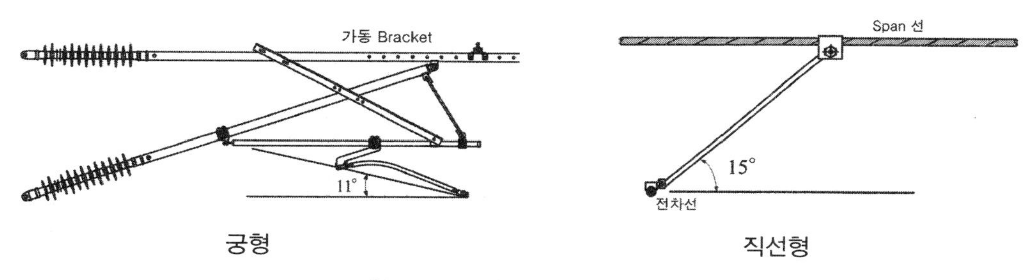

[그림 2.22] 곡선당김장치

9.2 진동방지장치

직선로 및 곡선반경 1,600m 이상의 곡선개소에서 열차진동 및 풍압에 의해 횡으로 진동하는 조가선과 전차선을 선로와 직각방향으로 고정시키기 위하여 설치한다.

가. 취부장소 및 방법

가동 브라켓의 경우는 각 지지점마다, 고정 빔 또는 고정 브라켓의 경우는 본선에서는 각 지지점마다, 측선에서는 4경간마다 설치한다.

1) 궁형(900mm)은 레일면에 대하여 11°, 직선형(700mm)은 레일면에 대하여 20°를 표준으로 한다.
2) 건널선 개소 등에서 전차선이 밀집할 경우 팬타그래프의 통과에 지장이 없도록 설치한다.
3) 가동 브라켓의 진동방지 파이프 또는 스팬선과 전차선과의 수직이격거리는, 수도권인 경우는 350mm, 산업선인 경우는 200~250mm, 빔하 스팬선식의 경우는 300mm, 산업선의 직선형은 1,100mm를 표준으로 한다.

제3장

전차선의 파동과 차량의 운행

1. 파동방정식

1.1 파동방정식의 유도

팬터그래프의 압상 또는 외부 요인에 의해 전차선에 여기 되는 파동은 전차선을 따라 이동하는 진행파가 된다. 진행파는 진행 방향과 동일한 방향의 변위를 갖는 종파(Longitudinal wave)와 직각 방향의 변위를 갖는 횡파(Transverse wave)가 있으나 전차선과 팬터그래프 사이의 관계를 살펴 보기위해 여기서는 전차선을 단순 선(Single string)으로 보고 선에 유입된 진행파의 횡파 성분의 운동 특성을 나타내는 파동방정식을 유도하기로 한다.

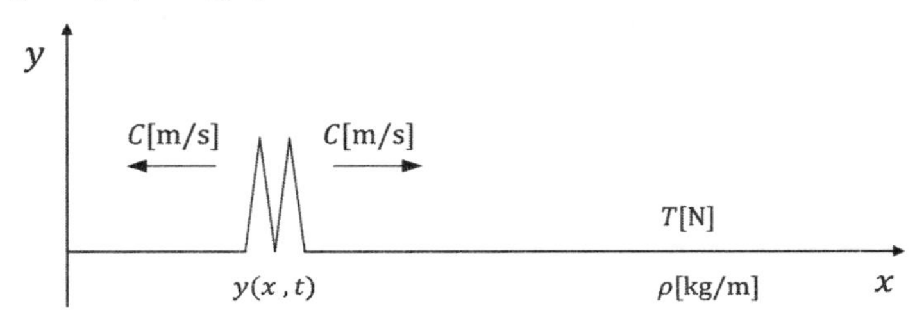

[그림 3.1] 반무한장 선로에 유입된 횡파 $y(x,t)$

[그림 3.1]과 같은 반무한장(Semi infinite) 선분이 있을 때 이 선분에 유입된 진행파(횡파)의 y축 방향 변위는 시간 t와 거리 x의 함수 $y(x,t)$로 표현할 수 있다. 여기서 ρ는 선분의 단위 길이 당 질량$[\mathrm{kg/m}]$ 그리고 T는 선분에 걸린 장력$[\mathrm{N}]$이라고 하자. 장력 T는 선분의 전체에 걸쳐 항상 일정하다.

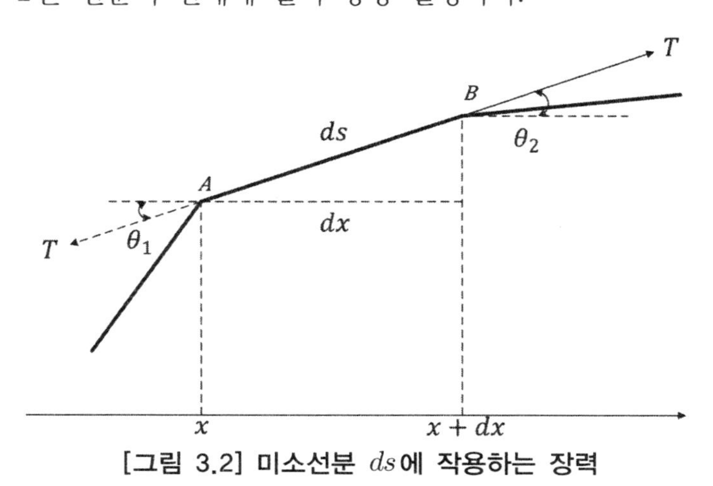

[그림 3.2] 미소선분 ds에 작용하는 장력

이 선분의 일부분인 미소선분에 대해 장력의 횡방향 성분($+y$방향) F는 다음과 같이 표시된다.

$$F = T\sin\theta_2 - T\sin\theta_1 \tag{3.1}$$

여기서, 미소선분의 변위는 주변에 대해 충분히 작은 값이라고 한다면 θ_1이나 θ_2는 0에 가까운 값이 되고 따라서,

$$\sin\theta_1 \approx \tan\theta_1$$
$$\sin\theta_2 \approx \tan\theta_2$$
$$ds \approx dx$$

그리고 ds부분의 질량 $m = \rho ds \approx \rho dx$로 쓸 수 있으며 이 질량에 작용하는 관성력 ma_y($-y$방향)는 장력 F와 같아야 하므로 다음과 같은 운동방정식을 만들 수 있다.

$$ma_y = \rho dx \frac{\partial^2 y}{\partial t^2} = T\tan\theta_2 - T\tan\theta_1 = T(\tan\theta_2 - \tan\theta_1) \tag{3.2}$$

한편 $\tan\theta_1 = \left(\frac{\partial y}{\partial x}\right)_A$, $\tan\theta_2 = \left(\frac{\partial y}{\partial x}\right)_B$ 이고 B 지점의 기울기 $\left(\frac{\partial y}{\partial x}\right)_B$는 Taylor 급수를 사용하면 다음과 같이 쓸 수 있으므로,

$$\left(\frac{\partial y}{\partial x}\right)_B \approx \left(\frac{\partial y}{\partial x}\right)_A + \left(\frac{\partial^2 y}{\partial x^2}\right)_A dx \tag{3.3}$$

위의 운동방정식은 다음과 같이 정리할 수 있다.

$$\rho \frac{\partial^2 y}{\partial t^2} = T\left(\frac{\partial^2 y}{\partial x^2}\right)_A \tag{3.4}$$

이 방정식은 선분을 따라 임의의 A 지점에서도 성립하므로 첨자 A를 생략하고 나타내어도 무방하다.

$$\rho\frac{\partial^2 y}{\partial t^2} = T\left(\frac{\partial^2 y}{\partial x^2}\right) \tag{3.5}$$

위의 방정식은 2계 제차 편미분 방정식(2'nd order homogeneous partial differential equation)으로서 선형화시킨 파동방정식을 나타내고 있다. 이 방정식의 양변은 모두 N/m의 단위를 갖고 있으며 만약 외부 입력 $P(x,t)$[N/m]가 주어진다면,

$$\rho\frac{\partial^2 y}{\partial t^2} = T\left(\frac{\partial^2 y}{\partial x^2}\right) + P(x,t) \tag{3.6}$$

꼴의 비제차 방정식으로 변형시켜야 할 것이다. 이제 (3.5)식을 아래와 같이 다시 쓰고,

$$\frac{\partial^2 y}{\partial t^2} = C^2\frac{\partial^2 y}{\partial x^2} \quad (\text{여기서 } C = \sqrt{\frac{T}{\rho}}) \tag{3.7}$$

이 식을 살펴보면 $C^2 = \left(\frac{\partial x}{\partial t}\right)^2$으로 이때 C는 $\pm x$축 방향으로의 파동전파속도임을 알 수 있다. EN50119(Overhead contact lines)에 의하면 열차의 최고속도는 전차선로의 파동전파속도의 70%를 넘지 못하게 규정하고 있다. 만약 열차가 파동전파속도에 근접하는 속도로 달린다면 팬터그래프 압상력에 의해 발생하는 전차선의 변위는 계속적으로 중첩되어 큰 이선을 유발하게 될 것이다.

1.2 파동방정식의 일반해

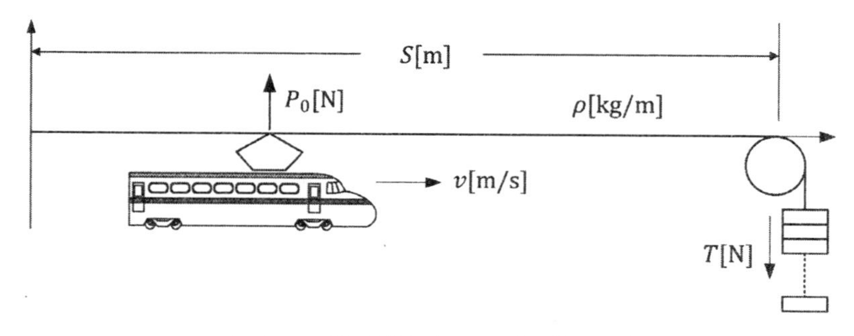

[그림 3.3] 전차선로 단순 현 모델

[그림 3.3]과 같이 단순 현으로 표현된 전차선로를 팬터그래프의 압상력 $P_0[\mathrm{N}]$, 속도 $v[\mathrm{m/s}]$로 달리는 열차에 의해 발생하는 전차선의 변위 $y(x,t)$는 (3.6)식과 같이 외부 입력이 주어진 파동방정식으로 표현할 수 있다. 이때 전차선의 한 점에 집중된 압상력 $P_0[\mathrm{N}]$을 (3.6)식에 반영시키기 위해서는 단위 길이당의 힘으로 적용시켜야 하므로((3.6)식의 좌우변은 단위 길이당의 힘을 나타내고 있음을 상기) 거리에 대해 적분을 하였을 때 $P_0[\mathrm{N}]$이 나오는, 다음과 같이 단위 임펄스 함수(Unit impulse function) δ를 사용하여 표현할 수 있다.

$$P(x,t) = P_0\delta(x - vt) \tag{3.8}$$

그러면 (3.6)식은 다음과 같이 쓸 수 있다.

$$\rho\frac{\partial^2 y}{\partial t^2} = T\left(\frac{\partial^2 y}{\partial x^2}\right) + P_0\delta(x - vt) \tag{3.9}$$

위의 비제차 파동방정식의 해법으로는 여러 가지 방법이 제안되고 있으나 여기서는 일본 전기철도핸드북에 소개되고 있는 변위식과 같은 형태로 유도하기 위해 그린(Green)의 함수를 이용하는 방법을 택하기로 한다. (【부록3】 참조)

이제 (3.9)식을 다음과 같이 바꿔 쓰기로 한다.

$$\frac{\partial^2 y}{\partial t^2} = C^2\frac{\partial^2 y}{\partial x^2} + \Phi(x,t), \qquad \Phi(x,t) = \frac{P_0}{\rho}\delta(x - vt) \tag{3.10}$$

이 식의 $t = 0^-$에서의 초기조건을

$$y = f(x,0^-), \ \frac{\partial y}{\partial t} = g(x,0^-) \tag{3.11}$$

라 하자. 즉, 초기조건은 $t = 0^-$에서 전차선의 변위를 나타내는 식 $f(x,0^-)$와 $t = 0^-$에서 전차선의 y축 방향(수직 방향) 속도를 나타내는 식 $g(x,0^-)$로 주어지게 된다. 이때 (3.10)식의 일반해는 다음과 같이 주어진다.

$$y(x,t) = \frac{\partial}{\partial t}\int_0^S f(\epsilon)G(x,\epsilon,t)d\epsilon + \int_0^S g(\epsilon)G(x,\epsilon,t)d\epsilon + \int_0^t \int_0^S \Phi(\epsilon,\tau)G(x,\epsilon,t-\tau)d\epsilon d\tau \tag{3.12}$$

여기서, $G(x,\epsilon,t)$는 소위 그린(Green) 함수로 불리는 함수로 경계조건(거리 x에 관한 조건)에 따라 다르게 주어지는데 우리가 검토하고자 하는 경우처럼 양단 $(x=0, x=S)$이 고정되어 있어 $y(0,t)=0, y(S,t)=0$ 인 경우라면,

$$G(x,\epsilon,t) = \frac{2}{C\pi}\sum_{n=1}^{\infty}\frac{1}{n}\sin\left(\frac{n\pi x}{S}\right)\sin\left(\frac{n\pi\epsilon}{S}\right)\sin\left(\frac{n\pi Ct}{S}\right) \tag{3.13}$$

로 주어진다. 이제 (3.13)식을 (3.12)식에 대입하여 적분을 수행하면 전차선의 변위 $y(x,t)$를 구할 수 있다. 실제로 (3.12)식을 계산하는 과정에서의 복잡성은 초기조건 함수 f와 g에 따라 좌우된다고 볼 수 있는데 $t=0^-$ 이전 시점에 전차선은 완전한 수평 상태를 유지하고 있고(즉, $f(x,0^-)=0$), 또한 전차선에 아무런 상하 진동도 없다면(즉, $g(x,0^-)=0$) (3.12)식은 우변의 세 번째 항의 계산만으로 간단히 귀결된다.

$$\begin{aligned} y(x,t) &= \int_0^t\int_0^S \frac{P_0}{\rho}\delta(\epsilon - v\tau)\frac{2}{C\pi}\sum_{n=1}^{\infty}\frac{1}{n}\sin\left(\frac{n\pi x}{S}\right)\sin\left(\frac{n\pi\epsilon}{S}\right)\sin\left(\frac{n\pi C(t-\tau)}{S}\right)d\epsilon d\tau \\ &= \frac{2P_0}{C\pi\rho}\sum_{n=1}^{\infty}\frac{1}{n}\sin\left(\frac{n\pi x}{S}\right)\int_0^t \sin\left(\frac{n\pi C(t-\tau)}{S}\right)\int_0^S \delta(\epsilon - v\tau)\sin\left(\frac{n\pi\epsilon}{S}\right)d\epsilon d\tau \end{aligned} \tag{3.14}$$

여기서 (3.14)식의 내측 적분은 δ함수의 Sifting property를 사용하여,

$$\int_0^S \delta(\epsilon - v\tau)\sin\left(\frac{n\pi\epsilon}{S}\right)d\epsilon = \sin\left(\frac{n\pi v\tau}{S}\right)\int_0^S \delta(\epsilon - v\tau)d\epsilon = \sin\left(\frac{n\pi v\tau}{S}\right) \tag{3.15}$$

이므로

$$\int_0^t \sin\left(\frac{n\pi C(t-\tau)}{S}\right)\sin\left(\frac{n\pi v\tau}{S}\right)d\tau = \frac{S}{n\pi}\left\{\frac{C}{C^2-v^2}\sin\left(\frac{n\pi vt}{S}\right) - \frac{v}{C^2-v^2}\sin\left(\frac{n\pi Ct}{S}\right)\right\} \tag{3.16}$$

이제 (3.14)식에 대입하여 정리하면 다음과 같은 식을 얻을 수 있다.

$$y(x,t)=\frac{1}{1-\left(\frac{v}{C}\right)^2}\frac{2P_0S}{\pi^2T}\sum_{n=1}^{\infty}\frac{1}{n^2}\left\{\sin\left(\frac{n\pi vt}{S}\right)-\frac{v}{C}\sin\left(\frac{n\pi Ct}{S}\right)\right\}\sin\left(\frac{n\pi x}{S}\right) \quad (3.17)$$

2. 집중질량 모델에 의한 전차선 해석

2.1 집중질량 모델

앞 절에서 설명한 전차선 해석 방법은 송전선로 해석 시의 분포정수회로와 같이 전차선을 분포질량으로 보고 분석적 해(Analytical solution)를 구한 것으로서 엄밀한 의미의 완전해라고 할 수 있으나, 실제 전차선로와 같이 가선 구조가 복잡한 시스템에서는 가선계의 구성 요소들을 반영한 분석적 해를 구하기는 어렵다고 할 수 있다. 이에 대한 대안으로 전차선을 일정 간격으로 나누어 각 구간의 질량이 한 곳에 집중되어 있다고 보고 전차선을 모델링하여 수치해석적 해(Numerical solution)를 구하는 방법에 대해 설명하고자 한다. [그림 3.4]와 같이 L의 간격으로 위치한 전차선의 집중질량을 m_i $(i=1,2,\cdot\cdot\cdot n)$라 하면 역시 좌우에도 m_{i-1}, m_{i+1}의 집중질량이 있고 이들의 변위를 각각 y_i , y_{i-1} 및 y_{i+1} 이라 하자. 또한 전차선의 장력은 T로 일정하다. 그러면 집중질량 m_i에 관한 운동방정식을 다음과 같이 유도할 수 있다.

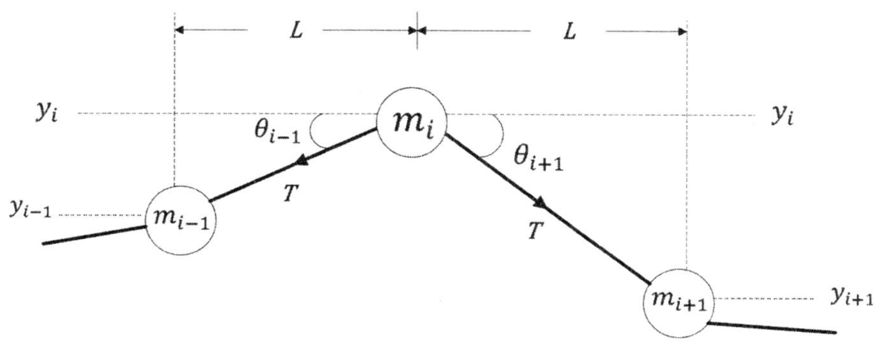

[그림 3.4] 집중질량 m_i에 작용하는 힘

m_i에 작용하는 장력의 $-y$축 방향 수직분력 $= T\sin\theta_{i-1} + T\sin\theta_{i+1}$

m_i에 작용하는 관성력 $= m_i \dfrac{d^2 y_i}{dt^2}$

장력의 수직분력과 관성력의 합이 0이 되어야 하므로

$$m_i \frac{d^2 y_i}{dt^2} + T(\sin\theta_{i-1} + \sin\theta_{i+1}) = 0 \tag{3.18}$$

여기서 구간 길이 L에 비해 집중질량의 변위차가 매우 작다면 즉, θ_{i-1} 및 θ_{i+1}이 0에 가깝다면 (3.18)식은 다음과 같이 선형화시킬 수 있다.

$$\sin\theta_{i-1} \approx \tan\theta_{i-1} = \frac{y_i - y_{i-1}}{L}$$

$$\sin\theta_{i+1} \approx \tan\theta_{i+1} = \frac{y_i - y_{i+1}}{L}$$

로 쓸 수 있고 따라서 (3.18)식은,

$$m_i \frac{d^2 y_i}{dt^2} + \frac{T}{L}(-y_{i-1} + 2y_i - y_{i+1}) = 0 \tag{3.19}$$

(3.19)식은 분포질량으로 보고 유도된 (3.5)식의 파동방정식을 집중질량의 경우로 변환시킨 식이다. 전차선의 양단이 고정되어 있는 경우, 위 식은 $i = 2, 3, \cdot\cdot\cdot\ n-1$ 집중질량에 대해 적용하고 첫 번째 집중질량(m_1)과 마지막 집중질량(m_n)에 대해서는 다음과 같이 변형시킨 식을 적용 시켜야 할 것이다.

$$m_1 \frac{d^2 y_1}{dt^2} + \frac{T}{L}(3y_1 - y_2) = 0 \quad (i = 1) \tag{3.20}$$

$$m_n \frac{d^2 y_n}{dt^2} + \frac{T}{L}(-y_{n-1} + 3y_n) = 0 \quad (i = n) \tag{3.21}$$

한편 팬터그래프의 압상력 $P_0[\mathrm{N}]$($+y$축 방향)이 예를 들어 k번째 집중질량 m_k에 작용하고 있을 때라면 운동방정식은 다음과 같이 된다.

$$m_k \frac{d^2 y_k}{dt^2} + \frac{T}{L}(-y_{k-1} + 2y_k - y_{k+1}) = P_0 \quad (k=2, 3, \cdot\cdot\cdot n-1 \text{ 경우}) \tag{3.22}$$

2.2 유한차분법

미분방정식으로 표현되는 질량점의 운동방정식을 수치해석적으로 풀기 위하여 다음과 같은 유한차분법을 사용하기로 한다. 함수 $f(t)$에서 증분 Δt를 고려할 때,

$$f(t+\Delta t) = f(t) + \Delta t \frac{df}{dt} + \frac{\Delta t^2}{2!}\frac{d^2 f}{dt^2} + \frac{\Delta t^3}{3!}\frac{d^3 f}{dt^3} + \cdot\cdot\cdot \tag{3.23}$$

$$f(t-\Delta t) = f(t) - \Delta t \frac{df}{dt} + \frac{\Delta t^2}{2!}\frac{d^2 f}{dt^2} - \frac{\Delta t^3}{3!}\frac{d^3 f}{dt^3} + \cdot\cdot\cdot \tag{3.24}$$

와 같이 Taylor 급수로 전개를 할 수 있으며 여기서 (3.23)와 (3.24)식의 우변에서 3번째 이상의 항을 무시하고 (3.23)−(3.24)을 하면,

$$\frac{df}{dt} = \frac{1}{2\Delta t}\{f(t+\Delta t) - f(t-\Delta t)\} \tag{3.25}$$

과 같이 1계 도함수의 차분 근사식을 얻을 수 있으며 (3.23)식과 (3.24)식의 우변에서 4번째 이상의 항을 무시하고 (3.23)+(3.24)을 하면,

$$\frac{d^2 f}{dt^2} = \frac{1}{\Delta t^2}\{f(t+\Delta t) - 2f(t) + f(t-\Delta t)\} \tag{3.26}$$

과 같은 2계 도함수의 차분 근사식을 얻을 수 있다.

2.3 팬타그래프 모델링 및 운동방정식

팬타그래프를 모델링하는 경우에는 팬타그래프의 집중질량을 몇 개로 설정하느냐에 따라 보통 1자유도(DOF, Degree of freedom), 2자유도 및 3자유도 모델로 분류한다. KTX에 사용하는 GPU 팬타그래프는 3자유도 모델로 선정하는 경우가 많으며 이 때 상부 질량 M_1은 집전판 부분의 질량, 중간 질량 M_2는 팬헤드 및 상부암 동질량 그리고 하부 질량 M_3는 상부/하부 암의 동질량으로 나타낸다. 이들 질량을 스프링(Spring)과 댐퍼(Damper) 요소로 연결시킨 모델을 [그림 3.5]에 나타내었다. 상부와 중간 질량 사이, 중간과 하부 질량 사이에는 제동계수(Damping coefficient)를 보통 무시하고 있으며(아니면 매우 작은 값으로 설정) 하부 질량과 차량 천정 사이에는 스프링 계수를 무시하고 제동계수만을 설정하고 있다. Y_1, Y_2 및 Y_3는 각각 상부, 중간 및 하부 질량의 변위를 나타내고 있다. f_s는 차량이 주행 중에 공기의 흐름에 의한 집전판의 양력을 나타내고 속도에 관한 함수로 표현된다. P_0는 정상 압력을 나타낸다. 그리고 P_m은 집전판이 가선된 전차선으로부터 받는 접촉력으로써 위치와 시간에 따른 팬타그래프와 전차선의 동특성으로부터 구해지게 된다.

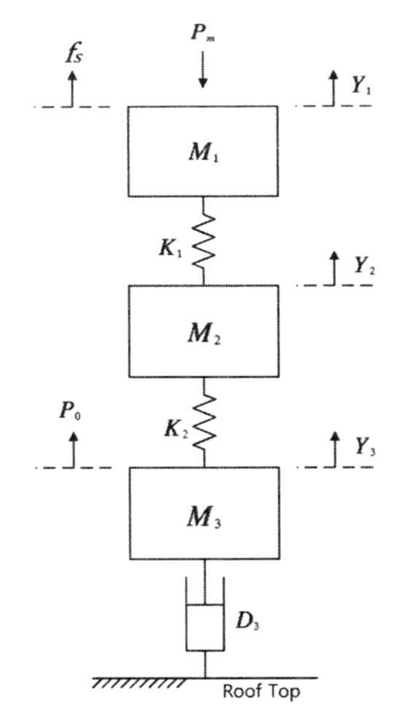

[그림 3.5] 팬타그래프 3자유도 모델(KTX의 GPU 형)

이제 각 질량점에서의 운동방정식을 구하면 다음과 같이 된다.

(a) M_1 질량점에서의 운동방정식

$$M_1 \frac{d^2 Y_1}{dt^2} + K_1(Y_1 - Y_2) + P_m - f_s = 0 \tag{3.27}$$

(b) M_2 질량점에서의 운동방정식

$$M_2 \frac{d^2 Y_2}{dt^2} + K_1(Y_2 - Y_1) + K_2(Y_2 - Y_3) = 0 \tag{3.28}$$

(c) M_3 질량점에서의 운동방정식

$$M_3 \frac{d^2 Y_3}{dt^2} + D_3 \frac{dY_3}{dt} + K_2(Y_3 - Y_2) - P_0 = 0 \tag{3.29}$$

(3.27)~(3.29)의 방정식에 차분법을 적용하고 정리하면 다음과 같이 된다.

$$Y_1(t+\Delta t) = \left(2 - \frac{\Delta t^2}{M_1} K_1\right) Y_1(t) + \frac{\Delta t^2}{M_1} K_1 Y_2(t) - \frac{\Delta t^2}{M_1} P_m(t) - Y_1(t-\Delta t) + \frac{\Delta t^2}{M_1} f_s \tag{3.30}$$

$$Y_2(t+\Delta t) = \frac{\Delta t^2}{M_2} K_1 Y_1(t) + \left\{2 - \frac{\Delta t^2}{M_2}(K_1 + K_2)\right\} Y_2(t) + \frac{\Delta t^2}{M_2} K_2 Y_3(t) - Y_2(t-\Delta t) \tag{3.31}$$

$$Y_3(t+\Delta t) = \frac{1}{\left(\dfrac{\Delta t}{2M_3} D_3 + 1\right)} \times \left\{\frac{\Delta t^2}{M_3} K_2 Y_2(t) + \left(2 - \frac{\Delta t^2}{M_3} K_2\right) Y_3(t) + \frac{\Delta t^2}{M_3} P_0 + \left(\frac{\Delta t}{2M_3} D_3 - 1\right) Y_3(t-\Delta t)\right\} \tag{3.32}$$

3. 접촉력 및 전차선 변위 계산 예

집중질량 모델을 사용하여 열차가 운행 중에 발생하는 전차선의 변위와 팬타그래프 사이의 접촉력을 계산하는 예를 살펴보기로 한다. 전차선은 심플 카테나리 방식의 전차선로를 대상으로 [그림 3.6]과 같이 집중질량을 설정하기로 한다. 예제의 선로는 1경간에 60[m]로 8경간이 하나의 인류구간인 480[m]의 선로이며 드로퍼의 간격은 6[m]씩 배열되어 있다. 이때 트롤리선의 질량점 간격은 1[m]로, 그리고 메신저선의 질량점 간격은 3[m]로 설정하기로 한다. 질량점의 개수가 많은, 예제와 같은 운동계에서는 방정식을 구하는 과정에서 발생할 수 있는 착오와 이후 수치해석 프로그램 작성의 효율성을 고려하여 트롤리선과 메신저선의 질량점 번호는 체계적으로 부여되어야 하며 예제 [그림 3.6]과 같은 경우 트롤리선의 질량점 번호를 N_t 그리고 메신저선의 질량점 번호를 N_m 이라 할 때, 이들 두 질량점 번호 간에는 다음과 같은 규칙이 있다.

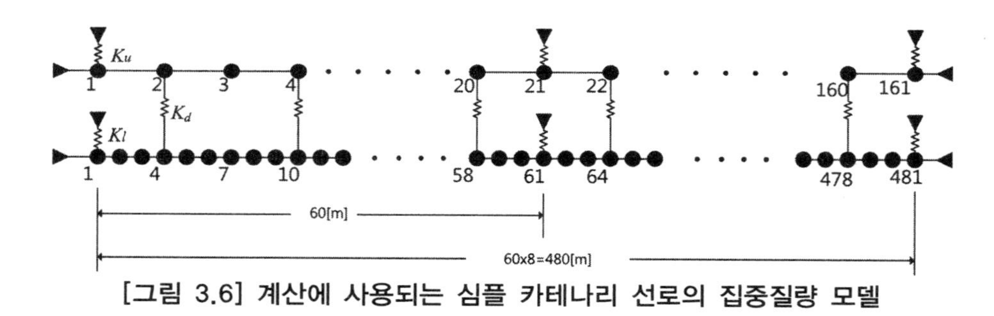

[그림 3.6] 계산에 사용되는 심플 카테나리 선로의 집중질량 모델

$$N_t = 3\times(N_m - 1) + 1 \quad (N_m = 1, 2, ...161) \tag{3.33}$$

$$N_m = \frac{1}{3}\times(N_t - 1) + 1 \quad (N_t = 1, 2, ...481)$$

[그림 3.6]에서 y_i는 트롤리선 질량점 i의 변위 그리고 x_i는 메신저선 질량점 i의 변위를 나타낸다. 이 외 계산에 사용되는 선로 관련 상수는 다음의 [표 3.1]과 같다. 메신저선은 현수선 형태를 취하므로 각 질량점 간격 간의 길이가 상이하겠으나 매우 작은 값이므로 무시하기로 하며 트롤리선은 수직 편위에 차이가 없는 평탄한 선로로 가정하기로 한다. 한편, 드로퍼의 질량은 역시 무시하기로 하며 EN 50318(Railway applications-Current collection systems-Validation of simulation of the dynamic interaction between pantograph and overhead contact line) 규정에 따라 인장 시와 압

축 시가 서로 다른 탄성 계수를 갖는 비선형 탄성체로 보기로 한다. 드로퍼에 대해서는 이렇게 설정하는 것이 일정한 탄성 계수를 갖는 스프링으로 간주하는 것 보다는 보다 현실적이라고 생각된다. 한편, 트롤리선과 메신저선에서의 댐핑은 RTRI의 연구 결과에 따르면 제동비(Damping ratio, ζ)가 각각 5[%] 및 1[%] 정도로 매우 작으므로 본 예제에서는 이를 무시하기로 하며 만약 이를 고려한다면 (3.19)식과 같은 질량점의 운동방정식에 제동계수(Damping coefficient, D)를 사용하여 다음식과 같이 반영하여야 한다.

$$m_i\frac{d^2y_i}{dt^2}+D\left(-\frac{dy_{i-1}}{dt}+2\frac{dy_i}{dt}-\frac{dy_{i+1}}{dt}\right)+\frac{T}{L}(-y_{i-1}+2y_i-y_{i+1})=0 \tag{3.34}$$

[표 3.1] 전차선로 관련 데이터

항목		데이터		비고
트롤리선		선밀도 : 1.334[kg/m], 인가 장력 : 20[kN]		Cu 150[mm^2]
메신저선		선밀도 : 0.605[kg/m], 인가 장력 : 14[kN]		CdCu 65[mm^2]
가동 브라켓	상부	K_u = 100[kN/m]		
	하부	K_l = 1[kN/m], 5[kN/m], 10[kN/m]		3가지 경우
드로퍼		중량은 무시	압축 시 $K_d=0$	
			인장 시 $K_d=$ 100[kN/m]	

[표 3.2] 팬타그래프 관련 데이터

항목		데이터	비고
질량	M_1	7.0[kg]	Alstom에서 제공하는 데이터 사용
	M_2	8.1[kg]	
	M_3	23.0[kg]	
탄성계수	K_1	9000[N/m]	
	K_2	1200[N/m]	
제동계수	D_3	140[Ns/m]	
정상압력	P_0	70[N]	
양력	f_s	$0.018v^2$[N]	v[m/s]

이제 트롤리선과 메신저선의 각 질량점에서의 운동방정식을 구하기로 한다.

(a) 트롤리선 일반 질량점($i = 2, 3, 5, 6, ..., 479, 480$)

$$m_t \frac{d^2 y_i}{dt^2} + \frac{T_t}{L_t}(-y_{i-1} + 2y_i - y_{i+1}) = 0$$

(여기서 $m_t = 1.334[\text{kg/m}] \times 1.0[\text{m}] = 1.334[\text{kg}]$, $L_t = 1.0[\text{m}]$, $T_t = 20[\text{kN}]$)

이 식에 차분법을 적용하면 다음과 같이 정리할 수 있다.

$$y_i(t+\Delta t) = ay_{i-1}(t) + 2(1-a)y_i(t) + ay_{i+1}(t) - y_i(t-\Delta t) \tag{3.35}$$

(단, $a = \dfrac{\Delta t^2}{m_t}\dfrac{T_t}{L_t}$)

(b) 트롤리선과 가동 브라켓 연결 질량점($i = 61, 121, ..., 361, 421$)

$$m_t \frac{d^2 y_i}{dt^2} + \frac{T_t}{L_t}(-y_{i-1} + 2y_i - y_{i+1}) + y_i K_l = 0$$

이 식에 차분법을 적용하고 정리하면 다음과 같이 된다.

$$y_i(t+\Delta t) = ay_{i-1}(t) + \{2(1-a)-c\}y_i(t) + ay_{i+1}(t) - y_i(t-\Delta t) \tag{3.36}$$

(단, $c = \dfrac{\Delta t^2}{m_t}K_l$)

(c) 트롤리선 드로퍼 연결 질량점($i = 4, 10, 16, ...472, 478$)

$$m_t \frac{d^2 y_i}{dt^2} + \frac{T_t}{L_t}(-y_{i-1} + 2y_i - y_{i+1}) + K_d(y_i - x_{1/3(i-1)+1}) = 0$$

차분법을 적용하고 정리하면,

$$y_i(t+\Delta t) = ay_{i-1}(t) + \{2(1-a)-d\}y_i(t) + ay_{i+1}(t) - y_i(t-\Delta t) + dx_{1/3(i-1)+1}(t) \tag{3.37}$$

(단, $d = \dfrac{\Delta t^2}{m_t}K_d$)

여기서 파라메타 d는 드로퍼의 인장 시 조건에 해당되는 $x_{1/3(i-1)+1} - y_i > 0$ 인 경우에는 [표 1]의 인장 시 K_d 값을 적용하여 계산하고, 압축 시 조건에 해당되는 $x_{1/3(i-1)+1} - y_i < 0$ 인 경우에는 압축 시의 K_d 값 0을 적용하여 계산한다.

(d) 트롤리선 1번 질량점

$$\frac{m_t}{2}\frac{d^2y_1}{dt^2}+\frac{T_t}{L_t}(3y_1-y_2)+K_l y_1=0$$

차분법을 적용하고 정리하면,

$$y_1(t+\Delta t)=\{2(1-3a)-2c\}y_1(t)+2ay_2(t)-y_1(t-\Delta t) \tag{3.38}$$

(e) 트롤리선 마지막(481번) 질량점

$$\frac{m_t}{2}\frac{d^2y_{481}}{dt^2}+\frac{T_t}{L_t}(-y_{480}+3y_{481})+K_l y_{481}=0$$

차분법을 적용하고 정리하면,

$$y_{481}(t+\Delta t)=2ay_{480}(t)+\{2(1-3a)-2c\}y_{481}(t)-y_{481}(t-\Delta t) \tag{3.39}$$

(f) 메신저선 일반 질량점($i=3, 5, 7, ..., 157, 159$)

$$m_m\frac{d^2x_i}{dt^2}+\frac{T_m}{L_m}(-x_{i-1}+2x_i-x_{i+1})=0$$

(여기서 $m_m=0.605[\mathrm{kg/m}]\times 3.0[\mathrm{m}]=1.815[\mathrm{kg}]$, $L_m=3.0[\mathrm{m}]$, $T_t=14[\mathrm{kN}]$)

이 식에 차분법을 적용하면 다음과 같이 정리된다.

$$x_i(t+\Delta t)=bx_{i-1}(t)+2(1-b)x_i(t)+bx_{i+1}(t)-x_i(t-\Delta t) \tag{3.40}$$

(단, $b=\frac{\Delta t^2}{m_m}\frac{T_m}{L_m}$)

(g) 메신저선과 가동 브라켓 연결 질량점($i=21, 41, ..., 121, 141$)

$$m_m\frac{d^2x_i}{dt^2}+\frac{T_m}{L_m}(-x_{i-1}+2x_i-x_{i+1})+x_iK_u=0$$

이 식에 차분법을 적용하고 정리하면 다음과 같이 된다.

$$x_i(t+\Delta t)=bx_{i-1}(t)+\{2(1-b)-s\}x_i(t)+bx_{i+1}(t)-x_i(t-\Delta t) \tag{3.41}$$

(단, $s=\frac{\Delta t^2}{m_m}K_u$)

(h) 메신저선 드로퍼 연결 질량점($i=2, 4, 6, ...159, 160$)

$$m_m \frac{d^2 x_i}{dt^2} + \frac{T_m}{L_m}(-x_{i-1} + 2x_i - x_{i+1}) + K_d(x_i - y_{3(i-1)+1}) = 0$$

차분법을 적용하고 정리하면,

$$x_i(t+\Delta t) = bx_{i-1}(t) + \{2(1-b) - g\}x_i(t) + bx_{i+1}(t) - x_i(t-\Delta t) + gy_{3(i-1)+1}(t) \quad (3.42)$$

(단, $g = \frac{\Delta t^2}{m_m} K_d$)

여기서 파라메타 g는 드로퍼의 인장 시 조건에 해당되는 $x_i - y_{3(i-1)+1} > 0$ 인 경우에는 [표 3.1]의 인장 시 K_d 값을 적용하여 계산하고, 압축 시 조건에 해당되는 $x_i - y_{3(i-1)+1} < 0$인 경우에는 압축 시의 K_d 값 0을 적용하여 계산한다.

(i) 메신저선 1번 질량점

$$\frac{m_m}{2} \frac{d^2 x_1}{dt^2} + \frac{T_m}{L_m}(3x_1 - x_2) + K_u x_1 = 0$$

차분법을 적용하고 정리하면,

$$x_1(t+\Delta t) = \{2(1-3b) - 2s\}x_1(t) + 2bx_2(t) - x_1(t-\Delta t) \quad (3.43)$$

(j) 메신저선 마지막(161번) 질량점

$$\frac{m_m}{2} \frac{d^2 x_{161}}{dt^2} + \frac{T_m}{L_m}(-x_{160} + 3x_{161}) + K_u x_{161} = 0$$

차분법을 적용하고 정리하면,

$$x_{161}(t+\Delta t) = 2bx_{160}(t) + \{2(1-3b) - 2s\}x_{161}(t) - x_{161}(t-\Delta t) \quad (3.44)$$

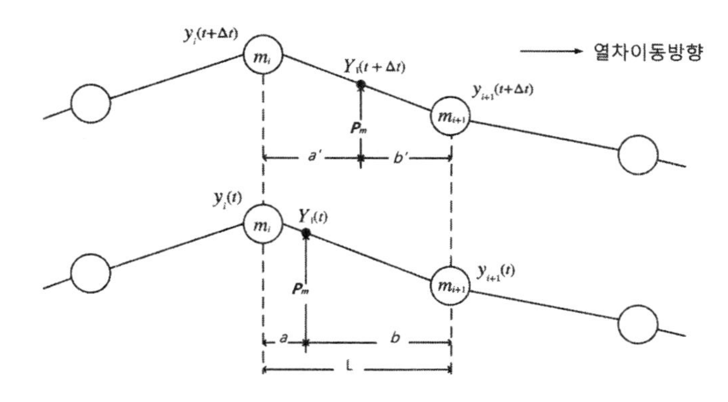

[그림 3.7] 질량점 간을 이동하는 경우 접촉력의 분배

한편, [그림 3.7]과 같이 팬타그래프가 트롤리선과 접촉하여 질량점 간을 이동할 때, 팬타그래프에 의한 접촉력 P_m은 접촉점으로부터 이 점의 양단에 놓여 있는 질량점까지의 거리에 선형적으로 반비례하여 나누어진다고 보면 시점 t에서 질량점 m_i에 작용하는 접촉력은 αP_m(여기서 $\alpha=\frac{b}{L}$)이 되며 질량점 m_{i+1}에 작용하는 접촉력은 βP_m(여기서 $\beta=\frac{a}{L}$)이 된다. 그 외의 질량점에 작용하는 접촉력은 0이다. 여기서 질량점 m_i 및 m_{i+1}에 작용하는 접촉력 αP_m 과 βP_m은 이 두 질량점의 운동방정식에 입력으로 작용하므로 열차가 이동함에 따라 해당되는 질량점의 운동방정식에 반영시켜야 한다. 이제 시점 $t+\Delta t$에서 팬타그래프는 m_{i+1} 질량점 쪽으로 $v\Delta t$(여기서 v는 차량의 이동 속도)만큼 이동하고 트롤리선과 팬타그래프의 접촉점에서 다음과 같은 비례관계식이 성립한다.

$$b': Y_1(t+\Delta t)-y_{i+1}(t+\Delta t)=a'+b': y_i(t+\Delta t)-y_{i+1}(t+\Delta t)$$

(여기서 Y_1는 팬타그래프 상부 질량 M_1의 변위)

$$\therefore Y_1(t+\Delta t)=\frac{b'}{L}y_i(t+\Delta t)+\frac{a'}{L}y_{i+1}(t+\Delta t)=\gamma y_i(t+\Delta t)+\delta y_{i+1}(t+\Delta t)$$

$$(\text{여기서 } \gamma=\frac{b'}{L},\ \delta=\frac{a'}{L}) \tag{3.45}$$

한편, 팬타그래프 상단 질량점의 변위를 나타내는 (3.30)식과 트롤리선의 변위를 나타내는 (3.35)~(3.39)식을 위의 (3.45)식과 연결시켜 정리하면 접촉력 $P_m(t)$를 다음과 같이 구할 수 있다. 팬타그래프가 트롤리선 질량점 i와 $i+1$ 사이에 위치해 있는 경우라면,

$$y_i(t+\Delta t)=D_i(t,t-\Delta t)+\frac{\Delta t^2}{m_t}\alpha P_m(t)$$

$$y_{i+1}(t+\Delta t)=D_{i+1}(t,t-\Delta t)+\frac{\Delta t^2}{m_t}\beta P_m(t)$$

여기서, $D_i(t,t-\Delta t)$ 와 $D_{i+1}(t,t-\Delta t)$는 질량점 i와 $i+1$에 해당하는 (3.35)~(3.39)식 중의 우변 항을 뜻한다. 이 식을 (3.45)식에 대입하고 $P_m(t)$에 대해 정리하면 다

음과 같이 된다.

$$P_m(t) = \frac{2Y_1(t) - Y_1(t-\Delta t) - \dfrac{\Delta t^2}{M_1}\{K_1[Y_1(t) - Y_2(t)] - f_s\} - \gamma D_i(t,t-\Delta t) - \delta D_{i+1}(t,t-\Delta t)}{\left\{\dfrac{1}{m_t}(\alpha\gamma + \beta\delta) + \dfrac{1}{M_1}\right\}\Delta t^2} \tag{3.46}$$

한편, 위의 (3.46)식으로 계산된 접촉력에는 Δt마다 반복되는 단속적인 임펄스 입력에 의해 상당히 높은 수준의 고조파 성분이 포함되게 된다. 앞에서 언급한 EN50318 규정에는 이러한 결과를 저역통과 필터(Low-pass filter)를 통해 0~20[Hz]까지만 추출해 접촉력 판단의 기준으로 삼을 것을 명기하고 있다. 여기서는 필터에 관한 구체적인 이론은 생략하고 $\mathrm{MATLAB_{TM}}$의 Butterworth 필터를 사용하여 필터링하는 방법에 대해 설명하고자 한다. Butterworth 필터의 특징은 통과 대역에서 매우 평탄한 진폭 특성을 갖게 설계할 수 있다는 것인데 일반적으로 이득은 통과 대역의 모든 주파수에서 동일하다고 볼 수 있다. 단, 위상 응답은 주파수에 따라 비선형으로 변해 필터링 된 결과는 원래의 결과와 비교해서 시간 지연이 발생하게 된다. 다음은 $\mathrm{MATLAB_{TM}}$에서 Butterworth 필터를 사용하는 명령문에 대해 기술하고 있다.

1) $\mathrm{x_{non}} = \mathrm{P_m(t)}$;

% (3.46)식으로 계산된 결과를 필터링 전 데이터 $\mathrm{x_{non}}$라 하자.

2) $\mathrm{F_s} = \dfrac{1}{\Delta t}$;

% $\mathrm{F_s}$는 샘플링 주파수로서 필터링 전 데이터 $\mathrm{x_{non}}$는 Δt초 마다 샘플링 된 결과이므로 샘플링 주파수는 이의 역수가 된다. $\mathrm{F_s}$가 정수가 아닌 경우에는 반올림한 값을 샘플링 주파수로 한다.

3) $\mathrm{n} = 5$;

% 필터의 차수를 지정한다. 필터의 차수가 증가할수록 Cut-off 주파수 이상에서 날카롭게 이득이 줄어들어 이상적인 필터에 가까워지나 시간 지연이 늘어나게 된다. 여기서는 5차의 필터를 사용하는 것으로 한다.

4) $\omega_c = 20$;

% Cut-off 주파수를 설정한다. 여기서는 20[Hz]

5) $F_n = \frac{F_s}{2}$;

% Nyquist 주파수에 해당.

6) ftype = 'low' ;

% 필터 종류를 설정한다. low로 지정하면 저역통과필터를 의미.

7) $[b, a] = \text{butter}\left(n, \frac{\omega_c}{F_n}, \text{ftype}\right)$;

% butter 함수를 사용하여 저역통과필터를 설계한다. b에는 설계된 Butterworth 필터의 분자에 해당하는 계수들이 저장되고, a에는 분모에 해당하는 계수들이 저장된다. 이들은 다음 단계의 filter함수에 입력으로 들어간다.

8) $x_{filtered} = \text{filter}(b, a, x_{non})$;

% $x_{filtered}$에 필터링된 접촉력이 저장된다.

4. 시뮬레이션 결과

아래의 [그림 3.8], [그림 3.9] 및 [그림 3.10]은 각각 가동 브라켓 하부의 탄성계수(K_l)를 1[kN], 5[kN] 및 10[kN]으로 변경하였을 경우 ⓐ팬타그래프 접촉점에서의 트롤리선 변위, ⓑ팬타그래프가 200[m] 지점을 통과할 때의 트롤리선 변위, ⓒ접촉력(필터링 전) 및 ⓓ접촉력(필터링 후, 0~20[Hz])를 나타내고 있다. 시뮬레이션에 사용된 프로그램은 MATLAB 코드를 사용하여 작성되었으며 그 일례를 【부록4】에 첨가하였다.

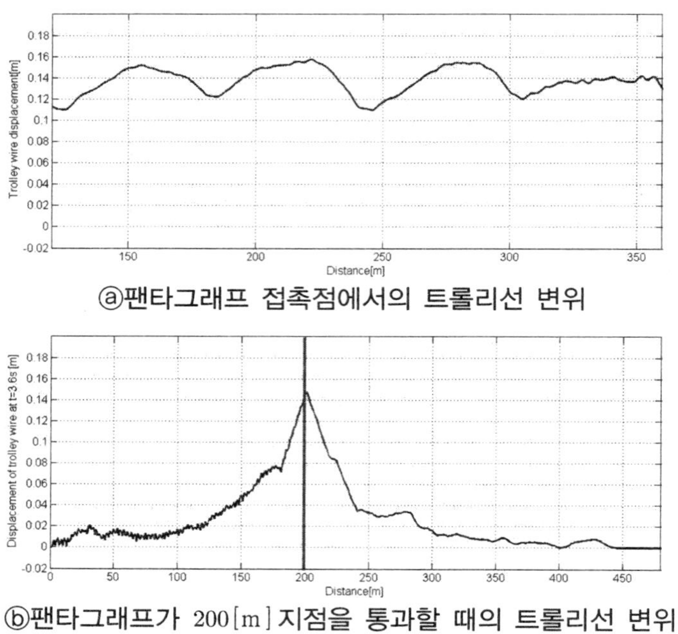

ⓐ팬타그래프 접촉점에서의 트롤리선 변위

ⓑ팬타그래프가 200[m] 지점을 통과할 때의 트롤리선 변위

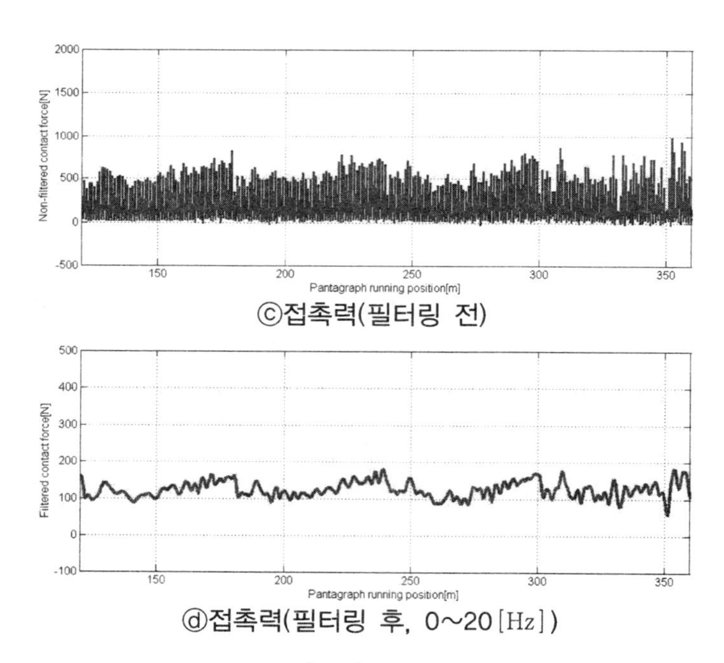

ⓒ접촉력(필터링 전)

ⓓ접촉력(필터링 후, 0~20[Hz])

[그림 3.8] $K_l = 1[\mathrm{kN}]$인 경우 시뮬레이션 결과

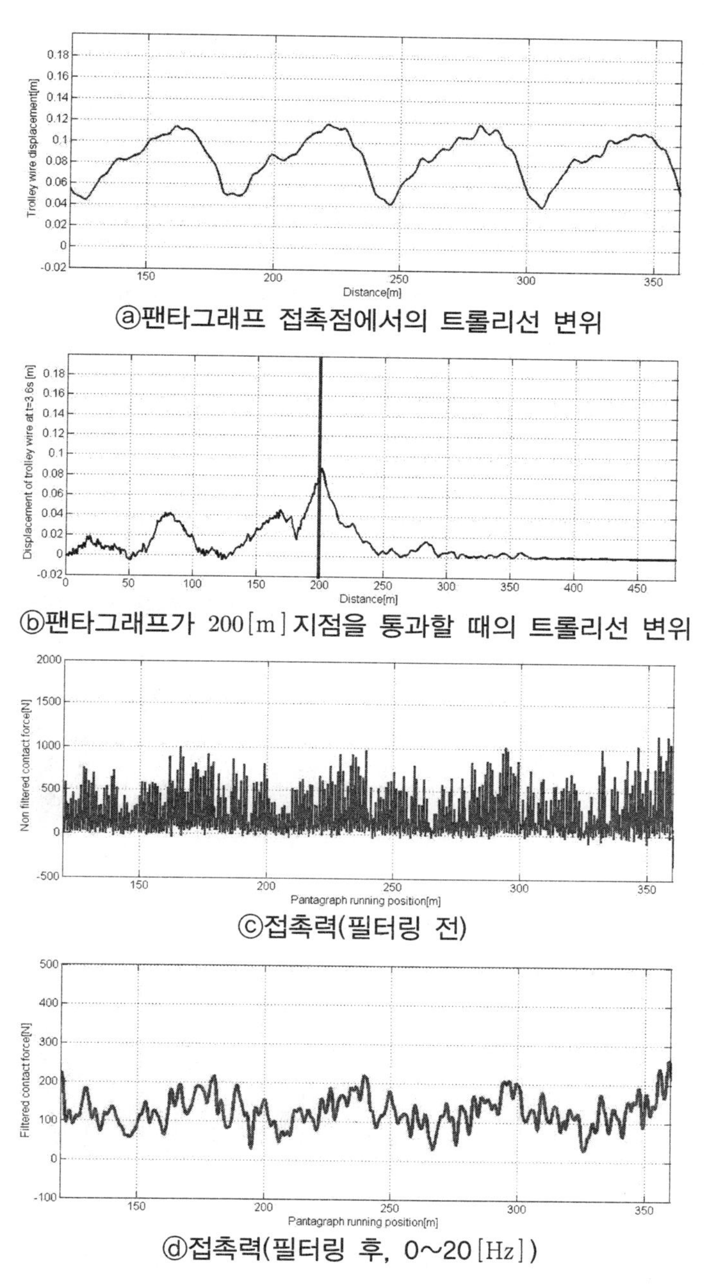

ⓐ팬타그래프 접촉점에서의 트롤리선 변위

ⓑ팬타그래프가 200[m] 지점을 통과할 때의 트롤리선 변위

ⓒ접촉력(필터링 전)

ⓓ접촉력(필터링 후, 0~20[Hz])

[그림 3.9] $K_l = 5[\mathrm{kN}]$ 인 경우 시뮬레이션 결과

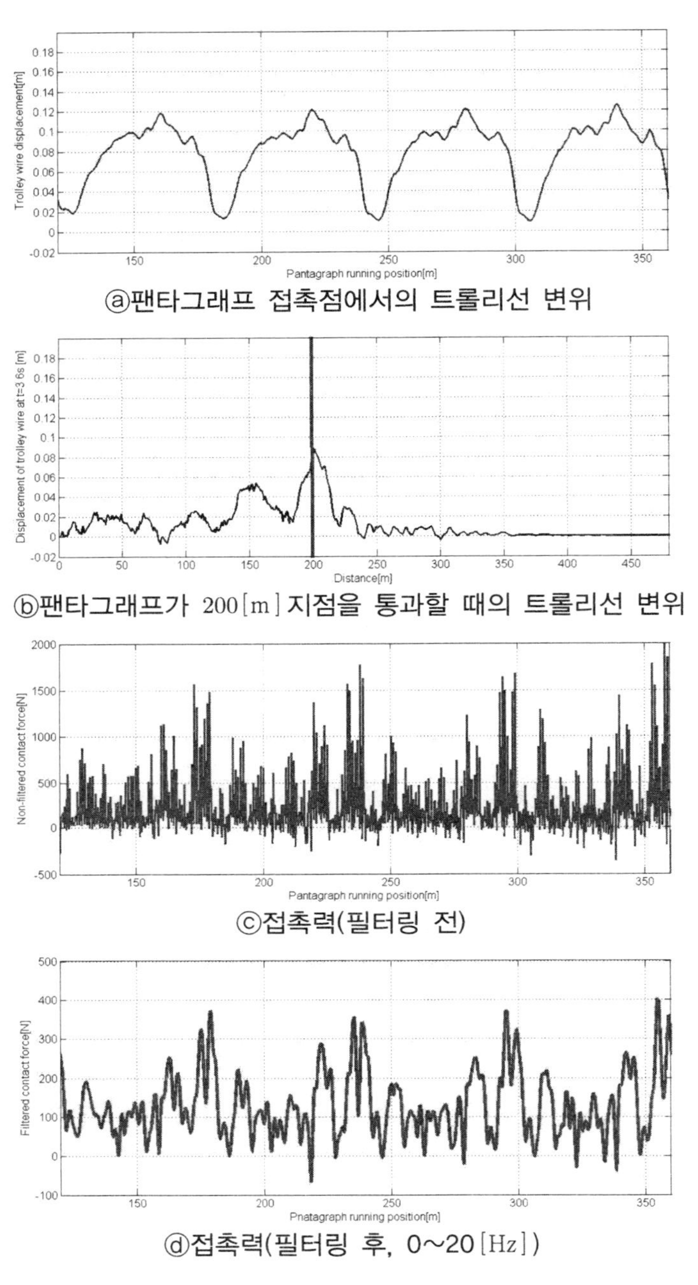

ⓐ팬타그래프 접촉점에서의 트롤리선 변위

ⓑ팬타그래프가 200[m] 지점을 통과할 때의 트롤리선 변위

ⓒ접촉력(필터링 전)

ⓓ접촉력(필터링 후, 0~20[Hz])

[그림 3.10] $K_l = 10[\mathrm{kN}]$인 경우 시뮬레이션 결과

시뮬레이션 결과는 심플 카테나리 전차선의 연점과 경점에 의한 변화를 잘 보여주고 있는데, 브라켓의 강성(탄성계수)이 클수록 이 부분이 경점으로 작용하여 접촉력의 변동이 심해지고 결과적으로 이선을 유발할 수 있음을 보여주고 있다. ([그림 3.10]의 ⓓ를 살펴보면 접촉력이 0 이하로 떨어지는 부분이 나타나는데 이 지점에서

전차선은 팬타그래프로부터 이선이 된다.) 반대로 브라켓의 강성이 줄어들수록 접촉력의 변동폭은 줄어들고 안정적인 집전을 보이는 경향이 있으나 트롤리선의 변위가 증가하고 브라켓 지점에서의 압상량도 증가하여 규정에 의한 브라켓 압상량을 넘어서는 경우도 발생할 수 있다([그림 3.8]의 ⓐ).

본 예제에서는 가동 브라켓 상부, 하부 그리고 드로퍼의 강성만을 고려한 집중질량 모델을 만들고 이로부터 트롤리선의 변위와 접촉력을 계산해 보았으나 실제 전차선을 설계하는 경우에는 반영시켜야 할 기계적 요소(질량, 강성, 댐핑 등)에 의해 다양한 모델을 고려할 수 있고 이로부터 정확한 전차선의 집중질량 방정식을 유도하여야 할 것이다. 한편 선로에 투입되는 차량의 팬타그래프 모델도 여러 가지가 있으며 이들의 동특성 방정식도 역시 결과에 중요한 영향을 미치므로 주의가 필요하다고 할 수 있겠다.

제4장

선로 임피던스 계산

1. Carson-Pollaczeck의 자기 및 상호 임피던스 공식

교류 가공 전차선로는 회로 해석적으로 전위가 틀린 다수의 도체군이 장거리를 병행하여 설치되어 있으므로 자기 임피던스는 물론 이들 도체 상호간의 상호 임피던스도 무시하지 못할 정도로 존재하게 된다. 가공 전선의 자기 및 상호 임피던스는 전선의 크기, 재질 및 지표로부터의 평균높이, 전선 상호간의 수평·수직 이격 거리 등에 의존하는데 일반적으로 다음과 같은 Carson-Pollaczeck의 공식을 이용하여 구하고 있다.

1.1 대지 귀로 자기 임피던스(Z_S)

일반적으로 지표에서 h[m]의 높이에 가설된 반경 r[m]도체의 대지 귀로 외부 임피던스 Z_e는 다음과 같은 Carson-Pollaczeck의 식으로 표현된다.

$$Z_e = \omega\left\{(0.5\pi - \beta h) + j\left(2\cdot\ln\frac{2}{\alpha r} + \beta h - 0.1544\right)\right\}\times 10^{-4}[\Omega\ /\text{km}] \tag{4.1}$$

여기서,

$\omega = 2\pi f$: 각속도

$\alpha = 2\pi\sqrt{2\sigma f \times 10^{-7}}$

$\sigma = 5 \times 10^{-3}$ [l/Ω m] : 대지 도전율

(대지 도전율은 일반적으로 0.001~0.1, 중간값인 5×10^{-3}으로 하기로 한다.)

$\beta = \dfrac{4\sqrt{2}}{3}\alpha$

f : 주파수

한편 전선의 내부 임피던스 Z_i는

$$Z_i = R_i + j\omega L_i \quad [\Omega\ /\text{km}] \tag{4.2}$$

단, R_i: 전선의 고유저항 [Ω /km]

L_i: 전선의 내부 인덕턴스 [H/km]

(원형 단면을 갖는 전선의 내부에 전류가 균일하게 흐르면 인덕턴스 L_i는 다음과 같이 쓸 수 있다. '전자기학' 관련 서적을 참조 바람.)

$$L_i = \frac{\mu}{8\pi} \quad (\mu\text{는 투자율})$$

$$= \frac{\mu_o \mu_r}{8\pi} \quad (\mu_0\text{는 진공에 대한 투자율, } \mu_r\text{는 비투자율})$$

$$= \frac{4\pi \times 10^{-7} \mu_r}{8\pi} \, [\mathrm{H/m}]$$

$$= \frac{1}{2} \mu_r \times 10^{-4} \, [\mathrm{H/km}]$$

비투자율μ_r : Cu = 1, Al =1, Steel =100~300 정도.

따라서 가공 전선의 대지 귀로 자기 임피던스는 다음과 같이 된다.

$$Z_S = Z_e + Z_i \quad [\Omega/\mathrm{km}] \tag{4.3}$$

1.2 두 도체간의 상호 임피던스(Z_M)

지표상 높이 h_1, h_2[m], 그 수평거리 b[m]에 가선된 두 도체간의 상호 임피던스는 다음과 같은 Carson-Pollaczeck의 식으로 표현된다.

$$Z_M = \omega\left\{(0.5\pi - \beta' H) + j\left(2 \cdot \ln\frac{2}{\alpha D} + \beta' H - 0.1544\right)\right\} \times 10^{-4} [\Omega/\mathrm{km}] \tag{4.4}$$

여기서,

$$\alpha = 2\pi\sqrt{2\sigma f \times 10^{-7}}$$

$$\sigma = 5 \times 10^{-3} [1/\Omega\,\mathrm{m}]$$

$$\beta' = \frac{4}{3\sqrt{2}}\alpha$$

$D = \sqrt{b^2 + (h_1 - h_2)^2}$: 두 도체간의 거리 …… [그림 4.1] 참조

$H = h_1 + h_2$

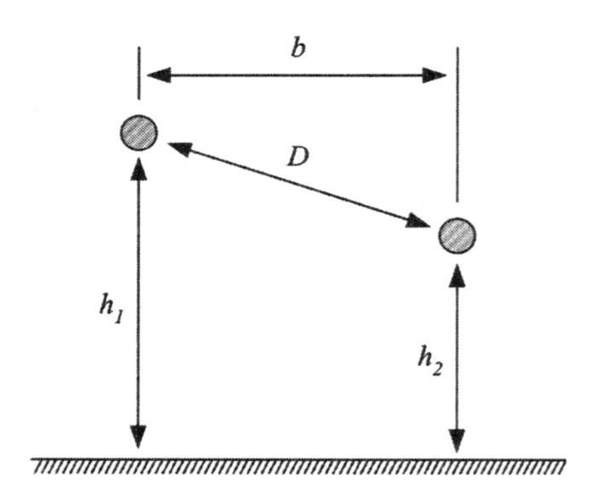

[그림 4.1] D의 설명

1.3 등전위 도체군의 합성 임피던스

[그림 4.2]와 같이 자기 임피던스가 Z_A 및 Z_B인 2도체가 1개의 도체군으로 등전위이며 이들 2도체간의 상호 임피던스가 Z_{AB}라 하면 합성 임피던스는 다음과 같이 계산된다.

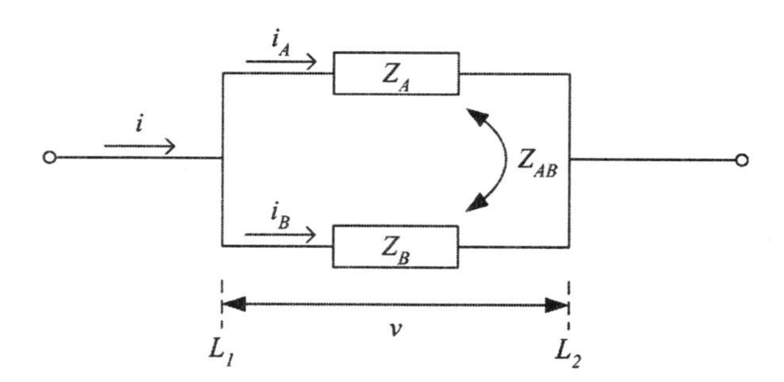

[그림 4.2] 상호 임피던스로 결합된 등전위 도체군

등전위 도체군이므로 두 지점 L_1, L_2간의 전압 강하는 동일하고 회로 상으로는 이들 두 지점에서 도체를 타이 라인으로 연결하는 것과 같다. 그러면,

$$v = Z_A i_A + Z_{AB} i_B \tag{4.5}$$

$$v = Z_B i_B + Z_{AB} i_A \tag{4.6}$$

(4.5)식과 (4.6)식으로부터,

$$i_B = \frac{v - Z_A i_A}{Z_{AB}} = \frac{v - Z_{AB} i_A}{Z_B}$$

$$\therefore \quad i_A = \frac{v(Z_B - Z_{AB})}{Z_A Z_B - Z_{AB}^2} \tag{4.7}$$

마찬가지로,

$$i_A = \frac{v - Z_{AB} i_B}{Z_A} = \frac{v - Z_B i_B}{Z_{AB}}$$

$$\therefore \quad i_B = \frac{v(Z_A - Z_{AB})}{Z_A Z_B - Z_{AB}^2} \tag{4.8}$$

$$i = i_A + i_B = \frac{v(Z_A + Z_B - 2Z_{AB})}{Z_A Z_B - Z_{AB}^2} \tag{4.9}$$

따라서 합성 임피던스 Z는,

$$Z = \frac{v}{i} = \frac{Z_A Z_B - {Z_{AB}}^2}{Z_A + Z_B - 2Z_{AB}} \tag{4.10}$$

2. AT 급전선로의 선로 임피던스 계산 예

Carson-Pollaczeck의 공식을 이용하여 AT 급전선로의 선로 임피던스를 계산하는 방법을 요약하자면 다음과 같다. 우선은 등전위를 이루는 도체군 내에서 각 개별 도체마다 자기 임피던스를 구하고 이들 개별 도체간의 상호 임피던스를 구한 후, 등전위 도체군 전체의 자기 임피던스를 구한다. 이렇게 등전위 도체군마다의 자기 임피던스가 구해지면 이제는 전위가 틀린 두 도체군 간의 상호 임피던스를 구한다. 계산에 필요한 사항은 공식에서 알 수 있듯이 급전선로의 지오메트리(Geometry)와 전선들의 특성이며 얻고자하는 최종 결과는 AT 급전해석에 사용되는 단위 길이 당 전차 선로(전차선(C), 레일(R), 급전선(F))의 자기 임피던스 및 상호 임피던스 Z_{CC}, Z_{RR}, Z_{FF}, Z_{CR}, Z_{RF}, Z_{CF}이다. AT 급전선로를 예로서 설명하나, 물론 BT 급전선로에 대해서도 동일한 방법으로 전차선로의 임피던스 계산을 수행하면 된다.

2.1 전차선로의 기하학적 배치

전차선로의 지오메트리는 [그림 4.3]과 같다. 그림의 장주도는 프랑스 TGV자료를 인용한 것이다.

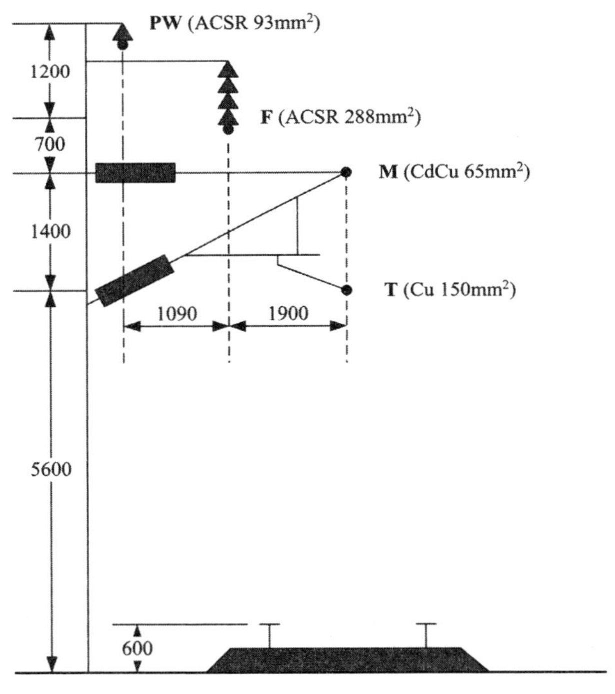

[그림 4.3] 전차선로의 기하학적 배치

2.2 사용 전선의 특성

예제에 사용한 전선의 특성을 [표 4.1]에 나타내었다. 표의 제 특성들은 프랑스 TGV 자료를 인용한 것이다.

[표 4.1] 가선재의 특성표

특성 \ 선명 및 기호	전차선(T)	조가선(M)	급전선(F)	보호선(PW)
재질	HDCC	CdCu	ACSR	ACSR
단면적[mm^2]	150	65.49	288.35	93.3
지름[mm]	13.6	10.50	22.05	12.5
단위 중량[kg/m]	1.334	0.605	1.107	0.437
전선의 장력[kgf]	2,000	1,400	900	400
저항율 [$\mu\Omega/cm^2/cm$]	1.7593	2.93	2.8284	2.8264

2.3 대지 귀로 자기 임피던스의 계산

가. 등가 전차선의 대지 귀로 자기 임피던스(전차선 및 조가선)

(1) 전차선의 대지 귀로 자기 임피던스(Cu 150[mm^2])

1) 내부 임피던스(Z_{t1})

   – 단위 길이 당 저항 : $R_t = 0.1759$ [Ω/km]

   – 단위 길이 당 인덕턴스 : $L_t = 0.5\times10^{-4}$ [H/km] ($\mu_r = 1$ 적용)

   – 내부 임피던스

   $$Z_{t1} = R_t + j\omega L_t = 0.1759 + j0.0188 \quad [\Omega/\text{km}]$$

2) 외부 임피던스(Z_{t2})

   (4.1)식에서

   $$\alpha = 2\pi\sqrt{2\sigma f\times10^{-7}} = 1.5391\times10^{-3}$$

   $$\sigma = 5\times10^{-3} \quad [1/\Omega\ \text{m}]$$

$$\beta = \frac{4\sqrt{2}}{3}\alpha = 1.8856\alpha = 2.902\times10^{-3}$$

$h_t = 5.6$ [m]

$r_t = 6.8\times10^{-3}$ [m]

$\therefore Z_{t2} = 0.0586 + j0.9117$ [Ω /km]

3) 전차선의 대지 귀로 자기 임피던스(Z_T)

$Z_T = Z_{t1} + Z_{t2} = 0.2345 + j0.9305$[Ω /km]

(2) 조가선의 대지 귀로 자기 임피던스(CdCu 65 [mm^2])

1) 내부 임피던스(Z_{m1})

– 단위 길이 당 저항 : $R_m = 0.293$ [Ω /km]

– 단위 길이 당 인덕턴스 : $L_m = 0.5\times10^{-4}$ [H/km] ($\mu_r = 1$ 적용)

– 내부 임피던스

$Z_{m1} = R_m + j\omega L_m = 0.293 + j0.0188$ [Ω /km]

2) 조가선의 등가 높이

$$h_m = h - [\frac{2}{3}\times\frac{WL^2}{8T}] = 6.86 \quad [m]$$

$h = 7.0$ [m]

$W = 0.605$ [kg/m]

$T = 1400$ [kg]

$L = 63$ [m]

3) 외부 임피던스 (Z_{m2})

(4.1)식에서

$\alpha = 2\pi\sqrt{2\sigma f\times10^{-7}} = 1.5391\times10^{-3}$

$\sigma = 5\times10^{-3}$ [1/Ω m]

$$\beta = \frac{4\sqrt{2}}{3}\alpha = 1.8856\ \alpha = 2.902\times10^{-3}$$

$h_m = 6.86$ [m]

$r_m = 0.525\times10^{-2}$ [m]

$\therefore Z_{m2} = 0.0585 + j0.9313$[Ω /km]

4) 조가선의 대지 귀로 자기 임피던스(Z_M)

$$Z_M = Z_{m1} + Z_{m2} = 0.3515 + j0.9501 \quad [\Omega /\text{km}]$$

(3) 전차선과 조가선의 상호 임피던스

(4.4)식에서

$$\alpha = 2\pi\sqrt{2\sigma f \times 10^{-7}} = 1.5391 \times 10^{-3}$$

$$\sigma = 5 \times 10^{-3} \quad [1/\Omega\ \text{m}]$$

$$\beta' = \frac{4}{3\sqrt{2}}\alpha = 0.9428\ \alpha = 1.451 \times 10^{-3}$$

$$H = h_m + h_t = 6.86 + 5.6 = 12.46 \quad [\text{m}]$$

$$D = \sqrt{b^2 + (h_m - h_t)^2} = 1.26 \quad [\text{m}]\ (b = 0)$$

$$\therefore Z_{TM} = 0.0585 + j0.5180 \quad [\Omega /\text{km}]$$

(4) 등가 전차선의 대지 귀로 자기 임피던스

전차선(T)과 조가선(M)은 약 5m 마다 dropper로 연결되어 있으므로 마치 가공 송전선로의 복도체와 같은 동일 전위의 도체로 취급해야 한다. 등가 임피던스는 물론 이들의 기하학적 등가 반경 및 등가 높이를 미리 계산해 놓아 차후에 '전차선+조가선'을 일괄한 선로(C)와 레일(F) 및 급전선(F)간의 상호 임피던스를 계산하는 과정에 적용시키기로 한다.

1) 등가 임피던스(Z_{CC})

(4.10)식에서

$$Z_{CC} = \frac{Z_T Z_M - Z_{TM}^2}{Z_T + Z_M - 2Z_{TM}} = 0.1731 + j0.7316 \quad [\Omega /\text{km}]$$

$$Z_T = 0.2345 + j0.9305 \quad [\Omega /\text{km}]$$

$$Z_M = 0.3515 + j0.9501 \quad [\Omega /\text{km}]$$

$$Z_{TM} = 0.0585 + j0.5180 \quad [\Omega /\text{km}]$$

2) 등가 반경(r_c)

$$S_e = S_m - 2/3D$$

$$= 1.4 - \frac{2}{3} \times \frac{WL^2}{8T} = 1.26[\text{m}]$$

단, $W = 0.605 \quad [\text{kg/m}]$

$T = 1400 \quad [\text{kg}]$

$L = 63 \quad [\text{m}]$

$$\therefore r_c = (r_t \cdot r_m \cdot S_e^{\ 2})^{\frac{1}{4}} = 0.0868 \quad [\mathrm{m}]$$

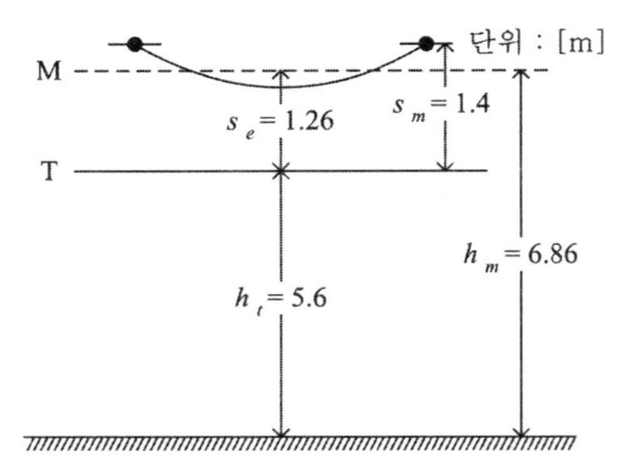

[그림 4.4] 전차선과 조가선의 위치

3) 등가 높이(h_c)

$$h_c = \sqrt{h_t \cdot h_m} = 6.20 \ [\mathrm{m}]$$

나. 등가 레일의 대지 귀로 자기 임피던스(레일 및 보호선)

(1) 레일 2본의 대지 귀로 자기 임피던스(50[kg/m])

1) 레일 1본의 내부 임피던스(Z_{r1})

- 단위 길이 당 저항 : $R_r = 0.017$ [Ω /km] …누설전류 0% 시의 값
- 단위 길이 당 인덕턴스 : $L_r = 5 \times 10^{-3}$ [H/km] ($\mu_r = 100$ 적용)
- 내부 임피던스

$$Z_{r1} = R_r + j\omega L_r = 0.017 + j1.885 \quad [\Omega\ /\mathrm{km}]$$

2) 레일 1본의 외부 임피던스(Z_{r2})

(4.1)식에서

$$\alpha = 2\pi\sqrt{2\sigma f \times 10^{-7}} = 1.5391 \times 10^{-3}$$

$$\sigma = 5 \times 10^{-3} \quad [1/\Omega\ \mathrm{m}]$$

$$\beta = \frac{4\sqrt{2}}{3}\alpha = 1.8856\ \alpha = 2.902 \times 10^{-3}$$

$$h_r = 0.6 \quad [\mathrm{m}]$$

$$r_{eq} = 0.0452 \quad [\mathrm{m}]$$

레일의 단면적 6420[mm^2] $\therefore r_{eq}= \sqrt{\frac{6420}{\pi}}$[mm]= 0.0452[m]

$\therefore Z_{r2} = 0.0592 + j0.7683$ [Ω /km]

3) 레일 1본의 대지 귀로 자기 임피던스(Z_r)

$Z_r = Z_{r1} + Z_{r2} = 0.0762 + j2.6533$ [Ω /km]

4) 레일 2본간의 상호 임피던스(Z_{rr})

(4.4)식에서

$$\alpha = 2\pi\sqrt{2\sigma f \times 10^{-7}} = 1.5391 \times 10^{-3}$$

$$\sigma = 5 \times 10^{-3} \quad [1/\Omega\ m]$$

$$\beta' = \frac{4}{3\sqrt{2}}\alpha = 0.9428\ \alpha = 1.451 \times 10^{-3}$$

$$H = h_r + h_r = 0.6 + 0.6 = 1.2 \quad [m]$$

$$D = 1.51 \quad [m]$$

$\therefore Z_{rr} = 0.0592 + j0.5038$[Ω /km]

5) 레일 2본의 대지 귀로 자기 임피던스(Z_R)

(4.10)식에서

$$Z_R = \frac{Z_r Z_r - Z_{rr}^2}{Z_r + Z_r - 2Z_{rr}} = \frac{Z_r + Z_{rr}}{2} = 0.0677 + j1.5786 \quad [\Omega\ /km]$$

$$Z_r = 0.0762 + j2.6533 \quad [\Omega\ /km]$$

$$Z_{rr} = 0.0592 + j0.5038 \quad [\Omega\ /km]$$

(2) 보호선의 대지 귀로 자기 임피던스(ACSR 93.3[mm^2])

1) 내부 임피던스(Z_{p1})

- 단위 길이 당 저항 : $R_p = 0.28264$ [Ω /km]
- 단위 길이 당 인덕턴스 : $L_p = 0.5 \times 10^{-4}$ [H/km] ($\mu_r = 1$ 적용)
- 내부 임피던스

$$Z_{p1} = R_p + j\omega L_p = 0.2826 + j0.0188 \quad [\Omega\ /km]$$

2) 보호선의 등가 높이

$$h_p = h - [\frac{2}{3} \times \frac{WL^2}{8T}] = 8.54 \quad [m]$$

$$h = 8.9 \quad [m]$$

$$W = 0.437 \quad [kg/m]$$

$T = 400$ [kg]

$L = 63$ [m]

3) 외부 임피던스(Z_{p2})

(4.1)식에서

$$\alpha = 2\pi\sqrt{2\sigma f \times 10^{-7}} = 1.5391 \times 10^{-3}$$

$$\sigma = 5 \times 10^{-3} \quad [1/\Omega\ m]$$

$$\beta = \frac{4\sqrt{2}}{3}\alpha = 1.8856\ \alpha = 2.902 \times 10^{-3}$$

$$h_p = 8.54 \quad [m]$$

$$r_p = 6.25 \times 10^{-3} [m]$$

$$\therefore Z_{p2} = 0.0583 + j0.9184 \quad [\Omega\ /km]$$

4) 보호선의 대지 귀로 자기 임피던스(Z_P)

$$Z_P = Z_{p1} + Z_{p2} = 0.3409 + j0.9372 \quad [\Omega\ /km]$$

(3) 레일과 보호선의 상호 임피던스

(4.4)식에서

$$\alpha = 2\pi\sqrt{2\sigma f \times 10^{-7}} = 1.5391 \times 10^{-3}$$

$$\sigma = 5 \times 10^{-3} \quad [1/\Omega\ m]$$

$$\beta' = \frac{4}{3\sqrt{2}}\alpha = 0.9428\ \alpha = 1.451 \times 10^{-3}$$

$$H = h_p + h_r = 8.54 + 0.6 = 9.14 \quad [m]$$

$$D = \sqrt{b^2 + (h_p - h_r)^2} = 8.48 \quad [m]\ (b = 2.99 \quad [m])$$

$$\therefore Z_{RP} = 0.0587 + j0.3741 \quad [\Omega\ /km]$$

(4) 등가 레일의 대지 귀로 자기 임피던스

1) 등가 임피던스(Z_{RR})

(4.10)식에서

$$Z_{RR} = \frac{Z_R Z_P - {Z_{RP}}^2}{Z_R + Z_P - 2Z_{RP}} = 0.1874 + j0.7776 \quad [\Omega\ /km]$$

$$Z_R = 0.0677 + j1.5786 \quad [\Omega\ /km]$$

$$Z_P = 0.3409 + j0.9372 \quad [\Omega\ /km]$$

$$Z_{RP} = 0.0587 + j0.3741 \quad [\Omega\ /km]$$

2) 등가 반경(r_{er})

$$r_r = \sqrt{r_{eq} \cdot S} = \sqrt{0.0452 \times 1.51} = 0.261[\mathrm{m}]$$

3) 등가 높이(h_r)

$$h_r = 0.6[\mathrm{m}]$$

다. 급전선의 대지 귀로 자기 임피던스

급전선의 경우는 앞에서 살펴 본 '전차선+조가선' 또는 '레일+보호선'의 경우와는 달리 급전선 단독으로만 구성된 선로이므로 급전선 자체의 내부 및 외부 임피던스만으로 구하면 된다. 따라서 '등가 선로'라는 표현은 붙이지 않기로 한다.

(1) 급전선의 대지 귀로 자기 임피던스(ACSR 288[mm²])

1) 내부 임피던스 (Z_{f1})

– 단위 길이 당 저항 : R_f = 0.2826 [Ω /km]

– 단위 길이 당 인덕턴스 : L_f = 0.5 × 10–4 [H/km] ($\mu_r = 1$ 적용)

– 내부 임피던스

$$Z_{f1} = R_f + jwL_f = 0.2826 + j0.0188 \quad [\Omega /\mathrm{km}]$$

2) 급전선의 등가 높이

$$h_f = h - [\frac{2}{3} \times \frac{WL^2}{8T}] = 7.293 \quad [\mathrm{m}]$$

h = 7.7 [m]

W = 1.107 [kg/m]

T = 900 [kg]

L = 63 [m]

3) 외부 임피던스(Z_{f2})

(4.1)식에서

$$\alpha = 2\pi\sqrt{2\sigma f \times 10^{-7}} = 1.5391 \times 10^{-3}$$

$$\sigma = 5 \times 10^{-3} \quad [1/\Omega\ \mathrm{m}]$$

$$\beta = \frac{4\sqrt{2}}{3}\alpha = 1.8856\alpha = 2.902 \times 10^{-3}$$

$$h_f = 7.293 \quad [\mathrm{m}]$$

$$r_f = 1.1025 \times 10^{-2} \quad [\mathrm{m}]$$

$$\therefore\ Z_{f2} = 0.0584 + j0.8754 \quad [\Omega /\mathrm{km}]$$

(2) 급전선의 대지 귀로 자기 임피던스

등가 임피던스(Z_{FF})

$$Z_{FF} = Z_{f1} + Z_{f2} = 0.341 + j0.8942 \quad [\Omega /km]$$

2.4 등가 선로간의 상호 임피던스 계산

가. 등가 자기 임피던스 계산 결과

앞에서 구한 등가 자기 임피던스, 등가 반경 및 등가 높이를 정리하면,

(1) 등가 전차선의 자기 임피던스

$$Z_{CC} = 0.1731 + j0.7316 \ [\Omega /km]$$

$$r_c = 0.0868 \quad [m]$$

$$h_c = 6.2 \quad [m]$$

(2) 등가 레일의 자기 임피던스

$$Z_{RR} = 0.1874 + j0.7776 \ [\Omega /km]$$

$$r_r = 0.261 \quad [m]$$

$$h_r = 0.6 \quad [m]$$

(3) 급전선의 자기 임피던스

$$Z_{FF} = 0.341 + j0.8942 \quad [\Omega /km]$$

$$r_f = 1.1025 \times 10^{-2} \quad [m]$$

$$h_f = 7.293 \quad [m]$$

나. 등가 전차선로의 상호 임피던스

(1) 등가 전차선과 등가 레일의 상호 임피던스

(4.4)식에서

$$\alpha = 2\pi\sqrt{2\sigma f \times 10^{-7}} = 1.5391 \times 10^{-3}$$

$$\sigma = 5 \times 10^{-3} \quad [1/\Omega\, m]$$

$$\beta' = \frac{4}{3\sqrt{2}}\alpha = 0.9428\ \alpha = 1.451 \times 10^{-3}$$

$$H = h_c + h_r = 6.2 + 0.6 = 6.8\ [\text{m}]$$

$$D = \sqrt{b^2 + (h_c - h_r)^2} = 5.6\ [\text{m}]\ \ (b = 0)$$

$$\therefore\ Z_{CR} = 0.0588 + j0.4052\ [\Omega\ /\text{km}]$$

(2) 등가 레일과 급전선의 상호 임피던스

(4.4)식에서

$$\alpha = 2\pi\sqrt{2\sigma f \times 10^{-7}} = 1.5391 \times 10^{-3}$$

$$\sigma = 5 \times 10^{-3}\ \ [1/\Omega\ \text{m}]$$

$$\beta' = \frac{4}{3\sqrt{2}}\alpha = 0.9428\ \alpha = 1.451 \times 10^{-3}$$

$$H = h_r + h_f = 0.6 + 7.293 = 7.893\ [\text{m}]$$

$$D = \sqrt{b^2 + (h_r - h_f)^2} = 6.957\ [\text{m}]\ \ (b = 1.9\ [\text{m}])$$

$$\therefore\ Z_{RF} = 0.0588 + j0.3889\ [\Omega\ /\text{km}]$$

(3) 등가 전차선과 급전선의 상호 임피던스

(4.4)식에서

$$\alpha = 2\pi\sqrt{2\sigma f \times 10^{-7}} = 1.5391 \times 10^{-3}$$

$$\sigma = 5 \times 10^{-3}\ \ [1/\Omega\ \text{m}]$$

$$\beta' = \frac{4}{3\sqrt{2}}\alpha = 0.9428\ \alpha = 1.451 \times 10^{-3}$$

$$H = h_f + h_c = 7.293 + 6.2 = 13.493\ \ [\text{m}]$$

$$D = \sqrt{b^2 + (h_f - h_c)^2} = 2.192\ \ [\text{m}]\ \ (b = 1.9\ \ [\text{m}])$$

$$\therefore\ Z_{CF} = 0.0585 + j0.4763\ \ [\Omega\ /\text{km}]$$

2.5 급전회로의 선로정수 계산 결과(종합)

- $Z_{CC} = 0.1731 + j0.7316$ [Ω /km]
- $Z_{RR} = 0.1874 + j0.7776$ [Ω /km]
- $Z_{FF} = 0.3410 + j0.8942$ [Ω /km]
- $Z_{CR} = 0.0588 + j0.4052$ [Ω /km]
- $Z_{RF} = 0.0588 + j0.3889$ [Ω /km]
- $Z_{CF} = 0.0585 + j0.4763$ [Ω /km]

제5장

열차 부하 산정과 성능 모의

1. 운동방정식과 열차 운행 조건
2. 열차 운행 시뮬레이션

1. 운동방정식과 열차 운행 조건

전기철도 시스템을 설계하는 경우 전철급전계통 부분에서 고려되어야 할 사항으로서 중요한 것들 중의 하나는 예정된 선로를 설계 사양의 열차가 운행하는 경우 이에 따른 열차의 속도 변화, 위치, 소비전력 및 급전전압 등의 제반 사항을 검토하는 것이라고 할 것이다. 이를 바탕으로 전철변전소의 용량 및 열차 다이아(Train diagram) 등의 설계가 가능할 것이다. 이러한 목적으로 사용되는 시뮬레이션을 보통 열차 성능 모의(TPS, Train Performance Simulation)라고 하는데 열차 성능 모의가 실제의 운행 상황에 근접하기 위해서는 선로의 제반 설계 사양 및 열차의 전기/기계적 특성 및 운전 조건이 정확히 반영되어야 하는데, 이들 특성 파라메타와 조건들은 매우 다양하다고 할 수 있다. 이번 장에서는 이와 같은 사항을 구체적으로 검토하고 이들을 반영하여 TPS를 작성하는 방법을 살펴보고자 한다.

1.1 운동방정식

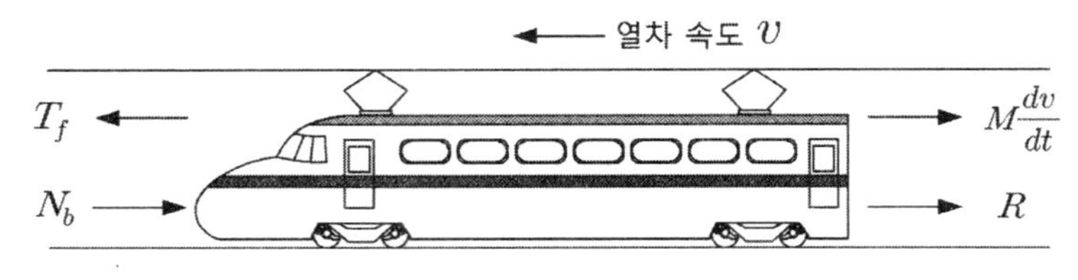

[그림 5.1] 운행 중인 열차에 작용하는 힘

선로를 주행 중인 열차는 운전 조건에 따라 분류한다면 크게 다음과 같은 3가지 단계로 나눌 수 있다. 첫째, 에너지를 소모하여 열차를 주행 방향으로 가속하고 있는 견인 단계(Powering stage). 둘째, 에너지의 소모 없이 열차의 관성 에너지를 이용하여 주행하는 관성 주행 단계(Coasting stage). 그리고 셋째, 제동력을 사용하여 열차의 관성 에너지를 소모시키며 정차하는 제동 단계(Braking stage). 이들 3가지 단계에서 열차는 각각 다음과 같은 운동방정식의 지배를 받게 된다.

가. 견인 단계

열차가 에너지를 사용하여 주행 방향으로 가속하고 있는 경우라면 선로를 주행하는 열차의 운동방정식은 다음과 같다.

$$M\frac{dv}{dt}+R-T_f=0 \tag{5.1}$$

여기서 ,

T_f : 견인력, [N]

M : 열차 중량, [kg]

v : 열차 속도, [m/s]

R : 열차 운행 저항력, [N]

위 식은 열차 회전부하의 관성을 고려하는 경우 관성계수를 사용하여 다음과 같이 쓰기도 한다.

$$(1+\chi)M\frac{dv}{dt}+R-T_f=0 \tag{5.2}$$

여기서, χ는 관성계수

나. 관성 주행 단계

이 경우에는 견인력 T_f 는 없으므로

$$M\frac{dv}{dt}+R=0 \tag{5.3}$$

마찬가지로 회전부하의 관성을 고려하면,

$$(1+\chi)M\frac{dv}{dt}+R=0 \tag{5.4}$$

다. 제동 단계

제동 단계에서 제동력 N_b는 열차 운행 방향의 반대 방향으로 작용하여,

$$M\frac{dv}{dt}+R+N_b=0 \quad (5.5)$$

여기서,

N_b : 제동력, [N]

마찬가지로 회전부하의 관성을 고려하면,

$$(1+\chi)M\frac{dv}{dt}+R+N_b=0 \quad (5.6)$$

1.2 저항력의 종류 및 특징

열차의 저항력 종류는 선로의 특성과 관련된 것과 열차의 주행과 관련된 저항으로 나눌 수 있으며 그 종류가 다양하다.

가. 선로 특성과 관련된 저항

(1) 선로 구배저항(R_g)

열차가 구배 구간을 오르거나 내려올 때에는 중력에 의한 영향력을 고려해야 한다. 상구배 구간인 경우 중력은 견인력에 저항력으로 작용하고 반대로 하구배 구간인 경우에는 견인력으로 작용하게 되나 이때에는 견인력과 구분하여 음(-)의 저항력으로 보고 있다. 선로 구배저항을 R_g라고 하면 다음 [그림 5.2]에서 보는 바와 같이

$$R_g=\pm Mg\times\sin\theta \quad (5.7)$$

여기서,

+는 상구배 경우, −는 하구배 경우

g : 중력 가속도, $9.8[\mathrm{m/sec^2}]$

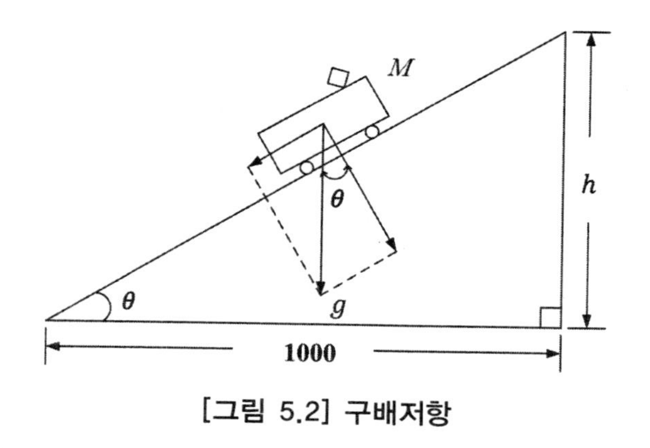

[그림 5.2] 구배저항

철도선로의 구배는 보통 도로에 비하여 많이 완만하므로 경사각 θ는 작은 값이 되는데 이 경우에 $\sin\theta \approx \tan\theta$가 되고, 철도에서 많이 사용하는 퍼밀(Permil) 단위를 사용하여

$$R_g = \pm Mg \times \sin\theta \approx \pm Mg \times \tan\theta = \pm Mg \times \frac{h}{1000} = \pm Mg \times h[‰] \tag{5.8}$$

로 표시할 수도 있다.

(2) 선로 곡선저항(R_c)

곡선저항은 열차가 곡선 구간을 통과할 때 외측 차륜 플랜지와 외측 레일 간에 원심력에 의하여 발생하는 마찰력, 곡선 구간에서의 내측 레일과 외측 레일의 길이 차이와 동축에 고정된 철도차량의 차륜 구조에 기인하는 마찰저항 등으로 구성된다. 이들 저항을 엄밀하게 반영시키기 위해서는 매우 복잡한 식이 만들어질 수 있으나 일반적으로는 다음과 같이 실험 결과에 기초한 식을 적용하고 있다.

$$R_c = Mg \times \frac{k}{r} \tag{5.9}$$

여기서,

r : 곡률 반경, [m]

k : 열차 종별에 따른 정수, 400~1200

중간 값인 800을 적용하는 경우가 많음.

(3) 터널저항(R_t)

터널저항은 열차가 터널 내를 주행하는 경우에 발생하는 풍압에 의하며, 터널의 형상과 단면적, 길이, 차량의 형상과 대향 열차의 유무 등에 따라 발생하며 일반적으로 정량적으로 파악하는 것이 어려우므로 실험 결과에 의한다.

나. 열차의 주행과 관련된 저항

(1) 기동저항(R_s)

정차하고 있는 열차가 기동하는 경우에 발생하는 저항으로, 발생 원인은 차축과 베어링의 접촉에 의한 마찰저항에 기인한다. 기동저항은 열차가 움직이기 시작하면 급속하게 감소하게 되며 보통 차량의 속도로 0~3[km/h] 범위에서 적용된다. 3[km/h]를 초과하는 경우에는 다음의 주행저항 R_r으로 이행된다. 기동저항은 베어링의 종류와 정차 시간에 따라 변하겠지만, 보통 차량 중량 1[ton]당 30~100[N/t]으로 보는 것이 일반적이며 정확한 것은 제작사의 실험 결과에 따라야 한다.

$$R_s = M \times r_s \tag{5.10}$$

여기서,

r_s : 단위 톤당 기동저항, [N/t]

(2) 주행저항(R_r)

주행저항의 발생 원인은 베어링 부분의 마찰저항, 차륜과 레일의 마찰저항 및 공기의 저항 등에 기인 한다. 주행저항은 보통 속도 v의 2차식으로 다음과 같이 표현된다.

$$R_r = a + bv + cv^2 \tag{5.11}$$

여기서,

a : 속도와는 무관한 상수항으로 베어링 부분의 마찰저항에 기인하며 차축과 베어링의 접촉 상태, 접촉면에 가해지는 압력, 오일의 점도 및 기온 등의 영향을 받는다. 차중이 증가하면 당연히 증가한다.

b : 차륜과 레일의 마찰저항에 기인하는 상수로서 따라서 차중이 증가하면

역시 증가한다.

c : 공기저항에 관련된 상수로서 차량의 형상, 단면적과 편성 등에 따라 바뀌며 이 값은 차량의 중량(만차 또는 공차)과는 무관하다.

다음은 국내에서 운행 중인 대표적인 전기차량의 주행저항 식을 표시하고 있다.

① KORAIL 전차

$$R_r = (1.65M_m + 0.78M_t) + (0.0242M_m + 0.0028M_t)v + \{0.028 + 0.078(n-1)\}v^2$$

② KTX1 (20량)

$$R_r = 4850 + 61.5v + 0.856v^2$$

③ KTX2 (산천)

$$R_r = 2769 + 35.86v + 0.0424v^2$$

여기서,

M_m : 전동차 중량, [ton]

M_t : 부수차 중량, [ton]

n : 편성 차량 수

v : 차량 속도, [km/h]

1.3 견인력 특성

가. 특성견인력

열차의 견인력(또는 인장력)이라하는 것은 열차를 직선 운동시키는데 필요한 힘을 의미하며, 이는 동륜주의 출력과 관련된 사항으로서 전동기의 출력에서 동력전달장치의 손실을 뺀 값이 된다. 동륜주의 출력을 P[w], 동륜주 견인력을 T[N] 그리고 차량의 속도를 v[m/sec]로 하면 다음과 같은 식이 성립한다.

$$T = \frac{P}{v} \tag{5.12}$$

따라서 일정 출력에서 속도가 증가할수록 견인력은 이에 반비례하여 줄어든다. 실제 전기차량에서는 동력 배분 방식(분산 또는 집중), 전동기의 종류와 특성 및 전동기 제어방식 등에 따라 출력 P가 일정하지 않으므로 이들의 특성 까지 고려하여 얻어낸 속도-견인력의 관계를 특성견인력이라고 부른다. 일반적으로 특성견인력도 속도에 반비례하는 특성을 갖고 있다.

나. 점착견인력

점착계수(차륜과 레일 간)와 동륜 상의 질량에 의해 산출되는 견인력을 점착견인력이라 부른다. 동륜 상의 질량을 M_d[kg], 점착계수를 μ라 하면, 점착견인력 T_μ[N]은

$$T_\mu = M_d g \times \mu \qquad (5.13)$$

문제는 점착계수가 항상 일정한 값이 아니라 차량의 제어방식에 따라 속도의 함수로 표현되는데, 현차 시험을 통하여 이들 함수 관계를 알아내고 있다. 전기철도핸드북에 게재된 대표적인 속도-점착계수의 관계는 아래와 같다.

① 직류 및 교직류 전기기관차

$$\mu = 0.265 \times \frac{1+0.403v}{1+0.522v}$$

② 교류 전기기관차

$$\mu = 0.326 \times \frac{1+0.279v}{1+0.367v}$$

③ 전차

$$\mu = 0.245 \times \frac{1+0.050v}{1+0.100v}$$

여기서,

v : 열차의 속도, [km/h]

위의 식에서 보는 바와 같이 일반적으로 점착계수도 속도에 반비례하는 특성을 갖고 있음을 알 수 있다.

다. 기동견인력

저속도 영역을 중심으로 전동기의 전류에 의해 제한되는 견인력을 말한다. 점착견인력 보다 큰 동륜주 견인력을 갖는 동력차에서 점착견인력을 초과하지 않기 위해 제어되는 경우의 견인력이 이에 해당된다. 저속도 영역에서 일반적으로 일정한 값으로 취급된다.

라. 유효견인력

각각의 속도에 따라 얻을 수 있는 견인력은 위의 3가지 견인력에서 가장 작은 견인력으로 제한을 받게 될 것이다. 따라서 [그림 5.3]의 빗금 친 부분이 실제 운전시에 얻을 수 있는 견인력으로서 이를 유효견인력이라 부른다. 운전 계획을 작성할 시에 사용된다.

1.4 제동력 특성

제동 방법으로는 마찰력에 의한 기계적제동과 발전제동, 회생제동 등과 같은 전기적제동으로 분류할 수 있다. 마찰력에 의한 기계적제동인 경우 제륜자와 디스크 사이의 마찰 제동력이 차륜과 레일 사이의 점착력보다 크면 스키드(Skid)가 발생하므로 다음과 같은 조건이 유지되어야 한다.

$$P \times f \le M_b g \times \mu_b \tag{5.14}$$

여기서,

P : 제륜자 압력, [N]

f : 제륜자 마찰계수

M_b : 제동륜 상의 중량, [kg]

μ_b : 제동시의 점착계수

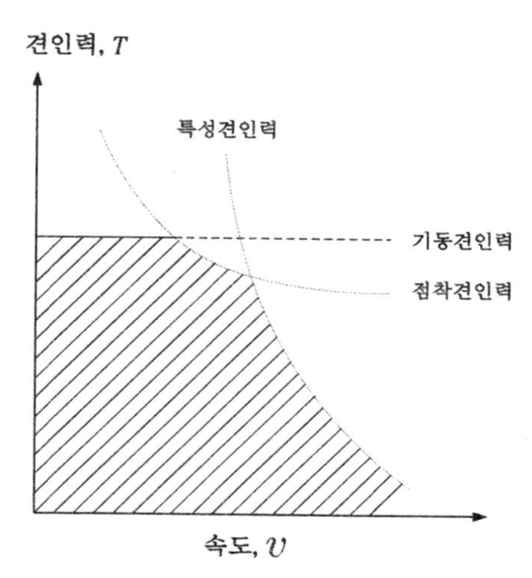

[그림 5.3] 속도에 따른 유효견인력 특성

따라서 스키드가 발생하지 않는 범위 내에서의 최대제동력은

$$N_b = M_b g \times \mu_b \tag{5.15}$$

전기적제동인 경우에도 역시 마찬가지로 제동력은 스키드를 발생시키지 않는 범위에서 유지되어야 하므로 위식이 성립된다. 한편, 제동시의 점착계수도 속도의 함수로 표시하는 것이 일반적이며 속도와 반비례하는 특성을 갖고 있다. 전기철도핸드북에서 게재되어 있는 제동시의 점착계수는 다음과 같다.

① 재래선(각 차종에 공통으로 적용)

$$\mu_b = \frac{0.200}{1 + 0.0059v}$$

② 신간선

$$\mu_b = \frac{13.6}{85 + v}$$

운전 계획을 작성할 시에 사용되는 유효제동력은 대부분의 전기차량에서 기계적제동과 전기적제동을 병행하여 사용하므로 이 둘의 속도-제동력 특성과 함께 속도-제동시 점착계수 특성이 반영된 값을 이용하게 되며 일반적으로 [그림 5.4]와 같은 형태의 곡선이 나타나게 된다.

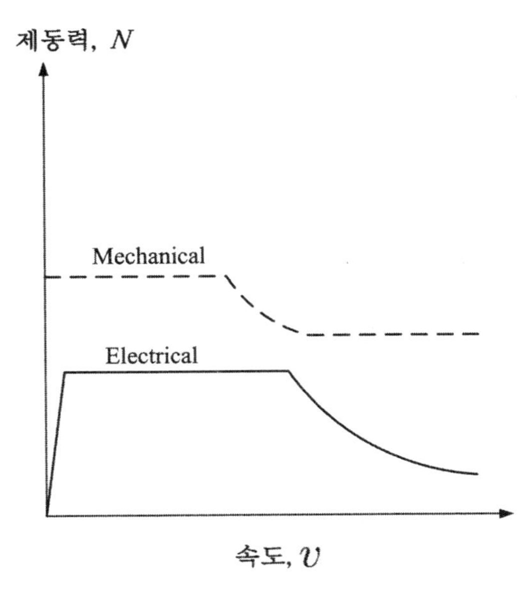

[그림 5.4] 속도에 따른 유효제동력 특성

1.5 열차 운행 궤적 산출

역과 역사이의 한 구간에서 열차의 운행 단계는 [그림 5.5]와 같이 보통 전원으로부터 동력을 받아서 가속을 하는 견인 단계와 최고 속도에 도달하여 에너지의 소비없이 주행하는 관성 주행 단계(또는 정속도 주행 단계) 그리고 정차를 하기위한 제동 단계로 나눌 수 있다. 각각의 운행 단계에 따라서 에너지의 유출입이 틀려지므로 열차 운행에 따른 전력부하를 산정하기 위해서는 각각의 운행 단계에 소요되는 시간을 구해야 한다. 열차의 운동방정식 ((5.1) 또는 (5.2)식)과 열차의 유효견인력 특성곡선을 이용하면 최고속도 $V_{\max}$에 도달하는 시간 t_1(또는 거리 S_1)을 구할 수 있다. 관성 주행 단계에서는 운동방정식 ((5.3) 또는 (5.4)식)으로부터 속도-시간(거리) 궤적을 구할 수 있다. 한편, 제동 단계가 시작되는 시간 t_2는 열차의 유효제동력 특성곡선을 사용하여 열차의 도착역(거리 S_f)으로부터 후방(Backward)으로 운동방정식 ((5.5) 또는 (5.6)식)을 사용하여 계산을 함으로서 관성 주행 단계의 곡선과 교차하는 지점의 거리 S_2를 구할 수 있으며 관성 주행 단계의 계산 결과로부터 이 시간 t_2를 얻을 수 있다. 견인력을 입력으로 하여 열차 운동방정식으로부터 순시 속도 $v(t)$를 구하였다면 열차의 순시 소모전력 $P(t)$는

$$P(t) = T_F(t) \cdot v(t) \; [\mathrm{W}] \tag{5.16}$$

과 같이 계산될 수 있고, 만약 회생제동을 적용한다면 순시 재생전력 $G(t)$은

$$G(t) = N_B(t) \cdot v(t) \; [\mathrm{W}] \tag{5.17}$$

가 된다. 또한 특정 시간까지의 운행 거리나 전력량은 속도나 전력을 시간 적분함으로써 구할 수 있을 것이다.

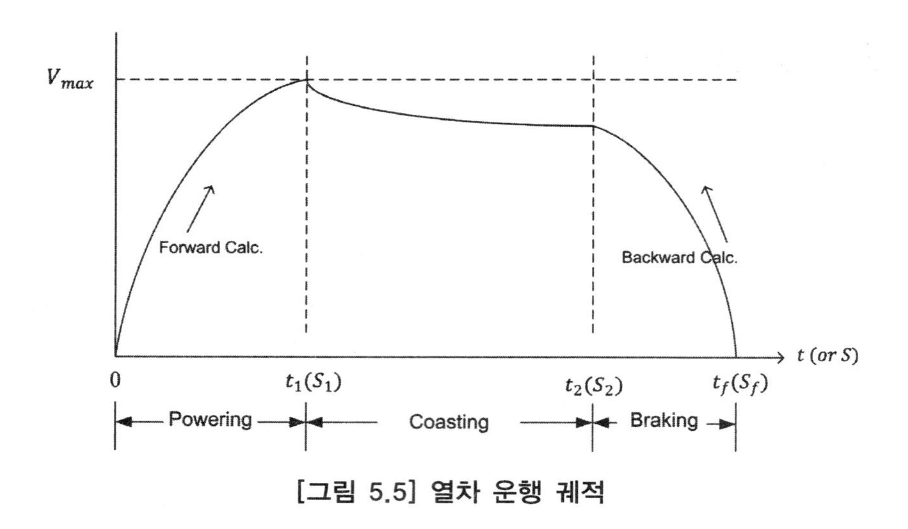

[그림 5.5] 열차 운행 궤적

2. 열차 운행 시뮬레이션

앞에서 설명한 내용을 바탕으로 열차 운행 궤적을 구하고 이에 따른 에너지의 입.출력에 대한 시뮬레이션을 예제를 통하여 하기로 한다. 예제의 시뮬레이션은 MATLAB의 Simulink를 사용하여 실행하기로 한다.

2.1 시뮬레이션 데이터

가. 차량 및 선로의 제원

차량 중량 : 770[Ton]
최고 속도 : 300[km/h]
차륜 출력 : 1,250[kw]전동기, 12대
선로 : 무 구배, 무 터널, 역간 거리는 직선으로 35[km]

나. 저항력

기동저항, 선로 구배저항 및 선로 곡선저항 : 무시

주행저항 : $R_r = 4850 + 61.5v + 0.856v^2$ [N], v 는 차량 속도로서 [km/h]

다. 유효견인력 특성 및 유효제동력 특성

앞에서 설명한 내용을 바탕으로 얻어진 속도-견인력, 속도-제동력 곡선을 사용한다. 여기에서는 이를 부분적으로 선형화 시킨 다음의 특성곡선을 사용하기로 한다.

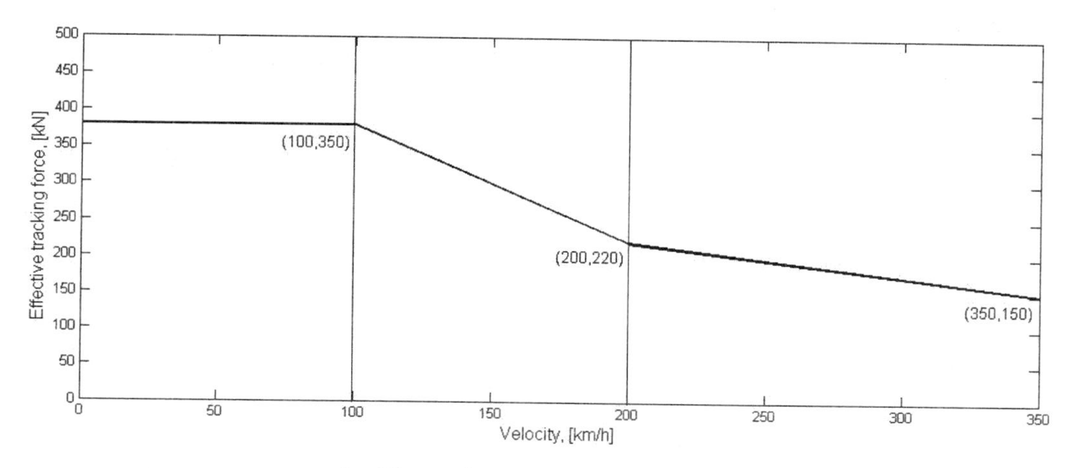

[그림 5. 6] 유효견인력 특성곡선

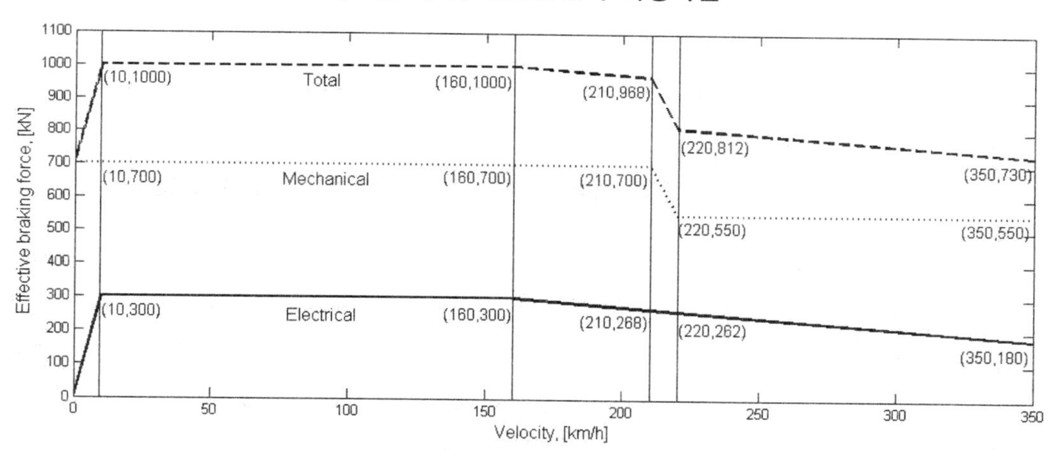

[그림 5. 7] 유효제동력 특성곡선

2.2 시뮬레이션 방법

가. 거리-속도 궤적 산출

운전 방식에 따라 다양한 궤적이 산출될 수 있겠으나 여기서는 최대견인력으로 최고 속도까지 가속한 후 그 이후는 제동 시점까지 관성 주행하고, 제동은 최대제동력을 사용하여 목표 지점에 도착하는 시나리오를 택하기로 한다. 시뮬레이션의 목적은 시간-거리-속도-전력-전력량 간의 관계를 구하는 것이나 우선은 거리와 속도의 관계부터 산출하고 이를 바탕으로 관성 주행 단계의 시작 기점 및 제동 단계의 시작 기점을 구한 후, 나머지 물리량의 관계를 산출키로 한다.

(1) 견인 단계 궤적 산출

견인 단계의 궤적을 산출하기 위한 MATLAB의 Simulink 플로우는 다음과 같다.

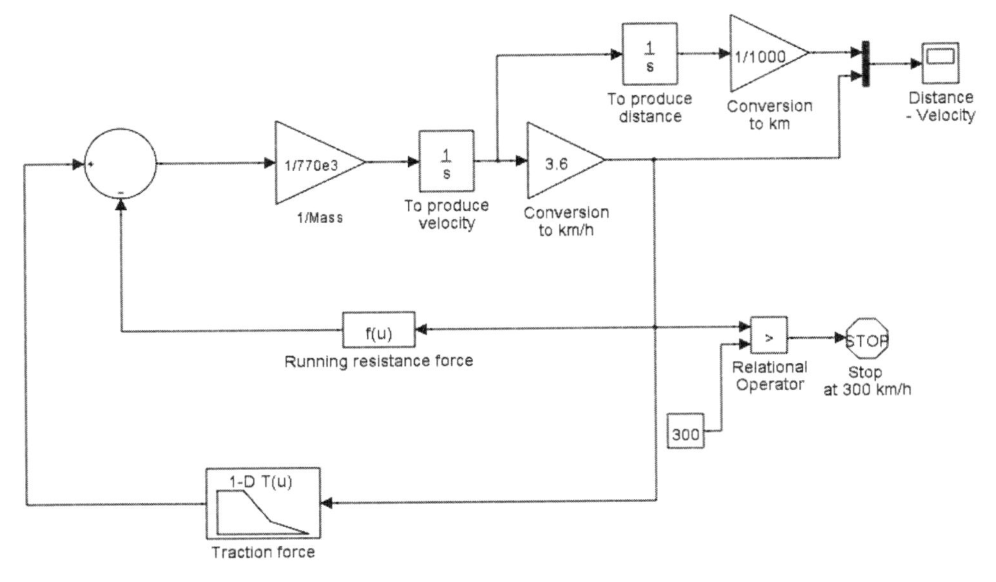

[그림 5.8] 견인 시 거리-속도 궤적을 구하기 위한 Simulink 모델

[그림 5.6]의 유효견인력 특성은 Simulink의 Look-up 테이블을 사용하여 입력하고 이때 Look-up 테이블의 우측에 열차의 속도가 입력되면 좌측에 속도에 해당하는 견인력이 출력되어 Sum 블록의 + 포트에 들어가게 된다. 한편, (5.11)식으로 표현되는 속도에 따른 주행저항은 Funciton 블록에 의해 계산되어 Sum 블록의-포트에 입력된다. 이제 견인력에서 주행저항을 뺀 값을 열차의 질량으로 나누면 열차의 가속도가 되며 이를 적분하여 열차의 속도를 계산하고 다시 적분하여 열차의 이동 거리를 계산하는 플로우라고 볼 수 있다. 최고 속도 300[km/h]에 도달하면 계산을 끝내게 되며 이때까지의 시간-거리 및 시간-속도 데이터를 사용하여 견인 단계에서 거리-속도 데이터를 구해낼 수 있다.

(2) 관성 주행 단계 궤적 산출

관성 주행 단계의 궤적을 산출하기 위한 플로우는 견인 단계의 궤적 산출 플로우에서 견인력 입력 부분을 0으로 설정하면 얻어진다. 견인 단계의 플로우가 300[km/h]에서 종료된다면 이번 관성 주행 단계의 종료 시점은 충분히 길게 할 필요가 있다. 앞에서 설명한 바 있지만 다음 단계인 제동 단계의 시작점을 결정하기 위해서는 이번 관성 주행 단계의 시뮬레이션을 충분한 시간(거리)동안 수행해 놓고 이후 후방에서 부터 계산해 온 제동 단계에서의 궤적과의 교점을 결정해야 하기 때문이다.

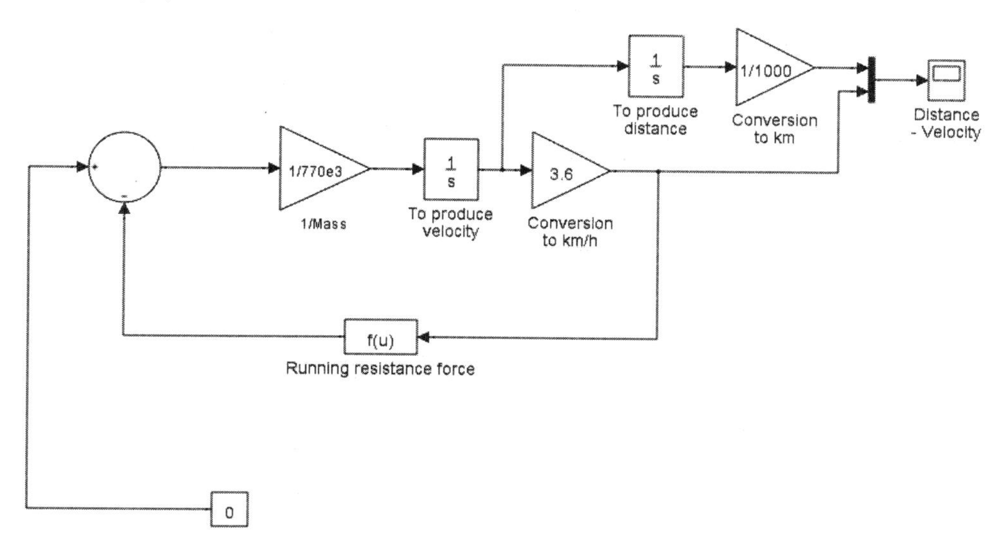

[그림 5.9] 관성 주행 시 거리-속도 궤적을 구하기 위한 Simulink 모델

(3) 제동 단계 궤적 산출

제동 단계의 거리-속도 궤적을 산출하기 위해서는 앞에서 언급한 바와 같이 후방(Backward) 계산을 필요로 한다. 시뮬레이션 시간은 $t=0$로부터, 속도의 초기값은 0[km/h], 그리고 거리의 초기값은 도착 지점인 35[km]로 하여 [그림 5.10]과 같은 플로우로 수행한다. 즉, 제동력과 주행저항을 견인력으로 보고 도착 지점에서 부터 후방으로 가속 운동하는 경우를 상정해서 계산한다. 속도가 300[km/h] 정도 되는 시점까지 시뮬레이션 하여 얻은 궤적을 앞의 관성 주행 단계의 궤적과 교차시켜 이로 부터 제동 단계가 시작되는 거리 기점을 얻어낸다. 본 예제에서는 [그림 5.7]의 유효제동력 특성곡선에서 전기(Electrical) 제동 특성만을 사용하고 모두 회생시킬 수 있는 것으로 보기로 한다. 이 특성을 Brake force로 표기된 Look-up 테이블에 작성하였다.

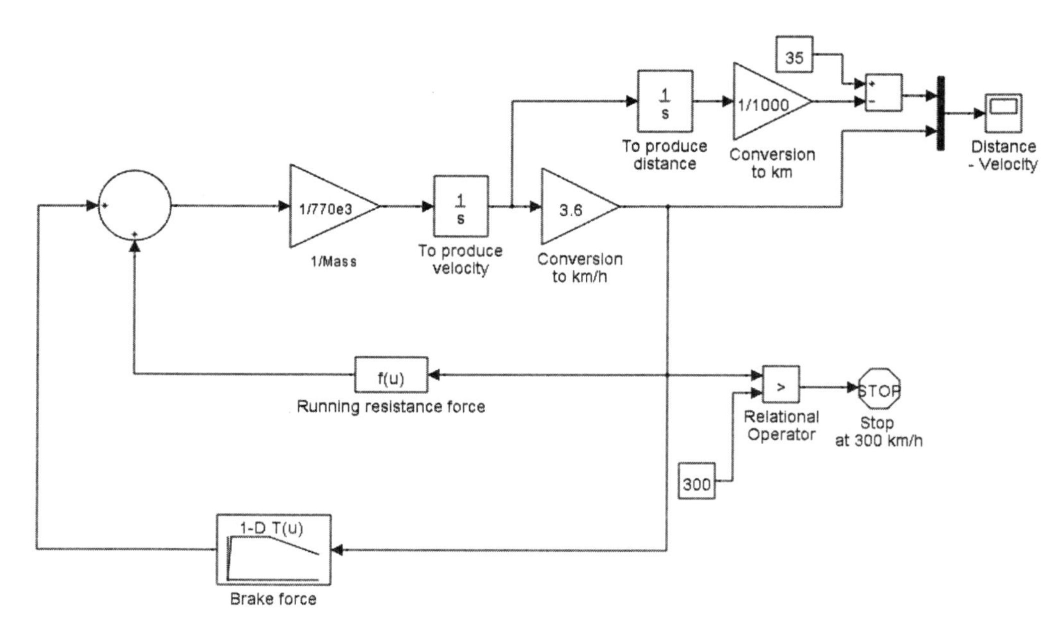

[그림 5.10] 제동 시 거리-속도 궤적을 구하기 위한 Simulink 모델

☞ Simulink에서 Scope 블록 사용에 대한 Tip

위의 Simulink 모델에 포함되어 있는 Scope 블록에는 계산 결과가 그래프로 나타나게 되나, 이를 그대로 이용하기 보다는 데이터 응용이 가능하도록 Matlab의 Workspace에 저장하는 것이 편리하다. Scope 블록의 History 탭을 열면 'Save data to workspace' 로 표시된 체크박스가 있는데 이를 클릭하고 'Variable name'을 임의로 설정한다. 다음, 아래 'Format'에서 'Structure'를 선택하면 Scope 블록으로 출력되는 결과는 Structure 데이터로도 저장이 된다. 'Variable name'을 만약 'Result'라는 이름으로 설정하였다면, 위의 Simulink 모델에서,

Result.signals.values(: , 1)은 multiplexer의 상단 입력 즉, 거리 데이터를 나타내고
Result.signals.values(: , 2)은 multiplexer의 하단 입력 즉, 속도 데이터를 나타낸다.

따라서 다음과 같은 plot 명령문을 사용하여 거리-속도 관계 그래프를 출력할 수 있다.

```
plot(Result.signals.values(: , 1) , Result.signals.values(: , 2))
```

위와 같은 plot 명령문에 의해 생성되는 그래프가 Scope 블록 자체의 그래프보다 사용하기가 편리하다.

다음 [그림 5.11]은 위와 같은 방법으로 구한 거리-시간 궤적으로서 관성 주행 및 제동 단계가 시작되는 거리 기점과 속도를 함께 표시하고 있다.

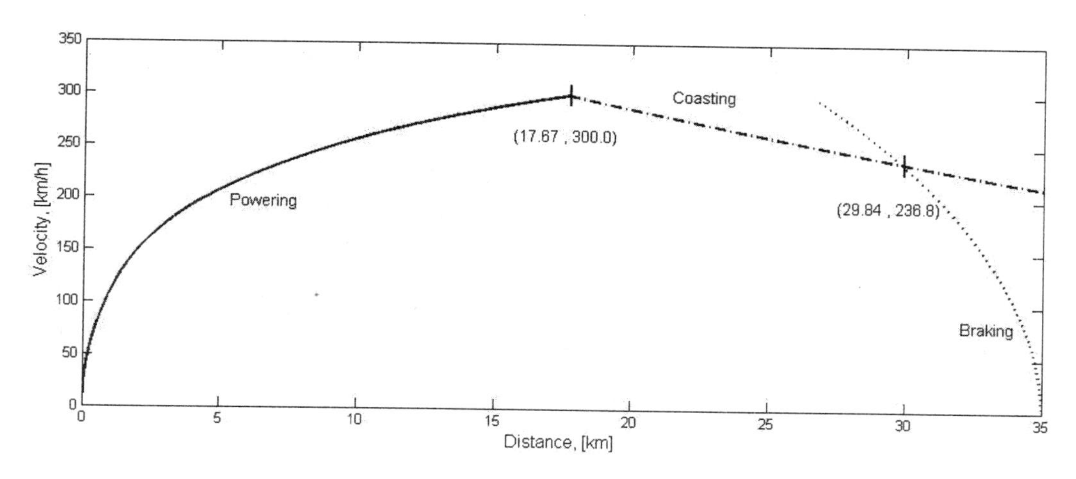

[그림 5. 11] 거리-속도 궤적 및 단계별 시작 기점

나. 시간, 거리 및 운행 단계에 따른 전력/에너지 입출력 시뮬레이션

앞의 [그림 5.11]의 궤적도로 부터 각각의 운행 모드에 따른 교차점이 구해지면 이를 이용하여, 시간-거리-속도-전력-전력량의 관계를 다음의 [그림 5.12]의 플로우를 사용하여 산출한다. [그림 5.12]의 플로우는 앞의 플로우들과 상당 부분 유사한데, 거리를 입력으로 받아 이에 따른 Multiport switch의 연결을 제어하는 방식이 추가되어 있다. 즉, [그림 5.11]의 궤적으로부터 거리가 17.67[km]까지는 견인 단계가 적용되며 이때는 Multiport switch에 1이 입력되어 1번 포트와 연결된 견인력이 작용하게 되며, 17.67[km]부터 29.84[km]까지는 Multiport switch에 2가 입력되어 2번 포트와 연결된 상수값 0 즉, 견인력이 없는 상태를 유지하게 되며 29.84[km]부터 35[km]까지는 Multiport switch에 3이 입력되어 제동 단계를 시뮬레이션 하게 된다. (5.16)식 및 (5.17)식을 사용하여 각각 견인 단계에서의 소모전력 및 제동 단계에서의 회생전력을 구하고 이를 적분하여 에너지를 산출하게 된다.

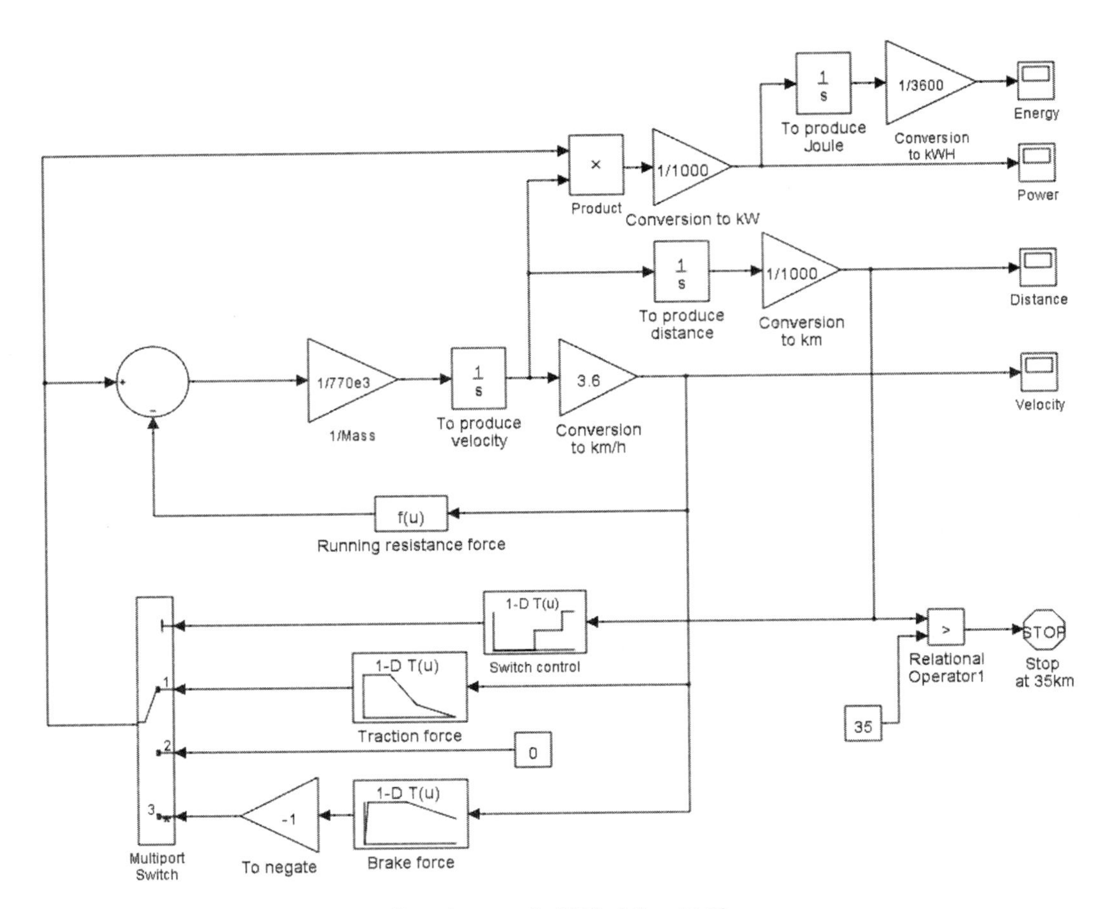

[그림 5. 12] 열차 성능 모의

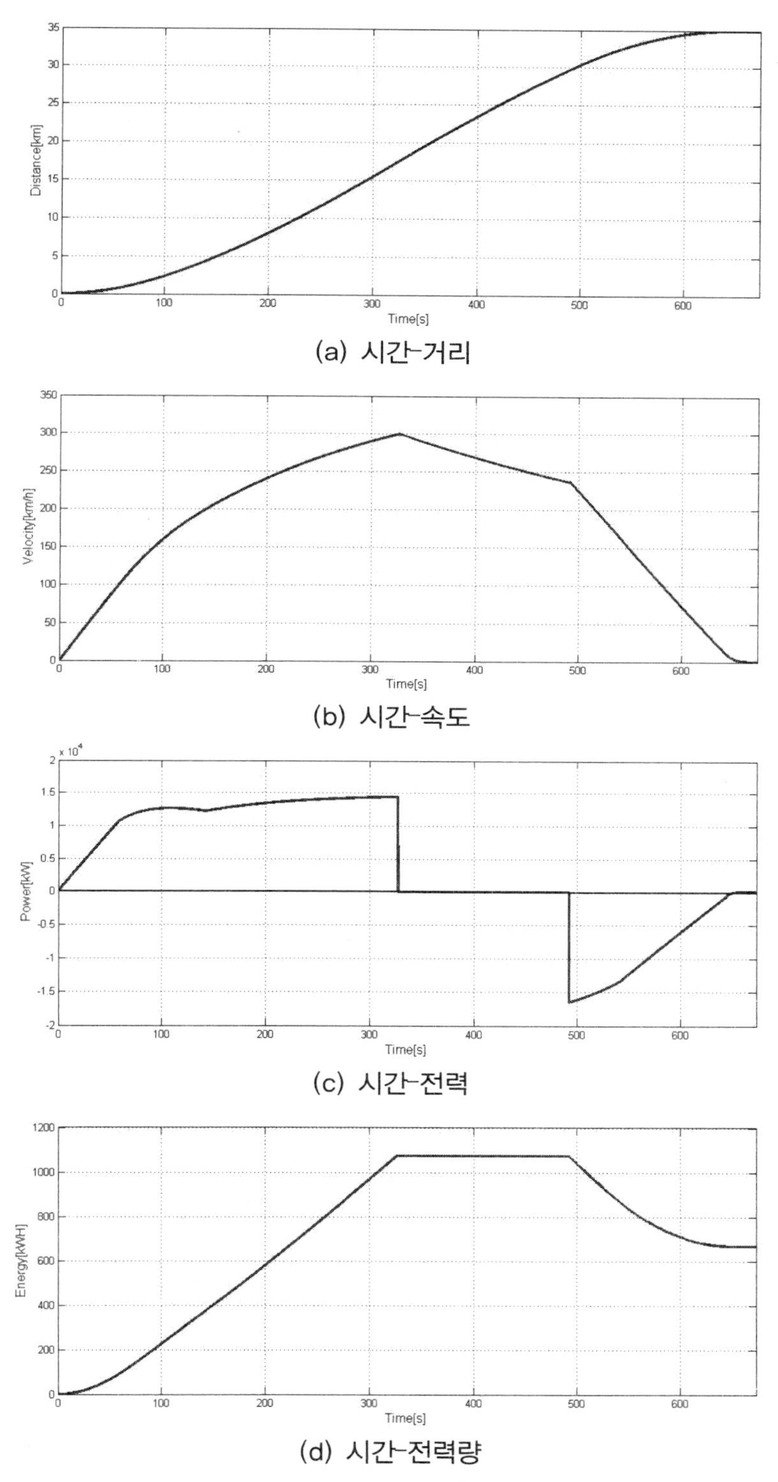

(a) 시간-거리

(b) 시간-속도

(c) 시간-전력

(d) 시간-전력량

[그림 5. 13] 시간에 따른 열차 운행 특성

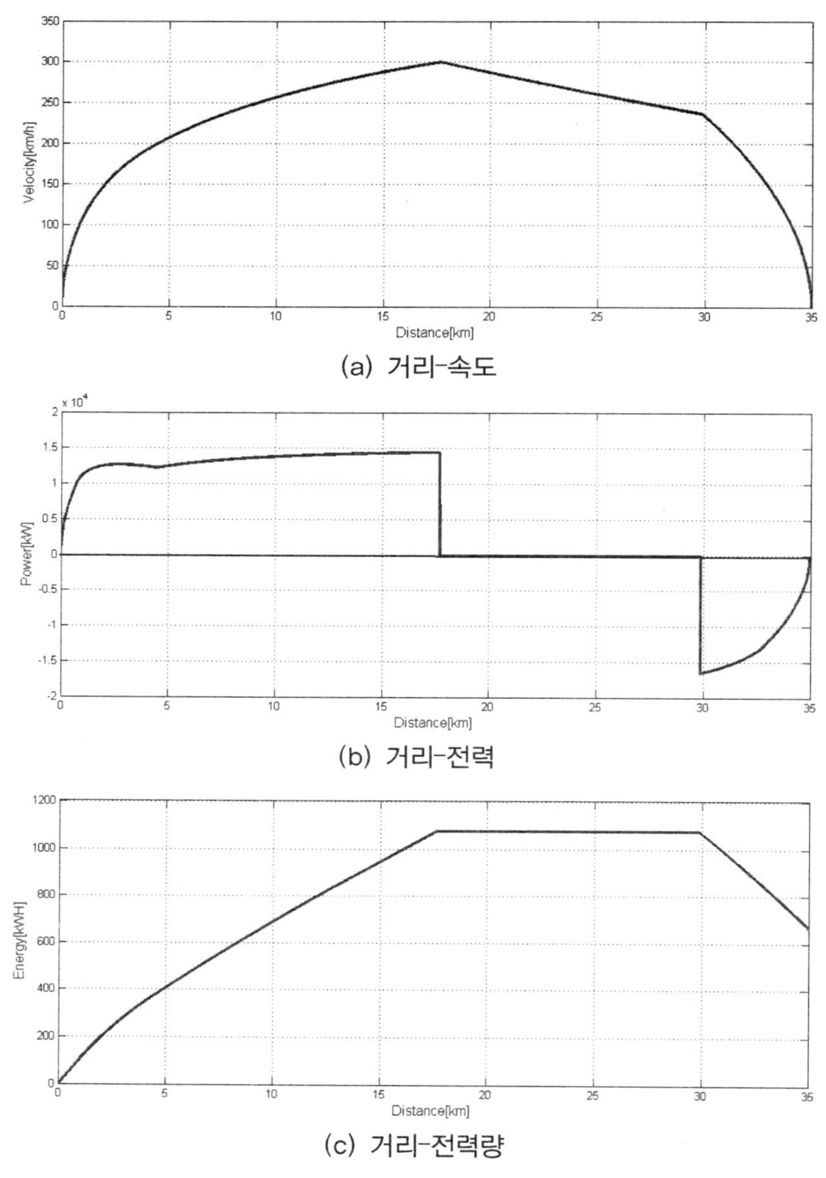

(a) 거리-속도

(b) 거리-전력

(c) 거리-전력량

[그림 5. 14] 거리에 따른 열차 운행 특성

시뮬레이션의 결과를 요약한다면, 운행에 소요되는 시간은 672.6[s]가 걸리며 운행 중 최대전력소모는 327.2[s](거리로는 17.67[km])에서 14,444[kW]가 되는 것으로 나타났다. 이는 시뮬레이션 데이터에 나와 있는 차륜 출력의 최대값 15,000[kW] (1,250×12)에 근접하고 있음을 알 수 있다. 한편, 운행 구간 전체에서의 에너지 소모량은 회생제동을 택함으로써 667.7[kWH]가 됨을 알 수 있다.

제6장

교류 전철용 변압기

1. 스콧트(Scott) 변압기
2. 변형 Wood Bridge 결선 변압기
3. 전압 변동율과 불평형율
4. Scott 변압기 부하에 의한 전류 불평형율

1. 스콧트(Scott) 변압기

스콧트 변압기(또는 스콧트 결선 변압기)는 대표적인 3상/2상 변환용 변압기로서 교류 전기철도용 전원으로서 널리 사용되고 있다. 2대의 2권선 변압기로 결선되어 1차 측에 3상평형 전압을 공급하면 2차 측에 서로 크기가 같고 90^o의 위상차를 갖는 두 개의 단상전압을 얻을 수 있는데, 이 두 개의 단상전압에 동일한 부하가 연결된다면 1차 측에서 보아도 3상 평형부하로 인식되어 3상 전원 측 불평형을 해소할 수 있다. 따라서 스콧트 변압기의 사용 목적은 추후 다시 설명하겠지만, 변압기 이용률의 손해를 감수하고라도 전기철도라는 대규모 단상부하에 의해 발생되는 상업용 전력의 전원 측 불평형을 해소하고자 하는 데 있으며, 전기철도 자체의 기술적인 문제라기보다는 전력회사의 공급 규정 제약을 해결하기 위한 방안으로 도입되었다고 보아야 할 것이다.

1.1 스콧트 변압기의 결선과 전압·전류 및 이용률

가. 스콧트 변압기의 1,2차 전압·전류 관계식

스콧트 변압기는 [그림 6.1]에서 보듯이 T로 표시된 변압기(T좌 변압기라 함) 1차 권선의 $\frac{\sqrt{3}}{2}$ 되는 지점에 탭(Tap)을 내고 다른 쪽 단자는 M으로 표시된 변압기(M좌 변압기라 함) 1차 권선의 중점에 접속한다.

이제 M좌 변압기의 권수비를 $a=\frac{n_1}{n_2}$(n_1 및 n_2는 각각 1, 2차 권선의 권회수)라 하면 M좌 및 T좌 변압기의 1,2차간의 전압은,

$$v_T = \frac{n_2}{\frac{\sqrt{3}}{2} n_1} v_X = \frac{2}{\sqrt{3}} \frac{1}{a} v_X \tag{6.1}$$

$$v_M = \frac{n_2}{n_1} v_Y = \frac{1}{a} v_Y$$

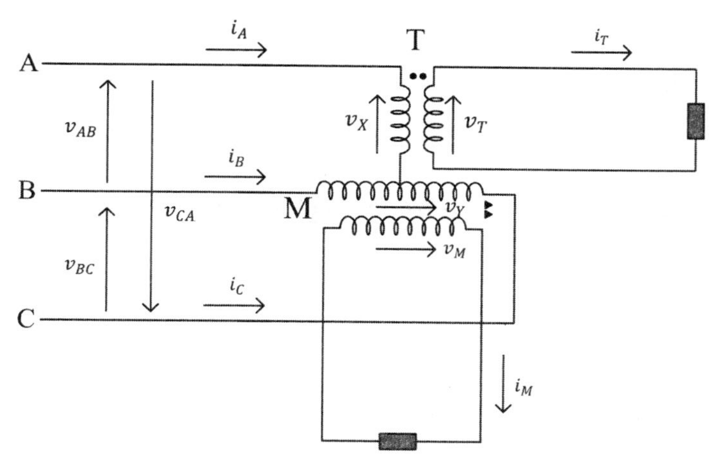

[그림 6.1] 스콧트 변압기

이 되고, 3상측 선간전압과 변압기 1차전압 사이에는

$$v_{AB} = v_X + \frac{1}{2}v_Y \tag{6.2}$$

$$v_{BC} = -v_Y$$

$$v_{CA} = \frac{1}{2}v_Y - v_X$$

과 같은 관계가 있으므로 (6.1), (6.2)식을 행렬을 사용하여 정리하면 다음과 같은 1, 2차간 전압 관련식을 얻을 수 있다.

$$\begin{bmatrix} v_{AB} \\ v_{BC} \\ v_{CA} \end{bmatrix} = \begin{bmatrix} \frac{\sqrt{3}}{2}a & \frac{a}{2} \\ 0 & -a \\ -\frac{\sqrt{3}}{2}a & \frac{a}{2} \end{bmatrix} \begin{bmatrix} v_T \\ v_M \end{bmatrix} \tag{6.3}$$

그러나 위 식에 나타나는 3×2의 1, 2차간 전압 변환행렬은 역행렬을 갖는 정방행렬이 아니므로 경우에 따라서는 사용하기가 불편한 점이 있어 다음 [그림 6.2]와 같이 M좌 전압 v_M 을 v_M^1 및 v_M^2 로 1/2씩 분리하여 즉, $v_M = 2v_M^1 = 2v_M^2$ 로 하여 역행렬이 존재하는 변환행렬을 유도하기로 한다. 그러면,

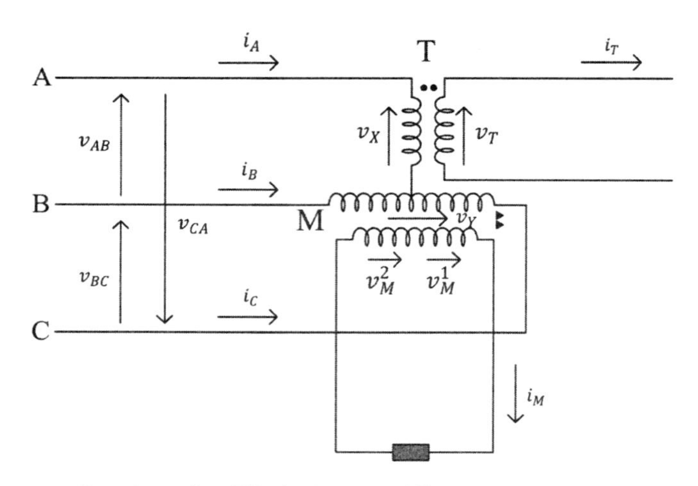

[그림 6.2] 역행렬 유도를 위한 M좌 전압 분리

$$v_T = \frac{2}{\sqrt{3}}\frac{1}{a}v_X = \frac{2}{\sqrt{3}}\frac{1}{a}\left(v_{AB} + \frac{1}{2}v_{BC}\right) = \frac{2}{\sqrt{3}}\frac{1}{a}v_{AB} + \frac{1}{\sqrt{3}}\frac{1}{a}v_{BC}$$

$$v_M^1 = \frac{1}{2}\frac{1}{a}v_Y = -\frac{1}{2}\frac{1}{a}v_{BC}$$

$$v_M^2 = v_M^1 = \frac{1}{2}\frac{1}{a}v_Y = -\frac{1}{2}\frac{1}{a}v_{BC} = -\frac{1}{2}\frac{1}{a}(-v_{AB} - v_{CA}) = \frac{1}{2}\frac{1}{a}v_{AB} + \frac{1}{2}\frac{1}{a}v_{CA}$$

이제 이 식을 정리하면 다음과 같이 3×3의 변환행렬을 얻을 수 있다.

$$\begin{bmatrix} v_T \\ v_M^1 \\ v_M^2 \end{bmatrix} = \begin{bmatrix} \frac{2}{\sqrt{3}a} & \frac{1}{\sqrt{3}a} & 0 \\ 0 & -\frac{1}{2a} & 0 \\ \frac{1}{2a} & 0 & \frac{1}{2a} \end{bmatrix} \begin{bmatrix} v_{AB} \\ v_{BC} \\ v_{CA} \end{bmatrix} \tag{6.4}$$

위의 변환행렬은 비특이(Non-singular) 행렬로서 역행렬이 존재한다.

$$\begin{bmatrix} v_{AB} \\ v_{BC} \\ v_{CA} \end{bmatrix} = \begin{bmatrix} \frac{\sqrt{3}\,a}{2} & a & 0 \\ 0 & -2a & 0 \\ -\frac{\sqrt{3}\,a}{2} & -a & 2a \end{bmatrix} \begin{bmatrix} v_T \\ v_M^1 \\ v_M^2 \end{bmatrix} \tag{6.5}$$

(6.3)식과 (6.5)식을 비교하면 두 식은 서로 동일한 식임을 알 수 있을 것이다. 만약 3상 1차 측에 $v_{AB} = V\angle 0^o$, $v_{BC} = V\angle -120^o$, $v_{CA} = V\angle 120^o$인 3상평형 전압이 인가되었다면 (6.4)식으로부터 2차측의 단상전압은 각각,

$$v_T = \frac{1}{a} V\angle -30^o \tag{6.6}$$

$$v_M = 2v_M^1 = 2v_M^2 = \frac{1}{a} V\angle 60^o$$

이 되어 서로 크기가 같고 90^o의 위상차를 가지게 된다. 한편 기자력에 관해서는 다음 식을 만족하여야 한다. T좌 변압기에서

$$\frac{\sqrt{3}}{2} n_1 i_A = n_2 i_T \tag{6.7}$$

M좌 변압기에서

$$\frac{n_1}{2} i_C - \frac{n_1}{2} i_B = n_2 i_M \tag{6.8}$$

또한 T좌와 M좌 변압기의 연결점에 KCL을 적용하면

$$i_A + i_B + i_C = 0 \tag{6.9}$$

이 되므로 이들로부터 1,2차간 전류 관련식을 얻을 수 있다.

$$\begin{bmatrix} i_A \\ i_B \\ i_C \end{bmatrix} = \begin{bmatrix} \frac{2}{\sqrt{3}a} & 0 \\ -\frac{1}{\sqrt{3}a} & -\frac{1}{a} \\ -\frac{1}{\sqrt{3}a} & \frac{1}{a} \end{bmatrix} \begin{bmatrix} i_T \\ i_M \end{bmatrix} \tag{6.10}$$

전압의 경우와 마찬가지로 위의 3×2 변환행렬도 2차측 전류 i_M을 다음 [그림 6.3]에서와 같이 i_M^1 및 i_M^2 로 분리하여(그러나 전압의 경우와는 다르게 여기서는 $i_M = i_M^1 = i_M^2$) 역변환이 가능한 정방행렬을 구해보기로 한다.

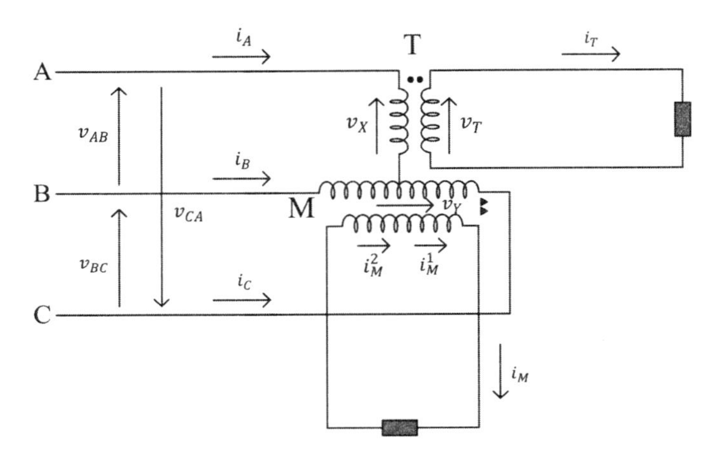

[그림 6.3] 역행렬 유도를 위한 M좌 전류 분리

우선 (6.8)식으로부터

$$\frac{1}{2}n_1 i_C - \frac{1}{2}n_1 i_B = n_2 i_M^1 \tag{6.11}$$

$$\frac{1}{2}n_1 i_C - \frac{1}{2}n_1 i_B = n_2 i_M^2 \tag{6.12}$$

의 동일한 두식을 얻을 수 있다. (6.11) 및 (6.12)식에 (6.9)식을 대입하여

$$\frac{1}{2}n_1(-i_A-i_B)-\frac{1}{2}n_1 i_B=-\frac{1}{2}n_1 i_A-n_1 i_B=n_2 i_M^1 \tag{6.13}$$

$$\frac{1}{2}n_1 i_C-\frac{1}{2}n_1(-i_A-i_C)=\frac{1}{2}n_1 i_A+n_1 i_C=n_2 i_M^2 \tag{6.14}$$

(6.7), (6.13) 및 (6.14)를 정리하면

$$\begin{bmatrix} i_T \\ i_M^1 \\ i_M^2 \end{bmatrix}=\begin{bmatrix} \frac{\sqrt{3}a}{2} & 0 & 0 \\ -\frac{a}{2} & -a & 0 \\ \frac{a}{2} & 0 & a \end{bmatrix}\begin{bmatrix} i_A \\ i_B \\ i_C \end{bmatrix} \tag{6.15}$$

의 비특이 행렬을 얻을 수 있고 이의 역행렬을 이용하면 1차측 전류는 다음과 같다.

$$\begin{bmatrix} i_A \\ i_B \\ i_C \end{bmatrix}=\begin{bmatrix} \frac{2}{\sqrt{3}a} & 0 & 0 \\ -\frac{1}{\sqrt{3}a} & -\frac{1}{a} & 0 \\ -\frac{1}{\sqrt{3}a} & 0 & \frac{1}{a} \end{bmatrix}\begin{bmatrix} i_T \\ i_M^1 \\ i_M^2 \end{bmatrix} \tag{6.16}$$

(6.10)식과 (6.16)식을 비교하면 동일한 식임을 알 수 있다. 이제 만약 2차 측에 역률이 1.0으로 동일한 부하를 연결하여 다음과 같이 크기가 같고 위상차가 90^o인 부하전류 i_T 및 i_M이 흐른다고 하면,

$$i_T=\frac{\sqrt{3}\,aI}{2}\angle-30^o \tag{6.17}$$

$$i_M=\frac{\sqrt{3}\,aI}{2}\angle 60^o$$

그러면 (6.10)식 또는 (6.16)식을 사용하여 1차 측에는 $i_A = I\angle -30^o$, $i_B = I\angle -150^o$, $i_C = I\angle 90^o$ 인 3상 평형전류가 흐르게 됨을 확인할 수 있다. 지금까지 스콧트 변압기의 1, 2차간 전압 및 전류 변환식에 대하여 살펴보았는데 경우에 따라서는 3×2의 비정방행렬이 또 다른 경우에는 3×3의 정방행렬이 사용하기에 편할 수가 있으므로 문제 해결에 따른 적절한 변환행렬을 적용시키기 바란다.

나. 변압기 이용률

동일 용량의 단상 변압기 2대를 사용하여 스콧트 변압기를 구성하였을 때 이 두 변압기의 정격 2차전류를 I_{2N}라 하면 T좌 변압기의 1차 측에서는 정격 2차전류에 대해 $I_1 = \frac{2}{\sqrt{3}}\frac{1}{a}I_{2N} = \frac{2}{\sqrt{3}}I_{1N}$ (I_{1N}은 1차측 정격전류)이 되어 과부하가 되게 된다. 따라서 과부하가 되지 않게 하려면 T좌 변압기의 2차 측 부하전류는 정격전류의 $\frac{\sqrt{3}}{2}$배(0.8660)로 억제되어야 한다. 한편 M좌 변압기의 경우는 T좌 변압기와는 달리 2차 측에 정격전류가 흐를 때 1차측에도 정격전류가 흐르므로 상관이 없으나 3상측을 평형하게 운전한다는 조건을 지킨다면 M좌측의 부하전류도 정격전류의 $\frac{\sqrt{3}}{2}$배로 억제하므로 이 경우 스콧트 변압기의 이용률은 $\frac{\sqrt{3}}{2}$이 된다.

1.2 스콧트 변압기의 등가 임피던스 변환

가. 1,2차간 임피던스 변환

스콧트 변압기에서 1차 측(3Φ) 임피던스를 2차 측(2Φ)으로 환산하거나 또는 그 반대로 환산하는 경우를 검토하고자 한다. 일반적으로 변압기에서 1Φ→1Φ 또는 3Φ→3Φ으로의 환산인 경우 Ω 단위의 실제 임피던스는 권수비의 제곱에 비례 또는 반비례하여 환산되나, 단위법을 사용하는 경우라면 %임피던스는 항상 일정한 값으로 변하지 않는다. 그러나 스콧트 결선에서는 1,2차의 상수가 틀려 1,2차 변환 시 위의 경우와는 다르게 된다. 1차 또는 2차로의 임피던스 환산 규칙은 고장전류 계산 등에 활용되게 되므로 잘 알아둘 필요가 있다.

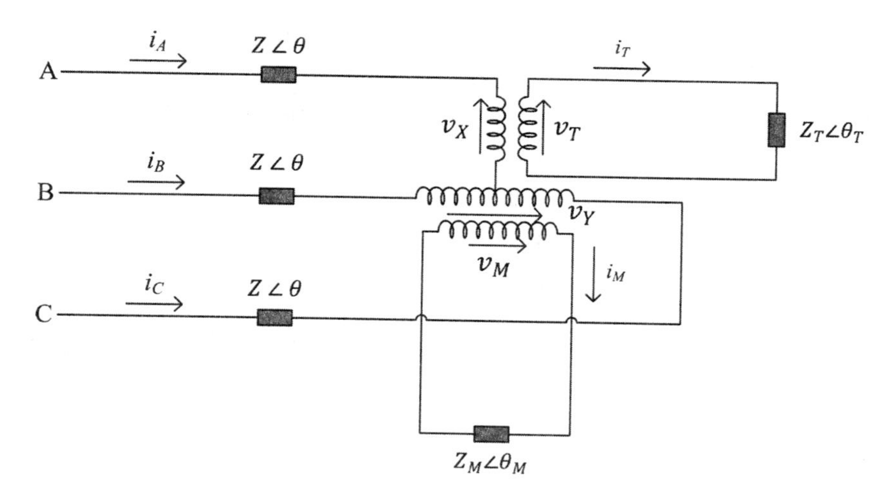

[그림 6.4] 등가 임피던스 변환

이제 [그림 6.4]와 같이 1차 측에서 바라본 A, B, C상의 임피던스는 평형되어 있으며 각 상당 공히 $Z\angle\theta$라고 가정하자. 이 임피던스 $Z\angle\theta$는 선로의 임피던스 내지는 변압기의 권선 임피던스와의 합성 임피던스를 지칭하는 것으로 보면 된다. 따라서 스콧트 변압기 자체는 이상적인 변압기로 취급한다. 그리고 1차 측 임피던스를 2차 측으로 환산하였을 때 환산 임피던스를 $Z_T\angle\theta_T$ 및 $Z_M\angle\theta_M$라고 하면 변압기 양측에서 동일한 임피던스에 의해 소모되는 전력은 역시 동일해야 하므로 "1차 측 복소전력 S_1 = 2차 측 복소전력 S_2"이 성립해야 한다. 우선 1차 측에서 볼 때 임피던스에서 소모되는 전력 S_1 은 다음과 같이 표현된다.

$$S_1 = \{(Z\angle\theta)i_A\}i_A^* + \{(Z\angle\theta)i_B\}i_B^* + \{(Z\angle\theta)i_C\}i_C^* = (Z\angle\theta)\begin{bmatrix} i_A & i_B & i_C \end{bmatrix}\begin{bmatrix} i_A \\ i_B \\ i_C \end{bmatrix}^* \qquad (6.18)$$

여기서 (6.10)식을 이용하여 위 식을 정리하면,

$$S_1 = (Z\angle\theta)\begin{bmatrix} i_T & i_M \end{bmatrix}\begin{bmatrix} \frac{2}{\sqrt{3}a} & -\frac{1}{\sqrt{3}a} & -\frac{1}{\sqrt{3}a} \\ 0 & -\frac{1}{a} & \frac{1}{a} \end{bmatrix}\begin{bmatrix} \frac{2}{\sqrt{3}a} & 0 \\ -\frac{1}{\sqrt{3}a} & -\frac{1}{a} \\ -\frac{1}{\sqrt{3}a} & \frac{1}{a} \end{bmatrix}\begin{bmatrix} i_T^* \\ i_M^* \end{bmatrix}$$

$$= (Z\angle\theta)\begin{bmatrix} i_T & i_M \end{bmatrix}\begin{bmatrix} \frac{2}{a^2} & 0 \\ 0 & \frac{2}{a^2} \end{bmatrix}\begin{bmatrix} i_T^* \\ i_M^* \end{bmatrix} = \left\{\left(\frac{2}{a^2}Z\angle\theta\right)i_T\right\}i_T^* + \left\{\left(\frac{2}{a^2}Z\angle\theta\right)i_M\right\}i_M^*$$

$$= \{(Z_T\angle\theta_T)i_T\}i_T^* + \{(Z_M\angle\theta_M)i_M\}i_M^* = S_2 \tag{6.19}$$

즉, 1차 측의 임피던스 $Z\angle\theta$ 를 2차 측 T상 및 M상으로 환산한 임피던스는

$$Z_T\angle\theta_T = \frac{2}{a^2}Z\angle\theta$$

$$Z_M\angle\theta_M = \frac{2}{a^2}Z\angle\theta \tag{6.20}$$

이 된다. 결과에서 보듯이 스콧트 변압기에서는 1차 측 임피던스를 2차 측으로 환산하는 경우, 2차 측 임피던스는 T상, M상의 구별 없이 1차 측 임피던스의 $\frac{2}{a^2}$ 배가 됨을 알 수 있다. 이는 상수의 변환이 없는 일반적인 변압기의 등가 변환 시 (즉, 1Φ→1Φ 또는3Φ→3Φ) "임피던스는 권수비의 제곱에 비례(2차→1차) 또는 반비례(1차→2차)"한다는 사실과는 2배수만큼의 차이를 보인다. 주의할 것은 이 같은 규칙을 유도하는 과정에서 1차 측 즉 3상측의 임피던스는 평형 되어 있다고 가정하였다는 것이며 따라서 2차 측 임피던스도 평형 되어 있다면 이를 1차 측으로 환산한 임피던스는 A, B, C상 공히 2차 측 상당 임피던스의 $\frac{a^2}{2}$ 배가 될 것이다. 단위법(P.U.)을 사용하는 경우라면 기준 용량을S_b[VA], 그리고 1차 측 기준 전압으로 V_b[V]를 할 때 1차 측 기준 임피던스 Z_b[Ω]은 $Z_b = \frac{V_b^2}{S_b}$ 이 된다. 따라서 1차 측 임피던스 $Z\angle\theta$[Ω]은 %임피던스로는 $\%Z = \frac{S_b}{V_b^2}(Z\angle\theta)\times 100$[%]가 된다. 이를 2차 측으로 환산하는 경우 2차 측 기준 전압은 $\frac{1}{a}V_b$[V]가 되고, 2차 측으로 환산한 임피던스는 $\frac{2}{a^2}Z\angle\theta$[Ω]가 되며 따라서 %임피던스로는 $\%Z = \frac{2S_b}{V_b^2}(Z\angle\theta)\times 100$[%]가 되어 1차 측 환산 %임피던스의 2배가 된다. 만약 1차나 2차 측의 임피던스가 불평형인 경우의 임피던스 등가 변환을 구하고자 한다면 이제까지 해온 바와 동일한 절차를 거쳐 구해낼 수 있을 것이며 변환된 임피던스는 2차나 1차에서 서로 불평형이 될 것이다.

나. 스콧트 변압기의 %임피던스

이미 살펴보았듯이 기준 용량을 일정하게 하면 스콧트 변압기의 2차 측(2상 측)으로 환산한 %임피던스는 1차 측(3상 측)으로 환산한 %임피던스의 2배가 된다. 다시 말하면 1차 측으로 환산한 %임피던스와 2차 측으로 환산한 %임피던스가 서로 틀리다는 것인데 이는 %임피던스를 사용하고자 하는 본래의 취지에 맞지 않는 결과이다. 따라서 스콧트 결선 변압기의 %임피던스를 정의할 때 3상측에서는 기준 용량으로 3상 용량 S_b[VA]를 사용하나, 2상측에서는 단상에 해당하는 용량 즉 $\frac{S_b}{2}$[VA]를 기준 용량으로 사용하게 된다. 이렇게 되면 %임피던스는 1, 2차측 모두에서 공히 $\%Z = \frac{ZS_b}{V_b^2} \times 100[\%]$가 되어 일치하게 된다. 예를 들어 용량 30[MVA]인 스콧트 변압기가 자기 용량 기준으로 10[%]의 임피던스를 가지고 있다면 이는 3상측(154kV라 하자.)에서 볼 때는 기준 용량이 30[MVA]이고 따라서 $Z_{3\Phi} = 0.1 \times \frac{(154 \times 10^3)^2}{30 \times 10^6} = j79.053[\Omega]$이며, 2상측(55kV라 하자)에서 볼 때는 기준 용량이 15[MVA]이고 $Z_{2\Phi} = 0.1 \times \frac{(55 \times 10^3)^2}{15 \times 10^6} = j20.167[\Omega]$임을 의미하는 것이다. 실 Ω 단위로 환산을 해 본다면 $Z_{2\Phi} = \frac{2}{a^2} \times Z_{3\Phi} = \frac{2}{\left(\frac{154}{55}\right)^2} \times j79.053 = j20.167$ 로서 위와 같은 %임피던스의 정의가 타당함을 알 수 있다.

2. 변형 Wood Bridge 결선 변압기

변형 Wood Bridge 결선 방식은 일본에서 개발되었는데, 직접접지 계통인 275kV 초고압 수전을 하게 되면서 중성점이 존재하지 않는 Scott 결선 방식을 대체할 새로운 3Φ/2Φ 결선 방식의 개발이 필요하게 되었다. 만약 Scott결선 변압기의 전기적 중성점에 접지를 한다면 2상 측 불평형 시 중성점으로 전류가 유입되어 통신선에 전자유도장해 등을 발생하게 될 것이다. 변형 Wood Bridge 결선에서는 1차 측 중성점 접지선에 전류가 흐르지 않으며 변압기 권선의 단절연(Graded insulation)이 가능하다. 한편 우리나라에서는 154kV 직접접지 계통에 유효접지 조건이 만족되는 범위 내에서 변압기의 부동운전(Floating ground)을 허용하고 있으므로 Scott 결선 방식을 사용하는데 특별한 문제는 없다.

2.1 변형 Wood Bridge 결선의 전압

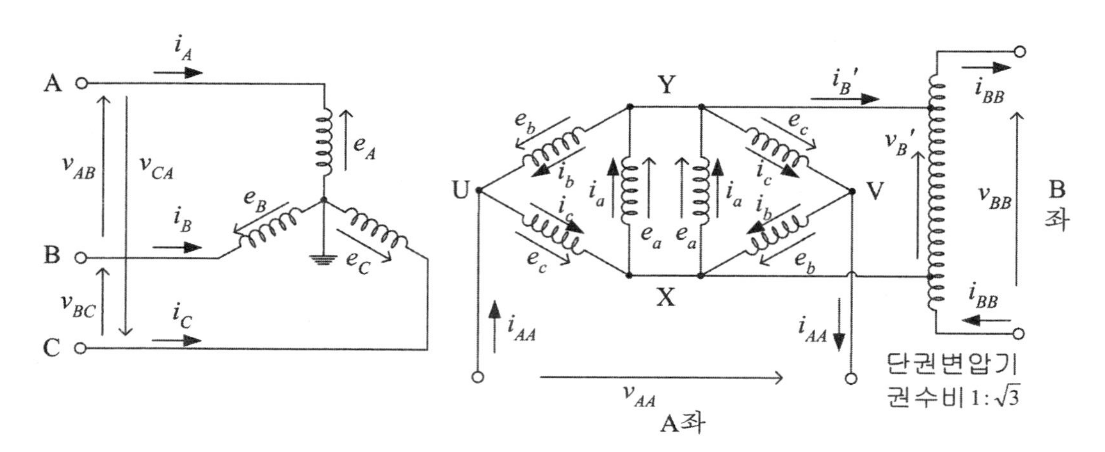

[그림 6.5] 변형 Wood Bridge 결선

변압기 결선은 3권선 변압기와 권수비가 1 : $\sqrt{3}$ 인 단권 변압기를 사용하여 [그림 6.5]와 같이 구성하며 2차 측의 노드 U-V사이를 A좌라 하고 노드 X-Y사이의 전압을 단권 변압기를 통하여 출력시키는 부분을 B좌라 부른다. 변압기 각 권선의 전압·전류 방향은 감극성 변압기의 표시 방식에 따라 [그림 6.5]에 표시하였다. 우선 2차 측 ◁▷ 권선에서 살펴보면 다음과 같은 식을 구할 수 있다.

$$
\begin{aligned}
e_a &= \frac{1}{\sqrt{3}} v_{BB} \\
e_b + e_c &= -\frac{1}{\sqrt{3}} v_{BB} \\
e_b - e_c &= -v_{AA}
\end{aligned}
\tag{6.21}
$$

이 세 식으로부터 1차 측 상전압 e_A, e_B, e_C 를 구하면 다음과 같다.

$$e_A = ae_a = \frac{a}{\sqrt{3}} v_{BB}$$

$$e_B = ae_b = -\frac{a}{2\sqrt{3}} v_{BB} - \frac{a}{2} v_{AA} \tag{6.22}$$

$$e_C = ae_c = -\frac{a}{2\sqrt{3}} v_{BB} + \frac{a}{2} v_{AA}$$

따라서 1차 측 선전압 $v_{AB} = e_A - e_B$, $v_{BC} = e_B - e_C$ 및 $v_{CA} = e_C - e_A$ 는 다음과 같다.

$$\begin{bmatrix} v_{AB} \\ v_{BC} \\ v_{CA} \end{bmatrix} = \begin{bmatrix} \frac{\sqrt{3}}{2}a & \frac{a}{2} \\ 0 & -a \\ -\frac{\sqrt{3}}{2}a & \frac{a}{2} \end{bmatrix} \begin{bmatrix} v_{BB} \\ v_{AA} \end{bmatrix} \tag{6.23}$$

위 (6.23)식은 스콧트 변압기에서의 (6.3)식과 동일한 식으로 A좌는 스콧트 변압기의 M좌에 해당하고 B좌는 스콧트 변압기의 T좌와 같다.

2.2 변형 Wood Bridge 결선의 전류

이제 A좌 및 B좌의 부하전류 i_{AA}, i_{BB}에 의한 변압기 권선의 전류 분포를 살펴보기로 한다. 우선 B좌가 무부하인 상태($i_{BB} = 0$)에서 A좌의 부하전류 i_{AA}에 의한 변압기 2, 3차 △권선 내의 전류는 [그림 6.6]의 (a)와 같다. 노드 U로 유입하는 전류 i_{AA}는 회로의 대칭성으로 인하여 그림의 위·아래 권선으로 각각 $\frac{1}{2} i_{AA}$씩 나누어지며 노드 V에 대해서도 마찬가지가 된다. 한편 노드 X-Y사이를 흐르는 전류는 KCL에 의해 0이 됨을 알 수 있다.

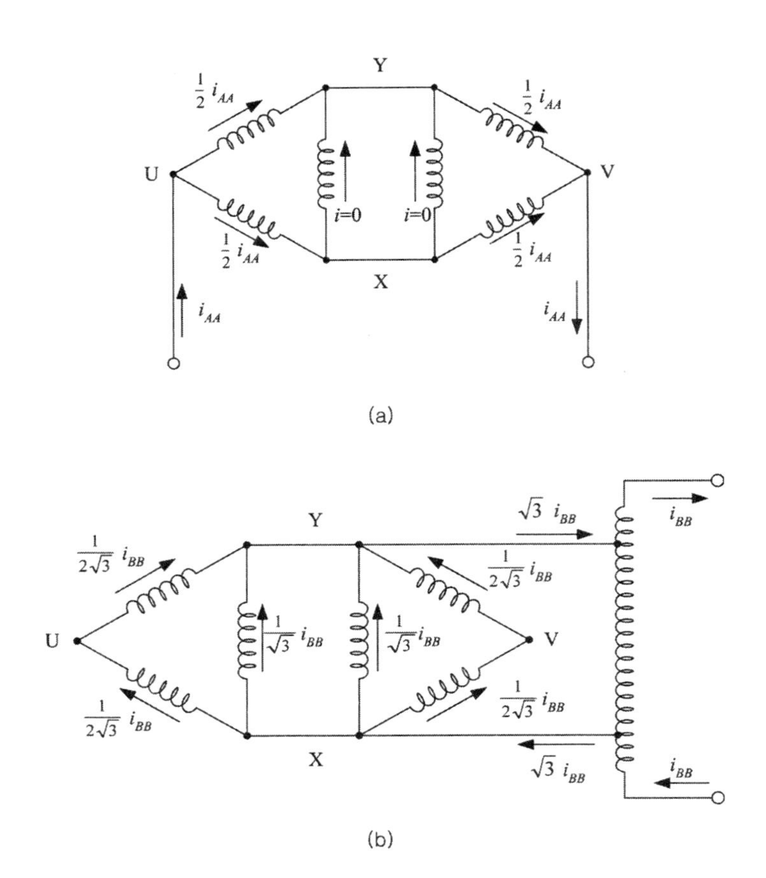

[그림 6.6] A좌 및 B좌의 부하전류 분포

(노드 X와 노드 Y는 동일 전위이다.) 또한 A좌가 무부하인 상태($i_{AA}=0$)에서는 B좌의 부하전류 i_{BB}에 의해 변압기 2, 3차 △권선 내에 [그림 6.6]의 (b)와 같은 전류 분포를 갖는다. 노드 Y에서 유출되는 전류는 $\sqrt{3}\,i_{BB}$로, 역시 회로의 대칭성으로 인하여 좌측 △변압기의 노드 Y와 우측 △변압기의 노드 Y에서 각각 $\dfrac{\sqrt{3}}{2}i_{BB}$씩 나오게 된다. 한편 각각의 △권선 내에서의 전류 분포는 권선의 임피던스에 반비례하므로,

좌측 △의 브랜치 XUY와 우측 △의 브랜치 XVY로는 $\dfrac{\sqrt{3}}{2}i_{BB}\times\dfrac{1}{3}=\dfrac{1}{2\sqrt{3}}i_{BB}$의 전류가 흐르고 좌우측 △의 브랜치 XY로는 $\dfrac{\sqrt{3}}{2}i_{BB}\times\dfrac{2}{3}=\dfrac{1}{\sqrt{3}}i_{BB}$가 흐르게 된다. 따라서 A좌 부하와 B좌 부하에 의한 변압기 권선의 전류 분포 i_a, i_b, i_c (방

향은 [그림 6.5]에 표시된 방향)는 [그림 6.6]의 (a), (b)를 중첩하여 얻을 수 있다.

$$i_a = \frac{1}{\sqrt{3}} i_{BB}$$
$$i_b = -\frac{1}{2} i_{AA} - \frac{1}{2\sqrt{3}} i_{BB} \qquad (6.24)$$
$$i_c = \frac{1}{2} i_{AA} - \frac{1}{2\sqrt{3}} i_{BB}$$

한편 1차 권선의 기자력은 2, 3차 권선의 기자력을 더한 값과 같아야 하므로,

$$i_A n_1 = i_a n_2 + i_a n_2 = 2 i_a n_2$$
$$i_B n_1 = i_b n_2 + i_b n_2 = 2 i_b n_2$$
$$i_C n_1 = i_c n_2 + i_c n_2 = 2 i_c n_2$$
$$\therefore i_a = \frac{a}{2} i_A, \; i_b = \frac{a}{2} i_B, \; i_c = \frac{a}{2} i_C \qquad (6.25)$$

(6.25)식을 (6.24)식에 대입하여 정리하면,

$$\begin{bmatrix} i_A \\ i_B \\ i_C \end{bmatrix} = \begin{bmatrix} \frac{2}{\sqrt{3}a} & 0 \\ -\frac{1}{\sqrt{3}a} & -\frac{1}{a} \\ -\frac{1}{\sqrt{3}a} & \frac{1}{a} \end{bmatrix} \begin{bmatrix} i_{BB} \\ i_{AA} \end{bmatrix} \qquad (6.26)$$

을 얻을 수 있다. 앞서 언급한 바와 같이 변형 Wood Bridge결선에서는 1차 측 중성점 접지선에 전류가 흐르지 않음을 (6.26)식을 통하여 확인할 수 있다 ($\because \; i_A + i_B + i_C = 0$). 또한 이 식은 Scott결선에서 1차 측 3Φ 전류와 2차 측 2Φ 전류간의 관계를 나타내는 식과 동일한 식임을 알 수 있다.

이제까지 살펴본 바와 같이 변형 Wood Bridge 결선에서의 입력 측과 출력 측 A, B좌의 전압·전류 관계식은 Scott결선과 완전히 동일하며 따라서 3Φ-2Φ간 임피던스의 환산 등도 모두 Scott결선과 동일하다.

3. 전압 변동율과 불평형율

3.1 전압 변동율의 정의

선로 임피던스 $Z=R+jX$인 전송선로를 통하여 선로 말단에 연결된 부하 $S=P+jQ$에 전력 공급을 하는 경우 전압 변동율을 구해보기로 한다. 전압 변동율은 다음과 같이 정의된다.

$$\text{전압 변동율}(\epsilon)=\frac{\text{무부하시 수전단 전압}-\text{부하시 수전단 전압}}{\text{무부하시 수전단 전압}} \tag{6.27}$$

[그림 6.7]과 같이 대지 분로를 갖지 않는 선로에서는 '무부하시 수전단 전압=송전단 전압'이므로,

$$\epsilon=\frac{|v_S|-|v|}{|v_S|} \tag{6.28}$$

로 쓸 수 있다.

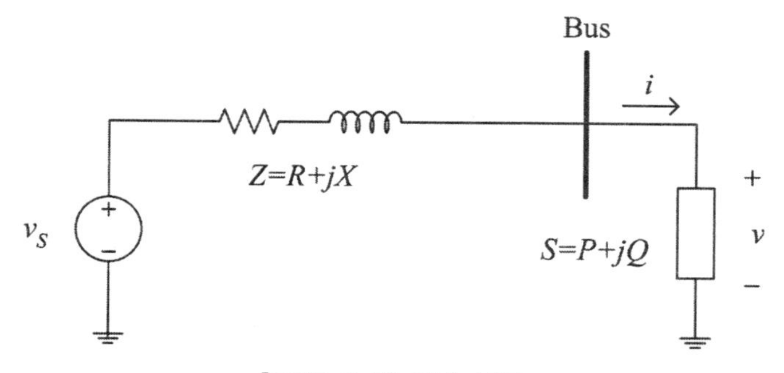

[그림 6.7] 전송선로

v(부하 시 수전단 전압)의 위상을 기준으로 하여 $v=V\angle 0^o$라 하면, 부하의 역률각이θ(지상)일 때, 부하전류는 $i=I\angle-\theta^o$가 되며 [그림 6.8]과 같은 벡터도를 그릴 수 있다.

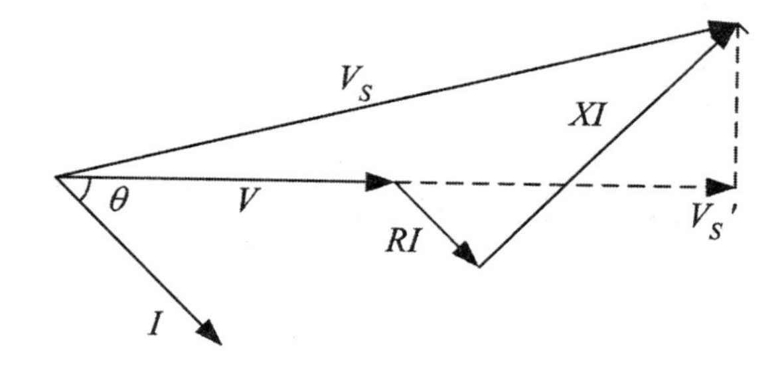

[그림 6.8] 벡터도

$$p = v \times i^* = VI\cos\theta + j\,VI\sin\theta = S\angle\theta = P + j\,Q \tag{6.29}$$

$$i = \frac{(P + j\,Q)^*}{v^*} = \frac{P - j\,Q}{V} = \frac{VI\cos\theta - j\,VI\sin\theta}{V} \tag{6.30}$$

송전단 전압 v_S는,

$$v_S = v + Zi = V + (RI\cos\theta + XI\sin\theta) + j(XI\sin\theta - RI\cos\theta) \tag{6.31}$$

한편,

$$V + (RI\cos\theta + XI\sin\theta) = V_S' \tag{6.32}$$

이고 $V_S' = |v_S|$ 이므로

$$\epsilon = \frac{|v_S| - |v|}{|v_S|} = \frac{V_S' - V}{|v_S|} = \frac{RI\cos\theta + XI\sin\theta}{|v_S|} \tag{6.33}$$

일반적인 경우라면 $|v_S| \cong V$ 이므로 (6.33)식은

$$\epsilon \cong \frac{RI\cos\theta + XI\sin\theta}{V} \tag{6.34}$$

이고, 특히 $\frac{X}{R} \gg 1$인 경우라면

$$\epsilon \cong \frac{XI\sin\theta}{V} = \frac{XQ}{V^2} \tag{6.35}$$

한편, 부하모선의 단락용량을 S_B라 하면 $S_B = \frac{V^2}{X}$이므로

$$\epsilon = \frac{Q}{S_B} = \frac{S \times \sin\theta}{S_B} \tag{6.36}$$

다시 말하지만 여기서 θ는 지상 역률각으로 v의 위상각에서 i의 위상각을 뺀 값이다.

전압 변동율을 나타내는 식은 위에서 유도한 바와 같이 필요에 따라 (6.34)~(6.36)식을 사용하게 된다.

3.2 스콧트 변압기 부하에 의한 전압 변동율

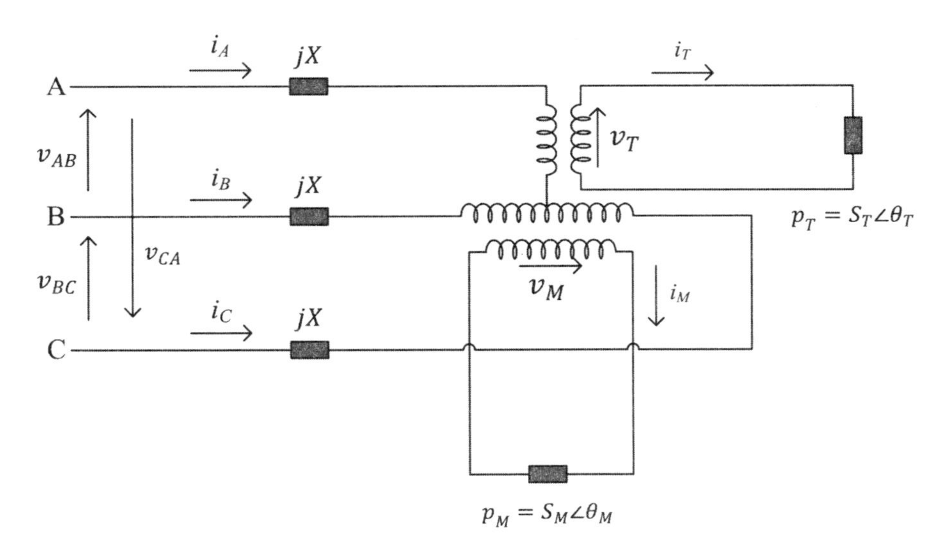

[그림 6.9] 전압 변동율 계산을 위한 회로

[그림 6.9]의 스콧트 결선 변압기 1차 측에 $v_{AB} = V\angle 0^o$, $v_{BC} = V\angle -120^o$,

$v_{CA}= V\angle 120^o$ 인 3상평형 전압을 인가하면 2차 측 T, M상의 전압은 $v_T= \frac{1}{a}V\angle -30^o$, $v_M= \frac{1}{a}V\angle 60^o$ (a는 M좌 변압기 권수비)이 되게 된다. T좌 및 M좌 부하를 각각 $p_T= S_T\angle\theta_T$, $p_M= S_M\angle\theta_M$ (공히 지상 역률) 이라 가정하면 부하전류는,

$$i_T= \left(\frac{p_T}{v_T}\right)^* = \left(\frac{S_T\angle\theta_T}{\frac{1}{a}V\angle -30^o}\right)^* = a\frac{S_T}{V}\angle -30^o-\theta_T= aI_T\angle -30^o-\theta_T$$

$$i_M= \left(\frac{p_M}{v_M}\right)^* = \left(\frac{S_M\angle\theta_M}{\frac{1}{a}V\angle 60^o}\right)^* = a\frac{S_M}{V}\angle 60^o-\theta_M= aI_M\angle 60^o-\theta_M$$

그리고 이미 아는 바와 같이 1, 2차 전류간에는 다음 식이 성립한다.

$$\begin{bmatrix} i_A \\ i_B \\ i_C \end{bmatrix} = \begin{bmatrix} \frac{2}{\sqrt{3}a} & 0 \\ -\frac{1}{\sqrt{3}a} & -\frac{1}{a} \\ -\frac{1}{\sqrt{3}a} & \frac{1}{a} \end{bmatrix} \begin{bmatrix} i_T \\ i_M \end{bmatrix}$$

가. A-B상간의 전압 변동율

부하전류에 의한 A-B상간의 전압강하는

$$\begin{aligned} \Delta v_{AB} &= jX\times (i_A - i_B) \\ &= jX\times \left(\sqrt{3}\frac{1}{a}i_T + \frac{1}{a}i_M\right) \\ &= jX\times \left[\left(\sqrt{3}I_T\angle -30^o-\theta_T\right) + \left(I_M\angle 60^o-\theta_M\right)\right] \end{aligned}$$

그리고 v_{AB}의 위상각은 0^o이므로, 여기서 (6.35)식을 참조하면,

$$\epsilon_{AB}=\frac{\sqrt{3}\,XI_T}{V}\sin(\theta_T+30^o)+\frac{XI_M}{V}\sin(\theta_M-60^o) \tag{6.37}$$

또는 (6.36)식과 같은 형태로,

$$\epsilon_{AB}=\frac{\sqrt{3}\,S_T}{S_B}\sin(\theta_T+30^o)+\frac{S_M}{S_B}\sin(\theta_M-60^o) \tag{6.38}$$

나. B-C상간의 전압 변동율

부하전류에 의한 B-C상간의 전압강하는

$$\begin{aligned}\Delta v_{BC} &= jX\times(i_B-i_C)\\ &= jX\times\left(-\frac{2}{a}i_M\right)\\ &= jX\times(2I_M\angle 240^o-\theta_M)\end{aligned}$$

그리고 v_{BC}의 위상각은 -120^o이므로 역률각은 $-120^o-(240^o-\theta_M)=\theta_M$ 따라서,

$$\epsilon_{BC}=2\frac{XI_M}{V}\sin\theta_M \tag{6.39}$$

또는,

$$\epsilon_{BC}=2\frac{S_M}{S_B}\sin\theta_M \tag{6.40}$$

다. C-A상간의 전압 변동율

부하전류에 의한 C-A상간의 전압강하는

$$\begin{aligned}\Delta v_{CA} &= jX\times(i_C-i_A)\\ &= jX\times\left(-\sqrt{3}\frac{1}{a}i_T+\frac{1}{a}i_M\right)\\ &= jX\times(\sqrt{3}\,I_T\angle 150^o-\theta_T+I_M\angle 60^o-\theta_M)\end{aligned}$$

그리고 v_{CA}의 위상각은 120^o이므로 역률각은 T상이 $120^o-\left(150^o-\theta_T\right)=\theta_T-30^o$, M상이 $120^o-\left(60^o-\theta_M\right)=\theta_M+60^o$ 이 된다.

$$\epsilon_{CA}=\frac{\sqrt{3}\,XI_T}{V}\sin\left(\theta_T-30^o\right)+\frac{XI_M}{V}\sin\left(\theta_M+60^o\right) \tag{6.41}$$

또는,

$$\epsilon_{CA}=\frac{\sqrt{3}\,S_T}{S_B}\sin\left(\theta_T-30^o\right)+\frac{S_M}{S_B}\sin\left(\theta_M+60^o\right) \tag{6.42}$$

3.3 스콧트 변압기 부하에 의한 전압 불평형율

전압 불평형율은

$$K_v=\frac{|\text{역상분 전압}|}{|\text{정상분 전압}|}=\frac{|v^-|}{|v^+|} \tag{6.43}$$

로 정의한다. 이제 스콧트 변압기 T좌에 $S_T=P_T+j\,Q_T$, M좌에 $S_M=P_M+j\,Q_M$의 부하가 걸려 있을 때의 전압 불평형율을 구해보기로 한다. 스콧트 결선의 1차측에서 대칭분 전류는,

$$\begin{bmatrix} i^0 \\ i^+ \\ i^- \end{bmatrix}=\frac{1}{3}\begin{bmatrix} 1 & 1 & 1 \\ 1 & \hat{a} & \hat{a}^2 \\ 1 & \hat{a}^2 & \hat{a} \end{bmatrix}\begin{bmatrix} i_A \\ i_B \\ i_C \end{bmatrix}$$

$$=\frac{1}{3}\begin{bmatrix} 1 & 1 & 1 \\ 1 & \hat{a} & \hat{a}^2 \\ 1 & \hat{a}^2 & \hat{a} \end{bmatrix}\begin{bmatrix} \frac{2}{\sqrt{3}\,a} & 0 \\ -\frac{1}{\sqrt{3}\,a} & -\frac{1}{a} \\ -\frac{1}{\sqrt{3}\,a} & \frac{1}{a} \end{bmatrix}\begin{bmatrix} i_T \\ i_M \end{bmatrix} \tag{6.44}$$

("상 성분-대칭 성분 변환 행렬"에서 $\hat{a}=1\angle 120^0$ 를 뜻한다. 일반적으로 기호 a를 쓰나 여기서는 "Scott 3상-2상 변환 행렬"에서의 a 즉, 변압기 권수비와의 혼돈을 피하기 위하여 일시적으로 이런 기호를 쓰기로 한다.)

$\hat{a}=-\frac{1}{2}+j\frac{\sqrt{3}}{2}$, $\hat{a}^2=-\frac{1}{2}-j\frac{\sqrt{3}}{2}$로 하여 (6.44)식을 정리하면 다음과 같이 된다.

$$i^0=0 \tag{6.45}$$

$$i^+=\frac{1}{\sqrt{3}}\frac{1}{a}(i_T-j\,i_M)$$

$$i^-=\frac{1}{\sqrt{3}}\frac{1}{a}(i_T+j\,i_M)$$

한편, i_T, i_M은 T좌 전압을 $v_T=\frac{1}{a}V\angle 0^o$ (여기서, V는 1차 측 선간전압의 크기)로 하면 M좌 전압은 $v_M=\frac{1}{a}V\angle 90^o$ 로 쓸 수 있으므로,

$$i_T=\frac{P_T-jQ_T}{\overset{*}{v}_T}=\frac{a}{V}(P_T-jQ_T) \tag{6.46}$$

$$i_M=\frac{P_M-jQ_M}{\overset{*}{v}_M}=\frac{a}{V}j(P_M-jQ_M)=\frac{a}{V}(jP_M+Q_M)$$

(6.46)식을 (6.45)식에 대입하여 정리하면,

$$i^+=\frac{1}{\sqrt{3}\,V}\{(P_T-j\,Q_T)+(P_M-j\,Q_M)\} \tag{6.47}$$

$$i^-=\frac{1}{\sqrt{3}\,V}\{(P_T-j\,Q_T)-(P_M-j\,Q_M)\}$$

따라서 정상분 및 역상분 전류의 크기는 각각

$$|i^+| = I^+ = \frac{1}{\sqrt{3}\,V} \cdot \sqrt{(P_T + P_M)^2 + (Q_T + Q_M)^2} \qquad (6.48)$$

$$|i^-| = I^- = \frac{1}{\sqrt{3}\,V} \cdot \sqrt{(P_T - P_M)^2 + (Q_T - Q_M)^2}$$

정상분, 역상분 전압의 크기와 임피던스를 각각 V^+, V^- 및 Z^+, Z^-로 두면 전 선로의 경우 일반적으로 Z^+와 Z^-는 동일하다고 본다. 전압 불평형율의 정의로부터,

$$K_v = \frac{V^-}{V^+} = \frac{Z^- I^-}{\frac{V}{\sqrt{3}}} = \frac{Z^-}{V^2} \cdot \sqrt{(P_T - P_M)^2 + (Q_T - Q_M)^2} \qquad (6.49)$$

그런데 3상 단락용량 P_S가 다음과 같이 표시될 수 있으므로

$$P_S = \sqrt{3}\,VI^+ = 3V^+ I^+ = \frac{3(V^+)^2}{Z^-} = \frac{V^2}{Z^-} \qquad (6.50)$$

$$(\because\ V^+ = Z^+ I^+ = Z^- I^+)$$

(6.49)식은 결과적으로,

$$K_v = \frac{1}{P_S} \cdot \sqrt{(P_T - P_M)^2 + (Q_T - Q_M)^2} \qquad (6.51)$$

만약 부하의 역률이 1에 가깝다면(예로서 PWM 차량 같은 경우) 무효전력 부하는 무시할 수 있으므로 위 식은 더욱 간단히 두 유효전력 부하의 차이로 표시된다.

$$K_v = \frac{1}{P_S} \cdot |P_T - P_M| \qquad (6.52)$$

T좌 및 M좌에 동일한 부하가 걸려 있다면 전압 불평형율은 0이 되며 두 부하의 차이가 크면 클수록 전압 불평형율은 증가하게 된다.

‘전기설비기술기준’에는 ‘전압 불평형율의 허용 한도’(별표 68)가 명시되어 있는데 변전소 수전점에서 3%로 하며 P_T나 P_M은 연속 2시간의 평균부하(kVA 사용)로 적

용하게 되어 있다. 평균부하를 사용하는 이유는 (6.52)식으로부터 자명한데, 이는 동시에 T좌 및 M좌에 동일 용량의 부하가 걸리는 경우(이렇게 되면 순간 불평형율은 0)는 드물기 때문이다. 2시간 동안 운행되는 평균부하로 본다면 P_T나 P_M은 거의 비슷할 것이며 전압 불평형율은 거의 0% 부근으로 일반적인 운행 조건의 경우 본 규정을 만족시킬 수 있게 된다.

4. Scott 변압기 부하에 의한 전류 불평형율

전류 불평형율은

$$K_i = \frac{|\text{역상분 전류}|}{|\text{정상분 전류}|} = \frac{|i^-|}{|i^+|} \tag{6.53}$$

로 정의한다. 따라서 (6.48)식으로부터

$$K_i = \frac{I^-}{I^+} = \sqrt{\frac{(P_T - P_M)^2 + (Q_T - Q_M)^2}{(P_T + P_M)^2 + (Q_T + Q_M)^2}} \tag{6.54}$$

$$\cong \left| \frac{P_T - P_M}{P_T + P_M} \right| \ (\text{if 역률} \cong 1)$$

T좌 및 M좌에 동일한 부하가 걸려 있다면 전류 불평형율은 0이 되며 만약 T좌 M좌 어느 한 쪽에만 부하가 걸려 있다면 이때 전류 불평형율은 100%가 되게 된다.

제7장

AT 급전계통

1. 단권변압기(AT : Auto Transformer)
2. 3선간 상호 임피던스의 문제
3. AT 급전계통 해석
4. 회생전력
5. AT 급전선로의 단락 임피던스 계산

1. 단권변압기(AT : Auto Transformer)

단권변압기는 일반적인 단상 2권선 변압기와는 달리 공통으로 사용하는 철심에 단일 권선을 감고, 권선의 일부를 변압기의 1, 2차가 공용하는 변압기로서 보통 공통 부분의 권선을 분로권선, 선로에 직렬로 연결되는 권선을 직렬권선이라 한다.

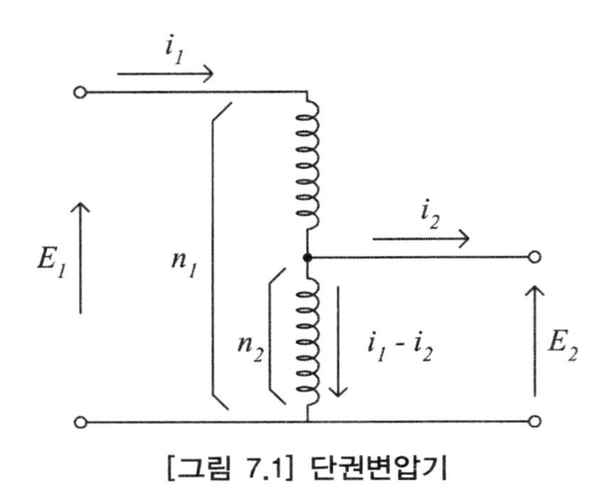

[그림 7.1] 단권변압기

단권변압기의 1차 측에서 본 권선의 권회수를 n_1, 2차 측에서 본 권회수를 n_2라 하자. ($n_1 > n_2$로 가정) 1, 2차 측 전류를 i_1, i_2라 할 때 분로권선에 흐르는 전류는 $i_1 - i_2$가 되며 분로권선은 동일 철심에 동일 방향으로 감겨져 있는 권선의 일부이므로 기자력 보존식에 의해 다음과 같이 쓸 수 있다.

$$(n_1 - n_2)i_1 = -n_2(i_1 - i_2)$$

권수비 $a = \dfrac{n_1}{n_2}$ 로 하여 위 식은

$$i_1 - i_2 = (1-a)i_1 \tag{7.1}$$

이 된다. 우리가 사용하는 AT 급전계통에서는 $a=2$이므로 $i_1 - i_2 = -i_1$ 이 되어 분로권선에는 직렬권선과 크기가 같고 방향이 반대인 전류가 흐르게 된다. 이 사실은 앞으로 AT 급전계통을 해석할 때 중요한 역할을 하게 된다.

단권변압기의 용량을 표시하는 방법에는 선로용량과 자기용량의 2가지가 있다. 선로

용량은 단권변압기 1차 측 전압과 전류의 곱으로 표시되는 용량으로서 $S_{Line} = E_1 i_1$ 이 된다. 자기용량이라 함은 분로권선의 용량을 말하며 분로권선의 유기기전력과 분로권선 전류의 곱으로 표시된다. 자기용량 S_{Self}는 선로용량 S_{Line}과 다음과 같은 관계가 있다.

$$S_{Self} = E_2(i_2 - i_1) = \frac{1}{a} E_1 (a-1) i_1 \tag{7.2}$$

$$= E_1\left(1 - \frac{1}{a}\right) i_1 = \frac{1}{2} E_1 i_1 \quad (a=2 \text{ 인 경우})$$

$$= \frac{1}{2} S_{Line}$$

이들 2가지 표시 방식 중 우리나라나 일본에서는 단권변압기의 용량을 자기용량으로 표시하고 있다.

AT 급전계통에서는 유도장해를 고려하여 변압기의 임피던스를 최대한 작게 하고 2차 측 단자에서 본 중성점 환산 임피던스를 약 0.45Ω 이하로 하고 있다. 과부하 용량으로는 150% 부하에 대하여는 2시간, 300% 부하에 대하여는 2분간 견디도록 되어 있고 단락 강도는 정격전류의 25배 이상으로 하고 있다.

2. 3선간 상호 임피던스의 문제

2.1 3선간 상호 임피던스

AT 급전계통은 회로 해석적으로 전위가 틀린 전차선(조가선 포함), 레일(보호선 포함), 급전선의 3선으로 구성된 선로로서 이들 3선은 서로 근접하여 장거리를 병행하게 되므로 상호 임피던스는 상당히 큰 값을 나타내게 되고 회로 해석에도 영향력 있는 파라메타로 작용하게 된다(제4장의 샘플 선로에 대한 계산 결과를 참조 바람).

상호 임피던스가 존재하는 경우, 회로 방정식을 유도하는 과정은 매우 성가시며 실수하기 쉬운 작업으로서 가능하다면 상호 임피던스를 적절한 방법으로 등가의 자기 임피던스로 변환하는 것이 바람직하다고 하겠다. [그림 7.2]는 상호 임피던스가 존재하는 3선로에서 각 선로에 흐르는 전류의 방향과 이에 따른 각 선로 유기전압의 관계를 나타내는 그림으로서 그림 (a)와 같은 선로 전류에 대응하여 자기 및 상호 임피던스에 의해 선로에 유기되는 전압의 크기와 극성은 (b)와 같다.

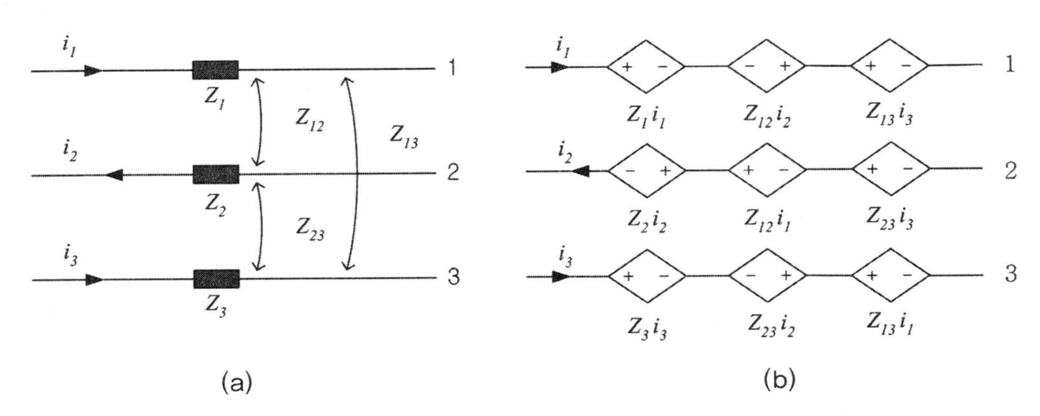

[그림 7.2] 자기 및 상호 임피던스에 의한 선로의 유기전압

2.2 3선간 상호 임피던스의 소거

[그림 7.3]의 (a)에서 선로 C, R, F에 흐르는 전류는 i_C, i_R, i_F이며 이 3선의 자기 임피던스를 각각 Z_{CC}, Z_{RR} 및 Z_{FF} 그리고 3선간의 상호 임피던스를 Z_{CR}, Z_{RF} 및 Z_{CF}라 하자. 그러면 각 선로 C, R, F에 유기되는 전압은 앞에서 살펴본 바와 같이 [그림 7.3] (b)와 같으며 따라서 선로 좌측 C-R간의 전압 v_{CR} 및 선로 우측 C-R간의 전압 v'_{CR} 간에는 다음 식이 성립한다.

$$v_{CR} = Z_{CC} i_C + Z_{CR} i_R + Z_{CF} i_F + v'_{CR} - Z_{CR} i_C - Z_{RF} i_F - Z_{RR} i_R \tag{7.3}$$
$$= (Z_{CC} - Z_{CR}) i_C + (Z_{CR} - Z_{RR}) i_R + (Z_{CF} - Z_{RF}) i_F + v'_{CR}$$

여기서 만약 $i_F = -(i_C + i_R)$ 이 성립하면 위 식은

$$v_{CR} = (Z_{CC} - Z_{CR})i_C + (Z_{CR} - Z_{RR})i_R - (Z_{CF} - Z_{RF})i_C - (Z_{CF} - Z_{RF})i_R + v'_{CR}$$
$$= (Z_{CC} + Z_{RF} - Z_{CR} - Z_{CF})i_C - (Z_{RR} + Z_{CF} - Z_{RF} - Z_{CR})i_R + v'_{CR} \tag{7.4}$$

이 되고, 여기서

$$Z_C = Z_{CC} + Z_{RF} - Z_{CR} - Z_{CF} \quad , \; Z_R = Z_{RR} + Z_{CF} - Z_{RF} - Z_{CR}$$

라 하면 (7.4)식은,

$$v_{CR} = Z_C i_C - Z_R i_R + v'_{CR} \tag{7.5}$$

마찬가지로 선간전압 v_{RF} 및 v'_{RF} 에 대해서도

$$v_{RF} = (Z_{RR} - Z_{RF})i_R + (Z_{RF} - Z_{FF})i_F + (Z_{CR} - Z_{CF})i_C + v'_{RF} \tag{7.6}$$

가 되며 여기서 만약 $i_C = -(i_R + i_F)$ 라면

$$v_{RF} = (Z_{RR} + Z_{CF} - Z_{RF} - Z_{CR})i_R - (Z_{FF} + Z_{CR} - Z_{CF} - Z_{RF})i_F + v'_{RF} \tag{7.7}$$

이 되고, 여기서

$$Z_F = Z_{FF} + Z_{CR} - Z_{CF} - Z_{RF}$$

라 하면 (7.7)식은,

$$v_{RF} = Z_R i_R - Z_F i_F + v'_{RF} \tag{7.8}$$

따라서 상호 임피던스를 갖는 3선로 C, R, F에서 이들 선로에 흐르는 전류의 합이 0 이 된다면, 즉 $i_C + i_R + i_F = 0$ 이라면 이들 3선의 문제는 [그림 7.3] (c)와 같이 자기 임피던스만을 갖는 3선의 문제로 간략하게 등가화 시킬 수 있다. 대지를

선로로 이용하지 않는 3선 계통이라면 당연히 선로의 어느 지점에서건 3선 전류의 합은 0이 되며 이들 선로간의 상호 임피던스는 다음 식에 의해 등가의 자기 임피던스로 변환시킬 수 있다.

$$Z_C = Z_{CC} + Z_{RF} - Z_{CR} - Z_{CF} \tag{7.9}$$

$$Z_R = Z_{RR} + Z_{CF} - Z_{RF} - Z_{CR}$$

$$Z_F = Z_{FF} + Z_{CR} - Z_{CF} - Z_{RF}$$

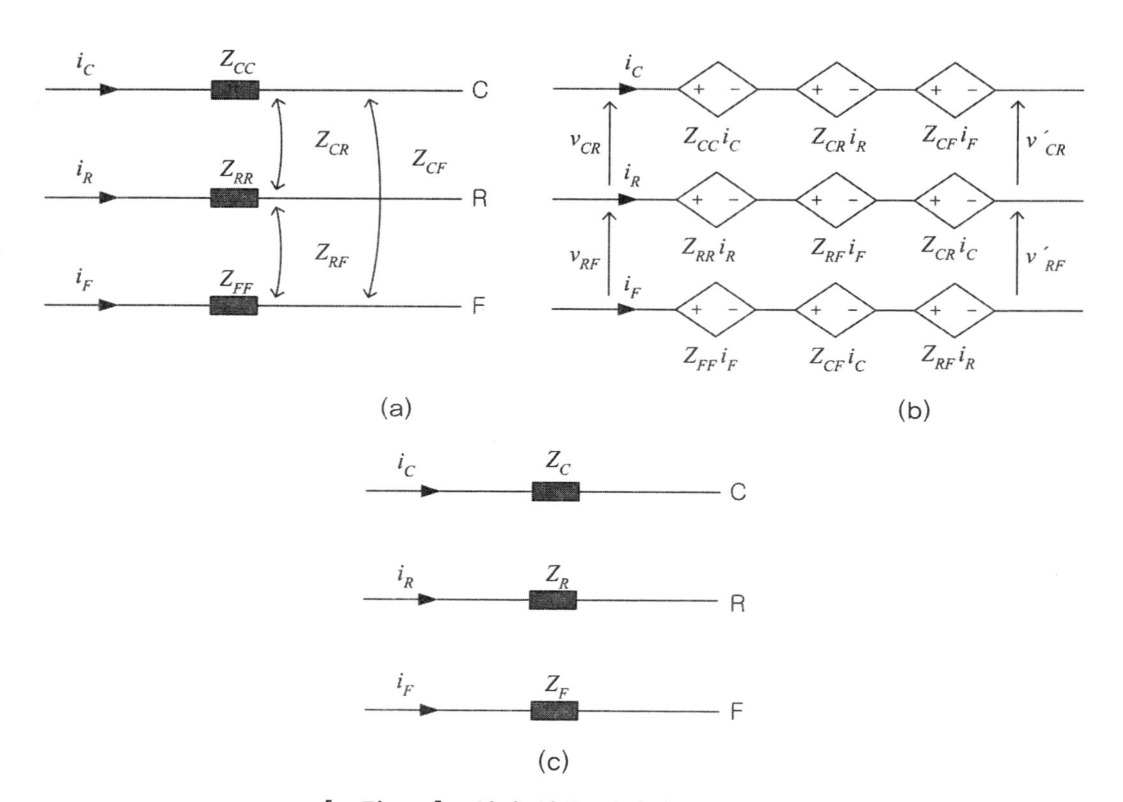

[그림 7.3] 3선간 상호 임피던스의 소거

3. AT 급전계통 해석

AT 급전계통을 해석하기 위한 방법들은 다양하나 급전계통 자체의 복잡성과 차량의 모델링 한계로 인하여 현재까지 제시된 어느 방법도 범용성이 결여되어 있으며, 또한 해석에 내포된 여러 가지 생략 조건들로 인하여 계산 결과의 정밀성도 만족할 만하지 않다고 판단된다. 일본의 전기철도 관련 서적에서는 주로 '축약 등가회로에 의한 계산법'이 소개되어 있는데 이 방법은 전원에서부터의 단락 임피던스를 구하고—일종의 데브난 등가회로를 구하는 과정—이를 사용하여 선로 전압강하, 차량 전압 및 전류를 구하는 것으로서, 수작업 계산을 염두에 두고 개발된 것으로 보이며 따라서 사용하기에는 비교적 간단해 보이기는 하나, 부하 부분(전기차량)을 제외한 계통의 다른 부분에서의 전압, 전류 등 계통 상태를 구하기 위해서—즉, 계통을 해석(Analysis)하기 위해서—는 계통을 다시 분해해야 하는 등의 작업이 필요하므로 역시 간단하지 않다. 또한 등가회로를 구하는 과정 자체가 확실치 않아 이 방법이 어떤 제약 조건을 가지고 있는 지가 불분명하다. 이 책에서는 기본적인 회로해석법에 입각한 메쉬(Mesh)방정식으로부터 전압전류 관계식을 얻어내고 이 식의 해를 구하는 과정은 수치해석적으로 처리하는 방법을 설명하고자 한다. 식을 얻어내는 과정은 KVL, KCL 및 AT 급전계통에 사용되는 단권변압기의 전압전류 특성에 의하므로 정형적(Typical)이며 따라서 한 번 책에서 제시하는 방법에 따라 식을 유도해 보는 것만으로 계통이 변경되는 경우에도 쉽게 식을 유도해 낼 수 있을 것으로 생각된다.

3.1 열차부하의 전기적 모델

급전계통의 정적(Static) 해석 시 사용할 수 있는 열차부하의 전기적 모델로는 정임피던스 모델, 정전류 모델 및 정전력 모델을 들 수 있다. 정임피던스 모델을 적용할 수 있는 열차 종류는 사실상 없다고 보는 것이 타당할 것이다. 전기차량을 단순한 전동기로 보고 전동기 자체도 자속의 비선형 특성을 무시하는 경우에나 정임피던스 모델에 해당된다고 볼 수 있기 때문이다. 정전류 모델은 정임피던스 모델과 동일한 선형모델로서 급전계통의 선형해석이 가능하다는 이점이 있어 자주 사용된다. 선형모델이 가지고 있는 해석상의 장점들—중첩의 원리, 비례 법칙 등—을 그대로 적용할 수 있다. 정전류 모델은 정임피던스 모델과 같은 해석상의 편리성을 가지고 있으면서도 계산 결과는 적절한 수준의 엄밀성을 유지하므로 정임피던스 모델과 정전력 모델 사이의 절충형이라고 할 수 있을 것이다. 정적 모델로서 열차를 가장 잘 나타내고 있는 것은 정전력 모델이라고 할 수 있다. 열차의 팬타그래프에 걸리는 전압(v_T)과 열차 부하전류(i_T)는 모두 변수로 보며 이들 변수의 곱으로 표시되는 전력은 열차가 운행 중인 어느 한 순간에 일정한 정전력으로 취급하는 것으로서, 변수들이 곱의 형태로 표현되어 있으므로 비선형 방정식이 만들어진다. 따라서 정전력 모델인 경우 해석상의 편리성은 선형 모델들에 비해 떨어지나 결과의 엄밀성은 가장 높다고 볼 수 있다. 결과적으로 AT 급전해석 방법의 선택은 계산의 편이성과 결과의 신뢰성 사이에서의 절충점을 찾아야 하며, 이 책에서는 열차부하를 정전력 모델로 보고 이에 따른 해석방법을 설명하기로 한다.

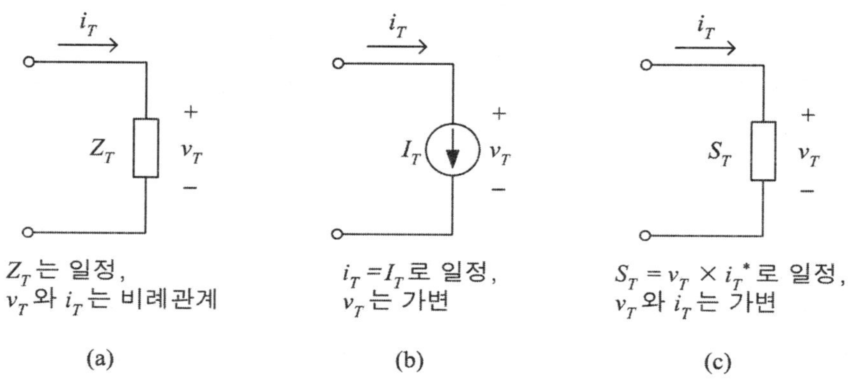

[그림 7.4] 정임피던스, 정전류, 정전력 모델

3.2 회로망의 간략화

급전계통은 [그림 7.5]와 같이 C, R, F 3선에 자기 임피던스 및 이들 간 상호 임피던스를 갖는 회로망으로 표현하기로 하며 전원 임피던스 및 단권변압기의 누설임피던스는 무시하기로 한다(반영을 시켜도 회로 방정식을 유도하는 과정에 차이점은 없다). 한편 선로 C는 드로퍼로 연결되어 동일한 전위를 갖게 되는 전차선과 조가선을 일괄한 선로이며, R은 레일과 보호선을 일괄한 선로를 뜻한다. 회로 방정식은 메쉬에 KVL을 적용하여 얻게 되나 편의를 위하여 전류 방향의 정의는 일반적인 메쉬해석법의 메쉬 내 순환전류로 표현하지 않고 [그림 7.5]와 같은 가지(Branch) 전류의 형태로 표현하기로 한다.

가. 해석 불필요 구간

이제 열차의 위치에 따라 방정식을 얻어내야 하는 메쉬와 그럴 필요가 없는 메쉬가 있음을 살펴보기로 한다. 현재 열차는 그림에서 AT2와 AT3사이에 위치하고 있다. 따라서 AT2와 AT3사이는 3개의 메쉬로 분할되게 되며 이들 3개의 메쉬로부터 서로 독립된 3개의 방정식을 얻어낼 수 있다. 여기서 우리가 생각해야할 구간은 열차가 위치한 AT 밖의 구간으로서 전원 측의 반대편 구간(그림에서는 AT3~AT4 사이의 구간4)에 열차 부하에 의한 전류가 흐르는가 하는 것이다. 이것은 다음과 같은 검토를 통하여 알 수 있다. 구간 4를 흐르는 전류는 i_{C4},i_{R4} 및 i_{F4}이고 이 때 구간 4의 상부 메쉬에 대하여 KVL을 적용하면 v_{AT3}와 v_{AT4}는 다음과 같은 관계식으로 표현될 것이다.

$$v_{AT3} = Ai_{C4} + Bi_{R4} + v_{AT4} \qquad (7.10)$$

(여기서 A, B는 메쉬 내에 KVL을 적용하여 얻은, 임피던스 단위를 갖는 상수)

또한 구간 4의 하부 메쉬에 대하여 KVL을 적용하면,

$$v_{AT3} = Ci_{R4} + Di_{F4} + v_{AT4} \qquad (7.11)$$

(C, D는 A, B와 마찬가지의 의미)

한편 AT의 1:1 전류비 관계에 의해 $i_{C4} = i_{F4}$ 이고 $i_{C4} + i_{R4} + i_{F4} = 0$ 이므로 (7.10)식과 (7.11)식은 각각

$$v_{AT3} = (A-2B)i_{C4} + v_{AT4} \qquad (7.12)$$

$$v_{AT3} = (D-2C)i_{C4} + v_{AT4} \qquad (7.13)$$

가 되며 이 두 식이 성립하려면 $i_{C4} = 0 = i_{R4} = i_{F4}$이어야 함을 알 수 있다. 즉 회로 방정식을 구할 때 열차가 포함되지 않은 구간으로서 전원 측의 반대편 AT구간의 메쉬에 대해서는 고려할 필요가 없음을 알 수 있다.

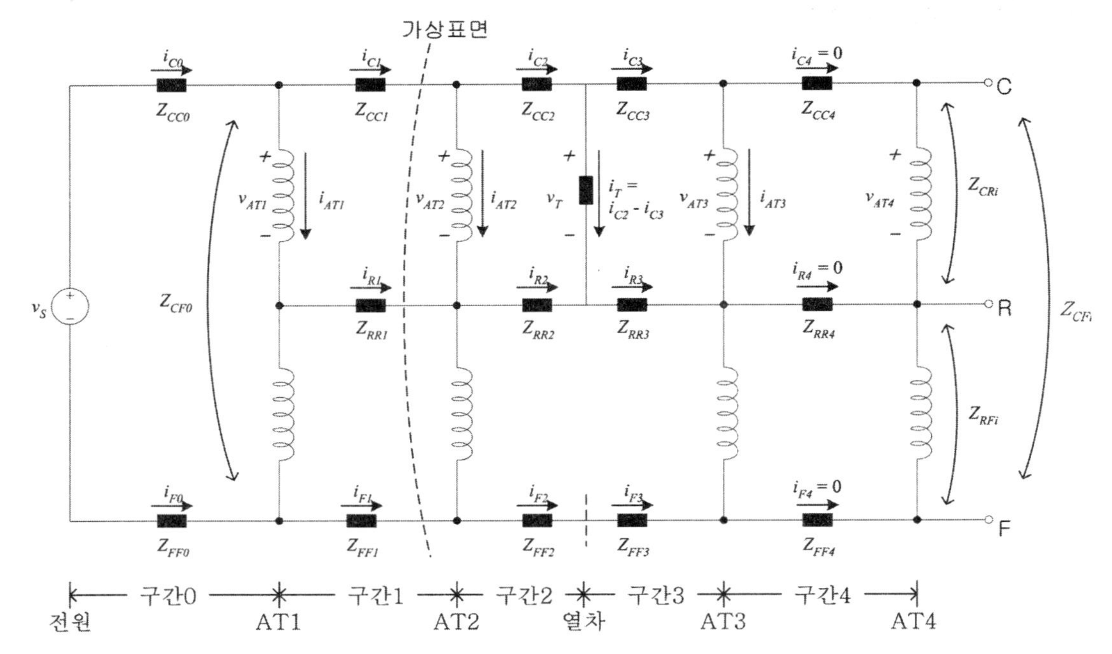

[그림 7.5] AT 급전계통

나. 상호 임피던스

다음은 회로망에 포함되어 있는 상호 임피던스의 처리 문제로서 AT 급전계통은 [그림 7.5]와 같이 2선 구간과 3선 구간으로 나누어 생각할 수 있다.

(1) 2선 구간 0의 경우

구간 0는 전차선과 급전선의 2선 만이 존재하는 구간으로 상호 임피던스를 고려하면 다음과 같은 메쉬 방정식이 세워진다.

$$\begin{aligned} v_S &= Z_{CC0}i_{C0} - Z_{FF0}i_{F0} + 2v_{AT1} + Z_{CF0}i_{F0} - Z_{CF0}i_{C0} \\ &= (Z_{CC0} - Z_{CF0})i_{C0} - (Z_{FF0} - Z_{CF0})i_{F0} + 2v_{AT1} \end{aligned}$$

여기서,

$$Z_{C0} = Z_{CC0} - Z_{CF0} \tag{7.14}$$

$$Z_{F0} = Z_{FF0} - Z_{CF0}$$

라 하면,

$$v_S = Z_{C0} i_{C0} - Z_{F0} i_{F0} + 2v_{AT1}$$

이 되어 상호 임피던스를 제거한 등가의 자기 임피던스 Z_{C0}와 Z_{F0}로 회로를 표현할 수 있다.

(2) 나머지 3선 구간의 경우

나머지 구간 1~구간 4는 전차선(C), 레일(R), 급전선(F)의 3선으로 구성된 구간이다. [그림 7.5]를 보면 구간 1에 점선으로 표시한 가상 표면을 설정하였는데 이 표면에 유입하는 전류에 대하여 KCL을 적용하면 당연히 $i_{C1} + i_{R1} + i_{F1} = 0$이 되어야 한다. 나머지 구간들에 대해서도 같은 이유로 $i_{Ck} + i_{Rk} + i_{Fk} = 0$(k는 구간 번호)이 성립하게 되며 따라서 이들 구간에 대해서는 앞 절에서 살펴본 바와 같이 자기 임피던스만을 갖는 3선 문제로 간략하게 등가화가 가능하다. 즉,

$$Z_{Ck} = Z_{CCk} + Z_{RFk} - Z_{CRk} - Z_{CFk} \tag{7.15}$$

$$Z_{Rk} = Z_{RRk} + Z_{CFk} - Z_{RFk} - Z_{CRk}$$

$$Z_{Fk} = Z_{FFk} + Z_{CRk} - Z_{CFk} - Z_{RFk}$$

(k는 구간 번호, $k \neq 0$)

3.3 계통 방정식의 유도

이제 [그림 7.5]로부터 계통의 방정식을 유도하기로 한다. 구간 3 및 AT3에서,
KCL에 의해 $i_{C3} + i_{R3} + i_{F3} = 0$

AT의 1:1 전류비 관계에 의해 $i_{F3} = i_{C3}$

$$\therefore \ i_{F3} = i_{C3} \tag{7.16}$$

$$i_{R3} = -2i_{C3}$$

구간 2에서,

KCL에 의해 $i_{C2} + i_{R2} + i_{F2} = 0$

$$\therefore\ i_{F2} = i_{F3} = i_{C3} \tag{7.17}$$

$$i_{R2} = -(i_{C2} + i_{C3})$$

구간 1 및 AT2에서, KCL에 의해 $i_{C1} + i_{R1} + i_{F1} = 0$

AT의 1:1 전류비 관계에 의해 $i_{C1} - i_{C2} = i_{F1} - i_{F2}$

$$\therefore\ i_{F1} = i_{C1} - i_{C2} + i_{F2} = i_{C1} - i_{C2} + i_{C3} \tag{7.18}$$

$$i_{R1} = -i_{C1} - i_{F1} = -2i_{C1} + i_{C2} - i_{C3}$$

구간 0 및 AT1에서,

KCL에 의해 $i_{C0} + i_{F0} = 0$

AT의 1:1 전류비 관계에 의해 $i_{C0} - i_{C1} = i_{F0} - i_{F1}$

$$\therefore\ i_{F0} = -i_{C0} \tag{7.19}$$

$$2i_{C0} = i_{C1} - i_{F1} = i_{C2} - i_{C3}$$

위와 같이 회로 방정식에서 독립된 전류 변수로는 i_{C1}, i_{C2} 및 i_{C3}를 설정하였고, 이제 메쉬들에 대해 KVL을 적용하면 다음과 같은 방정식을 얻을 수 있다.

구간 0의 메쉬에서,

$$\begin{aligned} v_S &= Z_{C0} i_{C0} - Z_{F0} i_{F0} + 2v_{AT1} \\ &= \frac{1}{2}(Z_{C0} + Z_{F0}) i_{C2} - \frac{1}{2}(Z_{C0} + Z_{F0}) i_{C3} + 2v_{AT1} \end{aligned} \tag{7.20}$$

구간 1의 상부 메쉬에서,

$$v_{AT1} = Z_{C1}i_{C1} - Z_{R1}i_{R1} + v_{AT2} \tag{7.21}$$
$$= (Z_{C1} + 2Z_{R1})i_{C1} - Z_{R1}i_{C2} + Z_{R1}i_{C3} + v_{AT2}$$

구간 2의 상부 메쉬에서,

$$v_{AT2} = Z_{C2}i_{C2} - Z_{R2}i_{R2} + v_T \tag{7.22}$$
$$= (Z_{C2} + Z_{R2})i_{C2} + Z_{R2}i_{C3} + v_T$$

구간 3의 상부 메쉬에서,

$$v_T = Z_{C3}i_{C3} - Z_{R3}i_{R3} + v_{AT3} \tag{7.23}$$
$$= (Z_{C3} + 2Z_{R3})i_{C3} + v_{AT3}$$

구간 1의 하부 메쉬에서,

$$v_{AT1} = Z_{R1}i_{R1} - Z_{F1}i_{F1} + v_{AT2}$$
$$= (-2Z_{R1} - Z_{F1})i_{C1} + (Z_{R1} + Z_{F1})i_{C2} + (-Z_{R1} - Z_{F1})i_{C3} + v_{AT2} \tag{7.24}$$

구간 2, 3의 하부 메쉬에서,

$$v_{AT2} = Z_{R2}i_{R2} + Z_{R3}i_{R3} - (Z_{F2} + Z_{F3})i_{F2} + v_{AT3} \tag{7.25}$$
$$= -Z_{R2}i_{C2} + (-Z_{R2} - 2Z_{R3} - Z_{F2} - Z_{F3})i_{C3} + v_{AT3}$$

또한, 열차부하는 정전력 모델이므로,

$$v_T \times (i_{C2} - i_{C3})^* = S_T \quad \text{(일정)} \tag{7.26}$$

회로망에서 구하고자 하는 변수는 i_{C1}, i_{C2}, i_{C3}, v_{AT1}, v_{AT2}, v_{AT3}, v_T의 7개가 되며 (7.20)~(7.26)의 7개 방정식으로부터 이들 변수값을 구하게 된다. 여기서 한 가지

주지하여야 할 사실은 이들 변수는 실제로는 복소수 값을 가지며, 수치해석적으로 처리할 수 있는 연립방정식은 실수근의 방정식이라는 점이다. 따라서 수치해석적으로 처리하기 위해서는 이들 변수를 다음과 같이 실수부분과 허수부분으로 분리하고,

$$i_{C1} = I_{C1re} + jI_{C1im}$$

$$i_{C2} = I_{C2re} + jI_{C2im}$$

$$i_{C3} = I_{C3re} + jI_{C3im}$$

$$v_{AT1} = V_{AT1re} + jV_{AT1im}$$

$$v_{AT2} = V_{AT2re} + jV_{AT2im}$$

$$v_{AT3} = V_{AT3re} + jV_{AT3im}$$

$$v_T = V_{Tre} + jV_{Tim}$$

이들을 (7.20)~(7.26)에 대입하여 14개의 실수근을 구하는 방정식으로 바꾸어야 한다.

회로망의 독립 변수는 앞에서 살펴본 변수들이 유일한 셋트(Set)는 아니며 회로망의 토폴로지(Topology)적 고찰에 의해 다양한 셋트를 얻을 수 있다. 예로서 [그림 7.5]를 다시 살펴보기로 한다.

AT3에 흐르는 전류를 i_{AT3}라 하면 구간 3에서,

$$\therefore \quad i_{C3} = i_{F3} = i_{AT3} \tag{7.27}$$

$$i_{R3} = -2i_{AT3}$$

열차에 흐르는 전류를 i_T라 하면 구간 2에서,

$$\therefore \quad i_{C2} = i_T + i_{AT3} \tag{7.28}$$

$$i_{R2} = -i_T - 2i_{AT3}$$

$$i_{F2} = i_{AT3}$$

AT2에 흐르는 전류를 i_{AT2}라 하면 구간 1에서,

$$\therefore \quad i_{C1} = i_T + i_{AT3} + i_{AT2} \tag{7.29}$$

$$i_{R1} = -i_T - 2i_{AT3} - 2i_{AT2}$$

$$i_{F1} = i_{AT3} + i_{AT2}$$

이때 AT1에 흐르는 전류 i_{AT1}은i_{R1}의 반이므로 $i_{AT1} = -\frac{1}{2}i_T - i_{AT3} - i_{AT2}$ 이고 구간 0에서,

$$\therefore \quad i_{C0} = \frac{1}{2}i_T \tag{7.30}$$

$$i_{F0} = -\frac{1}{2}i_T$$

따라서 전차선로 전류 i_{C1}, i_{C2}, i_{C3} 대신에 단권변압기 및 부하전류 i_{AT3}, i_T, i_{AT2}를 회로망의 독립 전류 변수로 사용할 수도 있다. 여기에 앞의 경우와 동일하게 전압 변수로 v_{AT1}, v_{AT2}, v_{AT3}, v_T를 선정한다면 메쉬방정식과 열차부하의 전기적 모델로부터 회로 방정식을 유도해 낼 수 있다.

3.4 Newton-Raphson 반복법

Newton-Raphson(N-R) 반복법은 비선형 방정식을 수치 해석적으로 풀기 위한 가장 범용적인 방법이다. N-R 반복법의 원리를 [그림 7.6]과 같은 단일 변수 함수 $f(x)$에 대하여 설명하기로 한다.

x^k을 $f(x)=0$을 만족하는 근의 근사값이라 가정하고 $x=x^k$일 때의 접선 $f'(x^k)$이 x축과 만나는 점 $x=x^{k+1}$ 을 구해보면 이 점 $x=x^{k+1}$은 $x=x^k$ 보다 실제의 근에 더 근접한 다시 말해 더 개선된 근사값 임을 알 수 있다. 다시 $x=x^{k+1}$일 때의 접선 $f'(x^{k+1})$과 x축이 만나는 점 $x=x^{k+2}$는 이제 $x=x^{k+1}$ 보다도 더 개선된 근사값임을 알 수 있다. 이런 반복 과정을 거쳐 실제의 근에 접근해 가는 방법을 N-R 반복법이라 부른다.

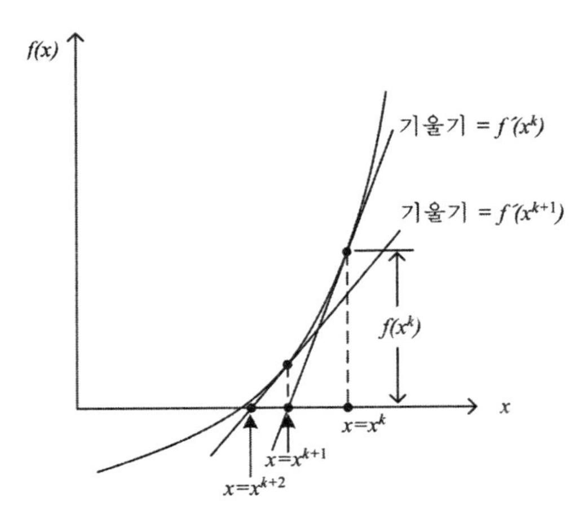

[그림 7.6] 반복과정에 의한 근으로의 접근

N-R 반복법의 수식화된 알고리즘(Algorithm)은 위의 그림을 살펴보면 알 수 있는데 그림으로부터,

$$f'(x^k) = \frac{f(x^k)}{x^k - x^{k+1}}$$

임을 알 수 있다. 따라서,

$$x^{k+1} = x^k - f'(x^k)^{-1} f(x^k) \tag{7.31}$$

이 된다. (7.31)식은 현재의 근사값으로부터 다음 단계의 개선된 근사값을 구하는 반복 과정을 나타내고 있는 N-R 반복법의 기본식이다.

그렇다면 다변수 함수인 경우에는 어떻게 되겠는가 ?

다변수 함수의 방정식 $f_i(x_1, x_2, \cdot\cdot\cdot\cdot x_n) = 0$ 을 만족하는 근을 구하기 위해서는 n개의 서로 독립된 방정식이 필요하다. 행렬로 다음과 같이 표시하기로 한다.

$$F(x_1, x_2, \bullet\bullet\bullet, x_n) = \begin{bmatrix} f_1(x_1, x_2, \bullet\bullet\bullet, x_n) \\ f_2(x_1, x_2, \bullet\bullet\bullet, x_n) \\ \bullet \\ \bullet \\ \bullet \\ f_n(x_1, x_2, \bullet\bullet\bullet, x_n) \end{bmatrix} = \begin{bmatrix} 0 \\ 0 \\ \bullet \\ \bullet \\ \bullet \\ 0 \end{bmatrix} \tag{7.32}$$

$[x_1^k, x_2^k, \cdots, x_n^k]^T$ (T는 행렬의 전치)를 (7.32)식을 만족하는 근의 근사값이라 하자.

그러면 다음 단계의 근사값 $[x_1^{k+1}, x_2^{k+1}, \cdots, x_n^{k+1}]^T$는 (7.31)식과 유사하게 다음 식을 사용하여 구하게 된다.

$$\begin{bmatrix} x_1^{k+1} \\ x_2^{k+1} \\ \vdots \\ x_n^{k+1} \end{bmatrix} = \begin{bmatrix} x_1^{k} \\ x_2^{k} \\ \vdots \\ x_n^{k} \end{bmatrix} - J_F(x_i^k)^{-1} \begin{bmatrix} f_1(x_1^k, x_2^k, \cdots, x_n^k) \\ f_2(x_1^k, x_2^k, \cdots, x_n^k) \\ \vdots \\ f_n(x_1^k, x_2^k, \cdots, x_n^k) \end{bmatrix} \quad (7.33)$$

여기서 $J_F(x_i)$는 $F(x_1, x_2, \cdots, x_n)$의 자코비안(Jacobian)이라고 불리는 정방행렬로서 다음과 같다.

$$J_F(x_i) = \begin{bmatrix} \frac{\partial f_1}{\partial x_1} & \frac{\partial f_1}{\partial x_2} & \cdots & \frac{\partial f_1}{\partial x_n} \\ \frac{\partial f_2}{\partial x_1} & \frac{\partial f_2}{\partial x_2} & \cdots & \frac{\partial f_2}{\partial x_n} \\ & & \vdots & \\ \frac{\partial f_n}{\partial x_1} & \frac{\partial f_n}{\partial x_2} & \cdots & \frac{\partial f_n}{\partial x_n} \end{bmatrix} \quad (7.34)$$

자코비안은 단일 변수 함수에서의 접선의 기울기와 동일한 의미를 가지고 있는, 즉 다변수 함수에서 각각의 변수에 대한 함수의 기울기라고 생각하면 된다. (7.33)의 반복식에 의한 근사값이 실제 근에 어느 정도 가까워졌는가하는 근의 수렴성 판별은 각 단계마다 새로운 근사값을 얻었을 때 이 값들의 2-norm $\| F(x^k) \|_2$ 과 임의의 ϵ(ϵ은 0에 충분히 가까운 값)과의 대소 비교를 통하여 할 수 있는데 (7.32)식을 보면 이유를 알 수 있을 것이다.

N-R 반복법에 대해 좀 더 구체적인 지식(가령 수렴성의 개선 등)을 원한다면 수치해석 관련 서적들을 참고하기 바라며, 이제 이 방법에 대한 이해를 돕기 위하여 [그림 7.7]과 같이 비선형 저항이 포함되어 있는 간단한 예제 회로에서 v, i를 N-R 반복법으로 구해보기로 한다. 비선형 저항체에서 전압전류 관계식은 $i = v^3 - v$이고

노드에 KCL을 적용하면 $v+i-I=0$임을 알 수 있다. 따라서 v, i를 구하기 위해서는 다음 방정식을 풀어야 한다.

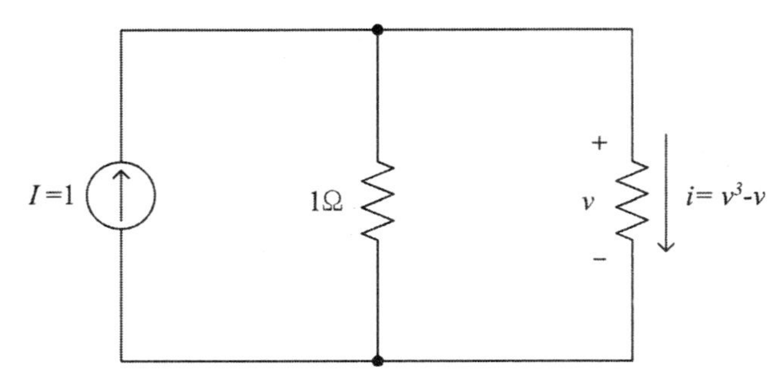

[그림 7.7] 비선형 저항이 포함된 회로

$$F(v,\, i) = \begin{bmatrix} f_1(v,\, i) \\ f_2(v,\, i) \end{bmatrix} = \begin{bmatrix} v^3 - v - i \\ v + i - I \end{bmatrix} = \begin{bmatrix} 0 \\ 0 \end{bmatrix}$$

$F(v,\ i)$의 자코비안과 그 역행렬은 다음과 같고,

$$J_F(v,\, i) = \begin{bmatrix} 3v^2 - 1 & -1 \\ 1 & 1 \end{bmatrix},\ J_F(v,\, i)^{-1} = \frac{1}{3v^2}\begin{bmatrix} 1 & 1 \\ -1 & 3v^2 - 1 \end{bmatrix}$$

N-R 방법의 반복식은 다음과 같다.

$$\begin{bmatrix} v^{k+1} \\ i^{k+1} \end{bmatrix} = \begin{bmatrix} v^k \\ i^k \end{bmatrix} - \frac{1}{3(v^k)^2}\begin{bmatrix} 1 & 1 \\ -1 & 3(v^k)^2 - 1 \end{bmatrix}\begin{bmatrix} (v^k)^3 - v^k - i^k \\ v^k + i^k - I \end{bmatrix}$$

최초 근사값을 $(v^0,\, i^0) = (2,\, 1)$로 추정하고 반복식에 의해 다음 단계의 근사값을 구하면$(v^1,\, i^1) = (1.42,\, -0.42)$이 된다. 다시 다음 단계의 근사값을 구하면 $(v^2,\, i^2)$=$(1.11,\, -0.11)$가 되고 단계가 진행될수록 실제의 근에 수렴해 감을 알 수 있다. 실제 근은 $(v,\, i) = (1,\, 0)$이다.

3.5 AT 급전계통 해석 예

가. 단독 열차 운행의 경우

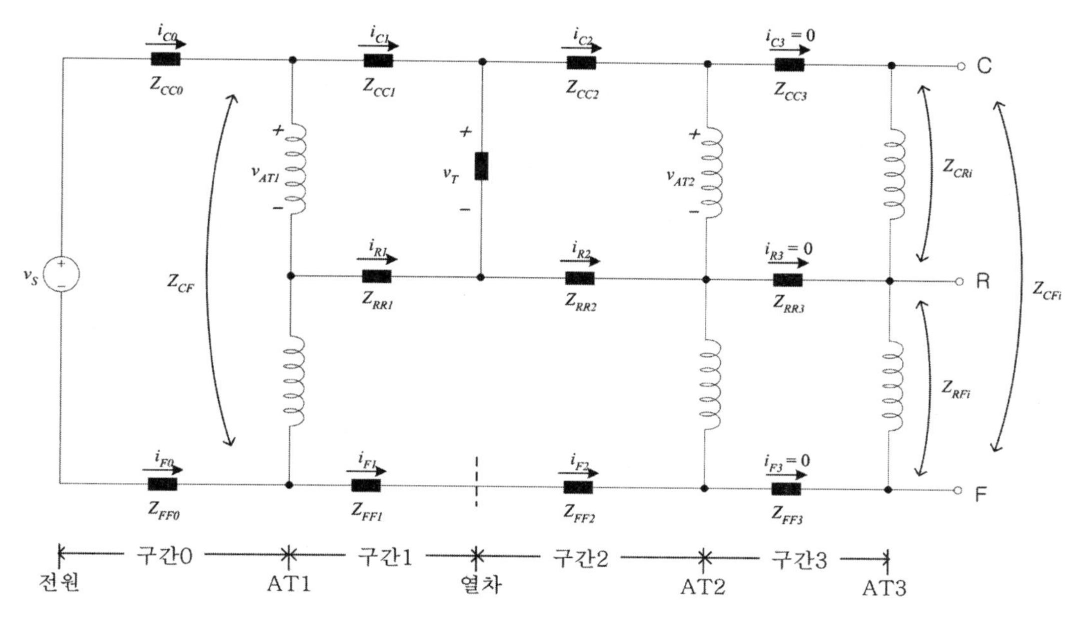

[그림 7.8] 예제 계통도(단독 운행)

(1) 전원 및 열차부하

전원전압 : $v_S = 55[\text{kV}] \angle 0^{\circ}$

열차부하 : 역행시 : $S_T = 10.0[\text{MVA}]$ 역률각 40° (lag)

회생시 : $S_T = 2.5[\text{MVA}]$ 역률각 120° (lag)

(2) 구간 거리(단위 : kM)

구간 0	구간 1	구간 2	구간 3
0.3	8.0	4.0	10.0

(3) 선로 임피던스(단위 : Ω/kM)

Z_{CC}	$0.13 + j0.82$	Z_{RR}	$0.19 + j0.72$	Z_{FF}	$0.21 + j0.95$
Z_{CR}	$0.06 + j0.38$	Z_{RF}	$0.06 + j0.39$	Z_{CF}	$0.07 + j0.38$

우선 선로 임피던스를 각각의 구간 거리에 따라 등가 자기 임피던스로 환산하기로 한다. 결과는 다음과 같으며 구간 3은 전류가 흐르지 않으므로 생략하기로 한다.

구간 0	구간 1	구간 2
$Z_{C0} = 0.018 + j0.132$ $Z_{F0} = 0.042 + j0.171$	$Z_{C1} = 0.480 + j3.600$ $Z_{R1} = 1.120 + j2.640$ $Z_{F1} = 1.120 + j4.480$	$Z_{C2} = 0.240 + j1.800$ $Z_{R2} = 0.560 + j1.320$ $Z_{F2} = 0.560 + j2.240$

이제 각 구간에서 메쉬 방정식을 얻으면 다음과 같다.

- 구간 0

$$v_S = \frac{1}{2}(Z_{C0} + Z_{F0})i_{C1} - \frac{1}{2}(Z_{C0} + Z_{F0})i_{C2} + 2v_{AT1}$$

$$v_S = (0.0300 + j0.1515)i_{C1} - (0.0300 + j0.1515)i_{C2} + 2v_{AT1}$$

- 구간 1의 상부 메쉬

$$v_{AT1} = (Z_{C1} + Z_{R1})i_{C1} + Z_{R1}i_{C2} + v_T$$

$$v_{AT1} = (1.6000 + j6.2400)i_{C1} + (1.1200 + j2.6400)i_{C2} + v_T$$

- 구간 2의 상부 메쉬

$$v_T = (Z_{C2} + 2Z_{R2})i_{C2} + v_{AT2}$$

$$v_T = (1.3600 + j4.4400)i_{C2} + v_{AT2}$$

- 구간 1,2의 하부 메쉬

$$v_{AT1} = (-Z_{R1})i_{C1} + (-Z_{R1} - 2Z_{R2} - Z_{F1} - Z_{F2})i_{C2} + v_{AT2}$$

$$v_{AT1} = (-1.1200 - j2.6400)i_{C1} + (-3.9200 - j12.0000)i_{C2} + v_{AT2}$$

- 열차 부하 S_T

역행시 : $10\times10^6\cos(40^0) + j10\times10^6\sin(40^0) = v_T\times(i_{C1} - i_{C2})^*$

회생시 : $2.5\times10^6\cos(120^0) + j2.5\times10^6\sin(120^0) = v_T\times(i_{C1} - i_{C2})^*$

여기서 복소수 변수 i_{C1}, i_{C2}, v_{AT1}, v_{AT2}, v_T 를 실수부와 허수부로 분리하고, 윗식에 대입하여 아래와 같은 10개의 방정식을 얻는다.

$$f_1 = 0.0300 I_{C1re} - 0.1515 I_{C1im} - 0.0300 I_{C2re} + 0.1515 I_{C2im} + 2V_{AT1re} - 55 \times 10^3 = 0$$

$$f_2 = 0.0300 I_{C1im} + 0.1515 I_{C1re} - 0.0300 I_{C2im} - 0.1515 I_{C2re} + 2V_{AT1im} = 0$$

$$f_3 = 1.6000 I_{C1re} - 6.2400 I_{C1im} + 1.1200 I_{C2re} - 2.6400 I_{C2im} + V_{Tre} - V_{AT1re} = 0$$

$$f_4 = 1.6000 I_{C1im} + 6.2400 I_{C1re} + 1.1200 I_{C2im} + 2.6400 I_{C2re} + V_{Tim} - V_{AT1im} = 0$$

$$f_5 = 1.3600 I_{C2re} - 4.4400 I_{C2im} + V_{AT2re} - V_{Tre} = 0$$

$$f_6 = 1.3600 I_{C2im} + 4.4400 I_{C2re} + V_{AT2im} - V_{Tim} = 0$$

$$f_7 = -1.1200 I_{C1re} + 2.6400 I_{C1im} - 3.9200 I_{C2re} + 12.0000 I_{C2im} + V_{AT2re} - V_{AT1re} = 0$$

$$f_8 = -1.1200 I_{C1im} - 2.6400 I_{C1re} - 3.9200 I_{C2im} - 12.0000 I_{C2re} + V_{AT2im} - V_{AT1im} = 0$$

$$f_9 = V_{Tre} I_{C1re} - V_{Tre} I_{C2re} - V_{Tim} I_{C2im} + V_{Tim} I_{C1im} - 7.6604 \times 10^6 = 0 \quad \text{(역행)}$$

$$f_9 = V_{Tre} I_{C1re} - V_{Tre} I_{C2re} - V_{Tim} I_{C2im} + V_{Tim} I_{C1im} + 1.2500 \times 10^6 = 0 \quad \text{(회생)}$$

$$f_{10} = V_{Tre} I_{C2im} - V_{Tre} I_{C1im} + V_{Tim} I_{C1re} - V_{Tim} I_{C2re} - 6.4279 \times 10^6 = 0 \quad \text{(역행)}$$

$$f_{10} = V_{Tre} I_{C2im} - V_{Tre} I_{C1im} + V_{Tim} I_{C1re} - V_{Tim} I_{C2re} - 2.1651 \times 10^6 = 0 \quad \text{(회생)}$$

위 식으로부터 반복식에서의 자코비안 요소들을 다음과 같이 구한다.

$$J_F(x_i)=\begin{bmatrix} \frac{\partial f_1}{\partial I_{C1re}} & \frac{\partial f_1}{\partial I_{C1im}} & \cdots & \frac{\partial f_1}{\partial V_{Tim}} \\ \frac{\partial f_2}{\partial I_{C1re}} & \frac{\partial f_2}{\partial I_{C1im}} & \cdots & \frac{\partial f_2}{\partial V_{Tim}} \\ & & \vdots & \\ \frac{\partial f_{10}}{\partial I_{C1re}} & \frac{\partial f_{10}}{\partial I_{C1im}} & \cdots & \frac{\partial f_{10}}{\partial V_{Tim}} \end{bmatrix}$$

$$=\begin{bmatrix} 0.03 & -0.1515 & -0.03 & 0.1515 & 2 & 0 & 0 & 0 & 0 & 0 \\ 0.1515 & 0.03 & -0.1515 & -0.03 & 0 & 2 & 0 & 0 & 0 & 0 \\ 1.6 & -6.24 & 1.12 & -2.64 & -1 & 0 & 0 & 0 & 1 & 0 \\ 6.24 & 1.6 & 2.64 & 1.12 & 0 & -1 & 0 & 0 & 0 & 1 \\ 0 & 0 & 1.36 & -4.44 & 0 & 0 & 1 & 0 & -1 & 0 \\ 0 & 0 & 4.44 & 1.36 & 0 & 0 & 0 & 1 & 0 & -1 \\ -1.12 & 2.64 & -3.92 & 12.0 & -1 & 0 & 1 & 0 & 0 & 0 \\ -2.64 & -1.12 & -12.0 & -3.92 & 0 & -1 & 0 & 1 & 0 & 0 \\ V_{Tre} & V_{Tim} & -V_{Tre} & -V_{Tim} & 0 & 0 & 0 & 0 & I_{C1re}-I_{C2re} & I_{C1im}-I_{C2im} \\ V_{Tim} & -V_{Tre} & -V_{Tim} & V_{Tre} & 0 & 0 & 0 & 0 & I_{C2im}-I_{C1im} & I_{C1re}-I_{C2re} \end{bmatrix}$$

그러면 N-R 반복식은 다음과 같이 된다.

$$\begin{bmatrix} I_{C1re}^{k+1} \\ I_{C1im}^{k+1} \\ \vdots \\ V_{Tim}^{k+1} \end{bmatrix} = \begin{bmatrix} I_{C1re}^{k} \\ I_{C2re}^{k} \\ \vdots \\ V_{Tim}^{k} \end{bmatrix} - (J_F^k)^{-1} \begin{bmatrix} f_1^k \\ f_2^k \\ \vdots \\ f_{10}^k \end{bmatrix}$$

반복 계산의 수렴성 판별은 2-norm $\| F(x^k) \|_2 \leq \epsilon$로 하며 $\epsilon = 1.0 \times 10^{-3}$으로 설정하기로 한다. N-R 방법에는 역행렬의 계산 등 행렬의 연산이 다수 포함되어 있으나 MATLAB 등의 기성 프로그램을 활용한다면 쉽게 처리할 수 있을 것이다. [표

7.1] 및 [그림 7.9]는 열차가 역행 시, 그리고 [표 7.2] 및 [그림 7.10]은 열차가 회생 시의 계산 결과로서 각 단계에 따라 실근에 수렴해 가는 과정을 보여 주고 있다. 초기 추정값에 따라 수렴 속도에 차이가 날 수 있으나 경험에 의해 얻어지는 표준적인 값들을 택한다면 수렴 속도는 상당히 개선될 수 있다.

[표 7.1] 역행 시 계산 결과

Iteration	초기추정값	1회	2회	3회	4회	5회
I_{C1re}	200	241.1788	190.3890	192.0485	192.0512	192.0512
I_{C1im}	200	19.0746	−166.5475	−174.0230	−174.0349	−174.0349
I_{C2re}	200	−111.0287	−89.8598	−90.7164	−90.7178	−90.7178
I_{C2im}	200	−11.7379	74.5124	77.9408	77.9463	77.9463
V_{AT1re}	20×10^3	$27{,}497\times10^3$	$27{,}478\times10^3$	$27{,}477\times10^3$	$27{,}477\times10^3$	$27{,}477\times10^3$
V_{AT1im}	20×10^3	−27.1419	−17.6129	−17.6400	−17.6400	−17.6400
V_{AT2re}	20×10^3	$27{,}422\times10^3$	$26{,}884\times10^3$	$26{,}860\times10^3$	$26{,}860\times10^3$	$26{,}860\times10^3$
V_{AT2im}	20×10^3	−747.4236	−487.7478	−488.6068	−488.6082	−488.6082
V_{Tre}	20×10^3	$27{,}324\times10^3$	$26{,}432\times10^3$	$26{,}391\times10^3$	$26{,}391\times10^3$	$26{,}391\times10^3$
V_{Tim}	20×10^3	-1.2564×10^3	−785.3882	−785.3882	−785.3882	−785.3882
$\|\|F(x^k)\|\|_2$	1.0×10^7	7.95×10^6	2.84×10^5	4.49×10^2	1.1×10^{-3}	9.3×10^{-10}

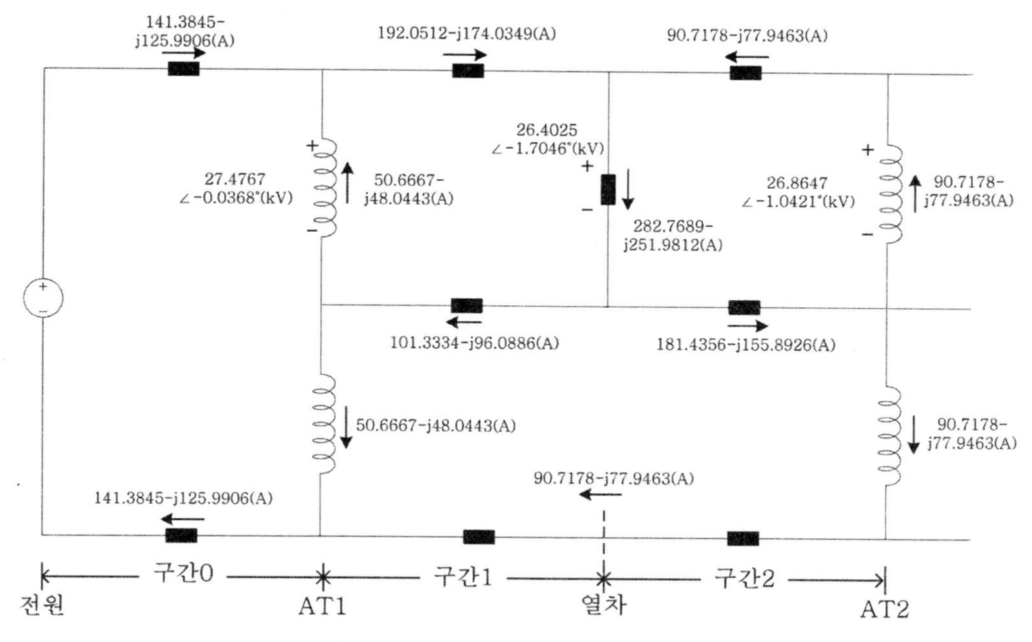

[그림 7.9 역행 시 계산 결과]

[표 7.2] 회생 시 계산 결과

Iteration	초기추정값	1회	2회	3회	4회
I_{C1re}	200	15.1672	−31.4817	−31.3893	−31.3893
I_{C1im}	200	−58.5513	−53.9303	−54.3466	−54.3467
I_{C2re}	200	−7.7103	13.8662	13.8184	13.8184
I_{C2im}	200	26.8262	25.2628	25.4537	25.4538
V_{AT1re}	20×10^3	$27{,}497\times10^3$	$27{,}495\times10^3$	$27{,}495\times10^3$	$27{,}495\times10^3$
V_{AT1im}	20×10^3	−0.4523	4.6230	4.6215	4.6215
V_{AT2re}	20×10^3	$27{,}313\times10^3$	$27{,}353\times10^3$	$27{,}352\times10^3$	$27{,}352\times10^3$
V_{AT2im}	20×10^3	−13.3534	126.5334	126.4855	126.4855
V_{Tre}	20×10^3	$27{,}183\times10^3$	$27{,}260\times10^3$	$27{,}257\times10^3$	$27{,}257\times10^3$
V_{Tim}	20×10^3	−11.1036	222.4565	222.4565	222.4565
$\|\|F(x^k)\|\|_2$	2.5×10^6	1.9×10^6	1.7×10^4	1.4×10^0	9.0×10^{-9}

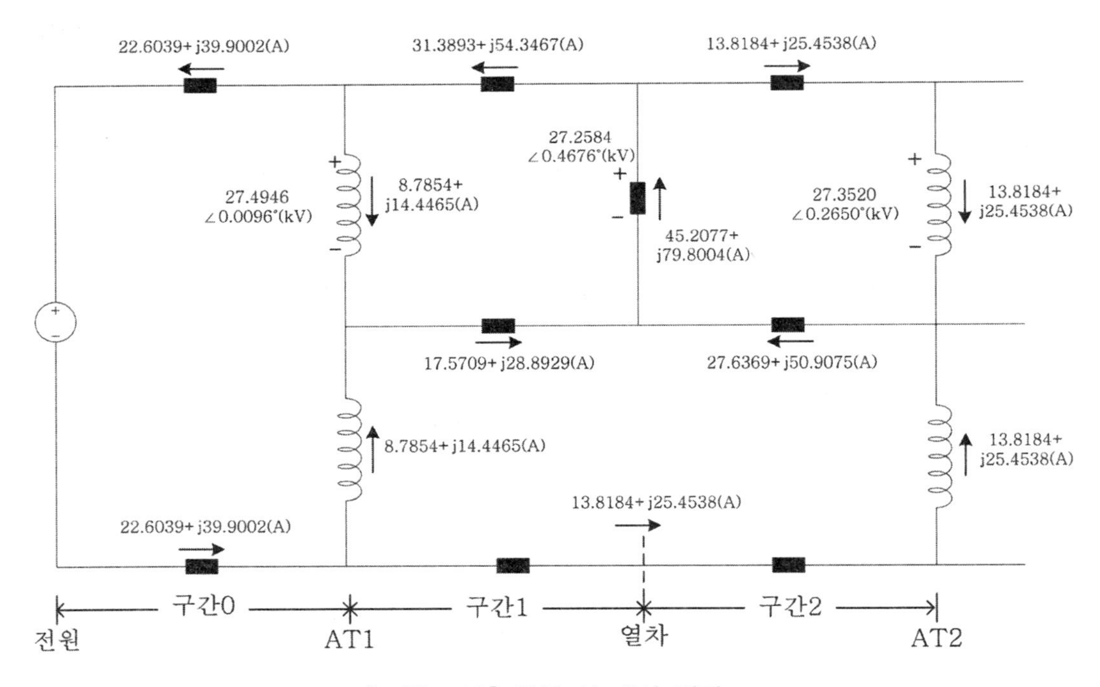

[그림 7.10] 회생 시 계산 결과

나. 다중 열차 운행의 경우

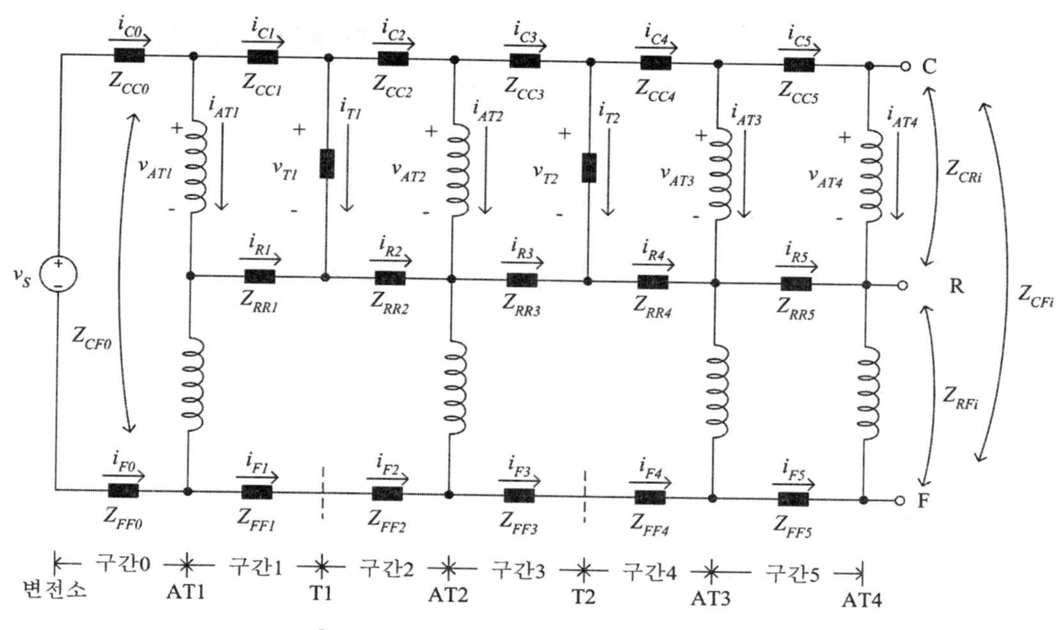

[그림 7.11] 예제 계통도(다중 운행)

(1) 전원 및 열차부하

전원전압 : $v_S =$ 55(kV) $\angle 0°$

열차데이타 : 열차의 운행모드 및 제어방식 : T_1(회생제동), T_2(역행)

PWM 방식(역행 시 역률 : 1.0, 회생 시 역률 : -1.0)

열차의 역행 요구 전력 : 3.0~10.0(MVA)

열차의 회생 요구 전력 : 3.0~10.0(MVA)

(2) 구간 거리(단위 : kM)

구간 0	구간 1	구간 2	구간 3	구간 4
0.3	8.0	4.0	7.0	3.0

(3) 선로 임피던스(단위 : Ω / kM)

Z_{CC}	$0.13 + j0.82$	Z_{RR}	$0.19 + j0.72$	Z_{FF}	$0.21 + j0.95$
Z_{CR}	$0.06 + j0.38$	Z_{RF}	$0.06 + j0.39$	Z_{CF}	$0.07 + j0.38$

다중 열차 운행 시도 회로 방정식의 유도 과정 및 해법은 동일하다. 단, 이번 예에

서는 앞의 예제와는 달리 전류 독립변수를 분기 측 전류 즉, 각 열차의 부하전류 i_{T1}, i_{T2} 및 AT에 흐르는 전류 i_{AT2}, i_{AT3} 를 선정해서 하기로 한다. 그러면 나머지 가지 C, F에 흐르는 전류는 AT의 1:1 전류 배분율을 이용하여 직관적으로 표현할 수 있으며 가지 R에 흐르는 전류는 3선 구간에서의 KCL, $i_{Ck}+i_{Rk}+i_{Fk}=0$ (k는 구간번호) 을 이용하여 쉽게 구할 수 있다.

- 3선 구간의 전차선 C(구간 0 제외)에 흐르는 전류
  각 구간의 오른편에 있는 열차 및 AT전류의 합이 된다.

$$i_{C4}=i_{AT3}$$
$$i_{C3}=i_{T2}+i_{AT3}$$
$$i_{C2}=i_{AT2}+i_{T2}+i_{AT3}$$
$$i_{C1}=i_{T1}+i_{AT2}+i_{T2}+i_{AT3}$$

- 2선 구간의 전차선 C(구간 0) 및 급전선 F에 흐르는 전류
  당연히 열차 부하전류의 1/2이 된다.

$$i_{C0}=(i_{T1}+i_{T2})/2$$
$$i_{F0}=-(i_{T1}+i_{T2})/2$$

- 3선 구간의 급전선 F(구간 0 제외)에 흐르는 전류
  급전선 분기에 열차 부하는 없으므로 각 구간의 오른편에 있는 AT 전류의 합이 된다.

$$i_{F4}=i_{F3}=i_{AT3}$$
$$i_{F2}=i_{F1}=i_{AT2}+i_{AT3}$$

- 레일 R에 흐르는 전류
  KCL을 적용하면 오른편에 있는 AT 전류의 2배와 열차 부하전류의 합이 된다. 단, 방향은 반대이므로 -로 표시한다.

$$i_{R4}=-2i_{AT3}$$
$$i_{R3}=-(i_{T2}+2i_{AT3})$$
$$i_{R2}=-(2i_{AT2}+i_{T2}+2i_{AT3})$$
$$i_{R1}=-(i_{T1}+2i_{AT2}+i_{T2}+2i_{AT3})$$

한편, 전압 변수로는 열차 전압 v_{T1}, v_{T2} 및 AT전압 v_{AT1}, v_{AT2}, v_{AT3}를 선정하기로 한다. 이렇게 하면 예제 계통에서의 회로망 변수는 모두 9개가되며 실수 변수로는 18개가된다. 이제 이들 변수를 사용하여 회로방정식을 유도하기로 한다.

- 구간 0의 메쉬

$$f_1 = \frac{1}{2}(Z_{C0} + Z_{F0})i_{T1} + \frac{1}{2}(Z_{C0} + Z_{F0})i_{C3} + 2v_{AT1} - v_s = 0$$

- 구간 1의 상부 메쉬

$$f_2 = (Z_{C1} + Z_{R1})i_{T1} + (Z_{C1} + Z_{R1})i_{T2} + (Z_{C1} + 2Z_{R1})i_{AT2} + (Z_{C1} + 2Z_{R1})i_{AT3} + v_{T1} - v_{AT1} = 0$$

- 구간 2의 상부 메쉬

$$f_3 = (Z_{C2} + Z_{R2})i_{T2} + (Z_{C2} + 2Z_{R2})i_{AT2} + (Z_{C2} + 2Z_{R2})i_{AT3} + v_{AT2} - v_{T1} = 0$$

- 구간 3의 상부 메쉬

$$f_4 = (Z_{C3} + Z_{R3})i_{T2} + (Z_{C3} + 2Z_{R3})i_{AT3} + v_{T2} - v_{AT2} = 0$$

- 구간 4의 상부 메쉬

$$f_5 = (Z_{C4} + 2Z_{R4})i_{AT3} + v_{AT3} - v_{T2} = 0$$

- 구간 1, 2의 하부 메쉬

$$f_6 = (-Z_{R1})i_{T1} + (-Z_{R1} - Z_{R2})i_{T2} + (-2Z_{R1} - 2Z_{R2} - Z_{F1} - Z_{F2})i_{AT2} + (-2Z_{R1} - 2Z_{R2} - Z_{F1} - Z_{F2})i_{AT3} + v_{AT2} - v_{AT1} = 0$$

- 구간 3, 4의 하부 메쉬

$$f_7 = (-Z_{R3})i_{T2} + (-2Z_{R3} - 2Z_{R4} - Z_{F3} - Z_{F4})i_{AT3} + v_{AT3} - v_{AT2} = 0$$

- 열차 T_1, T_2에서의 전력

$$f_8 = v_T \times i_T^* - S_T = 0$$

앞의 예에서와 마찬가지로 실수근을 구하기 위해서는 변수를 실수부와 허수부로 분리하여 위 식에 대입하고 18개의 실수근 방정식을 전개하여 N-R 반복법으로 해를 구한다. 이 과정은 생략하기로 한다. [표 7.3]의 결과는 회생 요구 전력과 역행 요구 전력을 조정해 가면서 계산된 결과 중 회생제동 중인 T_1 열차의 팬터그래프 전압을 표시한 것으로서, 표를 살펴보면 회생제동량이 크고 역행 중인 열차의 부하가 적을수록 전압은 상승함을 알 수 있으며 반대로 역행 중인 열차의 요구 부하가 크고 회생제동량은 상대적으로 적은 경우 더 낮은 전압으로도 회생제동이 가능함을 알 수 있는데 이는 물리적으로도 지극히 타당한 결과라고 할 수 있다.

[표 7.3] 운행 모드별 전력(MVA)에 따른 회생 차량의 팬터그래프 전압 $|v_{T1}|$ (kV)

회생 \ 역행	$S_{T2}=3.0$	$S_{T2}=5.0$	$S_{T2}=7.0$	$S_{T2}=10.0$
$S_{T1}=-3.0$	27.479	27.398	27.306	27.150
$S_{T1}=-5.0$	27.535	27.455	27.365	27.211
$S_{T1}=-7.0$	27.589	27.510	27.422	27.271
$S_{T1}=-10.0$	27.664	27.588	27.502	27.354

예제의 결과를 통해서도 알 수 있는 사항으로서 교류 회생제동은 급전 전압, 역행중인 열차의 부하, 회생 차량의 전압 등 여러 가지 사항에 의해 영향을 받게 된다. 다음절에서는 교류 전기철도에서 회생제동과 관련된 사항을 살펴보기로 한다.

4. 회생전력

4.1 회생전력의 영향 및 대책

가. 교류 전기철도에서 회생제동의 특성과 전력계통에 미치는 영향

회생제동은 차량이 지니고 있는 운동에너지를 저항기에 의해 열로서 소비하는 발전제동에 비해서 저항기 등의 기기가 불필요하므로 공간의 절감, 경량화 등의 장점이 있다. 그러나 회생제동은 회생전력을 전원 측에 흘리도록 함으로 해서 제동력을 얻기 때문에 제동 성능이 전원계통의 영향을 받는다.

역으로 회생차량도 전원계통에 대하여 여러 가지 영향을 미치게 된다. 교류 전기차량에 회생제동을 사용하는 경우에는 이와 관련된 전력변환에 관한 여러 가지의 과제를 해결하는 것이 필요하다. 이의 과제로서

○ 제동력의 확보

○ 고조파 전류의 저감

○ 회생전력, 역률의 향상

○ 전차선의 정전, 팬타그래프 이선 및 섹션 통과 시의 대책

등을 들 수 있다.

나. 전력 회생 차량에 의한 장해

회생차량의 운행에 수반되는 장해로서는 인버터, 컨버터 등의 전력변환기에 의해서 전기회로에 고조파가 발생하여 유도장해를 발생하는 경우와 전력변환기의 싸이리스터나 GTO의 전류 턴-온, 턴-오프에 의한 전파장해를 생각할 수 있다.

(1) 유도장해

전선 및 레일(레일에서 누설된 전류가 흐르는 대지도 포함)을 흐르는 고조파 전류에 의한 유도장해로서는 선로 인근의 통신선에 대한 유도장해와 궤도회로에 대한 유도장해가 있다. VVVF차량에서는 속도에 따라서 주파수가 변화하기 때문에 종래의 대책만으로는 유도장해를 방지할 수 없다. 따라서 차량에 필터를 설치하거나 지상의 통신선이나 궤도 회로에 대책을 시행할 필요가 있다.

(2) 전파장해

전류 개폐에 의한 전파장해에 대해서는 통상 전류 개폐 스위치 부분을 차폐하는 등의 대책을 세우기는 하지만 차량필터에 관하여는 전파장해도 고려하는 것이 바람직하다. 잉여 회생전력 대책 기기에 기인하는 장해로서는 에너지 저장장치에 의한 것 등이 있다. 플라이휠(Flywheel)식 및 축전지식 에너지 저장장치는 전력변환기 방식에도 관계가 있으나 장해적인 측면에서는 회생차량과 동일한 현상을 발생하므로 대책은 회생차량의 경우와 비슷하다.

다. 송전선 고장 시의 회생차량에 의한 역가압 대책

송전선로 고장 등으로 전원 측이 정전되었을 경우 수십 ms 정도로 정전을 검출하

여 회생운전을 정지시켜야 한다. 더욱이 차량 측에 정전검출 기능이 고장이 난 경우도 회생제동 정지 스위치에 의해 회생제동을 중지시키는 시스템이 확실히 되어 있어야 한다. 이렇게 함으로서 차량의 회생제동이 확실히 중지지면 역가압에 의한 과전압 발생은 일어나지 않게 된다.

4.2 회생전력 이용 극대화 방안

가. 회생전력의 거동

교류 전철계통에서 차량의 회생제동에 의한 전력은 회생차량이 주행하고 있는 급전구간에 주행하고 있는 다른 역행차량에 의해 일차적으로 사용되어질 것이며 사용되지 못한 잉여전력은 전철변전소 변압기를 통하여 전원계통으로 역류하게 된다. 이 경우 전철변전소의 변압기 무부하손은 2차 측에서 공급하게 되므로 무부하손을 제외한 잉여전력이 전원계통으로 유입한다.

직류 급전계통의 경우 회생차량에서 발생하는 회생전력을 역행차량이 소비하여 주지 못하게 되면 변전소를 통하여 전원계통으로의 흡수가 불가능하다. 이는 직류 급전계통의 전원변전소가 정류기설비로 되어 있어 역방향 운전이 불가능하기 때문이다. 전원변전소에 인버터를 설치하면 역방향 운전이 가능하게 되나 그만큼 설비투자가 필요하다.

역행차량이 회생차량 주위에 없어 회생전력이 흘러갈 회로가 구성되지 못하는 경우 회생차량은 회생실패가 일어나게 되며 발전제동 또는 기계적 제동으로 전환하여 감속하게 된다. 교류 급전계통의 경우 역행차량이 회생차량 주위에 없다하더라도 변전소 변압기를 통하여 전원계통으로 전력이 흘러갈 수 있어 직류 급전계통에 비해 회생실패가 일어날 확률이 낮다. 열차 회생 시 회생 전압을 상승시키면 회생전력은 증가되나 과도한 전압 상승은 차량 자체 및 급전시스템의 제반 내전압 규격을 상회할 수 있어 제한치 이하로 억제되어야 한다. 제한치 전압에서도 목표로 하는 회생전력을 얻지 못하는 경우 차량의 회생제동은 실패가 된다.

나. 회생전력 이용 극대화 방안

전기철도사업자 측면에서는 회생전력 회수를 극대화하여 에너지절약을 도모할 필요가 있으며 되도록 회생전력이 전원계통으로 역류하지 아니하고 역행차의 전력으로 쓰이거나 기타 전원으로 쓰이는 것이 바람직하다.

전력회사가 회생전력을 되사주기 위해서는 공급계약과는 별도의 수급계약을 체결하여야 하며 이 때 에는 요금, 공급조건, 품질유지 등의 조건이 포함되게 된다. 회생전력의 극대화 방안으로는 다음을 들 수 있다.

○ 회생제동 시 팬타그래프의 가선전압 상승을 되도록 억제해야 함
○ 변전소의 1차전압을 합리적으로 조정하여 팬타그래프의 회생전압 상승을 억제한다.
○ 전차선 임피던스를 저감
○ 상하선 타이 급전에 의한 전차선 전압강하 감소

회생실패율을 억제하기 위한 여러 가지 대책 중 가장 현실성 있고 유효한 대책은 상하선을 타이 급전함으로써 임피던스를 반감시키고 ULTC에 의해 변전소의 1차전압을 조정은하는 것이 바람직하다. 전차선의 임피던스를 저감하기 위한 직렬 컨덴서의 삽입도 유효한 대책이 될 수 있으나 추가적인 설비투자가 필요하다.

5. AT 급전선로의 단락 임피던스 계산

AT 급전선로의 단락 임피던스는 급전계통의 고장전류 계산이나 고장점 표정용 데이터 등으로 사용되게 된다. AT 급전계통에서 단락 임피던스를 구하는 방법으로 국내에 알려져 있는 방법은 앞에서도 언급한 바가 있는 '축약 등가회로에 의한 계산법'이나, 이 방법의 문제점을 이미 지적한 바 있으므로 이 책에서는 등가화 과정을 거치지 않고 AT 급전선로로부터 일반적인 회로망 방정식을 구하고 이로부터 단락 시의 임피던스를 계산하는 방법에 대해 설명하고자 한다. 이 방법으로 단락 임피던스를 구하는 과정은 AT 급전해석 과정과 유사하며 C-R 선간 단락을 가정하여 구하므로 방정식은 선형(Linear)으로 나타나게 된다. 따라서 정전류 모델을 사용한 AT 급전해석의 경우와 비교하여 그 해법은 매우 간단하다.

5.1 단락 임피던스 계산 과정

가. 변전소~AT2까지의 단락 임피던스 계산

[그림 7.12]는 단락 시의 AT 급전선로 중 그 일부분인 변전소~AT2까지를 나타내고 있다. 단락은 AT1과 AT2사이에서 발생하는 것으로 가정하므로 AT2 이후의 선

로에는 전류가 흐르지 않으며 따라서 생략이 가능하다. 변전소로부터 AT1까지의 2선 구간 길이를 M[km]라 하고 3선 구간인 AT1과 AT2사이의 거리는 L_{12}[km]라 하자. AT1으로부터 x[km] 지점을 단락 지점이라 가정하면 단락 지점에서 AT2까지의 거리는 $(L_{12}-x)$[km]가 된다.

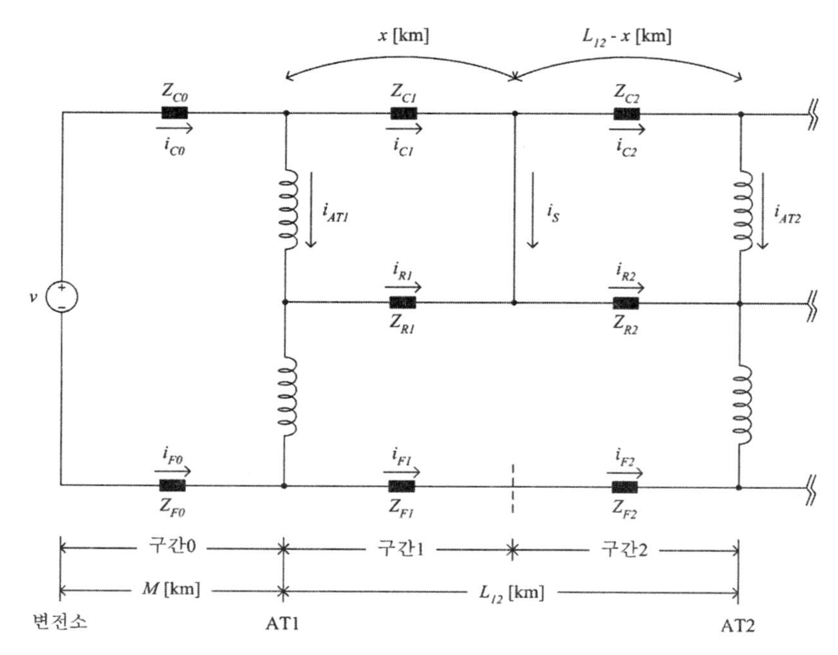

[그림 7.12] 단락 임피던스 계산을 위한 AT 급전계통

한편 AT 급전선로의 C, R, F에 존재하는 단위 길이[km]당 자기 임피던스 및 상호 임피던스를 각각 Z_{CC}, Z_{RR}, Z_{FF}, Z_{CR}, Z_{RF}, Z_{CF}[Ω /km]라 하면 이들 임피던스는 앞서 설명한 바와 같이 등가의 자기 임피던스 Z_{Ck}, Z_{Rk}, Z_{Fk}[Ω](k는 구간 번호)로 환산이 가능하므로 각 구간별로,

$$Z_{C0} = M \cdot (Z_{CC} - Z_{CF})[\Omega] \tag{7.35}$$

$$Z_{F0} = M \cdot (Z_{FF} - Z_{CF})[\Omega]$$

$$Z_{C1} = x \cdot (Z_{CC} + Z_{RF} - Z_{CR} - Z_{CF})[\Omega] \tag{7.36}$$

$$Z_{R1} = x \cdot (Z_{RR} + Z_{CF} - Z_{RF} - Z_{CR})[\Omega]$$

$$Z_{F1} = x \cdot (Z_{FF} + Z_{CR} - Z_{CF} - Z_{RF})[\Omega]$$

$$Z_{C2} = (L_{12} - x) \cdot (Z_{CC} + Z_{RF} - Z_{CR} - Z_{CF})[\Omega] \tag{7.37}$$

$$Z_{R2} = (L_{12} - x) \cdot (Z_{RR} + Z_{CF} - Z_{RF} - Z_{CR})[\Omega]$$

$$Z_{F2} = (L_{12} - x) \cdot (Z_{FF} + Z_{CR} - Z_{CF} - Z_{RF})[\Omega]$$

이제 전류 변수로 단락전류 i_S 및 AT2의 전류 i_{AT2}를 선정하면

$$i_{C2} = i_{AT2} \tag{7.38}$$

$$i_{C1} = i_S + i_{AT2}$$

$$i_{C0} = \frac{1}{2} i_S$$

$$i_{F2} = i_{F1} = i_{AT2}$$

$$i_{F0} = -\frac{1}{2} i_S$$

$$i_{R2} = -2i_{AT2}$$

$$i_{R1} = -i_S - 2i_{AT2}$$

전압 변수로 v_{AT1} 및 v_{AT2}를 선정하고 회로 방정식을 작성하면 다음과 같이 된다.

- 구간 0의 메쉬

$v = i_{C0} Z_{C0} - i_{F0} Z_{F0} + 2v_{AT1}$

(7.38)식으로부터

$$\therefore \; i_S \frac{(Z_{C0} + Z_{F0})}{2} + 2v_{AT1} = v \tag{7.39}$$

- 구간 1의 상부 메쉬

$v_{AT1} = i_{C1} Z_{C1} - i_{R1} Z_{R1}$

(7.38)식으로부터

$$\therefore \; i_S(Z_{C1} + Z_{R1}) + i_{AT2}(Z_{C1} + 2Z_{R1}) - v_{AT1} = 0 \tag{7.40}$$

- 구간 2의 상부 메쉬

$0 = i_{C2} Z_{C2} - i_{R2} Z_{R2} + v_{AT2}$

(7.38)식으로부터

$$\therefore \; 0 = i_{AT2}(Z_{C2} + 2Z_{R2}) + v_{AT2} \tag{7.41}$$

- 구간 1, 2의 하부 메쉬

$v_{AT1} = i_{R1}Z_{R1} + i_{R2}Z_{R2} - i_{F1}Z_{F1} - i_{F2}Z_{F2} + v_{AT2}$

(7.38)식으로부터

$$\therefore i_S(-Z_{R1}) + i_{AT2}(-2Z_{R1} - 2Z_{R2} - Z_{F1} - Z_{F2}) - v_{AT1} + v_{AT2} = 0 \tag{7.42}$$

(7.39)~(7.42)식을 행렬로 표시하면,

$$\begin{bmatrix} \frac{Z_{C0}+Z_{F0}}{2} & 0 & 2 & 0 \\ Z_{C1}+Z_{R1} & Z_{C1}+2Z_{R1} & -1 & 0 \\ 0 & Z_{C2}+2Z_{R2} & 0 & 1 \\ -Z_{R1} & -2Z_{R1}-2Z_{R2}-Z_{F1}-Z_{F2} & -1 & 1 \end{bmatrix} \begin{bmatrix} i_S \\ i_{AT2} \\ v_{AT1} \\ v_{AT2} \end{bmatrix} = \begin{bmatrix} v \\ 0 \\ 0 \\ 0 \end{bmatrix} \tag{7.43}$$

(7.43)식은 선형 연립방정식으로서 이로부터 i_S를 구하였다면 전원전압 v측으로 환산한 단락 임피던스는 다음과 같이 된다.

$$Z_S = \frac{v}{\frac{1}{2}i_S} \tag{7.44}$$

만약, 전차선 C-R간의 임피던스로 환산한다면 AT의 1, 2차간 권수비가 $a = n_1/n_2 = 2$ 이므로

$$Z_S' = \frac{1}{4}Z_S \tag{7.45}$$

가 된다. 한편 (7.43)식을 풀게 되면 AT 급전계통 내 단락전류의 분포를 알 수 있으므로 다음과 같은 식으로 정의되는 AT 흡상전류비를 구할 수 있다.

$$\text{BCR} = \frac{|i_{AT2}|}{|i_{AT1}| + |i_{AT2}|} \tag{7.46}$$

나. AT2~AT3 및 그 이후 구간의 단락 임피던스 계산

(7.44)식에서의 임피던스 Z_S 는 전원전압 v 측으로 환산하여 AT2까지 구한 단락 임피던스이므로 이제 AT2~AT3까지의 단락 임피던스는 [그림 7.12]를 다음의 [그림 7.13]과 같이 수정하여 구할 수 있다.

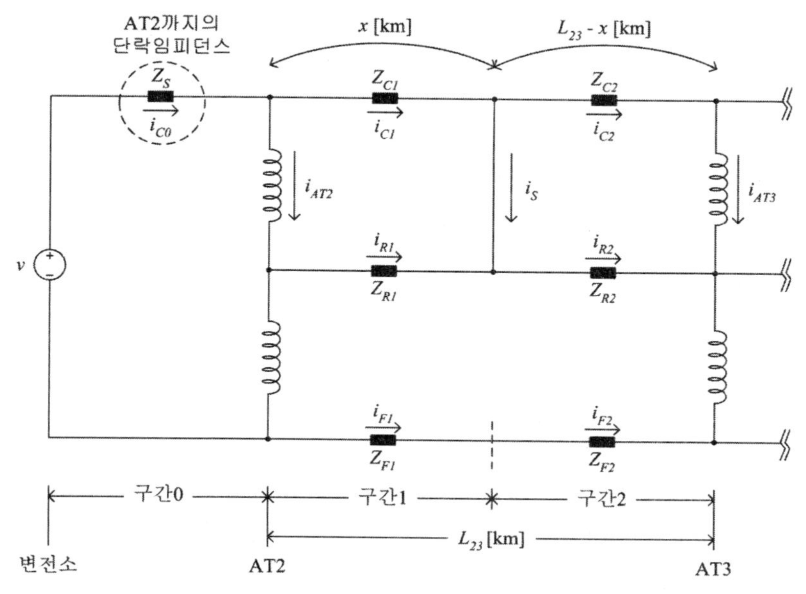

[그림 7.13] AT2 이후 구간의 단락 임피던스 계산을 위한 회로

[그림 7.13]의 회로는 [그림 7.12]의 회로와 동일하며 단지 전원전압 측의 임피던스만을 Z_S로 변경시킨 것이다. 구간별 임피던스 Z_{Ck}, Z_{Rk}, $Z_{Fk}[\Omega]$은 (7.36), (7.37)식과 동일하다. x는 AT2부터의 거리이며 당연한 이야기지만 L_{12}는 이제 AT2와 AT3사이의 거리 L_{23}로 변경하여야 한다. 그러면 다음과 같은 회로 방정식을 얻을 수 있다.

$$\begin{bmatrix} \frac{Z_S}{2} \leftarrow \text{변경} & 0 & 2 & 0 \\ Z_{C1}+Z_{R1} & Z_{C1}+2Z_{R1} & -1 & 0 \\ 0 & Z_{C2}+2Z_{R2} & 0 & 1 \\ -Z_{R1} & -2Z_{R1}-2Z_{R2}-Z_{F1}-Z_{F2} & -1 & 1 \end{bmatrix} \begin{bmatrix} i_S \\ i_{AT3} \\ v_{AT2} \\ v_{AT3} \end{bmatrix} = \begin{bmatrix} v \\ 0 \\ 0 \\ 0 \end{bmatrix} \tag{7.47}$$

위 식의 계수 행렬은 변경된 (1,1)요소만을 제외하면 (7.43)식과 동일하므로 (1,1)요소만을 바꾼 후 앞서 작성된 프로그램을 사용하여 계산하면 된다. 전원전압 v 측으로 환산한 단락 임피던스는 (7.44)식과 동일하게 구하면 된다.

$$Z_S = \frac{v}{\frac{1}{2} i_S} \tag{7.48}$$

AT3 이후 구간의 임피던스는 지금까지와 동일한 방법으로 반복하여 구하면 된다. AT3~AT4 구간의 임피던스를 구한다면, (7.48)식으로 얻은 AT3까지의 단락 임피던스 Z_S를 (7.47)식에 대입하여 i_S를 구한 후 (7.48)식으로 AT4까지의 단락 임피던스를 구하면 되는 것이다.

5.2 단락 임피던스 계산 예

제4장에서 구한 선로 임피던스의 데이터를 이용하여 단락 임피던스를 계산해 보기로 한다.

선로의 단위길이 당 자기 및 상호 임피던스 :

$Z_{CC} = 0.1731 + j0.7316$ [Ω /km]

$Z_{RR} = 0.1874 + j0.7776$ [Ω /km]

$Z_{FF} = 0.3410 + j0.8942$ [Ω /km]

$Z_{CR} = 0.0588 + j0.4052$ [Ω /km]

$Z_{RF} = 0.0588 + j0.3889$ [Ω /km]

$Z_{CF} = 0.0585 + j0.4763$ [Ω /km]

구간 길이 :

변전소~AT1 : 0.3 [km]

AT1~AT2 : 10.0 [km]

AT2~AT3 : 10.0 [km]

위와 같이 주어진 데이터를 사용하여 변전소~AT2의 단락 임피던스를 계산한 결과를 [표 7.4]에 나타내었다.

[표 7.4] 단락 임피던스 계산 결과(AT2 까지, 전원전압 기준)

변전소로부터의 거리[km]	단락 임피던스[Ω]	
	Z_S	$\|Z_S\|$
0.3	0.1191 + j0.2020	0.2345
1.3	1.0311 + j2.7838	2.9686
2.3	1.8238 + j4.9388	5.2648
3.3	2.4973 + j6.6671	7.1194
4.3	3.0515 + j7.9686	8.5329
5.3	3.4864 + j8.8434	9.5058
6.3	3.8021 + j9.2913	10.0391
7.3	3.9985 + j9.3125	10.1346
8.3	4.0756 + j8.9070	9.7951
9.3	4.0335 + j8.0746	9.0260
10.3	3.8721 + j6.8155	7.8387

한편 [그림 7.14]는 x를 50[m]마다 증가시키면서 구한 단락 임피던스와 흡상전류비의 계산 결과를 그래프로 표시한 것이다. 단락 임피던스는 AT의 흡상 현상에 의해 비선형성을 나타내며 결과적으로는 단순한 임피던스 계전기에 의한 고장점 표정(Fault location)을 어렵게 하는 주원인이 된다. 반면 흡상전류비는 거리에 대해 선형 변화를 하므로 이를 이용한 고장점 표정 방식이 개발되어 있다.

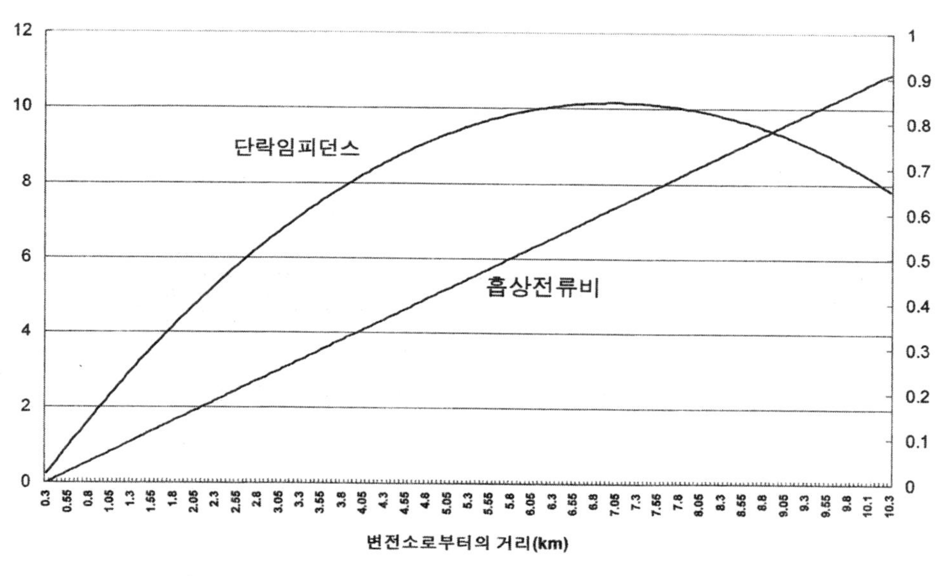

[그림 7.14] 단락 임피던스의 형태 및 흡상전류비

[그림 7.14]를 보면 단락이 AT2 지점에서 일어나는 경우에도 흡상전류비는 1.0이 아닌 이보다 작은 값(0.91 정도)으로 나타남을 알 수 있는데 이는 선로 임피던스 등 계산 조건에 따라서는 단락전류 i_S가 모두 AT2에 흡상되지 않고 미소하나마 일부가 레일로 귀환하기 때문이다. 그러나 AT2를 지나 AT3 또는 이 이후의 AT 지점에서 단락이 일어나는 경우에는 흡상전류비가 거의 1.0에 접근하게 된다. 계산상으로는 이렇게 되나 실제적으로 흡상전류비 방식에 의한 고장점 표정 장치를 설치하는 경우에는 현장에서의 경험적인 데이터들이 필요하며 일본에서는 실험에 의하여 다음과 같은 1차식에 Curve-fitting하고 있다.

$$\mathrm{BCR} = \frac{0.84}{L}x + 0.08 \tag{7.49}$$

L : $\mathrm{AT_n}$과 $\mathrm{AT_{n-1}}$사이의 거리

x : $\mathrm{AT_n}$으로부터의 거리

[그림 7.15]는 앞에서 설명한 단락 임피던스 계산 방법에 따라 AT3까지의 단락 임피던스를 계산한 결과를 나타낸 것이다.

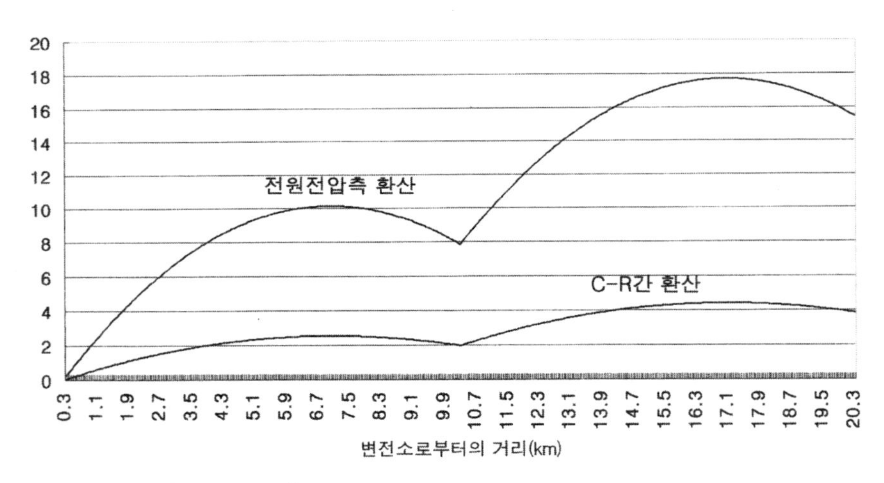

[그림 7.15] AT3까지의 단락 임피던스 계산 결과

제8장

BT 급전계통

1. BT 급전계통 해석
2. 흡상변압기(BT : Booster Transformer)
3. BT 섹션의 아-크 소호 대책

1. BT 급전계통 해석

1.1 BT 급전계통의 전류 분포

BT 급전계통에서는 흡상선-BT-차량의 위치에 따라 차량 부하전류의 분포가 틀려지게 된다. 이제 [그림 8.1]과 같은 위치에 전기차량이 운행되고 있다고 할 때 부하전류의 분포를 알아보기로 한다. 우선,

① 전기차량에 공급되는 부하전류 i_L는 전기차량으로부터 전원 측으로 보았을 때 가장 가까운 BT(BT2)의 1차 측을 통하여 공급되며(∵급전선은 섹션으로 분리되어 있어 부하전류는 반드시 BT의 1차 측을 통과해야 한다),
② 이때 기자력 보존 법칙에 의해 2차 측으로 크기가 같고 방향이 반대인 전류가 흐르게 된다. (∵ BT는 권수비가 1 : 1인 감극성 단상 변압기)
③ 이 BT 2차 측 전류는 부하 측에 놓여 있는 흡상선을 통하여 레일로부터 부급전선으로 흡상된 전류이다.
④ BT1의 1차 측을 흐르는 부하전류는 BT2의 1차 측을 흐르는 전류이고,
⑤ BT의 특성으로 인해 역시 BT1에서도 2차 측으로 크기가 같고 방향이 반대인 전류가 흐르게 된다.
⑥ 따라서 BT1의 2차 측을 통과하는 전류는 BT2의 2차 측을 통과한 흡상전류와 동일하고, 결과적으로 BT1과 BT2사이에 놓여있는 흡상선으로는 전류가 흐르지 않는다. 전원과 BT1사이에 놓여있는 흡상선에도 KCL을 적용하면 전류가 안 흐름을 쉽게 알 수 있다.

[그림 8.2]는 전기차량의 위치가 변경된 경우의 부하전류 경로를 표시한 것으로서 위와 같은 절차를 거치면 쉽게 확인될 수 있다.

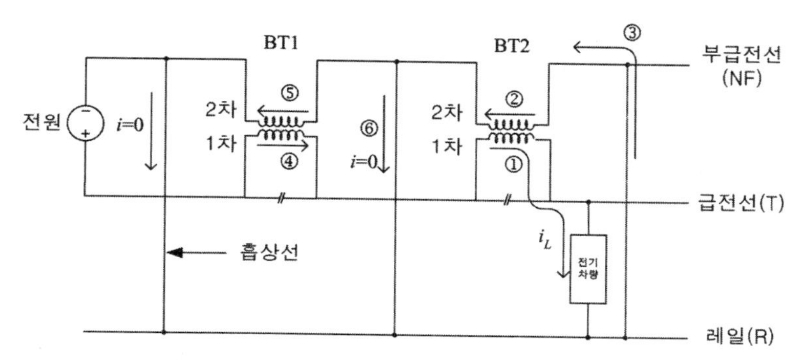

[그림 8.1] BT의 역할과 부하전류 분포

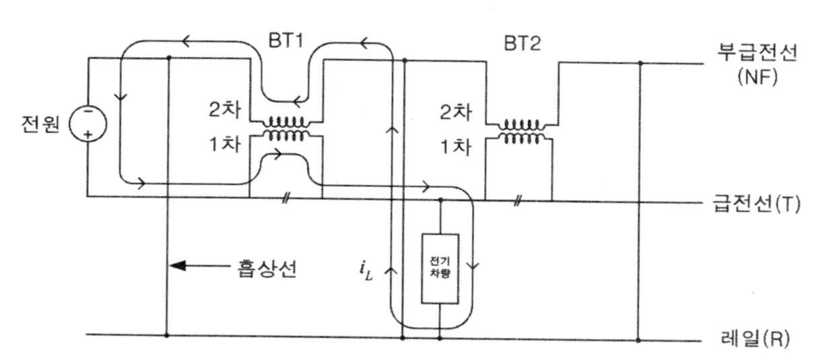

[그림 8.2] 차량 위치 변경에 따른 부하전류 분포

1.2 BT 급전해석

BT 급전계통의 경우는 앞에서 살펴 본 바와 같이 3선 중 항상 2선만 부하전류가 분포하며 AT 급전계통의 경우와는 달리 단일 루프를 형성하므로 급전해석이 AT 방식에 비해 매우 간단하다고 할 수 있다. 한편 BT 급전계통의 경우도 비록 3선 중 2선에만 전류가 흐른다고 해도 AT 급전계통과 마찬가지로 3선 전류의 합이 0이되는 3선 계통이므로 3선간 상호 임피던스 문제는 등가의 자기 임피던스 변환식,

$$Z_{Tk} = Z_{TTk} + Z_{RNk} - Z_{TRk} - Z_{TNk} \tag{8.1}$$

$$Z_{Rk} = Z_{RRk} + Z_{TNk} - Z_{RNk} - Z_{TRk}$$

$$Z_{Nk} = Z_{NNk} + Z_{TRk} - Z_{TNk} - Z_{RNk}$$

(Z_{TT}, Z_{RR}, Z_{NN}은 각각 급전선(T), 레일(R) 및 부급전선(NF)의 자기 임피던스이며 Z_{RN}, Z_{TR}, Z_{TN}은 이들 상호간의 상호 임피던스. k는 구간 번호.)

을 사용하여 간략히 할 수 있다. [그림 8.3]과 같은 경우에 전기차량에 의해 형성되는 루프에 KVL을 적용하면 다음과 같이 된다.

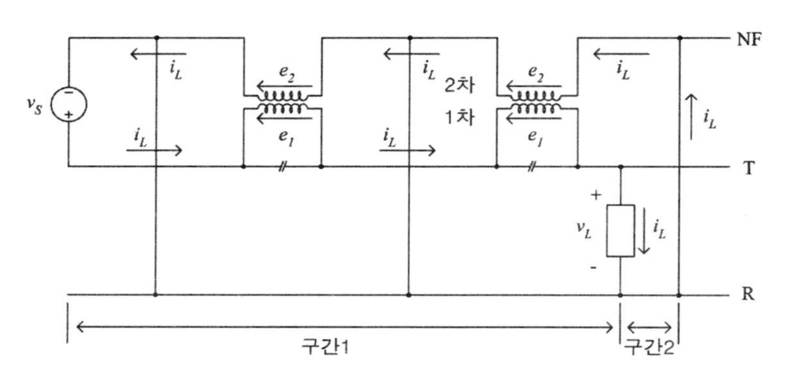

[그림 8.3] 전기차량에 의해 형성되는 루프

$$v_S = Z_{T1} i_L + 2e_1 + v_L + Z_{R2} i_L + Z_{N2} i_L + Z_{N1} i_L - 2e_2 \tag{8.2}$$

$$= \{(Z_{T1} + Z_{N1}) + (Z_{R2} + Z_{N2})\} i_L + v_L \quad (\because \text{감극성}\ e_1 = e_2)$$

$$= \{(Z_{TT1} + Z_{NN1} - 2Z_{TN1}) + (Z_{RR2} + Z_{NN2} - 2Z_{RN2})\} i_L + v_L$$

한편, 전기차량을 정전력 부하로 간주하면,

$$S_L = v_L \times i_L^* \tag{8.3}$$

이 된다. (8.2), (8.3)식으로부터 v_L, i_L을 구할 수 있는데, 이들 비선형 방정식의 실제적인 해법으로는 AT 급전 해석의 경우와 마찬가지로 N-R 반복법 등을 이용할 수 있으므로 AT 급전 해석 부분을 참조하기 바란다.

1.3 BT 급전계통의 단락 임피던스

BT 급전계통의 단락 임피던스는 T-R 단락과 T-NF 단락으로 나누어 생각할 수 있는데 T-NF 단락 임피던스는 일반적인 2선 회로에서의 단락과 같으므로 거리가 증가하면 이에 따라 선형적으로 증가하게 된다. 그러나 T-R 단락의 경우는 차량,

BT섹션 그리고 흡상선의 상대적인 위치에 따라 단락 임피던스가 비선형적인 계단 형상으로 변화하게 된다. BT 급전계통의 전류 분포에 대하여 앞에서 살펴보았으므로 이를 이용하면 T-R 단락 임피던스가 구간별로 어떻게 변화되는 지를 검토할 수 있다.

가. 단락 위치가 변전소~1st 흡상선 사이

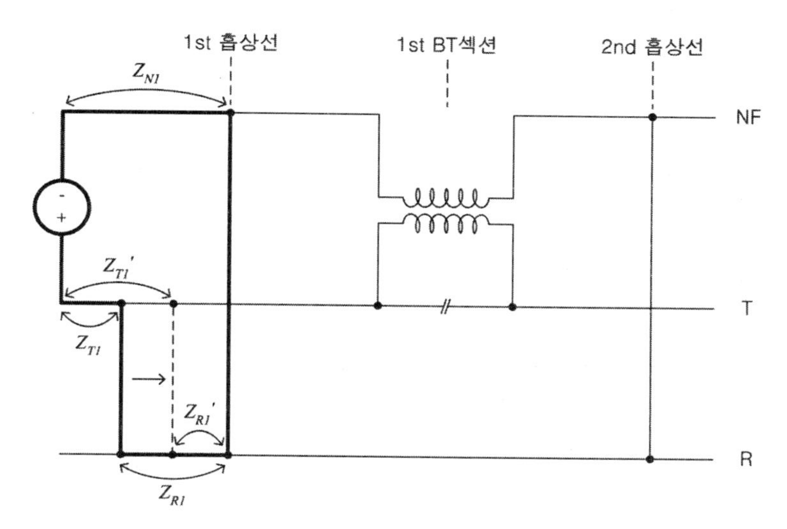

[그림 8.4] 변전소~1st 흡상선 사이의 단락

Z_{N1} : 변전소로부터 1st 흡상선까지 NF선의 등가 자기 임피던스

Z_{T1} : 변전소로부터 단락 지점까지 T선의 등가 자기 임피던스

Z_{R1} : 단락 지점에서 1st 흡상선까지 R선의 등가 자기 임피던스

변전소로부터 1st 흡상선 사이에서 단락이 발생하였을 때를 가정하면 이때 단락전류는 [그림 8.4]와 같은 폐회로를 흐르게 된다. 흡상선의 임피던스를 무시하고 단락 임피던스를 구하면

$$Z_1 = \left(Z_{T1} + Z_{R1}\right) + Z_{N1}$$

이 되고 단락 지점이 점선의 위치로 이동하면(전원으로부터 멀어지면) 단락 임피던스는,

$$Z_1' = \left(Z_{T1}' + Z_{R1}'\right) + Z_{N1}$$

이 된다. 여기서, T선과 R선의 등가 자기 임피던스((8.1)식에 의해 환산한 값)가 서로 비슷하다면,

$$Z_{T1} + Z_{R1} \simeq Z_{T1}' + Z_{R1}'$$

이 되어 $Z_1 \simeq Z_1'$ 가 된다. 즉, 변전소로부터 1st 흡상선까지의 단락 임피던스는 거리에 따라 증가하지 않고 거의 일정하게 된다.

일반적으로 첫 번째 흡상선은 변전소에서 가까운 위치에 설치하는데 이렇다면 변전소 위치에서의 T-R 단락 임피던스는 거의 0에 가깝게 된다.

나. 단락 위치가 '1st 흡상선~1st BT 섹션' 사이

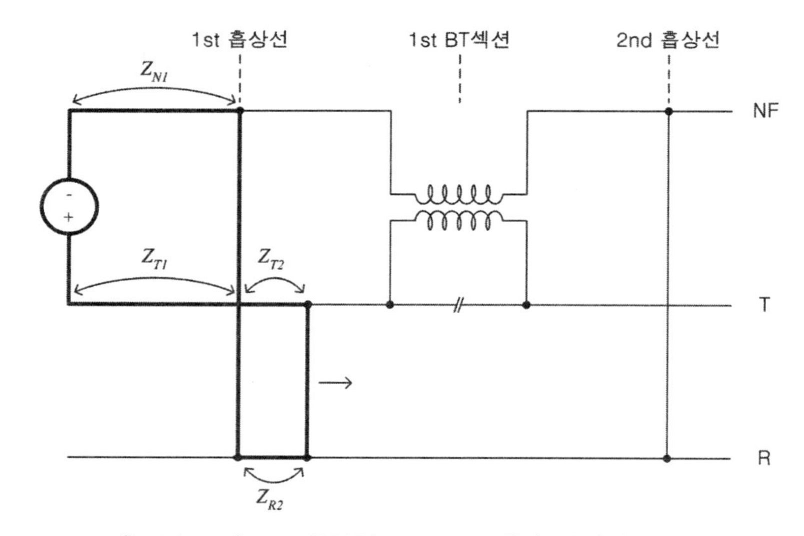

[그림 8.5] 1st 흡상선~1st BT 섹션 사이의 단락

Z_{N1} : 변전소로부터 1st 흡상선까지 NF선의 등가 자기 임피던스

Z_{T1} : 변전소로부터 1st 흡상선까지 T선의 등가 자기 임피던스

Z_{T2} : 1st 흡상선부터 단락 지점까지 T선의 등가 자기 임피던스

Z_{R2} : 1st 흡상선부터 단락 지점까지 R선의 등가 자기 임피던스

이제 단락이 1st 흡상선과 1st BT 섹션 사이에서 발생하였다고 가정하면 단락전류의 경로는 [그림 8.5]에 보이는 바와 같고 단락 임피던스 Z_2는,

$$Z_2 = (Z_{T1} + Z_{N1}) + Z_{T2} + Z_{R2}$$

이 된다. 여기서 $Z_{T1} + Z_{N1}$은 **가.**의 경우에서의 단락 임피던스로 일정하며 $Z_{T2} + Z_{R2}$는 단락 지점이 전원으로부터 멀어질수록 증가하므로 단락 임피던스 Z_2는 이 구간에서 거리에 비례하여 선형적으로 증가하게 된다.

다. 단락 위치가 1st BT 섹션~2nd 흡상선 사이

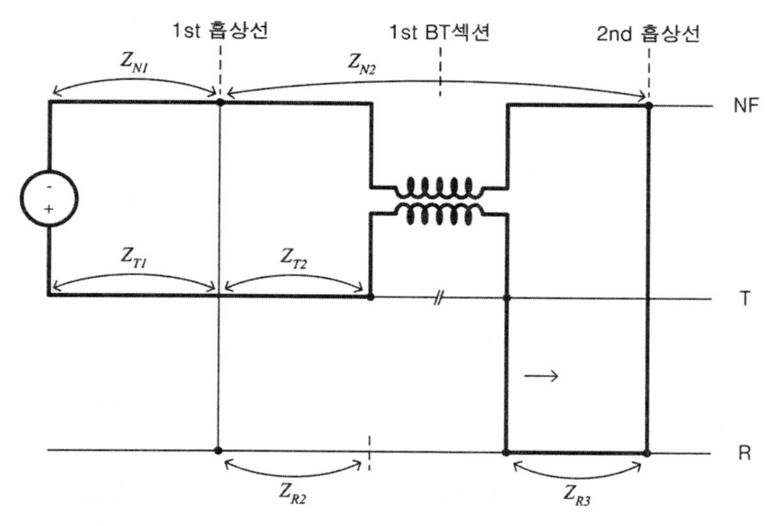

[그림 8.6] 1st BT 섹션~2nd 흡상선 사이의 단락

Z_{N1}, Z_{T1} : 가.의 경우와 동일

Z_{T2} : 1st 흡상선부터 1st BT 섹션까지 T선의 등가 자기 임피던스

Z_{R2} : 1st 흡상선부터 1st BT 섹션까지 R선의 등가 자기 임피던스

Z_{R3} : 1st BT 섹션부터 2nd 흡상선까지 R선의 등가 자기 임피던스

Z_{N2} : 1st 흡상선부터 2nd 흡상선까지 NF선의 등가 자기 임피던스

단락 지점이 [그림 8.6]에 보이는 바와 같이 1st BT 섹션을 바로 지난 지점이라면 단락 임피던스 Z_3는,

$$Z_3 = (Z_{T1} + Z_{N1}) + (Z_{T2} + Z_{R3}) + Z_{N2}$$

가 된다. 여기서 $(Z_{T1} + Z_{N1})$은 **가.**에서의 단락 임피던스로 일정하다. 한편 $(Z_{T2} + Z_{R3})$는 BT에서 양쪽 흡상선으로의 거리가 비슷하고 T선과 R선의 등가 자기 임피던스도 비슷하다면(이 조건은 **가.**에서도 사용),

$$Z_{T2} + Z_{R3} \simeq Z_{T2} + Z_{R2}$$

가 된다. 따라서 BT 섹션을 통과하자마자 단락 임피던스는 Z_{N2}만큼 급격히 증가하게 되어 이 지점에서 불연속이 된다. 이제 2nd 흡상선까지는 **가.**의 경우와 동일하게 단락 임피던스는 증가하지 않고 Z_3로 유지된다.

이상의 결과를 그래프로 종합하면 [그림 8.7]과 같다. 매 BT 섹션마다 단락 임피던스에는 점프(Jump)가 일어나고, 그 다음 흡상선까지는 일정한 값을 유지하며, 다시 BT 섹션까지는 선형적으로 임피던스가 증가하는 현상을 반복하게 된다.

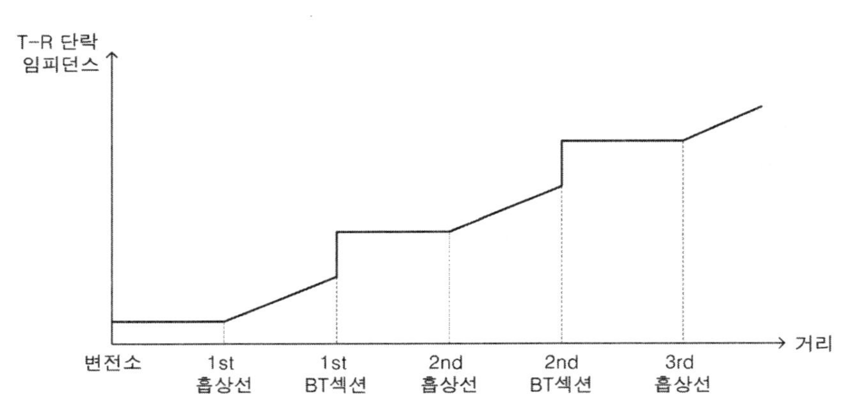

[그림 8.7] BT 급전계통의 T-R간 단락 임피던스 변화

2. 흡상변압기(BT : Booster Transformer)

흡상변압기는 권수비가 1인 2권선 변압기로서 등가회로로 표시하면 [그림 8.8]과 같다.

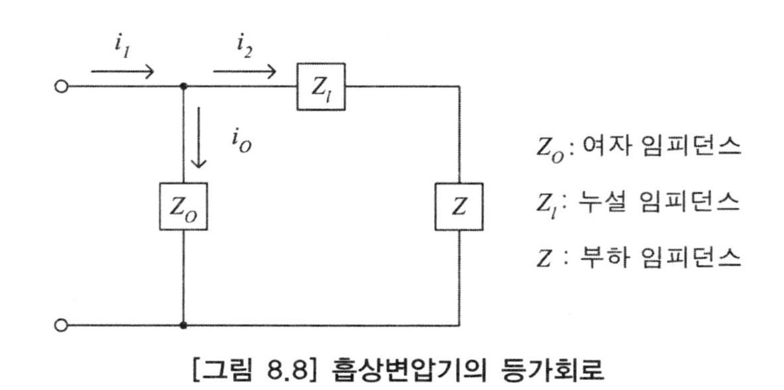

[그림 8.8] 흡상변압기의 등가회로

등가회로로부터

$$i_0 = i_1 - i_2 \tag{8.4}$$

$$\frac{i_2}{i_0} = \frac{Z_0}{Z_l + Z} \tag{8.5}$$

여기서, i_1은 전차선(T)의 전류이며 i_2는 부급전선(NF)의 전류에 해당된다. 여자전류를 무시한다면 전차선 전류와 부급전선 전류는 서로 같지만, 여자전류를 고려하는 경우라면 이 전류는 전차선 전류와 부급전선 전류의 차전류로서 레일(R)에 흐르는 전류가 된다. (8.4), (8.5)식에 의해 전차선 전류 i_1은,

$$i_1 = i_0\left(1 + \frac{Z}{Z_l + Z}\right) \tag{8.6}$$

로 된다. BT의 부하 임피던스 Z는 레일의 전압강하를 무시하면 흡상선 간격 D [km]의 NF 전압강하를 i_2로 나누면 구하여진다. 따라서 부하 임피던스 Z는,

$$Z = (Z_{NN} - Z_{TN}) \cdot D \tag{8.7}$$

일반적으로 전철의 경우 $Z \simeq 0.4D$ 정도가 되며 흡상선 간격 D를 4[km]로 보면 $Z = 1.6\,[\Omega]$이 된다. 정격 부하전류를 200[A]라 하면 BT의 정격 용량은 $S_{BT} = (200\text{A})^2 Z = 64$ [kVA]가 된다.

3. BT 섹션의 아-크 소호 대책

전기차량이 BT 섹션을 통과할 때 부하전류의 차단에 의한 아-크의 발생으로 팬타그래프 및 전차선에 손상이 발생할 수 있다. BT 섹션에서 부하 차단전류는 차량의 이동 방향에 따라 틀려지는데 [그림 8.9]와 같이 차량이 오른쪽(전원 반대 측)으로 이동할 때 차단전류는 i_R이 되고, 이때 i_R은 전기차량의 부하전류를 i_L이라 하면 다음 식과 같이 쓸 수 있다.

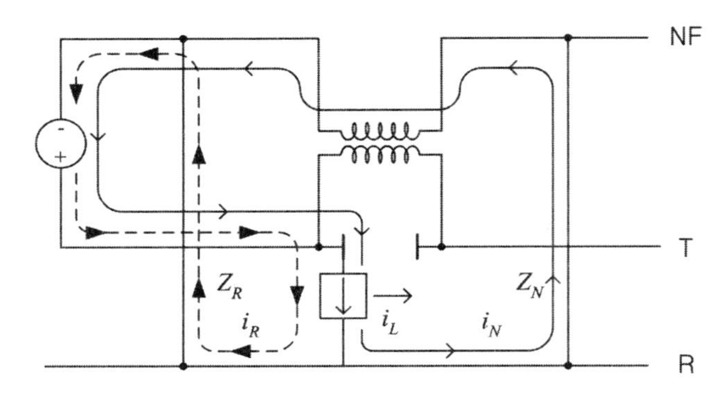

[그림 8.9] 오른쪽으로 이동 시 차단전류

$$i_R = i_L \cdot \frac{Z_N}{Z_N + Z_R} \tag{8.8}$$

여기서,

Z_N은 [그림 8.9]의 실선 경로 임피던스의 총합

Z_R은 [그림 8.9]의 점선 경로 임피던스의 총합

반대로 차량이 [그림 8.10]과 같이 왼쪽(전원 측)으로 이동하게 되면 차단전류는 i_N이 되고,

$$i_N = i_L \cdot \frac{Z_R}{Z_N + Z_R} \tag{8.9}$$

여기서,

Z_N은 [그림 8.10]의 실선 경로 임피던스의 총합

Z_R은 [그림 8.10]의 점선 경로 임피던스의 총합

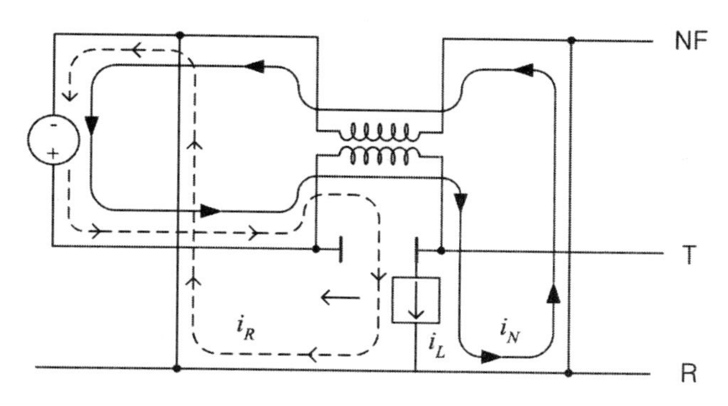

[그림 8.10] 왼쪽으로 이동 시 차단전류

BT 섹션의 아-크 소호 대책으로 현재 실용화되어 있는 방식으로서는 NF 콘덴서 방식과 저항 섹션 방식을 들 수 있다. NF 콘덴서 방식은 [그림 8.11]과 같이 NF선로에 $X_c = 2[\Omega]$정도의 직렬 콘덴서를 삽입하여 리액턴스를 보상하는 방식으로서 이때 차단전류는 다음과 같이 된다.

$$\text{오른 쪽 이동 시 : } i_R = i_L \cdot \frac{Z_N - jX_c}{Z_N - jX_c + Z_R} \tag{8.10}$$

$$\text{왼 쪽 이동 시 : } i_N = i_L \cdot \frac{Z_R}{Z_N - jX_c + Z_R}$$

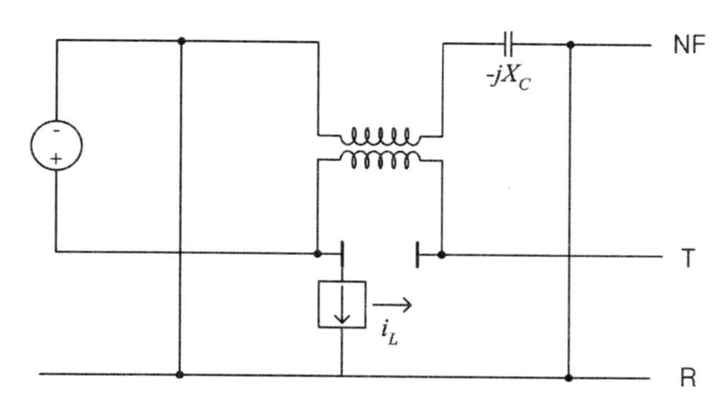

[그림 8.11] NF 콘덴서 방식

한편 저항 섹션 방식은 [그림 8.12]와 같이 섹션으로 에어 섹션을 삽입하고 직렬로 $R = 10[\Omega]$정도의 저항을 삽입하여 전류를 억제하는 방식으로 이때 차단전류는 다음과 같이 된다.

$$\text{오른 쪽 이동시} \; : \; i_R = i_L \cdot \frac{Z_N}{Z_N + Z_R + R} \tag{8.11}$$

$$\text{왼 쪽 이동시} \; : \; i_N = i_L \cdot \frac{Z_R + R}{Z_N + Z_R + R}$$

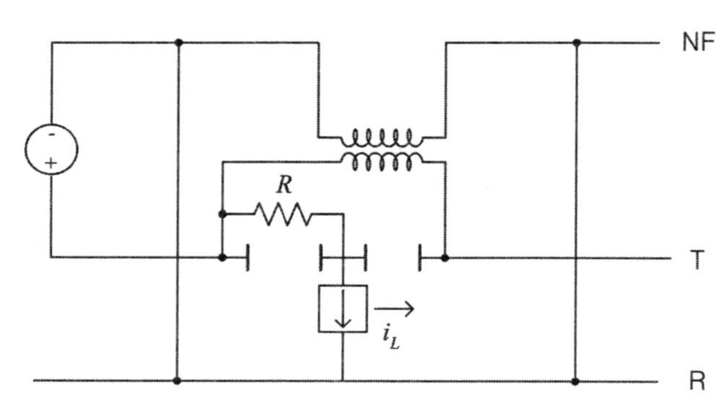

[그림 8.12] 저항 섹션 방식

제9장

고장전류 계산

1. 3상측 고장
2. 2상측 고장
3. 고장전류 계산 예

1. 3상측 고장

교류 전철전력계통에서의 고장전류 계산은 3Φ/2Φ 변환용 변압기(스콧트 변압기, 변형 Wood Bridge 변압기 등)를 중심으로 3상측과 2상측으로 구분하여 수행한다. 3상측에서의 계산은 3상 교류계통에서 일반적으로 사용하는 대칭좌표법에 의하며, 2상측에서의 계산은 근본적으로 단상 회로에서의 단락전류 계산이므로 고장에 의해 구성된 단락회로(Loop)내의 임피던스를 구하는 과정이 주가 된다.

1.1 대칭좌표법(Method of Symmetrical Coordinates)

대칭좌표법은 3상회로의 불평형 문제를 해석하는데 사용되는 방식으로 불평형인 전류나 전압을 그대로 해석하지 않고 이것을 3가지 평형성분으로 분해하여 개별적으로 계산한 후 각각의 결과를 중첩시켜 실제의 불평형 값을 구하는 방법으로 3상 교류계통의 고장전류 해석에 사용되는 가장 범용적인 방법이다. 상전류 i_a는 a상의 영상분 대칭요소 i_a^0 , a상의 정상분 대칭요소 i_a^+ 및 a상의 역상분 대칭요소 i_a^-의 합으로 표현할 수 있다. 즉, $i_a = i_a^0 + i_a^+ + i_a^-$가 된다. 마찬가지로 상전류 i_b 및 상전류 i_c에 대하여도 각각의 영상분, 정상분, 역상분 대칭요소를 사용하면 $i_b = i_b^0 + i_b^+ + i_b^-$, $i_c = i_c^0 + i_c^+ + i_c^-$로 쓸 수 있다. 한편 각 상의 영상분 요소들 간에는 $i_a^0 = i_b^0 = i_c^0$ 의 관계가 있으며 정상분 요소들 간에는 $i_b^+ = a^2 i_a^+$, $i_c^+ = a i_a^+$ 그리고 역상분 요소들 간에는 $i_b^- = a i_a^-$, $i_c^- = a^2 i_a^-$ 의 관계가 있다. (여기서 $a = 1\angle 120^o$) 따라서 상전류 i_a, i_b, i_c는 a상의 대칭요소 i_a^0, i_a^+, i_a^-만을 사용하여 다음과 같이 정리할 수 있다.

$$\begin{bmatrix} i_a \\ i_b \\ i_c \end{bmatrix} = \begin{bmatrix} 1 & 1 & 1 \\ 1 & a^2 & a \\ 1 & a & a^2 \end{bmatrix} \begin{bmatrix} i_a^0 \\ i_a^+ \\ i_a^- \end{bmatrix} = M \begin{bmatrix} i_a^0 \\ i_a^+ \\ i_a^- \end{bmatrix} \tag{9.1}$$

그리고 상전류로부터 대칭요소를 구한다면,

$$\begin{bmatrix} i_a^0 \\ i_a^+ \\ i_a^- \end{bmatrix} = M^{-1} \begin{bmatrix} i_a \\ i_b \\ i_c \end{bmatrix} = \frac{1}{3} \begin{bmatrix} 1 & 1 & 1 \\ 1 & a & a^2 \\ 1 & a^2 & a \end{bmatrix} \begin{bmatrix} i_a \\ i_b \\ i_c \end{bmatrix} \tag{9.2}$$

여기서 M의 역행렬이 존재한다는 것은 어떤 불평형 3상회로의 문제라 할지라도 이들을 대칭 요소로 분해할 수 있다는 것을 의미하며 일단 대칭 요소로 분해되고 나면 2개의 평형 3상회로(정상분, 역상분)와 1개의 단상회로(영상분) 문제로 바뀌게 된다.

전압에 대하여도 위와 같은 관계는 동일하다.

$$\begin{bmatrix} v_a \\ v_b \\ v_c \end{bmatrix} = \begin{bmatrix} 1 & 1 & 1 \\ 1 & a^2 & a \\ 1 & a & a^2 \end{bmatrix} \begin{bmatrix} v_a^0 \\ v_a^+ \\ v_a^- \end{bmatrix} = M \begin{bmatrix} v_a^0 \\ v_a^+ \\ v_a^- \end{bmatrix} \tag{9.3}$$

$$\begin{bmatrix} v_a^0 \\ v_a^+ \\ v_a^- \end{bmatrix} = M^{-1} \begin{bmatrix} v_a \\ v_b \\ v_c \end{bmatrix} = \frac{1}{3} \begin{bmatrix} 1 & 1 & 1 \\ 1 & a & a^2 \\ 1 & a^2 & a \end{bmatrix} \begin{bmatrix} v_a \\ v_b \\ v_c \end{bmatrix} \tag{9.4}$$

또한 전력에 대해서도 이를 대칭요소로 표현이 가능하다. 3상회로의 복소전력 S는

$$S = P + jQ = v_a i_a^* + v_b i_b^* + v_c i_c^* \tag{9.5}$$

이며 이를 행렬로 표시하면

$$S = [v_a\, v_b\, v_c] \begin{bmatrix} i_a^* \\ i_b^* \\ i_c^* \end{bmatrix} \tag{9.6}$$

$$= \left\{ M \begin{bmatrix} v_a^0 \\ v_a^+ \\ v_a^- \end{bmatrix} \right\}^t \left\{ M \begin{bmatrix} i_a^0 \\ i_a^+ \\ i_a^- \end{bmatrix} \right\}^* = [v_a^0\, v_a^+\, v_a^-] \begin{bmatrix} 3 & & \\ & 3 & \\ & & 3 \end{bmatrix} \begin{bmatrix} i_a^{0^*} \\ i_a^{+^*} \\ i_a^{-^*} \end{bmatrix}$$

$$= 3\left(v_a^0 i_a^{0^*} + v_a^+ i_a^{+^*} + v_a^- i_a^{-^*}\right)$$

1.2 3상 전원 측 데브난(Thevenin) 등가

3상 전원 측의 데브난 등가도 대칭좌표법에 의한 대칭요소 전압 및 전류로 표현할 수 있다. [그림 9.1]은 한 변전소의 모선으로부터 전원 측을 바라본 3상 등가회로를 나타내고 있다. 각 상의 데브난 등가전원을 E_a, E_b, E_c 그리고 각 상의 전압강하를 v_a, v_b, v_c라 하면 a, b, c 각 상의 단자전압 V_a, V_b, V_c는

$$V_a = E_a - v_a \tag{9.7}$$

$$V_b = E_b - v_b$$

$$V_c = E_c - v_c$$

따라서,

$$\begin{bmatrix} V_a^0 \\ V_a^+ \\ V_a^- \end{bmatrix} = M^{-1} \begin{bmatrix} V_a \\ V_b \\ V_c \end{bmatrix} = M^{-1} \left\{ \begin{bmatrix} E_a \\ E_b \\ E_c \end{bmatrix} - \begin{bmatrix} v_a \\ v_b \\ v_c \end{bmatrix} \right\} = M^{-1} \left\{ M \begin{bmatrix} E_a^0 \\ E_a^+ \\ E_a^- \end{bmatrix} - M \begin{bmatrix} v_a^0 \\ v_a^+ \\ v_a^- \end{bmatrix} \right\}$$

$$\therefore \begin{bmatrix} V_a^0 \\ V_a^+ \\ V_a^- \end{bmatrix} = \begin{bmatrix} E_a^0 - v_a^0 \\ E_a^+ - v_a^+ \\ E_a^- - v_a^- \end{bmatrix} \tag{9.8}$$

이 된다. 여기서 만약 데브난 등가전원 E_a, E_b, E_c가 정상 상순으로 3상평형되어 있다면 영상분 및 역상분 전원값 E_a^0 및E_a^-는 0이 될 것이다. 한편v_a^0는 영상분 전류 i_a^0에 의한 전압강하 즉, 영상분 전압강하를 의미하며 이는 영상분 전류 i_a^0와 이 영상분 전류에 대한 영상분 임피던스 Z^0의 곱 $Z^0 i_a^0$ 로 표시된다. 마찬가지로 $v_a^+ = Z^+ i_a^+$,$v_a^- = Z^- i_a^-$ 로 표시할 수 있으므로 (9.8)식은 다음과 같이 정리된다.

$$V_a^0 = E_a^0 - Z^0 i_a^0 \tag{9.9}$$

$$V_a^+ = E_a^+ - Z^+ i_a^+$$

$$V_a^- = E_a^- - Z^- i_a^-$$

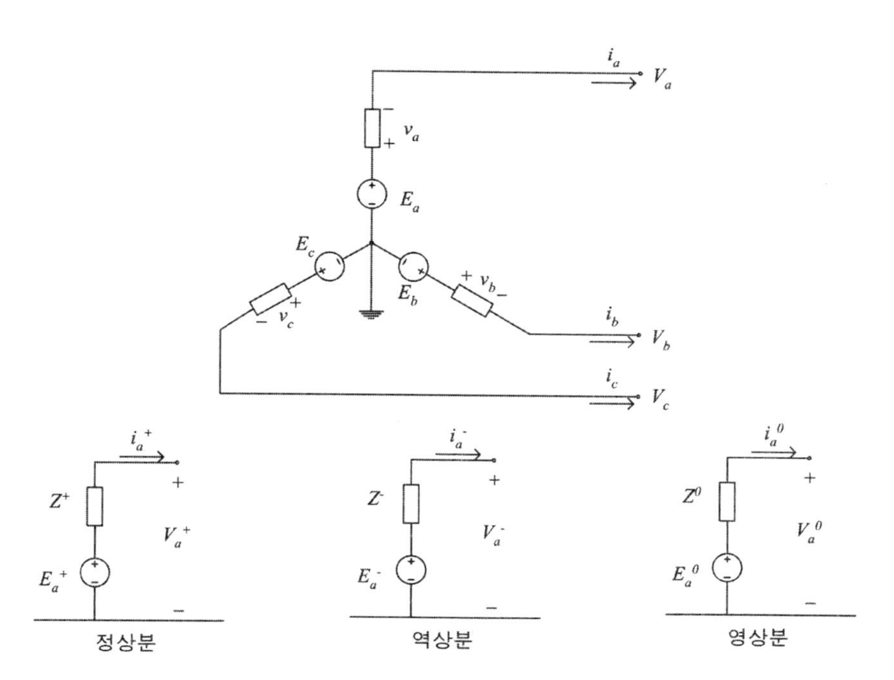

[그림 9.1] 3상 전원 측의 대칭분 등가회로

보통 전력회사 변전소의 한 모선으로부터 전철 수전선로를 연결하는 경우 전력회사는 이 모선에서 전원 측을 바라보는 데브난 등가 파라메타 Z^0, Z^+, Z^-를 %임피던스 형태로 제공하게 된다. E_a^0, E_a^-는 일반적으로 0으로 보면 되고 E_a^+는 기준전압을 100[%]로 보면 된다.

1.3 1선지락 고장

[그림 9.2]와 같이 고장점에서 1선지락이 a상에 발생하였다고 가정하기로 한다. 그러면 지락점에서는 다음과 같은 조건이 성립한다.

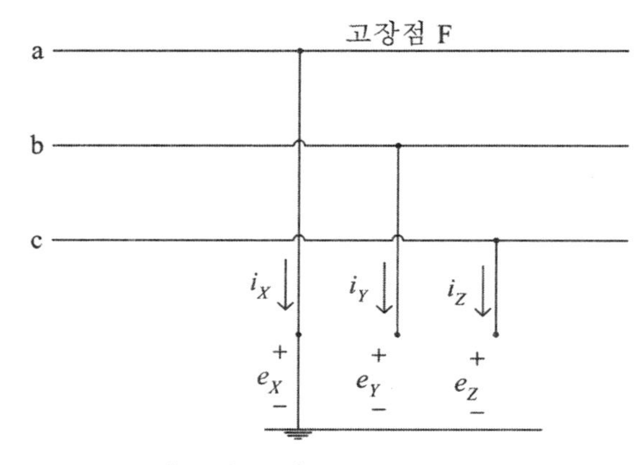

[그림 9.2] 1선지락 고장

$$i_Y = i_Z = 0\ , e_X = 0 \tag{9.10}$$

전류 조건으로부터

$$\begin{bmatrix} i_X^0 \\ i_X^+ \\ i_X^- \end{bmatrix} = \frac{1}{3}\begin{bmatrix} 1 & 1 & 1 \\ 1 & a & a^2 \\ 1 & a^2 & a \end{bmatrix}\begin{bmatrix} i_X \\ 0 \\ 0 \end{bmatrix} = \frac{1}{3}\begin{bmatrix} i_X \\ i_X \\ i_X \end{bmatrix} \quad \therefore i_X^0 = i_X^+ = i_X^- \tag{9.11}$$

한편 전압 조건으로부터는

$$e_X = 0 = e_X^0 + e_X^+ + e_X^- \tag{9.12}$$

즉, (9.11)식 및 (9.12)식으로부터 1선지락이 발생 시에는 고장점에서 정상분, 역상분, 영상분 등가회로가 [그림 9.3]과 같이 직렬로 연결됨을 알 수 있다.

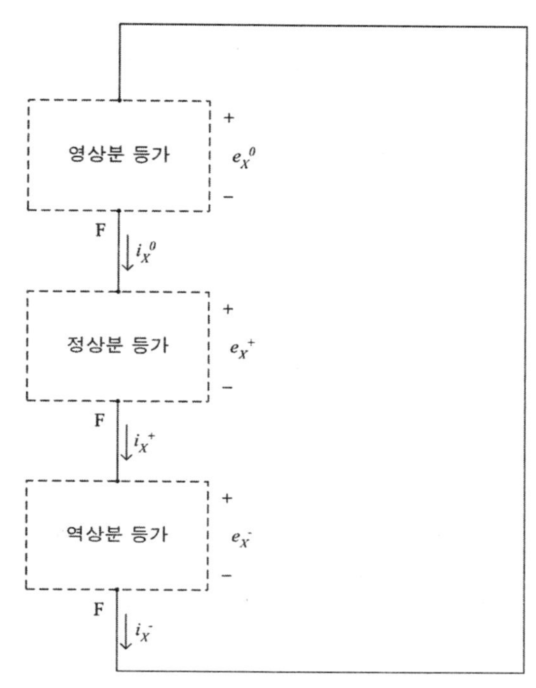

[그림 9.3] 1선지락 고장 시 대칭분 회로

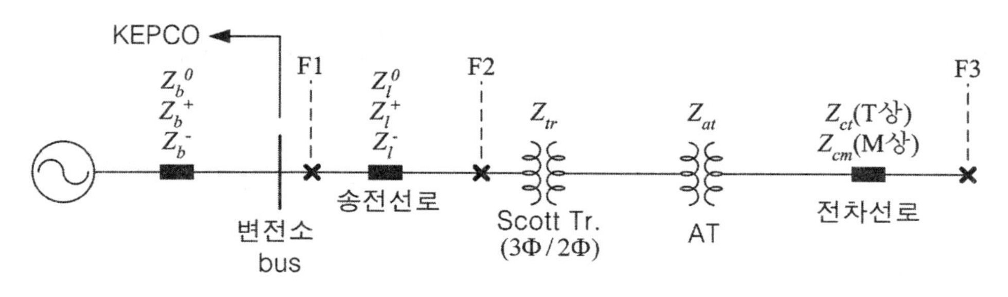

[그림 9.4] AT 급전계통

이제 [그림 9.4]와 같이 <전력회사의 변전소 모선-인출 송전선로-스콧트 변압기-단권 변압기-전차선로>로 구성된 계통에서 F1지점(3상계통 부분)에 1선지락 고장이 발생하였다고 가정하면 고장전류는 고장점과 전원 측 사이에만 분포될 것이고 고장점 에서부터 부하 측으로는 분포되지 않을 것이다. (∵ 전원이 좌측에만 존재하는 편단급전계통) 따라서 송전선로와 스콧트 변압기의 임피던스를 포함한 부하 측의 파라메타들은 고장전류 계산에 고려할 필요가 없다.

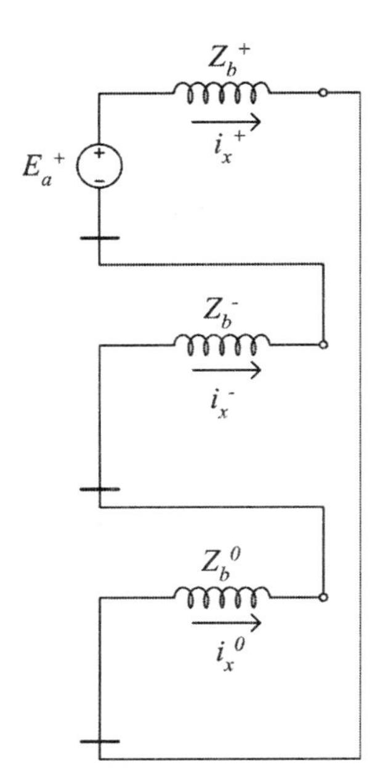

[그림 9.5] F1지점 1선지락 고장 등가회로

대칭분 회로들이 직렬로 연결된 [그림 9.5]의 회로로부터 고장전류 i_X는,

$$\therefore i_X = i_X^0 + i_X^+ + i_X^- = 3 \times \frac{100}{Z_b^0 + Z_b^+ + Z_b^-} \quad [\text{p.u.}] \tag{9.13}$$

고장점이 F2라면 송전선로의 임피던스까지 고려하여야 하며 이때 고장전류 i_X는

$$i_X = i_X^0 + i_X^+ + i_X^- = 3 \times \frac{100}{\left(Z_b^0 + Z_l^0\right) + \left(Z_b^+ + Z_l^+\right) + \left(Z_b^- + Z_l^-\right)} \quad [\text{p.u.}] \tag{9.14}$$

가 된다.

1.4 2선지락 고장

[그림 9.6]과 같은 2선지락 고장을 대칭좌표법으로 해석할 때는 일반적으로 b, c상의 지락을 가정한다. 고장점에서는 당연히 다음과 같은 조건이 성립하게 된다.

$$i_x = 0,\ e_Y = e_Z = 0 \tag{9.15}$$

전압 조건으로부터

$$\begin{bmatrix} e_X^0 \\ e_X^+ \\ e_X^- \end{bmatrix} = \frac{1}{3}\begin{bmatrix} 1 & 1 & 1 \\ 1 & a & a^2 \\ 1 & a^2 & a \end{bmatrix}\begin{bmatrix} e_X \\ 0 \\ 0 \end{bmatrix} = \frac{1}{3}\begin{bmatrix} e_X \\ e_X \\ e_X \end{bmatrix} \quad \therefore e_X^0 = e_X^+ = e_X^- \tag{9.16}$$

한편 전류 조건으로부터는

$$i_X = 0 = i_X^0 + i_X^+ + i_X^- \tag{9.17}$$

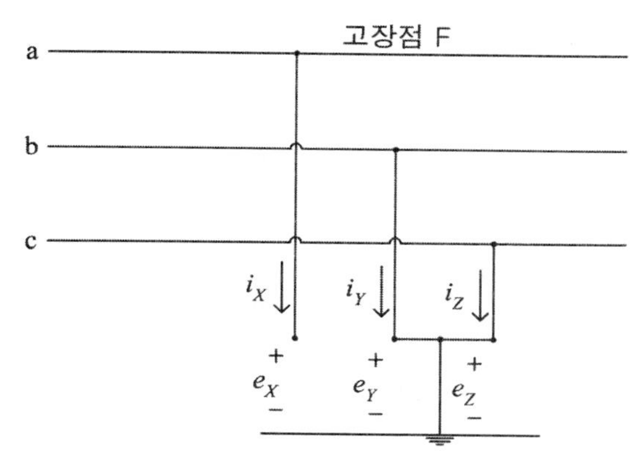

[그림 9.6] 2선지락 고장

(9.16)식 및 (9.17)식을 살펴보면 2선지락 고장 시는 1선지락 고장과는 달리 고장점에서 정상분, 역상분, 영상분 등가회로가 [그림 9.7]과 같이 병렬로 연결됨을 알 수 있다. [그림 9.4]의 F1 지점에 2선지락 고장이 발생하였다면 [그림 9.8]과 같이 대칭회로들이 병렬로 연결된 회로에서 고장전류 i_Y나 i_Z를 구할 수 있다.

$$i_Y = i_X^0 + a^2 i_X^+ + a i_X^- \quad \text{[p.u.]}$$

$$i_Z = i_X^0 + a i_X^+ + a^2 i_X^- \quad \text{[p.u.]}$$

여기서,

$$i_X^+ = \frac{100\left(Z_b^- + Z_b^0\right)}{Z_b^+ Z_b^- + Z_b^- Z_b^0 + Z_b^0 Z_b^+} \quad \text{[p.u.]}$$

$$i_X^- = \frac{-100\, Z_b^0}{Z_b^+ Z_b^- + Z_b^- Z_b^0 + Z_b^0 Z_b^+} \quad [\text{p.u.}] \tag{9.18}$$

$$i_X^0 = \frac{-100\, Z_b^-}{Z_b^+ Z_b^- + Z_b^- Z_b^0 + Z_b^0 Z_b^+} \quad [\text{p.u.}]$$

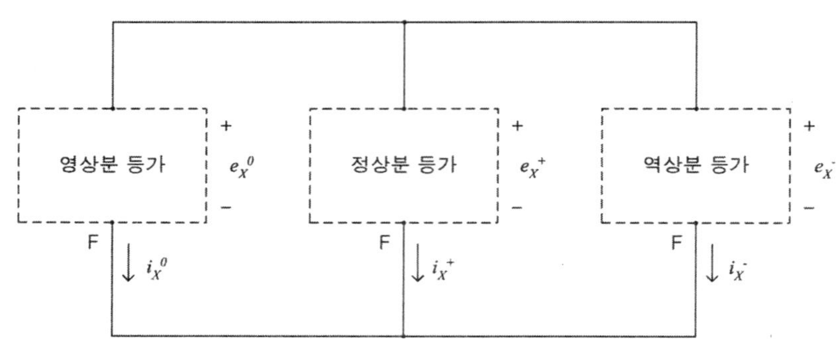

[그림 9.7] 2선지락고장 시 대칭분 회로

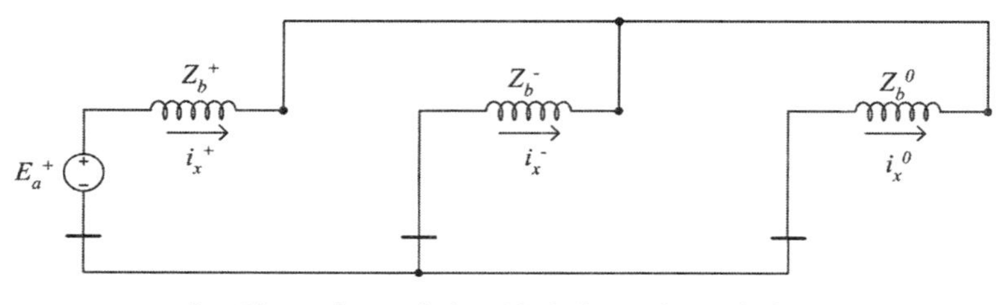

[그림 9.8] F1지점 2선지락 고장 등가회로

1.5 2선간단락 고장

[그림 9.9]와 같은 2선간단락 고장인 경우 고장점에서는 다음 조건이 성립한다.

$$i_X = 0,\ i_Y = -i_Z,\ e_Y = e_Z \tag{9.19}$$

전류 조건으로부터

$$\begin{bmatrix} i_X^0 \\ i_X^+ \\ i_X^- \end{bmatrix} = \frac{1}{3}\begin{bmatrix} 1 & 1 & 1 \\ 1 & a & a^2 \\ 1 & a^2 & a \end{bmatrix}\begin{bmatrix} 0 \\ -i_Z \\ i_Z \end{bmatrix} = \frac{1}{3}\begin{bmatrix} 0 \\ (a^2-a)i_Z \\ (a-a^2)i_Z \end{bmatrix} \quad \therefore\ i_X^+ = -i_X^- \tag{9.20}$$

전압 조건으로부터는

$$\begin{bmatrix} e_X^0 \\ e_X^+ \\ e_X^- \end{bmatrix} = \frac{1}{3}\begin{bmatrix} 1 & 1 & 1 \\ 1 & a & a^2 \\ 1 & a^2 & a \end{bmatrix}\begin{bmatrix} e_X \\ e_Z \\ e_Z \end{bmatrix} = \frac{1}{3}\begin{bmatrix} 0\left(\because i_X^0 = 0\right) \\ e_X + (a+a^2)e_Z \\ e_X + (a+a^2)e_Z \end{bmatrix} \quad \therefore\ e_X^+ = e_X^- \tag{9.21}$$

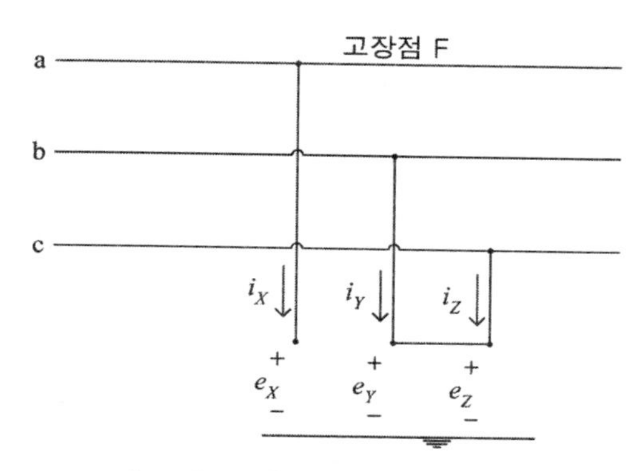

[그림 9.9] 2선간단락 고장

(9.20)식 및 (9.21)식으로부터 2선간단락 시는 고장점에서 정상분 및 역상분 등가회로가 [그림 9.10]과 같이 병렬로 연결됨을 확인할 수 있다. 지락고장을 수반하지 않으므로 영상분 등가회로는 존재하지 않는다.

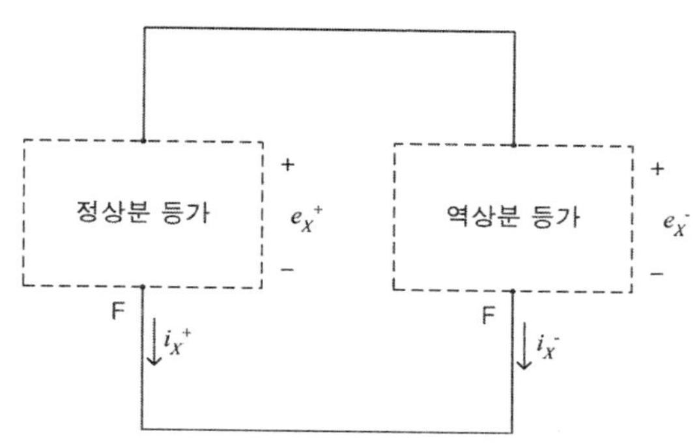

[그림 9.10] 2선간단락고장 시 대칭분 회로

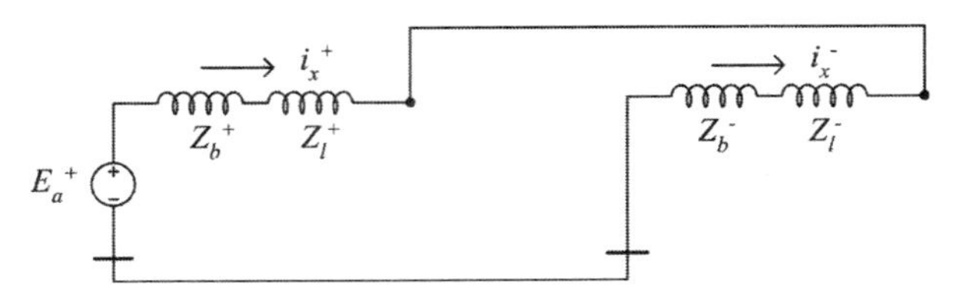

[그림 9.11] F2지점 2선간단락 고장 등가회로

[그림 9.4]의 F2지점에 발생한 2선간 단락고장은 [그림 9.11]로부터

$$i_Y = -i_Z = (a^2 - a)i_X^+ \quad [\text{p.u.}]$$

여기서,

$$i_X^+ = \frac{100}{(Z_b^+ + Z_l^+) + (Z_b^- + Z_l^-)} \quad [\text{p.u.}] \tag{9.22}$$

1.6 3선간단락 고장

선로정수가 평형이며 전원도 평형인 상태에서 3선간에 임피던스를 포함하지 않은 완전한 단락고장이 발생하게 되면 이 고장은 평형고장으로 대칭분 등가회로는 오직 정상분 회로만이 존재하게 된다. [그림 9.4]의 F2지점에서 발생한 3선간단락 고장전류는

$$i_F = \frac{100}{Z_b^+ + Z_l^+} \quad [\text{p.u.}] \tag{9.23}$$

이 된다.

2. 2상측 고장

2상측에서 발생할 수 있는 고장의 유형으로는 M상 지락, T상 지락 및 M-T상 혼촉이 있다. 2상측에서 발생하는 지락사고는 근본적으로는 단락사고로서 단락회로내의 임피던스를 구하는 과정이 계산의 주가 되며 전원 측이 3상측이므로 스콧트 변압기 1차 측(3상측)의 임피던스를 2차 측으로 환산하여 2차 측 임피던스에 가산해주어야 한다.

2.1 M상 지락

제6장에서 살펴본 바와 같이 스콧트 변압기 1차 측의 임피던스가 평형되어 있는 경우 이를 2차 측으로 환산하게 되면 단위법으로 1차 측 크기의 2배가 되게 된다. 따라서 [그림 9.4]의 F3지점에서 발생한 M상 지락사고로 형성되는 루프내의 총 임피던스 Z_{Mtot}는,

$$Z_{Mtot} = 2 \times \left(Z_b^+ + Z_l^+\right) + Z_{tr} + Z_{atm} + Z_{cm} \quad [\%]$$

가 된다. 2차 측에 흐르는 고장전류 i_{MF}는 M상의 기준전압을 $j100$[%]로 하여 $i_{MF} = \dfrac{j100}{Z_{Mtot}}$ [p.u.]가 되게된다. 실제 암페어 단위로의 고장전류는 2차 측 기준전압을 V_{b2}[V], 기준용량을 S_b[VA]라 할 때 $i'_{MF} = i_{MF} \times \dfrac{S_b}{V_{b2}}$ [A]가 된다. M상 지락에 의해 1차 측에 흐르는 전류는 다음 식

$$\begin{bmatrix} i_A \\ i_B \\ i_C \end{bmatrix} = \begin{bmatrix} \dfrac{2}{\sqrt{3}a} & 0 \\ -\dfrac{1}{\sqrt{3}a} & -\dfrac{1}{a} \\ -\dfrac{1}{\sqrt{3}a} & \dfrac{1}{a} \end{bmatrix} \begin{bmatrix} 0 \\ i'_{MF} \end{bmatrix} \text{[A]} \qquad (9.24)$$

(여기서 a는 M좌 변압기의 권수비)

을 사용하여 구할 수 있다.

2.2 T상 지락

T상 지락사고로 형성되는 루프내의 총 임피던스는 M상 지락사고의 경우와 유사하게,

$$Z_{Ttot} = 2\times\left(Z_b^+ + Z_l^+\right) + Z_{tr} + Z_{※} + Z_{ct} \quad [\%]$$

가 되고, T상의 기준전압은 M상의 기준전압보다 90° 뒤지므로 M상의 기준전압을 $j100[\%]$로 하였다면 T상은 100[%]가 되며 2차 측에 흐르는 고장전류는 $i_{TF} = \dfrac{100}{Z_{Ttot}}$ [p.u.]가 되게된다. 2차 측 기준전압이 V_{b2}[V], 기준용량은 S_b[VA]라 하면 실제 암페어 단위의 고장전류 $i'_{TF} = i_{TF} \times \dfrac{S_b}{V_{b2}}$ [A]가 되며, T상 지락에 의해 1차 측에 흐르는 전류는,

$$\begin{bmatrix} i_A \\ i_B \\ i_C \end{bmatrix} = \begin{bmatrix} \dfrac{2}{\sqrt{3}a} & 0 \\ -\dfrac{1}{\sqrt{3}a} & -\dfrac{1}{a} \\ -\dfrac{1}{\sqrt{3}a} & \dfrac{1}{a} \end{bmatrix} \begin{bmatrix} i'_{TF} \\ 0 \end{bmatrix} \ [A] \tag{9.25}$$

을 사용하여 구할 수 있다.

2.3 M-T상 혼촉

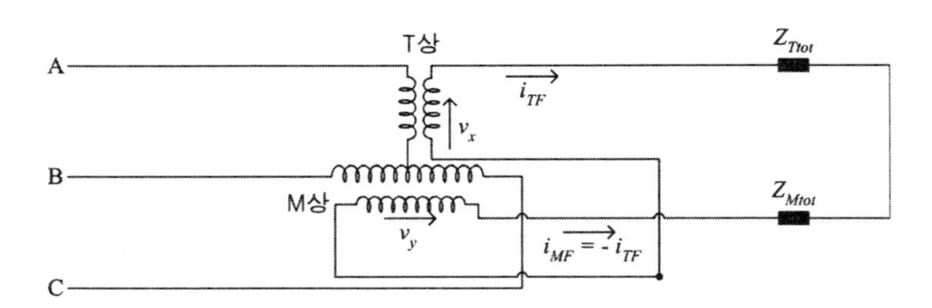

[그림 9.12] M-T상 혼촉의 경우

M-T상 혼촉은 [그림 9.12]와 같이 단락되는 경우를 말하며 실제로 발생할 수 있는 확률은 극히 낮다. 이제 v_x , v_y , Z_{Ttot} 및 Z_{Mtot} 로 구성되는 회로에 대하여 KVL을 적용하면,

$$v_x - v_y = (Z_{Ttot} + Z_{Mtot}) i_{TF} \tag{9.26}$$

여기서 Z_{Ttot} 및 Z_{Mtot} 는 앞 절의 M상 지락 및 T상 지락의 경우와 동일하다. 따라서

$$Z_{Ttot} + Z_{Mtot} = 4 \times (Z_b^+ + Z_l^+) + 2 \times Z_t + Z_※ + Z_{atm} + Z_{ct} + Z_{cm} \tag{9.27}$$

또한 $v_x = 1.0$ [p.u.] 라면 $v_y = j1.0$ [p.u.]이므로 $v_x - v_y = \sqrt{2} \angle -45^o$ [p.u.]가 된다. 그러므로 고장전류는

$$i_{TF} = -i_{MF} = (\sqrt{2} \angle -45^o) \times \frac{100}{Z_{Ttot} + Z_{Mtot}} \quad \text{[p.u.]} \tag{9.28}$$

2차 측 기준전압이 V_{b2}[V], 기준용량은 S_b[VA]라 하면 $i'_{TF} = -i'_{MF} = i_{TF} \times \frac{S_b}{v_{b2}}$ [A]가 된다. M-T상 혼촉에 의해 1차 측에 흐르는 전류는 마찬가지로 다음 식

$$\begin{bmatrix} i_A \\ i_B \\ i_C \end{bmatrix} = \begin{bmatrix} \frac{2}{\sqrt{3}a} & 0 \\ -\frac{1}{\sqrt{3}a} & -\frac{1}{a} \\ -\frac{1}{\sqrt{3}a} & \frac{1}{a} \end{bmatrix} \begin{bmatrix} i'_{TF} \\ -i'_{TF} \end{bmatrix} \text{[A]} \tag{9.29}$$

을 사용하여 구할 수 있다.

3. 고장전류 계산 예

[그림 9.13]과 같은 계통에서 3상측 고장 (F1) 및 2상측 고장(F2)을 상정하여 고장전류를 계산해 보기로 한다.

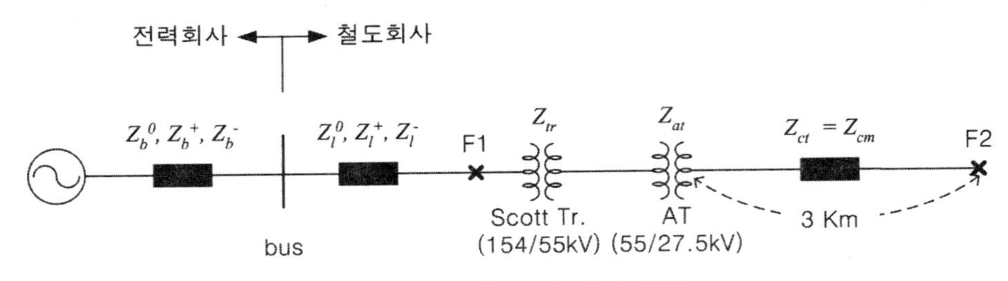

[그림 9. 13] 예제 수전계통

종별		임피던스	비고
모선등가	영상 Z_b^0	2.032 + j8.220[%]	100MVA 기준
	정상 Z_b^+	0.435 + j2.526[%]	
	역상 Z_b^-	0.435 + j2.526[%]	
지중 송전선로	영상 Z_l^0	0.4333 + j0.1399[%]	100MVA 기준
	정상 Z_l^+	0.1077 + j0.1653[%]	
	역상 Z_l^-	0.1077 + j0.1653[%]	
Scott Tr.	Z_{tr}	j10[%]	자기용량 (30MVA) 기준
단권변압기	Z_{at}	j0.45[Ω]	
전차선로 (M상, T상)	$Z_{cm} = Z_{ct}$	0.1088 + j0.2130[Ω /kM]	단락임피던스 평균 27.5kV 환산치

3.1 3상측 고장(F1 지점)

가. 1선지락 고장

1선지락고장은 3개의 대칭회로가 직렬로 연결되는 직렬고장이며 고장전류 i_X는 단위법으로,

$$i_X = i_X^0 + i_X^+ + i_X^- = 3 \times \frac{100}{\left(Z_b^0 + Z_l^0\right) + \left(Z_b^+ + Z_l^+\right) + \left(Z_b^- + Z_l^-\right)}$$

$$= 5.2874 - j20.4640\,[\text{p.u.}]$$

이 된다. 기준 전류 I_b는 $I_b = \frac{S_b}{\sqrt{3}\,V_b} = \frac{100 \times 10^6}{\sqrt{3} \times 154 \times 10^3} = 374.9\,[\text{A}]$ 이고 따라서, 고장전류 i_X는,

$$|i_x| = |(5.2874 - j20.4640) \times 374.9|\,[\text{A}] = |1.982 - j7.672|\,[\text{kA}] = 7.924\,[\text{kA}]$$

나. 3선간 단락고장

평형 고장이므로 정상분 임피던스만이 고려되며 고장전류 i_F는 단위법으로,

$$i_F = \frac{100}{Z_b^+ + Z_l^+} = 7.2000 + j35.7049 \quad [\text{p.u.}]$$

실제 전류로는

$$|i_F| = |(7.2000 - j35.7049) \times 374.9|\,[\text{A}] = |2.699 - j13.386|\,[\text{kA}] = 13.655\,[\text{kA}]$$

3.2 2상측 고장(F2 지점)

가. M상 지락

고장전류를 계산하기에 앞서 우선적으로 각각의 임피던스들을 동일 기준($S_b = 100\text{MVA}$, $V_b = 27.5\text{kV}$ 로 선정)으로 환산하여야 한다. 이미 %임피던스로 표현되어 있는 값들은 용량에 비례해서 %임피던스를 조정하면 되고, 실 Ω 단위로 표시되어 있는 값들은 기준전압과 기준 용량을 사용하여 %임피던스로 변환시킨다.

먼저 스콧트 변압기는 자기용량 30MVA 기준으로 $j10[\%]$이므로 2상측 기준 용량은 15MVA가 되고, 이 15MVA라는 값을 기준 용량으로 하였을 때 임피던스는 $j10[\%]$가 된다. 따라서 이를 100MVA기준으로 환산하면 $Z_{tr} = j10 \times \frac{100}{15} = j66.6667$ [%]가 된다.

한편 단권변압기는 기준 용량을 100MVA, 기준전압을 27.5kV로 하여 %임피던스로 환산하면, $Z_{at} = \frac{j0.45}{\frac{(27.5 \times 10^3)^2}{100 \times 10^6}} \times 100 = j5.9504$ [%]가 된다.

전차선로도 마찬가지로 기준 용량을 100MVA, 기준전압을 27.5kV로 하여 %임피던스로 환산하면, $Z_{cm}=Z_{ct}=\dfrac{0.1088+j0.2130}{\dfrac{(27.5\times10^3)^2}{100\times10^6}}\times3\times100=4.3160+j8.4496$ [%]가 된다. 따라서 27.5kV 전차선로에 흐르는 고장전류 i_{MF}는

$$\therefore i_{MF}=\frac{j100}{2\times\left(Z_b^{+}+Z_l^{+}\right)+Z_{tr}+Z_{at}+Z_{cm}}$$

$$=\frac{j100}{2\times(0.435+j2.526+0.1077+j0.1653)+j66.6667+j5.9504+4.3160+j8.4496}$$

$$=1.1522+j0.0720\,[\mathrm{p.u.}]$$

여기서 기준 전류I_b는,

$$I_b=\frac{100\times10^6}{27.5\times10^3}=3636.36\,[\mathrm{A}]$$

이므로 실 암페어 단위의 고장전류 i_{MF}는

$$|i_{MF}|=|(1.1522+j0.0720)\times3636.36|\,[\mathrm{A}]=|4.190+j0.262|\,[\mathrm{kA}]=4.198\,[\mathrm{kA}]$$

위에서 구한 고장전류를 스콧트 변압기 2차 측(55kV 측) 전류 i'_{MF}로 환산하면

$$i'_{MF}=\frac{1}{2}i_{MF}=2.095+j0.131\ \ [\mathrm{kA}]$$

이 되고 이에 따라 3상측에 흐르는 고장전류는 다음 식에 의해

$$\begin{bmatrix} i_A \\ i_B \\ i_C \end{bmatrix}=\begin{bmatrix} \dfrac{2}{\sqrt{3}}\dfrac{1}{2.8} & 0 \\ -\dfrac{1}{\sqrt{3}}\dfrac{1}{2.8} & -\dfrac{1}{2.8} \\ -\dfrac{1}{\sqrt{3}}\dfrac{1}{2.8} & \dfrac{1}{2.8} \end{bmatrix}\begin{bmatrix} 0 \\ i'_{MF} \end{bmatrix}=\begin{bmatrix} 0 \\ -0.748-j0.047 \\ 0.748+j0.047 \end{bmatrix}\ \ [\mathrm{kA}]$$

나. T상 지락

T상 지락의 경우 27.5kV 전차선로에 흐르는 고장전류 i_{TF}는

$$i_{TF} = \frac{100}{2 \times \left(Z_b^+ + Z_l^+\right) + Z_{tr} + Z_{at} + Z_{ct}}$$

$$= \frac{100}{2 \times (0.435 + j2.526 + 0.1077 + j0.1653) + j66.6667 + j5.9504 + 4.3160 + j8.4496}$$

$$= 0.0720 - j1.1522\,[\text{p.u.}]$$

$$= 0.262 - j4.190\,[\text{kA}]$$

스코트 변압기 2차 측(55kV 측) 전류 i'_{TF}로 환산하면

$$i'_{TF} = \frac{1}{2} i_{TF} = 0.131 - j2.095 \ \ [\text{kA}]$$

이 되고 이에 따라 3상측에 흐르는 고장전류는 다음 식에 의해

$$\begin{bmatrix} i_A \\ i_B \\ i_C \end{bmatrix} = \begin{bmatrix} \frac{2}{\sqrt{3}} \frac{1}{2.8} & 0 \\ -\frac{1}{\sqrt{3}} \frac{1}{2.8} & -\frac{1}{2.8} \\ -\frac{1}{\sqrt{3}} \frac{1}{2.8} & \frac{1}{2.8} \end{bmatrix} \begin{bmatrix} i'_{TF} \\ 0 \end{bmatrix} = \begin{bmatrix} 0.054 - j0.864 \\ -0.027 + j0.432 \\ -0.027 + j0.432 \end{bmatrix} \ [\text{kA}]$$

다. M-T상 혼촉

M-T상 혼촉의 경우 27.5kV 전차선로에 흐르는 전류는

$$i_{TF} = -i_{MF} = \frac{100 - j100}{Z_{Ttot} + Z_{Mtot}}$$

$$= -0.5401 - j0.6121\,[\text{p.u.}]$$

$$= -1.964 - j2.226\,[\text{kA}]$$

스콧트 변압기 2차 측(55kV 측) 전류 i'_{TF}로 환산하면

$$i'_{TF} = -i'_{MF} = \frac{1}{2} i_{TF} = -0.982 - j1.113 \quad \text{[kA]}$$

이 되고 이에 따라 3상측에 흐르는 고장전류는 다음 식에 의해

$$\begin{bmatrix} i_A \\ i_B \\ i_C \end{bmatrix} = \begin{bmatrix} \frac{2}{\sqrt{3}} \frac{1}{2.8} & 0 \\ -\frac{1}{\sqrt{3}} \frac{1}{2.8} & -\frac{1}{2.8} \\ -\frac{1}{\sqrt{3}} \frac{1}{2.8} & \frac{1}{2.8} \end{bmatrix} \begin{bmatrix} i'_{TF} \\ i'_{MF} \end{bmatrix} = \begin{bmatrix} -0.405 - j0.459 \\ -0.148 - j0.168 \\ 0.553 + j0.627 \end{bmatrix} \quad \text{[kA]}$$

제10장

교류계통의 보호

1. 보호 시스템 개요
2. 변환기
3. 변압기 보호
4. 교류 차단 현상과 차단기
5. 피뢰기

1. 보호 시스템 개요

보호 시스템에 의한 고장의 제거는 보호 시스템을 구성하는 여러 장치들의 정확한 동작에 의해 이루어지게 된다. 일반적으로 전력설비의 보호 시스템을 구성하는 장치들은 그 역할에 따라 크게 3가지로 분류할 수 있다.

① 변환기(Transducer : T)
② 계전기(Relay : R)
③ 차단기(Circuit breaker : CB)

각각의 장치들이 하는 역할을 [그림 10.1]과 같은 선로 보호 시스템에 대해서 설명하면 다음과 같다.

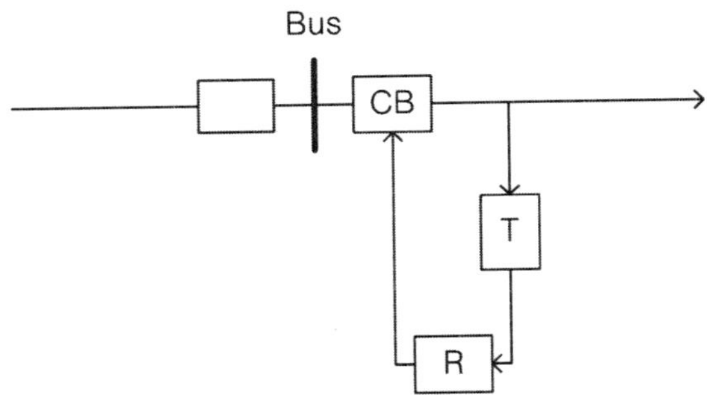

[그림 10.1] 보호 시스템 구성

① 선로의 상태는 변환기(T)에 의해 측정되고 계전기(R)가 요구하는 적절한 형태의 입력으로 변환된다.
② 계전기(R)은 입력된 상태로부터 고장의 유무를 판단하고 이에 맞는 적절한 지령을 차단기(CB)에 내린다.
③ 차단기(CB)는 계전기(R)로부터 받은 지령을 수행한다.

위의 예에서 보듯이 이들 3가지 구성 요소는 각각 '정보수집(입력)', '판단(처리)', '실행(출력)'의 과정을 수행하게 된다. '판단'이 가장 중요한 과정으로 인식하기 쉬우나 입력 정보가 잘못된 상태라면 제대로 된 판단을 기대하기는 어렵다. 전산 분야에서 흔히 말하는 "Garbage in, garbage out."은 보호 시스템에서도 그대로 적용되는 격언이라 할 수 있다. 이처럼 3가지 구성 요소 모두는 동등한 수준의 신뢰성이 요구된다. 하지만 실제로 현장에서 시스템을 구성하는 과정에서는 계전기나 차단기는 완제품 상태로 설치하게 되나 변환기는 CT, PT등으로 회로를 구성해야 하므로 오류가 생길 확률은 이 과정이 더 높다고 생각되어, 이 부분에 대해서는 다음 절에 집중적으로 다루고자 한다.

2. 변환기

변환기란 고전압·대전류의 전력계통 상태를 계측하거나 보호할 목적으로 전압·전류를 보호용 계전기가 요구하는 입력 형식에 맞춰 일정한 비율로 변환시켜 주는 기기를 말한다. 교류계통에서는 전류를 변화시키는 기기를 계기용 변류기(CT)라 하고 전압을 변화시키는 기기를 계기용 변압기(PT)라 한다. 직류계통에서는 분류기, 분압기, 배율기 등을 이용하여 계측을 하고 있다. 변환기의 사용 목적을 구체적으로 구분한다면, ① 측정 범위의 확장 ② 절연 유지 ③ 정밀도 유지 ④ 원격 계측 ⑤ 2차 회로의 표준화(5A, 110V) 등을 들 수 있다.

2.1 계기용 변류기(CT)

가. 특성

(1) 변류비

1차 전류에 대한 2차 전류 크기의 비율이다. 그 표시 방법은 철심CT에서는 1차 전류가 1200A일 때 2차 전류가 5A이면 1200/5A라 표시한다. 공심CT(철심이 없는 관통형 변류기. 철심이 없으므로 자기포화가 없으며 오차가 없다. 특성은 1차 전류에 대하여 2차 측에는 전압이 발생하도록 제작된다)에서는 1차 전류가 1200A일 때 2차전압이 5V이면 1200A/5V로 표시한다.

(2) 1차전류

정격1차전류의 뜻을 가지므로 연속해서 최고사용전류가 1차전류를 초과하지 않도록 한다.

(3) 2차전류

5A가 표준이다. 다중비율 CT일 때는 명판에 표시된 변류비만 사용하여야 한다.

(4) 비오차

공칭 변류비와 측정 변류비 사이에서 얻어진 백분율 오차를 말한다.

$$\text{비오차} = \frac{\text{공칭 변류비} - \text{측정 변류비}}{\text{측정 변류비}} \times 100\ \%$$

오차에 관련되어 JEC, ANSI 및 IEC 규격이 있다.

나. 오차 관련 규격

(1) JEC 규격

이차 권선 회로의 오차 계급에 있어서는 1.0급, 3.0급의 두 종류가 있는데, 이것은 정격부담에서 25% 부담 (지상역률 0.8)까지의 허용 오차가 [표 10.1]과 같다.

[표 10.1] CT 2차전류의 허용 오차(JEC)

계급	비오차[%]			위상각[분]		
	$0.1I_n$	$0.2I_n$	$1.0I_n$	$0.1I_n$	$0.2I_n$	$1.0I_n$
1.0급	±2.0	±1.5	±1.0	±120	±90	±60
3.0급	$0.5I_n$ ~ $1.0I_n$ ±3.0			$0.5I_n$ ~ $1.0I_n$ ±180		

1) I_n은 정격1차전류
2) 3차 권선이 있을 때는 이것을 개방한 경우
3) 붓싱형 변류기 제외

3차 권선의 오차 계급은 3G, 5G, 10G 3계급이 있는데 [표 10.2]와 같으며 부담조건은 2차 권선의 경우와 같이 정격부담에서 25% 부담 (지상역률 0.8)까지이다.

[표 10.2] CT 3차전류의 허용 오차(JEC)

계급	비오차[%]		위상각[분]	
	$0.1I_n^o$	$1.0I_n^o$	$0.1I_n^o$	$1.0I_n^o$
3G 급	±6.0	±3.0	±360	±180
5G 급	±10.0	±5.0	±600	±300
10G 급	±20.0	±10.0	±1200	±600

1) I_n^o은 정격영상1차전류
2) 2차 권선을 개방한 경우

(2) ANSI 규격

ANSI 규격에서는 변류기의 비오차 표시 방법 중 하나로 다음과 같은 비율정정계수(R.C.F. : Ratio Correction Factor)를 사용하고 있다.

$$R.C.F. = \frac{측정\ 변류비}{공칭\ 변류비}$$

따라서, 1차 전류 = 2차 전류 × 공칭 변류비 × R.C.F.

[표 10.3] CT 2차전류의 허용 오차(ANSI 계기용)

계급	비율정정계수(R.C.F.)		
	$1.0I_n$	$0.1I_n$	역률
0.3	(1.0-0.3%)~(1.0+0.3%) = 0.997~1.003	(1.0-0.3×2%)~(1.0-0.3×2%) = 0.994~1.006	0.6~1.0
0.6	(1.0-0.6%)~(1.0+0.6%) = 0.994~1.006	(1.0-0.6×2%)~(1.0-0.6×2%) = 0.988~1.012	0.6~1.0
1.2	(1.0-1.2%)~(1.0+1.2%) = 0.988~1.012	(1.0-1.2×2%)~(1.0-1.2×2%) = 0.976~1.024	0.6~1.0

1) I_n은 정격1차전류

ANSI 보호용 변류기에 대한 오차 계급은 변류기의 능력을 규정하는 두 개의 기호(글자 명칭 및 2차전압 정격. 예로서 C100 등)로 표시된다.

글자 명칭 규정은 다음과 같다.

C : 변류비를 계산할 수 있는 것.

T : 변류비를 시험에 의해서만 결정할 수 있는 것.

C종류는 일정하게 배분되어 권선이 감겨진 붓싱형 변류기와 철심 누설 자속이 규정치 이내에서 변류비에 영향을 무시할 수 있는 변류기 등이 이에 속한다. T종류는 대부분의 권선형 변류기와 철심 누설 자속이 변류비에 현저하게 영향을 주는 변류기가 이에 속한다. 2차전압 정격은 변류기가 10%의 비오차 없이 정격부담에서 2차 정격전류의 20배의 전류를 흘릴 수 있는 전압을 말한다. C100 계급의 변류기를 예를 들어 설명하기로 한다. 만일 부담이 1.0[Ω]이라면, 1.0[Ω]×5[A]×20[배]=100[V]=2차전압 정격이 되므로 이 변류기는 부담이 1.0[Ω]을 넘지 않는다면 비오차가 10% 미만이 된다.

(3) IEC 규격

보호 계전기용 변류기의 오차 계급 표시는 P자를 붙여 쓰는데 5P, 10P 두 종류가 있으며 허용 오차는 [표 10.4]와 같다.

[표 10.4] CT 2차전류의 허용 오차(IEC)

계급	$1.0I_n$ 에서의 비오차	$1.0I_n$ 에서의 위상차	ALF에서의 합성오차
5P	±1.0 %	±60 분	5 %
10P	±3.0 %	±60 분	10 %

1) I_n은 정격1차전류
2) 합성오차는 전류 위상 오차와 여자전류 중 고조파 분까지 포함한 종합 오차
3) ALF(Accuracy Limit Factor)는 합성오차 한계치에 이르는 전류와 정격전류와의 비율로서 5, 10, 15, 20, 30의 5가지로 규정되어 있음. (JEC의 n과 유사. 과전류 정수 참조)

다. 부담(Burden)

변류기의 2차 측에 걸리는 외부 부하 임피던스를 부담이라 한다. 이 부담은 변류기에 2차 정격전류를 흘렸을 때 부하 임피던스에서 소모되는 피상전력[VA]으로 표시하며 정격2차전류를 I_{2N}[A], 부하 임피던스를 Z_B[Ω]이라면 $VA = I_{2N}^2 \times Z_B$이다. 여기서 부하 임피던스라 함은 2차 회로에 연결된 계전기 및 접속전선의 임피던스를 합한 것이다. 일반적으로 변류기의 부담은 지상역률 0.8일 때의 부담이나 정격부담이 5VA 이하인 CT의 경우는 직렬로 접속된 부담의 임피던스를 산술적으로 더해

서 구한다. 즉 역률을 1.0으로 계산한다. 이렇게 구한 부담은 실제의 값보다는 크게 된다. 따라서 이것을 가지고 산출한 변류기 오차도 실제 보다 크게 나타난다. 변류기에 걸린 부담이 정격을 많이 초과하거나 극단적으로 개방($Z_B = \infty$)상태가 되면 1차전류는 모두가 여자전류로 되어 CT가 소손하게 된다.)

라. 과전류 정수

(1) 과전류 정수

CT는 과전류 영역에서 1차전류가 어느 한계를 넘으면 포화되어 비오차가 급격하게 증가한다. 정격주파수, 정격부담 상태에서 CT의 비오차가 -10%가 될 때 1차 전류를 정격1차전류로 나눈 값을 과전류 정수라 한다.

(2) 표시

과전류 정수를 n이라 하며 $n > 5$, $n > 10$, $n > 20$, $n > 40$ 등으로 표시되며 특성에 맞는 것을 사용한다. [표 10.5]는 JEC 규격에서 추천한 정수이다.

(3) 특성 향상

과전류 특성을 향상시키기 위해서는 철심의 단면적을 크게 하거나 권회수를 늘리는 방법이 있다.

[표 10.5] 과전류 정수 적용표(JEC)

보호 대상	보호 방식	과전류 정수		비고
		표준	특수	
발전기		10	20	
변압기	차동 방식	10	20	2권선
변압기	차동 방식	20	40	3권선
송전선	차동 방식	10	20	
송전선	거리 방식	20	40	
송전선	과전류 방식	10	20	
배전선	과전류 방식	5	10	
전동기	과전류 방식	10	20	

마. 과전류 강도

(1) 과전류 강도

CT에 정격부담, 정격주파수 상태로 열적, 기계적, 전기적 손상 없이 1초간 흘릴 수 있는 최고 1차전류를 정격1차전류로 나눈 값을 과전류 강도라 한다. 과전류 강도는 열적 강도와 기계적 강도로 구분할 수 있으며 열적 강도는 실효치(rms)를 사용하고 기계적 강도는 순시최대치(Peak)를 사용한다. 시판되는 변류기에는 과전류 사항을 정격과전류 강도로 표시한 것(배율)과 정격과전류로 표시하는 것(전류 A)이 있다.

(2) 규격

[표 10.6] 배율로 표시

정격과전류 강도	보증하는 과전류(배율)
40	정격1차전류의 40배
75	정격1차전류의 75배
150	정격1차전류의 150배
300	정격1차전류의 300배

[표 10.7] 전류로 표시

최고전압[kV]	정격과전류[kA: rms값]
7.2	2, 4, 8, 12.5, 20, 25, 31.5, 40
25.8	12.5, 20, 25, 40, 50, 63
72.5	12.5, 20, 25, 31.5
170	12.5, 20, 25, 31.5, 40, 50, 63
362	16, 20, 31.5, 40, 50

바. 포화 특성

(1) 포화점(Knee Point)

CT의 1차 권선을 개방하고 2차 권선에 정격주파수의 교류전압을 서서히 증가시키면서 여자전류를 측정할 때 여자전압이 10% 증가할 때 전류가 50% 증가되는 점을 포화점이라 한다.

(2) 적용

포화 특성 시험에서 포화점의 인가 전압을 포화전압이라 하고 이것이 충분히 높아야 대전류 영역에서 확실한 보호가 가능하다. 보호 방식 중 차동 계전 방식 또는 파일롯와이어(Pilot wire) 계전 방식 등에서는 사용하는 양단 CT의 포화 특성 일치가 매우 중요한 요소가 된다.

2.2 CT 결선 방식

가. Y 결선

CT의 가장 기본적인 결선 방식이다. [그림 10.2]와 같이 결선하며 각 상 Ⓐ, Ⓑ, Ⓒ에는 단락 보호용으로서 과전류 계전기 등을 접속하고 Ⓝ상 '잔류회로'에는 영상 전류가 흐르므로 ($\because\ i_n = i_a + i_b + i_c = 3\,i_a^o$) 지락 보호용 지락 과전류 계전기 등을 접속한다. 잔류회로는 항상 폐회로로 되어 있어야 한다. 단, 3차 권선을 영상 회로에 사용 시는 2차 회로의 잔류회로는 개방시킨다. <나. 3차 권선을 사용한 영상 분로 참조> [그림 10.3]은 변형된 Y결선으로 양측에서 상전류를 각각 얻은 후 잔류회로를 만든 경우이다. 이때는 CT의 정격부담에 유의하고 양측의 상전류는 서로 방향이 반대가 된다.

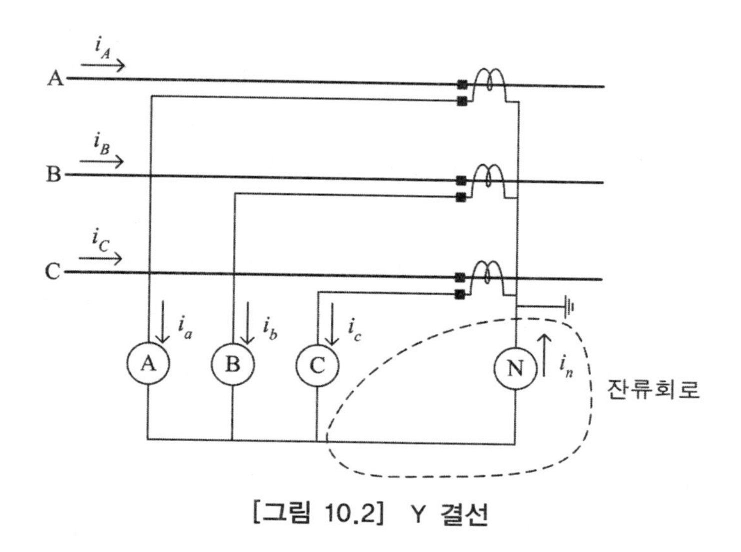

[그림 10.2] Y 결선

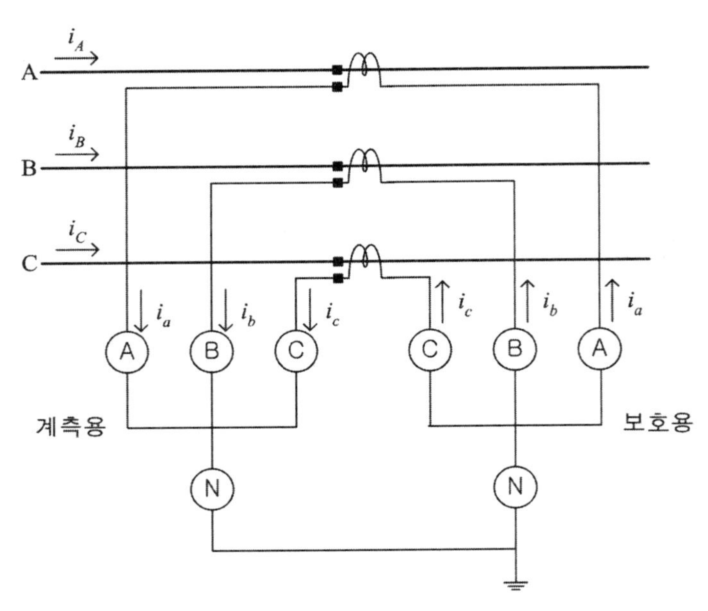

[그림 10.3] 변형된 Y 결선

나. 3차 권선을 사용한 영상 분로

고저항 접지 방식 같은 계통에서 지락 고장전류는 단락 고장전류보다 훨씬 적어서 변류비가 큰 보통의 2차 권선 CT의 잔류회로에서 영상전류를 얻는 때는 아주 적은 영상 전류밖에 생기지 않으므로 일반적으로 지락 과전류 계전기의 동작이 어렵게 된다. 따라서 3차 권선을 별도로 두어서 그 권수를 적절히 하여 지락 계전기를 가장 효율 좋게 동작시키도록 한 것이 영상 분로이다. [그림 10.4]와 같이 CT 2차 권선은 Y 결선으로 하여 계기류나 단락 보호용 계전기를 접속하고 잔류회로는 만들지 않는다. 3차 권선은 직렬로 연결하므로 이때는 반드시 $i_a = i_b = i_c$ 가 성립되어야 하며 이러한 전류는 당연히 영상전류이다. (∵ 영상 전류는$i_a^o = i_b^o = i_c^o$) [그림 10.2]의 Ⓝ상 잔류회로에 $3\,i_a^o$가 흐르는 반면 영상 분로에는 i_a^o가 흐르게 된다. 지락 고장 시에 지락전류는 3상 전부 흐를 때와 지락 상만 흐를 때가 있지만 전자의 경우는 3차 권선에만 영상전류가 흐르나 후자의 경우에는 2차 회로에도 전류가 흐르게 된다. 즉 [그림 10.5]와 같이 A상에 1선지락 전류 $i_A = i_A^o + i_A^+ + i_A^- = 3i_A^o$ 가 흐르면 A상의 3차 권선에는 i_a^o가 흐르며 이 전류는 B, C상의 3차 권선에도 흐르게 된다. 그러나 B, C상의 1차 권선(즉 선로)에는 전류가 흐르지 않으므로 B, C상의 2차 권선에서 i_a^o에 상당하는 기자력을 보존하기 위하여 전류가 흐르게 되고 이 때문에 A상의 2차 권선에는 $2i_a^o$에 상당하는 전류가 흐르게 된다. 그러므로 2차 권선에 임피던스 계전기 등을 접속한 경우 이상 지락과 같은 큰 전류가 흐른다면 오동작의 우려가 있다. 영상 분로 방식은 한국전력의 발전기 권선 지락 보호용으로 일부 적용되고 있다.

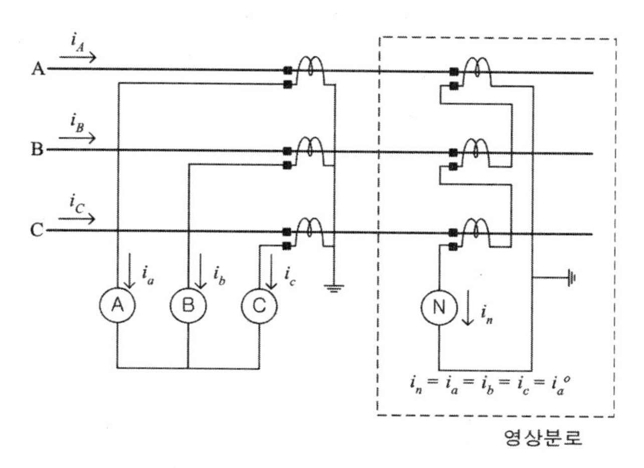

[그림 10.4] 3차 권선을 사용한 영상 분로

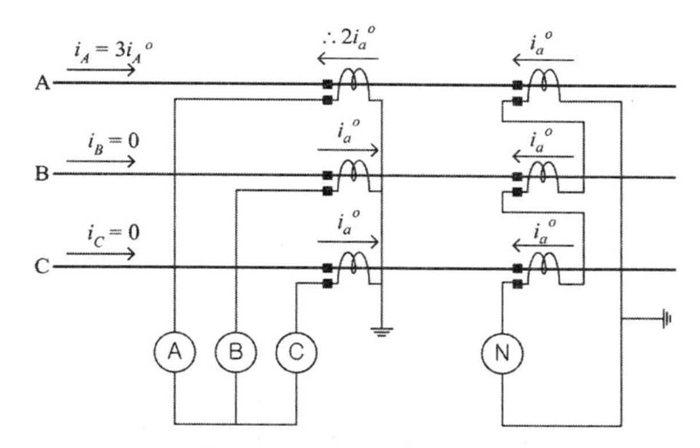

[그림 10.5] 영상 분로에서 지락전류의 분포

다. △ 결선

CT는 [그림 10.6]의 (a) 또는 (b) 처럼 △로 접속할 수 있는데 이 두 방법 간에는 서로 60^o의 위상차가 있다. 어느 쪽도 영상전류는 CT 2차권선 내를 순환하므로 계전기 입력 전류에는 포함되지 않는다. 따라서 변압기 보호용으로 차동 계전 방식을 적용할 때 변압기 자체가 Y결선으로 중성점이 접지되어 있다면 CT를 △결선함으로써 외부 지락 사고 시 차동 계전기에 영상전류가 흘러서 오동작할지 모르는 염려를 해소할 수 있다.

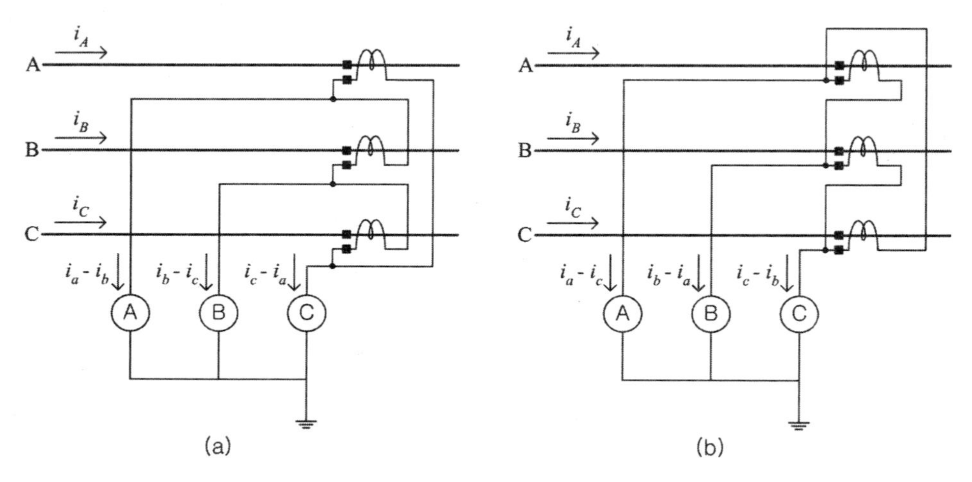

[그림 10.6] △ 결선

라. V 결선

CT 2개를 사용하여 [그림 10.7]처럼 하는 결선 방법을 말한다. 어떤 상의 단락 고장이라도 보호할 수 있으나 영상전류는 얻을 수 없다. 3상이 평형 되어 있는 선로 또는 대지회로를 갖지 않는 비접지계통이라면 $i_A + i_B + i_C = 0$이므로 CT가 취부되지 않은 Ⓑ상의 전류도 Ⓐ, Ⓒ상의 전류로부터 $i_b = -\left(i_a + i_c\right)$ 와 같이 구할 수 있다.

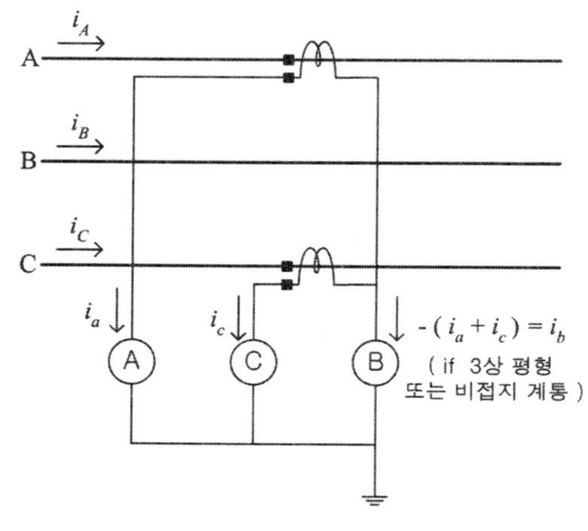

[그림 10.7] V 결선

마. 교차 결선

[그림 10.8]과 같이 A, C상의 CT를 교차해서 접속하면 Ⓡ상에는 Ⓐ상과 Ⓒ상의 차전류 $i_r = i_a - i_c$ 의 전류가 흐른다. 차전류를 이용하는 것의 예로는 [그림 10.9]와 같은 '선로전압강하 보상기'(LDC : Line Drop Compensator)를 들 수 있다. 여기서

LDC는 선로의 임피던스와 같은 값 $R+jX=Z_L$ 로 조정하고 부하전류에 대응하여 교차 접속된 CT 2차 측의 차전류 i_a-i_c를 흘려서 발생하는 LDC의 임피던스 강하(LDC의 임피던스 강하는 선로전압강하v_{AC} 와 동상)를 전압계전기의 PT회로(A-C상 사이의 선간전압 v_{AC} 계측)에 삽입시킨다. 이렇게 하면 산술적으로 '전압계전기의 입력 = PT 2차전압 - LDC전압'으로 되며, 부하전류가 증가하여 LDC전압이 크게 되면 PT 2차전압을 증가시키는 방향으로 절환 동작함으로써 선로의 임피던스 강하를 보상하여 부하 말단에서의 전압을 규격치로 유지케 한다. 전기철도에서는 스콧트 변압기의 M상 1차 측에 교차 결선을 사용하여 T상 부하의 영향을 상쇄시키는데 사용하기도 한다.

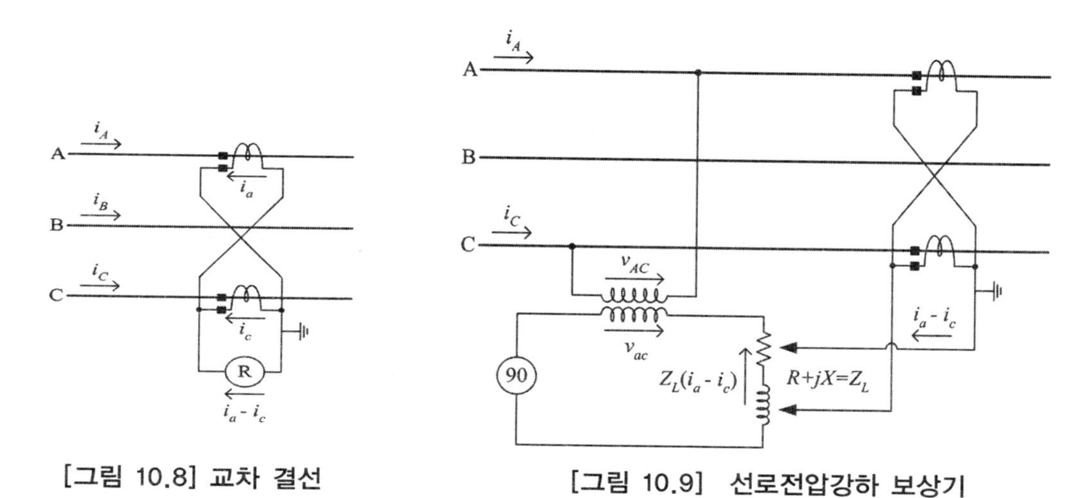

[그림 10.8] 교차 결선 [그림 10.9] 선로전압강하 보상기

바. 화동 결선

[그림 10.10]은 모선 보호 방식의 CT 화동 결선을 나타낸 것이다. 그림과 같이 연결하면 모선에 접속되어있는 병행 선로의 합산 전류를 얻을 수 있다. 이때 CT는 모두 동일한 변류비와 자기이력 특성을 갖고 있어야 한다. 3상 중 한 상만 표시한 것이다.

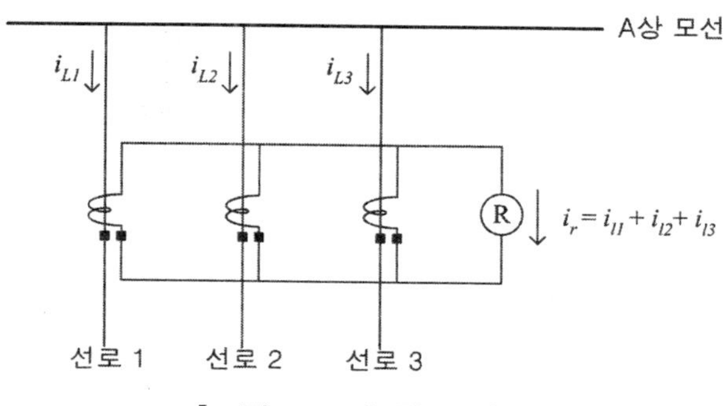

[그림 10.10] 화동 결선

사. 차동 결선

원리적으로 교차 결선과 차이가 없으나 차동 결선은 고장 검출을 목적으로 타 회선간 또는 기기의 1,2차간 차전류를 얻는 결선 방식을 일컫는다. 차동 결선은 [그림 10.11]의 (a)와 같은 병행 2회선 선로의 보호 또는 그림 (b)와 같이 변압기 내부 사고 보호에 주로 적용된다. 그림 (a)에서와 같이 모선의 A상에 연결된 병행 선로의 CT를 차동 결선하면 Ⓡ상에는 각 선로의 차전류를 얻을 수 있다. 두 병행 선로가 동일한 선로 정수를 갖는다면 정상 운전 시에는 차전류가 없으나 한 선로에서 지락 사고 등의 사고가 발생하면 Ⓡ상에 차전류가 흐르게 된다. 변압기 보호에 대해서는 다음절에서 자세히 설명하기로 한다.

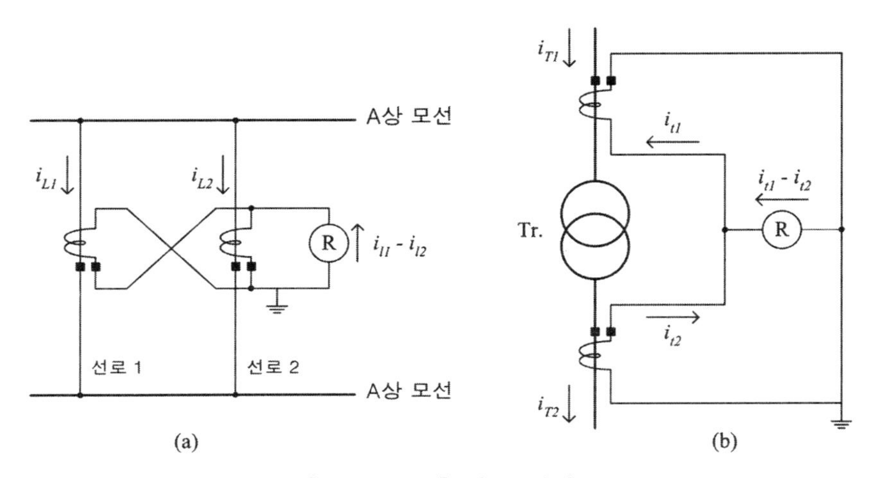

[그림 10.11] 차동 결선

아. 직병렬 결선

[그림 10.12]의 (a)와 같이 동일 규격으로 변류비가 같은 CT 2대를 직렬로 연결한다면 변류비는 변하지 않고 포화 특성만 개선된다. 한편 (b)와 같이 병렬로 결선한다면 변류비는 2배로 증가할 것이다.

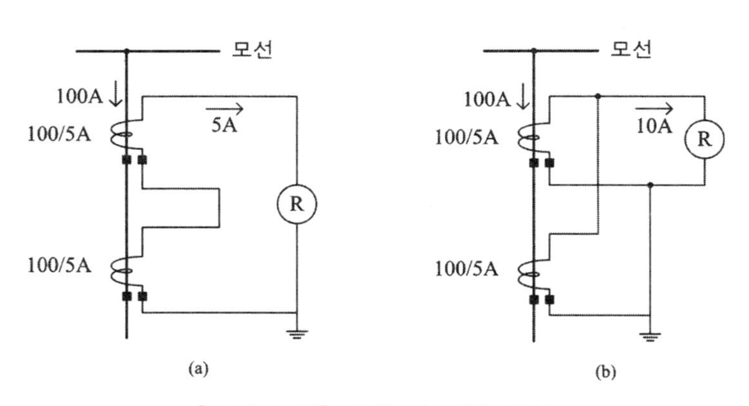

[그림 8.12] 직렬 및 병렬 결선

2.3 계기용 변압기(PT)

가. 특성

(1) 변압비

1차전압에 대한 2차전압 크기의 비이다. 표시 방법은 1차전압이 6600V이고 2차전압이 110V라면 6600/110V로 표시한다.

(2) 1차전압

정격1차전압의 의미를 가지므로 연속해서 최고 사용 전압이 1차전압을 초과하지 않도록 한다.

(3) 2차전압

110V 또는 115V가 표준전압이다. 이는 전술한 바와 같이 2차 회로의 표준화를 위해서이다. Y결선을 위해서 정격전압의 $1/\sqrt{3}$ 배에 해당되는 탭을 갖는 것이 일반적이다.

(4) 비오차

공칭 변압비와 측정 변압비 사이에서 얻어진 백분율 오차를 말한다.

$$비오차 = \frac{공칭\ 변압비 - 측정\ 변압비}{측정\ 변압비} \times 100\ \%$$

오차에 관련되어 JEC, ANSI 및 IEC 규격이 있다.

나. 오차 관련 규격

(1) JEC 규격

PT의 정격2차전압은 접지형 단상용에서는 $110/\sqrt{3}$ V 그 외의 것은 110V로 되어 있고 정격부담에서 25% 부담까지의 오차 범위는 [표 10.8]과 같다. 일반적으로 1.0급의 것이 사용된다. 3차 권선에 대하여는 권선의 정격3차전압 허용 오차는 [표 10.9]와 같이 규정하고 있다. 이 경우 부담 조건은 2차 권선에 정격부담에서 25% 부담(지상역률 0.8)을 연결하고 3차 권선에는 무부담으로 하는 경우와 2차 권선을 개방하고 3차 권선에 정격3차부담(지상역률 0.8)을 연결하는 경우의 두 조건이 주어진다. 권선의 정격3차전압이 110/3 V인 PT는 모두 비유효접지계에 사용되며 정격영상3차전압은 110V이다. 정격3차전압이 110V인 것은 유효접지계에 사용되는 것으로 정격영상3차전압도 110V 이다.

[표 10.8] PT 2차전압의 허용 오차

이차전압[V]	비오차[%]	위상각[분]
계급	80~120($\frac{80}{\sqrt{3}}$ ~ $\frac{120}{\sqrt{3}}$)	80~120($\frac{80}{\sqrt{3}}$ ~ $\frac{120}{\sqrt{3}}$)
1.0급 3.0급	±1.0 ±3.0	±40 ±120

1) 3차 권선은 개방한 경우

[표 10.9] PT 3차전압의 허용 오차

정격영상3차전압	110[V]			
용도	비유효접지계통 용		유효접지계통 용	
정격3차전압	110/3[V]		110[V]	
3차전압[V] / 계급	비오차[%]	위상각[분]	비오차[%]	위상각[분]
	$\frac{110}{3}$ ~ $\frac{110}{\sqrt{3}}$	$\frac{110}{3}$ ~ $\frac{110}{\sqrt{3}}$	95~140	95~140
3G 급 5G 급	±3.0 ±5.0	±120 ±200	±3.0 ±5.0	±120 ±200

(2) ANSI 규격

ANSI 규격에서는 변류기에서와 같이 비오차 표시 방법 중 한 가지로 다음과 같이 위상각 오차까지를 포함한 비보정 계수(T.C.F. : Transformer Correction Factor)라는 것을 사용하고 있다.

$$\text{T.C.F.} = \frac{\text{측정 변압비}}{\text{공칭 변압비}}$$

따라서, 1차 전압 = 2차 전압 × 공칭 변압비 × T.C.F.

ANSI 규격에서는 계측용, 계전기용 구분이 없이 오차 계급은 [표 10.10]과 같이 3가지로 분류한다.

[표 10.10] PT 허용 오차(ANSI)

계급	비보정 계수(T.C.F.)	역률
0.3	(1.0-0.3%)~(1.0+0.3%) = 0.997~1.003	0.6~1.0
0.6	(1.0-0.6%)~(1.0+0.6%) = 0.994~1.006	0.6~1.0
1.2	(1.0-1.2%)~(1.0+1.2%) = 0.988~1.012	0.6~1.0

(3) IEC 규격

보호 계전기용 PT의 오차 계급 표시는 P자를 붙여쓰는데 3P, 6P의 두 종류가 있으며 허용 오차는 [표 10.11]과 같다. 계측기용으로는 0.1, 0.2, 0.5, 1.0의 등급이 있다.

[표 10.11] PT 허용 오차(IEC)

계급	비오차	위상차
3P	±3.0 %	±120 분
6P	±6.0 %	±240 분

1) 부담은 정격에서 25% 부담까지
2) 역률은 지상역률 0.8

다. 부담(Burden)

변류기와 마찬가지로 부담은 피상전력 VA로 표시하며 정격2차전압을 V_{2N}[V], 부하 임피던스를 Z_B[Ω](Z_B는 계전기, 계측기 및 Cable을 포함한 총 부하)이라면 $\mathrm{VA} = V_{2N}^2 / Z_B$이다.

라. 과전압 지수와 사용 제한 시간

과전압 지수란 일단접지변압기(GPT)에서 1차에 정격전압보다 높은 전압이 유입될 때 사용 제한 시간동안 변압기가 열적, 기계적으로 견디는 전압을 말하며 정격전압의 배수와 시간으로 표시된다. 과전압 지수에 대해 ANSI 규격에서는 특별한 언급이 없으며 JEC 및 IEC규격 사항을 [표 10.12]에 정리하였다.

[표 10.12] 과전압 지수 및 사용 제한 시간

규격	과전압 지수	사용 제한 시간	비고
JEC	$1.9V_N$	30분	특별히 지정하지 않고 온도 상승 시험으로 규제
IEC	$1.5V_N$	30초	유효접지계통용
	$1.9V_N$	30초	비유효접지계통용, 자동 트립 유
	$1.9V_N$	8시간	비유효접지계통용, 자동 트립 무

2.4 PT 결선 방식

가. Y 결선

Y-Y 결선을 의미하며 PT 회로의 기본 결선 방식이라 할 수 있다. [그림 10.13]의 (a)와 같이 결선하여 상전압 및 대지전압을 얻을 수 있다. CPD를 사용하는 경우는 반드시 Y접속이 되야 한다.

나. △ 결선

△-△ 결선을 의미한다. PT의 1차 측을 Y결선한 상태에서 2차 회로를 △결선하여 사용하게 되면 30^o의 위상차가 발생하므로 이렇게는 거의 사용하지 않는다. [그림 10.13]의 (b)

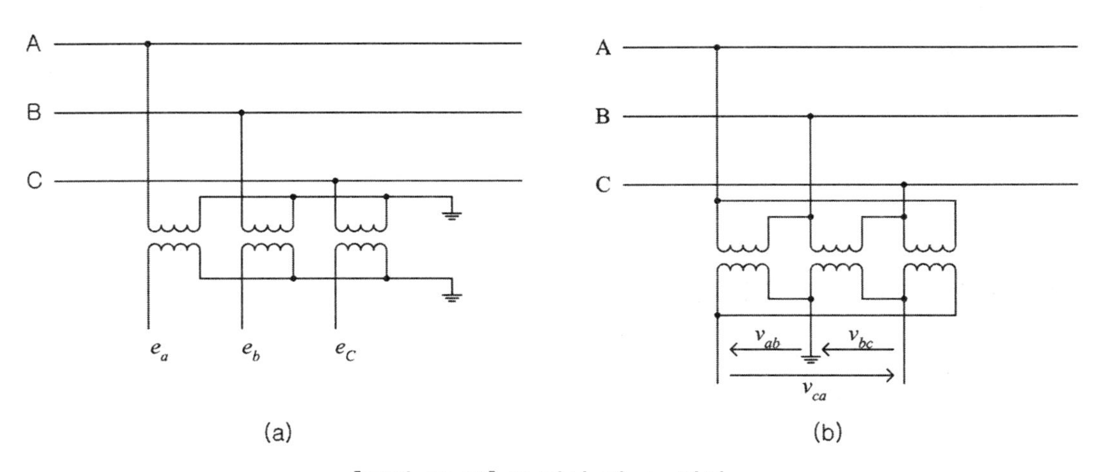

[그림 10.13] Y 결선 및 △ 결선

다. V결선

3상평형 선로에서는 두 대의 PT를 [그림 10.14]와 같이 V결선하여 3상전압을 얻을 수 있다. 이때 주의할 것은 1차 회로 B상에는 퓨즈를 설치하지 않는다는 것이다. 만약 B상이 결상되면 A-C상 사이의 선간전압이 두 대의 PT에 공급되어 반 전압이 걸리고 2차 측의 위상도 θ_{AB} , θ_{BC} 대신 θ_{AC}가 나타나게 된다.

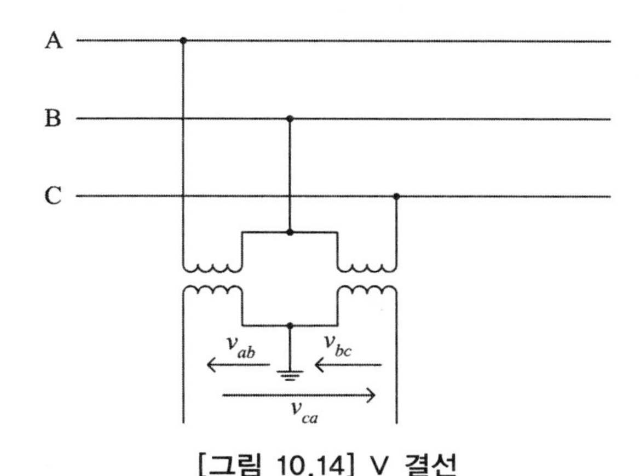

[그림 10.14] V 결선

라. 영상전압을 얻기 위한 결선법

(1) GPT에 의한 법

[그림 10.15]는 직접적으로 중성점의 대지전위를 얻는 방법인데 중성점 접지 장치가 설치되어있는 발·변전소가 아니면 적용할 수 없다. 전압발생기 등을 1차에 설치하여 영상전압을 얻는다.

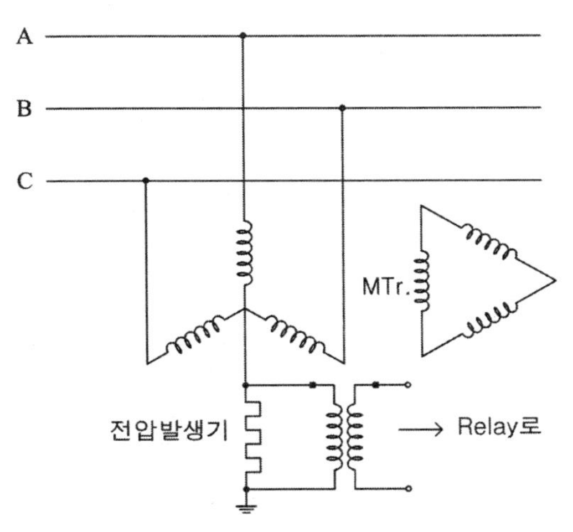

[그림 10.15] GPT에 의한 방법

(2) PT 3대를 사용하는 법

[그림 10.16]과 같이 PT 3대를 1차 측은 Y 결선하여 중성점을 접지하고 2차 측의 한 각을 열면(보통 '개방 △ 결선'이라 부름) PT 2차 측에는 그 상의 대지전압에 상당한 2차전압이 유기되므로 각 상의 전압이 3상평형 상태라면 2차 개방 단자 간에는 전압이 나타나지 않는다. 만약 지락 고장으로 중성점 전위가 e_0가 되었다면 A, B, C 각 상에 연결된 PT의 1차 측 전압은

$$v_a = e_a - e_0$$

$$v_b = e_b - e_0$$

$$v_c = e_c - e_0$$

가 되고 2차 개방 단자에 나타나는 전압은 PT 변압비를 1:1로 가정하였을 경우

$$v_a + v_b + v_c = e_a + e_b + e_c - 3e_0$$

이 되고, 전원이 평형 되어있어 $e_a + e_b + e_c = 0$ 라면,

$$v_a + v_b + v_c = -3e_0$$

즉 개방 △ 결선에 영상전압의 3배의 전압이 나타나게 된다.

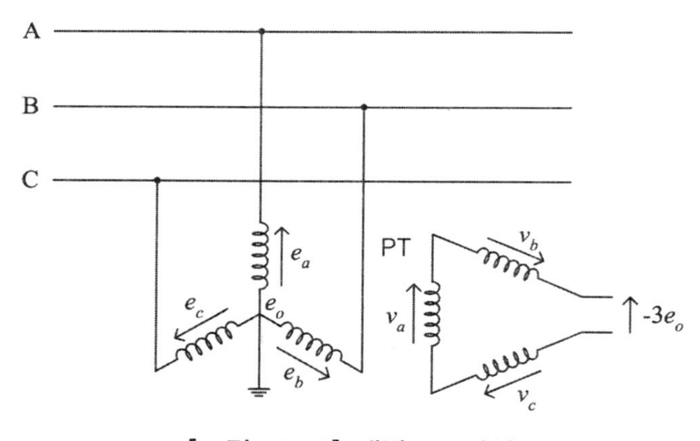

[그림 10.16] 개방 △ 결선

(3) 3차 권선 부 PT를 사용하는 법

지금까지의 방법은 영상전압만을 얻기 위한 것이고, 방향 단락계전기 또는 전압 측정용으로서 2차 측의 각 상전압도 동시에 얻고자 할 때는 부적당하다. [그림 10.17]과 같이 3차 권선을 갖는 PT를 써서 1차를 Y 결선 하여 그 중성점을 접지하고 2차는 Y 결선, 3차는 개방 △ 결선하여, 2차 측에는 단락계전기 및 계기를 접속하고 3차 측에는 지락 계전기를 접속한다.

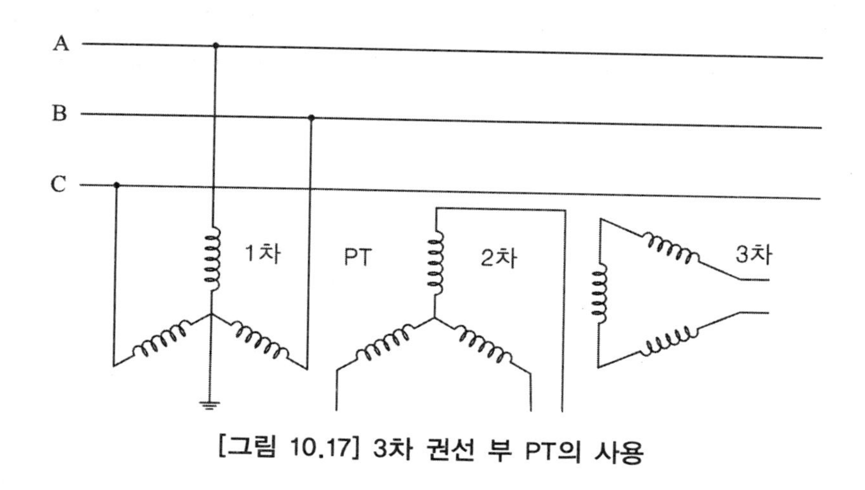

[그림 10.17] 3차 권선 부 PT의 사용

3. 변압기 보호

변압기에서 발생할 수 있는 사고로는 지속성 과부하로 인한 내부 절연물의 열화 및 이에 의한 절연파괴와 함께 선로로부터의 써지나 이상 전압 침입에 의한 층간 단락, 1선 지락 또는 상단락과 같은 고장을 들 수 있다. 이러한 변압기의 내부 사고에 의한 보호 방식으로는 비율 차동 계전기에 의한 것이 일반적이다. 변압기에 비율 차동 계전 방식을 적용할 때는 변압기의 무부하 여자전류, 여자돌입전류, 변류・변성비의 문제, 1-2차간 위상의 불일치 등을 고려해야 한다. 우선은 일반적인 3상 변압기의 비율 차동 계전 방식으로부터 시작하여 전철용 3상/2상 스콧트 변압기에 비율 차동 계전 방식을 적용하는 방법에 대하여 설명코자 한다.

3.1 변압기 여자돌입전류(Inrush current)

변압기의 2차 측을 무부하로 하고 1차 측을 전원에 연결할 때 전원 투입 순간의 전압의 위상 및 철심의 잔류 자속에 따라 변압기 여자전류의 크기는 틀려지게 된다. 때로는 여자전류가 정격전류의 수배에 이르는 경우도 발생할 수 있어 이럴 경우 변압기 보호용 비율 차동 계전기 등의 오작동에 유의하여야 한다. 여자돌입전류는 회로의 댐핑으로 인하여 시간이 흐를수록 점차 정상상태의 여자전류 값으로 회복되게 된다.

변압기의 1차 측 입력전압을

$$v = V_m \sin(\omega t + \theta) \tag{10.1}$$

라하고 철심의 잔류 자속은 일단 ϕ_R이라 하자. 그러면

$$v = N\frac{d\phi}{dt} = V_m \sin(\omega t + \theta) \tag{10.2}$$

로부터,

$$\frac{d\phi}{dt} = \frac{V_m}{N} sin(\omega t + \theta) \tag{10.3}$$

$$\therefore \phi = -\frac{V_m}{N\omega} cos(\omega t + \theta) + K \qquad \text{(K는 적분 상수)}$$

$t = 0$ 에서 $\phi = \phi_R$ 이므로,

$$K = \phi_R + \frac{V_m}{N\omega} cos\theta$$

따라서,

$$\phi = \phi_R + \frac{V_m}{N\omega} cos\theta - \frac{V_m}{N\omega} cos(\omega t + \theta) \tag{10.4}$$

여자전류는 철심의 히스테리시스 곡선에 (10.4)식을 연립시켜 구할 수 있다. 이제 몇 가지 경우의 예를 들어 잔류 자속과 입력전압의 위상에 따라 여자전류의 크기가 어떻게 달라지는지를 살펴보기로 한다.

① :$\phi_R = 0$ and $\theta = 90^o$ 즉 잔류 자속은 없고 CB 투입 순간 전압의 순시치가 최대인 경우에는 (10.4)식으로부터

$$\phi = \frac{V_m}{N\omega} sin(\omega t)$$

따라서 여자전류는 평소의 정상상태값과 동일함을 알 수 있다.

② : $\phi_R = 0$ and $\theta = 0^o$ 즉 잔류 자속은 없고 CB 투입 순간 전압의 순시치가 0 인 경우에는 (10.4)식으로부터

$$\phi = \frac{V_m}{N\omega}(1 - \cos(\omega t))$$

이 경우에는 CB를 투입하여 반주기가 경과된 후에 자속은 2배가 되게 된다. 따라서 여자전류는 크게 증가할 것으로 예측되며 정확한 전류는 히스테리시스 곡선으로부터 얻을 수 있을 것이다.

③ : $\phi_R \neq 0$ and $\theta = 0^o$ 즉 잔류 자속이 존재하고 CB 투입 순간 전압의 순시치가 0 인 경우에는 (10.4)식으로부터

$$\phi = \phi_R + \frac{V_m}{N\omega}(1 - \cos(\omega t))$$

이 경우에는 CB를 투입하여 반주기가 경과된 후에 ②의 경우보다도 더 큰 자속 밀도를 갖게 되며 따라서 보다 큰 여자전류가 필요함을 알 수 있다.

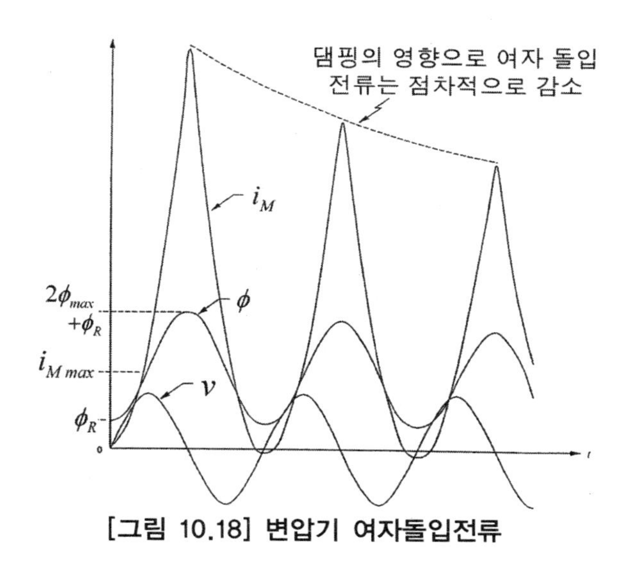

[그림 10.18] 변압기 여자돌입전류

변압기 여자돌입전류에 의한 비율 차동 계전기의 오작동 문제는 계전기에 한시 특성을 부여하거나 여자돌입전류에 포함된 제2고조파 성분(기본파의 약 30~50% 수준) 억제 요소를 갖고 있는 [그림 10.19]와 같은 고조파 억제식 비율 차동 계전기를 사용하여 해결한다.

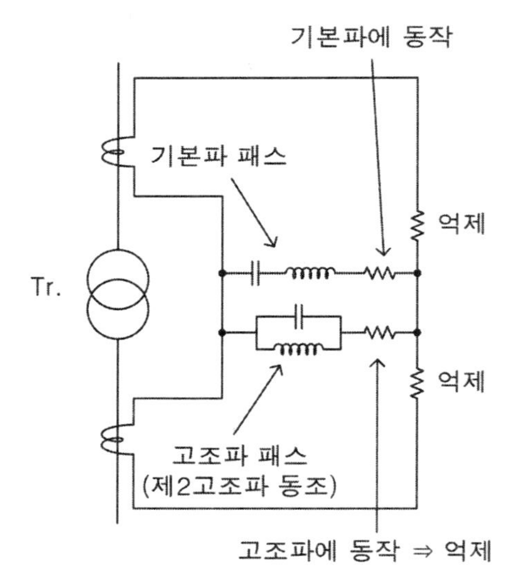

[그림 10.19] 고조파 억제식 비율 차동 계전기

3.2 3상 변압기와 비율 차동 계전기

차동 또는 비율 차동 계전기를 사용하여 변압기를 보호하는 방식의 기본 원리는 이미 설명된 바 있으므로 여기서는 계전기 정정에 대해서 살펴보기로 한다. 변압기의 권수비와 CT의 변류비가 정확히 매칭 되어 CT 2차 측 전류가 정상 운전 시에 서로 일치한다면 문제가 없으나, 규격화된 CT를 사용하는 일반적인 경우에서 이를 일치시키지 못하는 경우가 종종 발생하게 된다. 이 경우 불일치되는 전류를 보상해 주는 방법으로서 보상 변류기를 사용하는 방식, 보상 탭을 내장하는 방식 및 보조 변류기를 내장하는 방식 등이 있다.

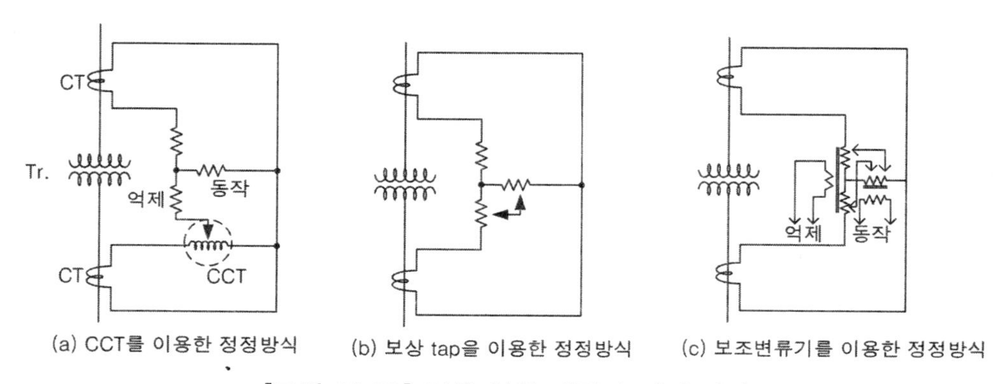

[그림 10.20] 비율 차동 계전기 정정 방식

가. 보상 변류기(CCT : Compensating Current Transformer)에 의한 정정

[그림 10.21]은 보상 변류기를 사용하는 경우의 예로서,

변압기의 변압비 : 66/6.6[kV]

변압기의 용량 : 10[MVA] 라 하면,

변압기의 1차 측 정격전류는 $\dfrac{10[\text{MVA}]}{\sqrt{3}\times 66[\text{kV}]}=87.5[\text{A}]$ 이고

변압기의 2차 측 정격전류는 $\dfrac{10[\text{MVA}]}{\sqrt{3}\times 6.6[\text{kV}]}=874.7[\text{A}]$ 이 된다.

변압기 1,2차가 모두 △결선이므로 위상차는 없으며 CT는 1,2차 모두 △결선으로 하여 사용한다고 가정하자. 이제 1차 측에 100/5, 2차 측에 1000/5 의 변류기를 사용하기로 한다면 CT 2차 측 도선에 흐르는 전류는 변압기 양측에서 동일하게 얻어지므로 계전기를 정정할 필요는 없게 된다. 그러나 2차 측에 1200/5의 변류기를 사용한다면 다음과 같은 정정 과정을 밟아야 한다. 정격부하에서 CT 2차 측 도선에 흐르는 전류를 계산하면

$$i_1=87.5\times\frac{5}{100}\times\sqrt{3}\ (\because \text{CT는}\triangle\text{결선})=7.58[\text{A}]$$

$$i_2=874.7\times\frac{5}{1200}\times\sqrt{3}=6.31[\text{A}]$$

이 된다. 전류 표시에서 하첨자 1은 1차 측 CT에 의해 변환된 전류, 하첨자 2는 2차 측 CT에 의해 변환된 전류를 각각 나타내기로 한다. 일반적으로 전류가 큰 쪽을 보상하여 작은 쪽과 같도록 하므로 i_2 를 기준으로 CCT 탭을 결정하면

$$n=\frac{6.31}{7.58}\times 100=83.2[\%]$$

[그림 10.22]와 같이 보상 변류기 권선의 약 83[%] 지점에 변압기 1차 측 CT 전류(i_1)가 유입하게 하면 된다.

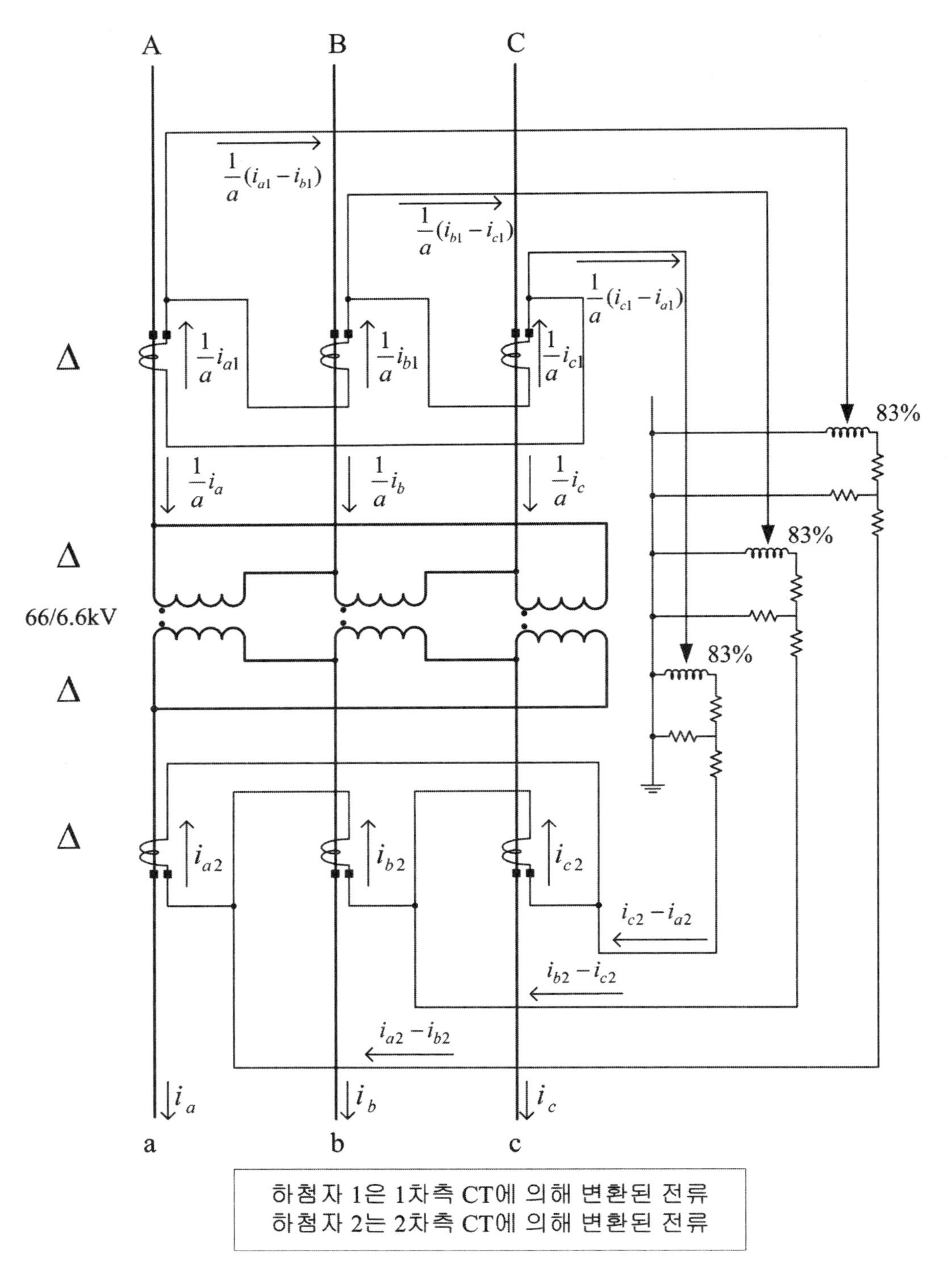

[그림 10.21] 보상 변류기 사용 예

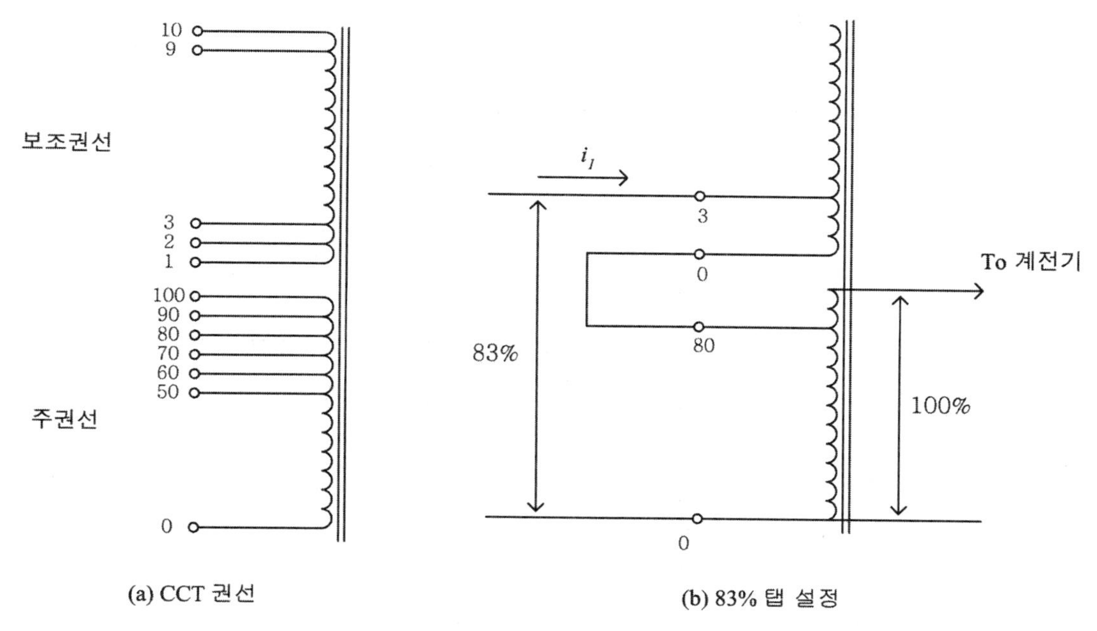

[그림 10.22] 보상 변류기 권선 설정

나. 보상 탭에 의한 정정

[그림 10.23]과 같이 동작 코일에 보상 탭을 내장한 경우를 살펴보기로 한다.

변압기의 변압비 : 66/22.9[kV]

변압기의 용량 : 20[MVA]라 하면,

변압기의 1차 측 정격전류는 $\dfrac{20[\mathrm{MVA}]}{\sqrt{3}\times 66[\mathrm{kV}]} = 175.0[\mathrm{A}]$ 이고

변압기의 2차 측 정격전류는 $\dfrac{20[\mathrm{MVA}]}{\sqrt{3}\times 22.9[\mathrm{kV}]} = 504.2[\mathrm{A}]$ 이 된다.

변압기는 △-Y결선으로 되어 있어 1-2차간 위상차가 발생하며 따라서 CT는 1차 측에 Y결선, 2차 측에는 △결선을 하여 위상각을 맞추기로 하며 변압기의 1,2차 정격전류를 고려하여 CT의 변류비는 1차 측에 200/5, 2차 측에 600/5로 선정하기로 한다.

정격부하에서 CT 2차 측 도선에 흐르는 전류를 계산하면

$$i_1 = 175.0\times\frac{5}{200} = 4.37[\mathrm{A}]$$

$$i_2 = 504.2\times\frac{5}{600}\times\sqrt{3} = 7.28[\mathrm{A}]$$

전류가 많은 쪽이 탭달린 코일에 연결해야 하며 탭은 다음 비례 관계

$4.37: 5 = 7.28: n$

$n = 8.3$

에 의해 8.3에 가장 가까운 탭에 놓아야 한다.

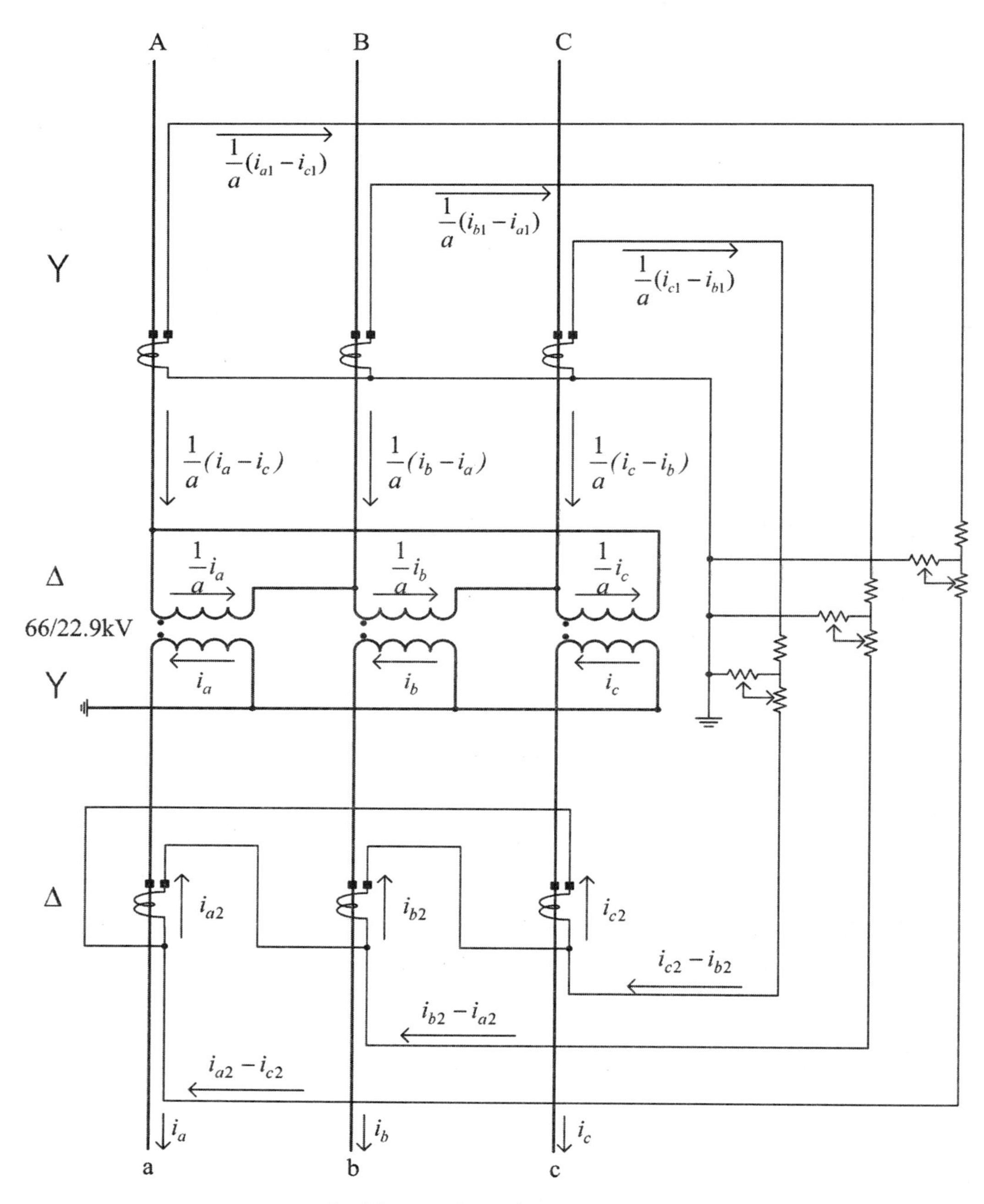

[그림 10.23] 보상 탭 사용 예

다. 보조 변류기에 의한 정정

이제 [그림 10.24]와 같이 보조 변류기를 내장한 경우의 정정 방법을 살펴보기로 한다.

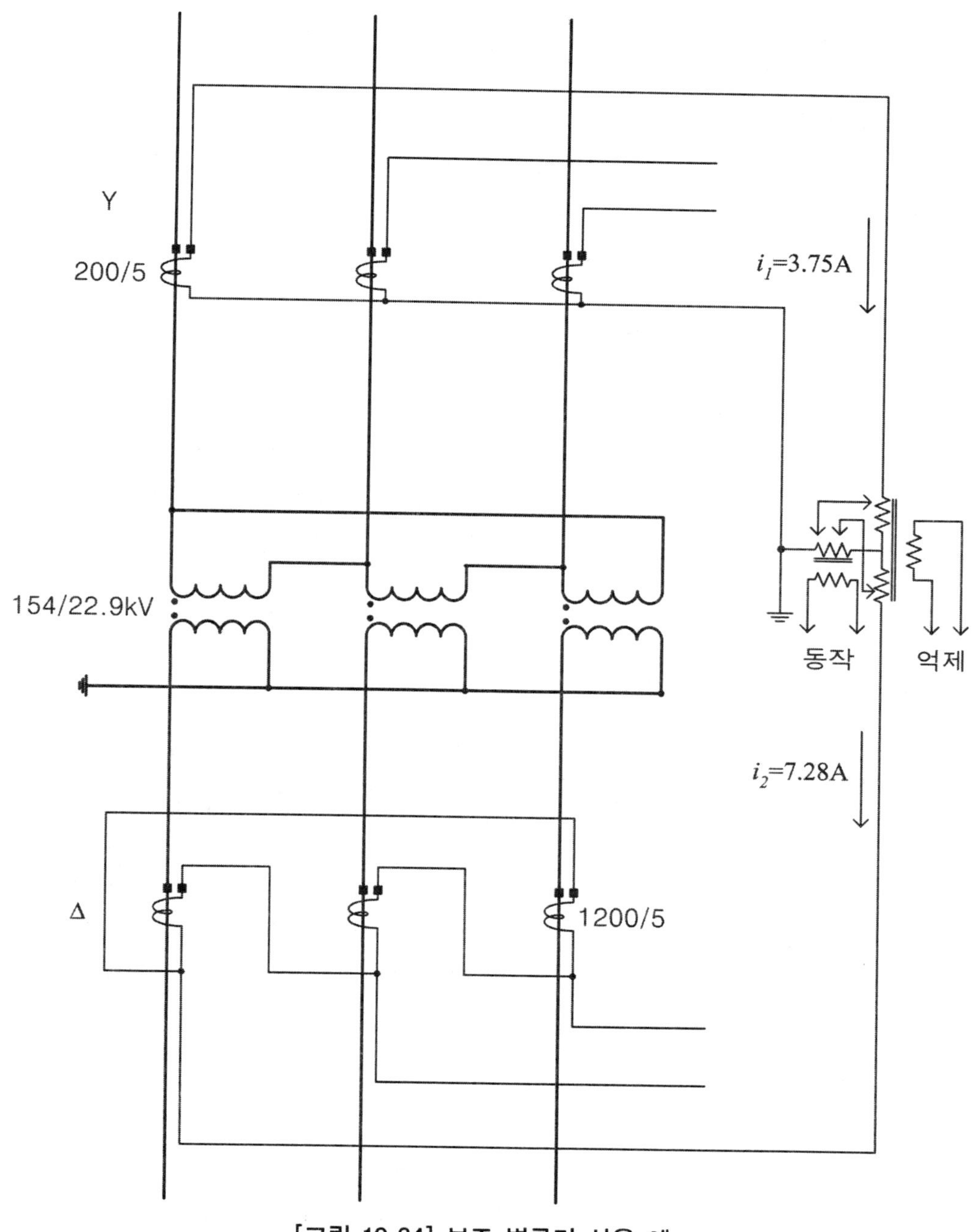

[그림 10.24] 보조 변류기 사용 예

변압기의 변압비 : 154/22.9[kV]
변압기의 용량 : 40[MVA] 라 하면,

변압기의 1차 측 정격전류는 $\dfrac{40[\mathrm{MVA}]}{\sqrt{3}\times 154[\mathrm{kV}]} = 150.0[\mathrm{A}]$ 이고

변압기의 2차 측 정격전류는 $\dfrac{40[\mathrm{MVA}]}{\sqrt{3}\times 22.9[\mathrm{kV}]} = 1008.5[\mathrm{A}]$ 가 된다.

(1) 계전기 탭 선정

변압기의 1,2차 정격전류를 고려하여 CT의 변류비는 1차 측에 200/5, 2차 측에 1200/5로 선정하기로 한다.

정격부하에서 CT 2차 측 도선에 흐르는 전류를 계산하면

$$i_1 = 150.0\times\frac{5}{200} = 3.75[\mathrm{A}]$$

$$i_2 = 1008.5\times\frac{5}{1200}\times\sqrt{3} = 7.28[\mathrm{A}]$$

가 된다. 한편 대부분의 아날로그형 비율 차동 계전기는 일반적으로 2.9 - 3.2 - (3.5) - 3.8 - 4.2 - 4.6 - 5.0 - 8.7[A]의 7~8개의 탭을 가지고 있으며 따라서 22.9[kV] 측은 $n_2 = 8.7\mathrm{A}$ 탭으로 하여 조정하고, 154[kV] 측은

$n_1 = 8.7\times\dfrac{3.75}{7.28} = 4.48 \fallingdotseq 4.6[\mathrm{A}]$ 탭으로 조정하기로 한다.

(2) 부정합율(Mismatching Ratio)

부정합율의 정의는 다음과 같다.

$$\frac{(\text{이상적인 tap 간의 비율}) - (\text{실제사용 tap 간의 비율})}{(\text{상기 두개의 비율 중 적은 값})}\times 100$$

부정합율은 당연히 작을수록 좋으며 변압기 탭 조정 범위와 합산하여 보통 ±15[%] 이내로 제한하고 있다. (∵ '미쯔비시'제 HUB-2(제2고조파 억제형)같은 경우는 비율 특성이 40[%]로 고정되어 있으며 이는 "①변압기 탭 조정범위+부정합율+발생 가능 오차+여유분"을 고려한 값으로서 "②변압기 탭 조정 범위+부정합율"은 ±15[%] 정도가 된다.)

예시에서의 부정합율은,

$$\text{부정합율} = \frac{\dfrac{i_2}{i_1} - \dfrac{n_2}{n_1}}{\dfrac{i_2}{i_1}}\times 100 = \frac{\dfrac{3.75}{7.28} - \dfrac{4.6}{8.7}}{\dfrac{3.75}{7.28}}\times 100 = -2.6[\%]$$

또는 동일한 정의에 의해 다음과 같이

$$부정합율 = \frac{\frac{i_1}{i_2} - \frac{n_1}{n_2}}{\frac{n_1}{n_2}} \times 100 = \frac{\frac{7.28}{3.75} - \frac{8.7}{4.6}}{\frac{8.7}{4.6}} \times 100 = +2.6\,[\%]$$

$$\therefore\ 부정합율 = \pm 2.6\,[\%]$$

이고 변압기 탭 조정범위를 ±10[%]라고 하면 합산한 부정합율(②)는 ±12.6[%](≤ ±15[%]) 가 된다. 따라서 4.6[A] 및 8.7[A] 탭은 적당하다고 할 수 있다.

(3) 비율 특성 조정

비율 차동 계전기에서 비율 특성은 종합적인 부정합율(①)보다는 높게 조정하여 여유를 두어야 한다. ①에서의 '발생 가능 오차'는 CT와 계전기의 오차 등을 합한 것으로서 보통 ±18[%] 정도가 된다. 여기에 '여유분' ±5[%] 정도를 더하면 종합적인 부정합율(①)은 ±35.6[%]로서 비율 특성 탭은 35[%]로 하는 것이 타당할 것이다. 물론 고정 비율 특성 40[%]를 갖는 HUB-2형도 이 예시의 경우 사용이 가능하다.

3.3 스콧트 변압기와 비율 차동 계전기

스콧트 변압기에 차동 보호 방식을 적용하기 위한 여러 가지 방안들이 제시되고 있으나 근본적인 개념은 [그림 10.25]와 스콧트 변압기의 1, 2차 전류 관계를 나타내는 (10.5)식에 의해 설명될 수 있다. [그림 10.25]를 살펴보면 단상 비율 차동 계전기 2대를 사용하여 각각 변압기 M상 및 T상에 적용하고 있다. 여기서 M상의 1차 측 CT는 교차 접속함으로써 다음의 스콧트 변압기 1,2차 전류 관계식,

$$\begin{bmatrix} i_A \\ i_B \\ i_C \end{bmatrix} = \begin{bmatrix} \frac{2}{\sqrt{3}\,a} & 0 \\ -\frac{1}{\sqrt{3}\,a} & -\frac{1}{a} \\ -\frac{1}{\sqrt{3}\,a} & \frac{1}{a} \end{bmatrix} \begin{bmatrix} i_T \\ i_M \end{bmatrix} \tag{10.5}$$

로부터 알 수 있듯이 M상의 1차 측 선로 전류 i_B, i_C에 포함된 T상 부하의 영향 $-\frac{1}{\sqrt{3}\,a} i_T$ 를 상쇄시킬 수 있다. 즉,

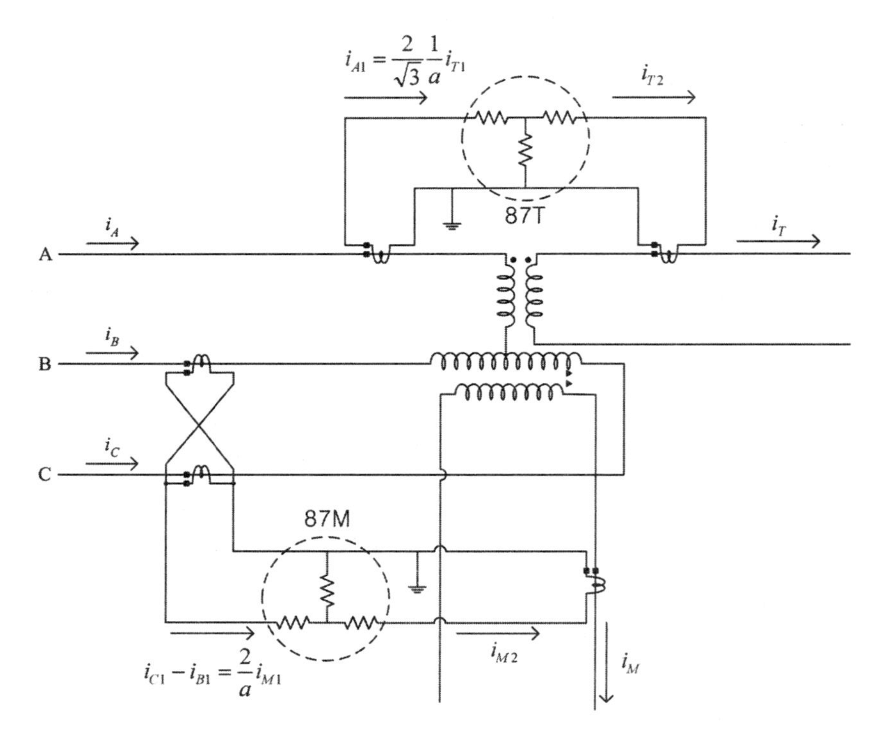

[그림 10.25] Scott 변압기와 비율 차동 계전기

$$i_C - i_B = \frac{2}{a} i_M \tag{10.6}$$

$$i_A = \frac{2}{\sqrt{3}\,a} i_T \tag{10.7}$$

과 같이 되어 M상 및 T상의 1,2차에 있는 각 CT가 검출해 내는 전류는 자기 자신 상만의 전류가 되게 되며 또한 1,2차간에 위상차는 없게 된다. 따라서 이제 각 상별 (M상, T상)로 독립적인 차동 보호가 가능하게 된다.

스콧트 변압기에 적용되는 차동 보호 방식의 개념은 앞에서 설명한 내용이 기본이며 여기에 (10.6), (10.7)식에서 나타나는 1, 2차간 전류 비율관계 파라메타 $\frac{2}{a}$, $\frac{2}{\sqrt{3}\,a}$의 처리 문제를 놓고 몇 가지의 변형 방식들을 생각할 수 있다. 그 중의 한 예를 [그림 10.26]에 나타내었다. 그림에서 스콧트 변압기의 권수비 a는 1로 가정하기로 하고 (10.6), (10.7)식을 다시 쓰면,

$$i_C - i_B = 2\, i_M \tag{10.8}$$

$$\sqrt{3}\, i_A = 2\, i_T \tag{10.9}$$

(10.8)식의 좌변 $i_C - i_B$는 이미 설명한 대로 M상의 1차 측을 교차 접속함으로써 얻어낼 수 있고, 또한 우변 $2i_M$ 도 M상의 2차 측을 교차 접속함으로써 얻어낼 수 있다. (10.9)식의 좌변은 $\sqrt{3}:1$ 의 CCT 등을 사용하여 A상 전류를 $\sqrt{3}$배 해줄 수 있으며 우변은 역시 M상과 마찬가지로 T상의 2차 측을 교차 접속하여 얻어낼 수 있다. 실제로 [그림 10.26]과 같은 비경제적인 방식으로 변압기 보호회로를 구성할 이유는 없겠지만 차동 보호 방식을 구상할 때 비교되는 전류를 선정하는 방법과 이를 CT 결선 등으로 구현하는 방법을 알아본다는 데에 의의가 있을 것이다.

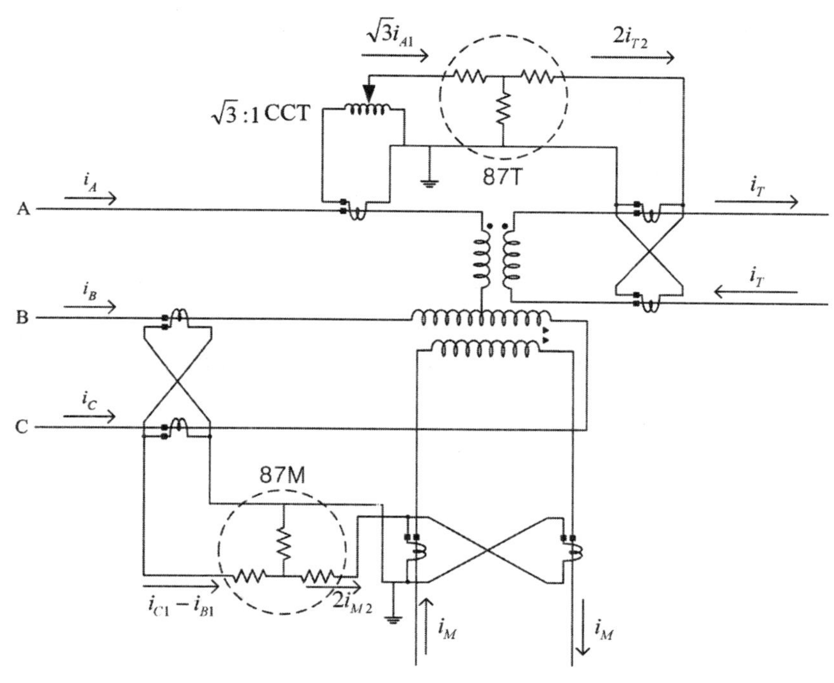

[그림 10.26] 변형 결선의 예

이제 [그림 10.25]에서

변압기의 변압비 : 154/55[kV]

변압기의 용량 : 30[MVA] 라 하면

M상 및 T상의 2차 측 정격전류는 $i_M = i_T = \dfrac{15 \times 10^6}{55 \times 10^3} = 272.7[\mathrm{A}]$

정격부하에서 M상 1차 측의 교차 접속된 CT가 검출하는 전류는 (10.6)식으로부터

$$i_C - i_B = \frac{2}{\left(\frac{154}{55}\right)} \times 272.2 = 194.4[\mathrm{A}]$$

그리고 정격부하에서 T상 1차 측 CT가 검출하는 전류는 (10.7)식으로부터

$$i_A = \frac{2}{\sqrt{3}} \times \frac{55}{154} \times 272.2 = 112.3[A]$$

가 된다. 앞의 일반 변압기 예제에서와 같이 보조 변류기를 내장한 경우에 정정 계산을 해보기로 한다.

(1) 계전기 탭 선정

위의 계산 결과를 토대로 M상 1차 측 교차 접속에 쓰일 CT는 200/5로 하며 T상 1차 측에 쓰일 CT는 150/5로 한다. 그리고 M상, T상 2차 측에 쓰일 CT는 공히 300/5로 한다. 이러한 CT비율로 계전기 입력 전류를 계산하면 M상 및 T상 계전기 2차 측 입력은

$$i_{M2} = i_{T2} = 272.7 \times \frac{5}{300} = 4.55[A]$$

이고

M상 계전기 1차 측 입력 : $i_{C1} - i_{B1} = 194.4 \times \frac{5}{200} = 4.86[A]$

T상 계전기 1차 측 입력 : $i_{A1} = 112.3 \times \frac{5}{150} = 3.74[A]$

이 된다. 따라서 M상의 1, 2차 탭은

$$n_{M2} = 4.6$$

$$n_{M1} = 4.6 \times \frac{4.86}{4.55} = 4.91 \cong 5.0$$

그리고 T상의 1, 2차 탭은

$$n_{T2} = 4.6$$

$$n_{T1} = 4.6 \times \frac{3.74}{4.55} = 3.78 \cong 3.8$$

(2) 부정합율 및 비율 특성

M상의 부정합율은

$$\frac{\frac{4.55}{4.86} - \frac{4.6}{5.0}}{\frac{4.6}{5.0}} \times 100 = 1.8[\%] \qquad (\therefore \pm 1.8[\%])$$

T상의 부정합율은

$$\frac{\frac{4.55}{3.74}-\frac{4.6}{3.8}}{\frac{4.6}{3.8}}\times 100 = 0.5[\%] \qquad (\therefore \pm 0.5[\%])$$

따라서 앞 절의 경우와 같은 제 오차를 고려하면 비율 특성 탭은 M상의 경우 종합적인 부정합율이 34.8[%] 이므로 35[%]로 하며, T상의 경우도 종합 부정합율이 33.5[%]이므로 마찬가지로 35[%] 로 하는 것이 적절할 것이다.

4. 교류 차단 현상과 차단기

4.1 교류 차단 현상

교류 선로에 고장이 발생하여 차단기(CB)의 접촉자가 개방될 때, 접촉자에 나타나는 과도현상을 해석하기 위하여 다음의 [그림 10.27]과 같은 지락 고장 시의 회로를 생각하기로 한다. 회로의 L은 선로의 직렬 인덕턴스 성분이며 C는 선로와 대지간의 병렬 충전용량으로 간주하기로 한다. 과도시에 CB의 접촉자간에 인가되는 최대전압을 알고자 하는 것이 본 검토의 목적이므로, 문제의 초점을 명확히 하기 위하여 선로의 댐핑(저항) 성분은 일단 생략하기로 한다.

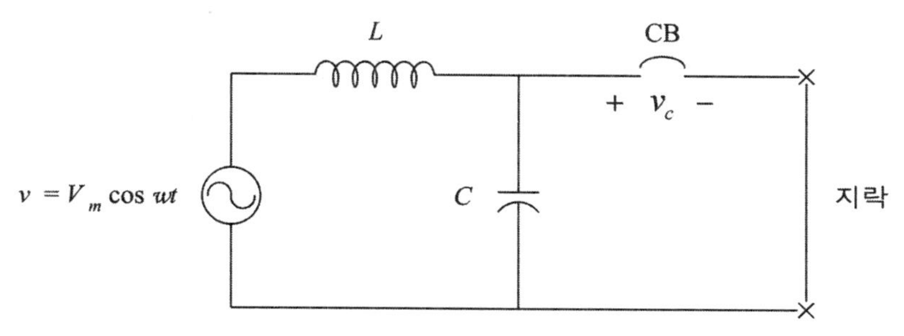

[그림 10.27] 교류 차단 현상을 설명하기 위한 회로

이제 $t=0^+$ 인 순간에 고장전류는 0점을 지난다고 가정하기로 한다. 그렇다면 [그림 10.27]의 회로는 L, C 만으로 구성되어 있으므로, $t=0^+$ 인 순간에 고장전류가 0이라는 가정 하에서는 전원전압이 전류와 90^o의 위상차가 생겨야 하므로, 전원전압

은 cos함수를 사용하여 다음과 같이 $v = V_m \cos\omega t$ 로 설정하기로 한다.

$t \geq 0^+$ 에서의 회로에서 KVL을 적용하면,

$$L\frac{di}{dt} + v_c = V_m \cos\omega t \qquad t \geq 0^+ \tag{10.10}$$

여기서, v_c는 CB의 접촉자에 걸리는 전압이며 또한 대지 충전용량 C에 걸리는 전압이기도 하므로,

$$i = C\frac{dv_c}{dt} \tag{10.11}$$

(10.11)식을 (10.10)식에 대입하고 정리하면,

$$\frac{d^2 v_c}{dt^2} + \frac{1}{LC}v_c = \frac{1}{LC}V_m \cos\omega t \tag{10.12}$$

여기서, $\frac{1}{LC} = \omega_0^2$ 으로 놓고 (10.12)식을 라플라스(Laplace)변환하면,

$$s^2 V_c(s) - s v_c(0^-) - v_c{}'(0^-) + \omega_0^2 V_c(s) = \omega_0^2 V_m \frac{s}{s^2 + \omega^2}$$

$$\therefore \quad V_c(s) = \omega_0^2 V_m \frac{s}{(s^2+\omega^2)(s^2+\omega_0^2)} + v_c(0^-)\frac{s}{s^2+\omega_0^2} + \frac{v_c'(0^-)}{s^2+\omega_0^2} \tag{10.13}$$

위 식에서 지락 사고가 아-크를 수반하지 않는 완전 지락이라고 하면 $t = 0^-$ 의 전압 $v_c(0^-)$는 0이므로 (10.13)식 우변의 둘째 항은 0이 된다. 또한 (10.11)식으로부터,

$$v_c{}'(0^-) = \frac{i(0^-)}{C} = 0$$

이므로 (10.13)식 우변의 셋째 항도 역시 0이 된다. 이제

$$V_c(s) = \omega_0^2 V_m \frac{s}{(s^2+\omega^2)(s^2+\omega_0^2)} = V_m \frac{\omega_0^2}{\omega_0^2 - \omega^2}\left(\frac{s}{s^2+\omega^2} - \frac{s}{s^2+\omega_0^2}\right) \tag{10.14}$$

이므로 라플라스 역변환을 취하면,

$$v_c(t) = \frac{\omega_0^2}{\omega_0^2 - \omega^2} V_m(\cos\omega t - \cos\omega_0 t) \quad t \geq 0^+ \tag{10.15}$$

이 된다. (10.15)식으로 표현되는, CB 접촉자 양단에 걸리는 전압은 보통 '과도복구전압'(TRV : Transient Recovery Voltage) 또는 '재기전압'(Restriking Voltage)이라고 불린다. (10.15)식에서의 ω_0는 일반적으로 전원의 각속도 ω에 비해 매우 크므로, 즉 $\omega_0 \gg \omega$ 이므로 $\frac{\omega_0^2}{\omega_0^2 - \omega^2} \approx 1$ 이며 따라서,

$$v_c(t) = V_m(\cos\omega t - \cos\omega_0 t) \quad t \geqq 0^+ \tag{10.16}$$

이고 더욱이 $t = 0^+$ 부근이면 $\cos\omega t \approx 1$이 되고, $\cos\omega_0 t$ 는 주파수가 높아 $t = 0^+$ 부근에서 진동하므로 (10.16)식은 다음과 같이 놓을 수 있다.

$$v_c(t) = V_m(1 - \cos\omega_0 t) \quad t \approx 0^+ \tag{10.17}$$

(10.17)식을 살펴보면 CB의 접촉자 양단에 걸리는 과도복구전압 v_c는 $t = 0^+$ 부근에서 최대로 $2V_m$이 됨을 알 수 있다. [그림 10.28]은 이러한 현상을 보여주고 있는데, 우리가 세운 가정과는 달리 댐핑의 영향이 반영되어 있는 그림으로서 시간이 지나면 TRV는 원래의 계통전압에 접근해 감을 알 수 있다.

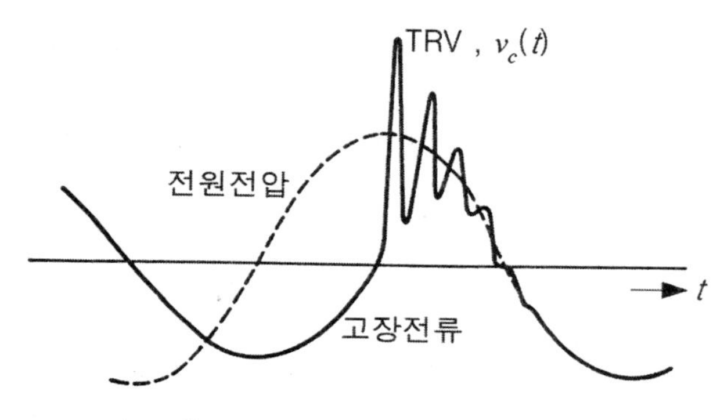

[그림 10.28] 과도복구전압

TRV의 상승률(RRRV : Rate of Rise of the Recovery Voltage)은 v_c를 시간에 대해 미분하면 얻을 수 있으며 (10.17)식을 사용하면 RRRV는,

$$\mathrm{RRRV} = \frac{dv_c}{dt} = \omega_0 V_m \sin \omega t \tag{10.18}$$

으로 쓸 수 있다. (10.18)식을 보면 RRRV는ω_0에 비례하므로 L과 C가 작은 경우 RRRV는 매우 커지게 된다. 이 상승률이 접촉자간 절연체의 절연회복률 보다 클 시에는 접촉자 양단이 다시 재점호 되며, 이렇게 되면 고장전류는 차단되지 않고 다시 다음 반주기만큼 더 연장되게 된다. 이러한 이유로 이미 언급한 바와 같이 과도복구전압을 재기전압이라고도 부른다. 과도복구전압이라는 용어는 주로 미국에서, 재기전압이란 용어는 주로 영국에서 사용하는데, 여담이기는 하나 동일한 현상을 두고 미국의 엔지니어들은 낙관적 시각의, 영국의 엔지니어들은 비관적 시각의 용어를 사용한다는 점이 흥미롭다.

고장이 발생하는 순간의 전류 위상에 따라서 고장전류는 어느 정도의 비대칭성을 가지게 된다. 비대칭 고장전류인 경우에는 전류가 0인 순간에 전압은 최대값에 있지 않으므로 과도복구전압은 그리 크지 않게 된다. 이러한 경우를 [그림 10.29]에 나타내었다.

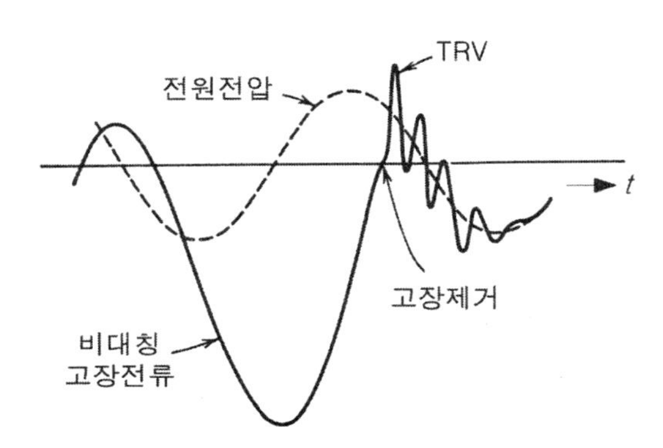

[그림 10.29] 비대칭 고장전류의 경우 과도복구전압

한편 아-크 전압을 고려하는 경우라면 (10.13)식 우변의 둘째 항에 의한 영향,

$$\mathcal{L}^{-1}\left\{v_c(0^-)\frac{s}{s^2+\omega_0^2}\right\} = v_c(0^-)\cos\omega_0 t$$

을 반영시켜야 하며 이 항은 과도복구전압에다 유사한 항을 더하게 함으로서 과도현상을 증가시키는 역할을 하나, 아-크 전압에 의해 효과는 상쇄된다. 아-크 전압은 전류의 흐름을 방해함으로서 전류의 위상을 변경시키고, 결과적으로 전원전압의 위상과 가깝게 함으로서 전류가 0인 순간에 전압은 최대값에 있지 않게 된다. [그림 10.30] 참조.

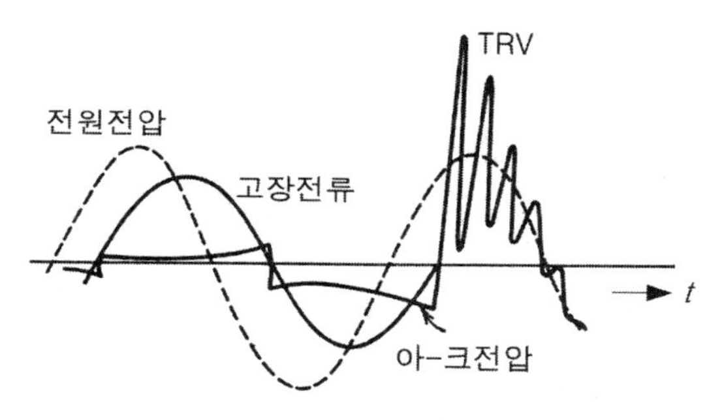

[그림 10.30] 아-크 발생 시 과도복구전압

4.2 차단기

가. 차단기의 개요

차단기는 전력 개폐장치의 일종으로 전력의 송수전 절체, 정지 등을 계획적으로 수행하거나 전력계통에 어떤 이상이 발생하였을 때 그 계통을 신속히 차단하는 역할을 한다. IEC, JEC등에서는 "정상상태의 선로를 투입 차단하고 단락과 같은 이상상태의 선로도 일정 시간 개폐할 수 있도록 설계된 개폐장치를 말한다." 라고 규정하고 있다. 차단기는 전선로에 전류가 흐르고 있는 상태에서 그 선로를 개폐하며 차단기 부하 측에서 과부하 단락 및 지락 사고가 발생했을 때 선로를 차단할 수 있다는 점에서 단로기 종류의 부하 차단 능력이 없는 스위치들과 구별된다.

나. 주요 구성부

(1) 접촉부

접촉부는 선로의 개폐가 이루어지는 부분을 말하며 가동접점과 고정접점으로 되어있다. 접촉부도 전선의 일부분에 해당하므로 전류의 통전 능력이 중요하다. 접촉부를 연속하여 흐를 수 있는 전류의 크기를 허용용량으로 표현하기도 하는데 이는 접촉자의 최고 허용온도, 접촉면적 및 접촉저항 등에 의하며 접촉저항은 접촉압력, 접촉부의 형상, 접촉부의 재질 및 접촉 방식 등에 의하여 결정된다.

가동접점은 차단기를 개폐할 수 있는 기계적인 가동부와 연결되어 있으며 폐로 시에는 고정접점과 기계적, 전기적으로 확실하게 접촉되도록 하고 개로 시에는 고정접점과의 사이에서 발생하는 전압에 충분히 견딜 수 있는 거리로 이격 되도록 하는 역할을 한다. 차단기를 개폐한다는 것은 접촉부를 전기적으로 개폐하는 것을 의미하며 개폐 시에는 전류에 의하여 아-크가 발생하기 때문에 이에 의한 접점의 소모가 없고 아-크를 소멸시키기 용이한 구조로 이루어 져야 한다. 접촉부의 구조는 아-크의 소멸방식과 밀접한 관계가 있으며 아-크에 의한 접점의 손상을 방지하기 위하여 폐로 중 전류가 통하는 부분과 아-크를 발생하는 부분을 구분하여 제작하기도 한다.

(2) 소호부

차단기의 접촉부를 개극시키면 통전중인 전류가 어느 한도 이하가 아니면 대부분 아-크가 발생한다. 이 한계 값은 전극의 형상, 전극의 재료, 선로의 조건, 개극속도, 전원의 종류 등에 따라 다르다. 선로의 사용 전압이 높아지거나 전류가 커지면 아-크는 더욱 크게 발생한다. 특히 단락전류와 같은 대전류의 차단 시에는 아-크는 몹시 커지게 되므로 아-크 소멸에 대한 대책은 더욱 심각하게 된다. 차단 시 발생하는 아-크를 소멸시키지 못하면 차단에 실패하게 되며 재점호되어 큰 사고로 발전하게 된다. 사고의 발생으로 차단기를 차단할 때 가동접점이 기계적으로 충분히 이격 되어 있어도 아-크의 소멸이 이루어지지 않으면 전기적으로는 연결된 상태이므로 차단이 완료되었다고 할 수 없다. 따라서 아-크를 소멸시키는 소호부는 차단기에서 매우 중요한 부분이 되며 소호부의 구성에 따라 OCB, MBB, VCB, GCB 등 차단기의 종류가 결정된다.

(3) 조작부

차단기의 가동접점을 직접 동작시킬 수 있는 부분을 말하며 차단기의 종류, 이용되는 운동 에너지의 종류에 따라 그 형태가 다양하며 대체로 다음과 같은 기능과 특성을 갖고 있다.

1) 기능

투입 : 신호에 의해 접촉자를 투입한다.

투입유지 : 접촉자를 투입 위치에서 유지한다.

개방 : 신호에 의해 접촉자를 개방하고 또한 전자변의 동작 등 차단에 필요한 요소의 동작을 수행한다.

개방유지 : 접촉자를 개방의 위치에서 유지한다.

2) 차단기 조작기구의 특성

조작기구는 차단기가 투입될 때 흐르는 고장전류에 대하여 투입을 유지하도록 걸림쇠(Latch) 를 걸 필요가 있다. 특고압 및 초고압차단기는 고속도 재투입의 동작책무를 요하는 조작기구와 그 조작을 가능케 하는 재폐로 기구를 갖지 않으면 안 된다. 차단기의 조작 방식은 투입 또는 개방의 조작에 직접 필요한 기계력의 종류에 따라 수동, 솔레노이드, 공기, 전동 스프링 조작 방식 등으로 구분하고 있다.

(4) 제어부

차단기의 외부로부터 신호를 받아 이것을 선택하여 차단기 조작 에너지를 제어하는 장치를 말하고 트립 코일, 전자 접촉기, 압력 계전기, 전자 밸브, 제어 계전기 및 주 회로 접촉자와 같이 움직이는 보조접점 등으로 구성된다. 차단기의 제어 방식으로는 전기적, 공기적, 유압적 방식 등이 있다.

다. 차단기 정격

차단기의 정격이란 차단기의 성능을 보장하는 한도를 말하며 본체에 대한 사항과 본체를 조작하는 부분으로 나누어 그 표준치를 정하고 있다. 본체에 대한 사항은 정격전압, 전류, 차단전류, 재기전압, 투입전류, 주파수, 차단시간 등이며 조작기구에 대한 사항은 정격투입조작전압, 트립전압 등이다. 또 중성점 접지 방식, 역률 등 선로의 표준 조건과 동작책무에 대한 사항도 있다.

라. 전압에 관한 사항

(1) 정격전압

차단기의 정격전압이란 선로의 사용 전압에 따라 정해지며 차단기에 인가될 수 있는 사용 전압의 상한 값이 된다. 통상 정격전압은 선간전압으로 표시하며 계통의 공칭전압에 따른 정격전압과 절연강도는 [표 10.13]과 같다.

[표 10.13] 정격전압 및 절연강도

공칭전압(kV)	정격전압(kV)	BIL(kV)
		대지및상간
3.3	3.6	40
6.6	7.2	60
22, 22.9(Y)	25.8, 24	150, 125(1단 저감)
66	72.5	325
154	170	750, 650(1단 저감)
345	362	1550, 1050(2단 저감)

(2) 정격과도복구전압

과도복구전압은 교류 차단 현상에서 살펴본 바와 같으며 RRRV를 규정하기도 한다.

(3) 투입 및 트립전압

투입 조작 방식에는 수동, 전동, 전동스프링, 압축공기 등이 있고 트립 조작 방식에는 수동, 과전류, 콘덴서, 직류 분로 등이 있으며 대부분 전기 조작에 의하고 있다. 전기적인 투입조작 장치는 직류 또는 교류 110[V], 220[V]를 표준으로 하며 이 값의 85~110[%]범위 내에서 차단기를 지장 없이 투입할 수 있어야 한다. 이 때문에 일시적으로 큰 전류를 요하는 솔레노이드 방식에는 충분한 굵기의 배선을 필요로 한다. 트립제어 장치에도 직류 또는 교류 110[V], 220[V]를 표준으로 하며 60~120[%]범위 내에서 지장 없이 차단기를 트립 시킬 수 있도록 하고 있다.

마. 전류에 관한 사항

(1) 정격전류

차단기의 정격전류란 정격전압, 정격주파수에서 규정된 온도 상승한도를 초과하지 않는 상태에서 연속적으로 통할 수 있는 전류 한도를 말한다. KS에는 200[A], 400[A], 600[A], 1200[A], 2000[A]의 규격이 있고, '한국전력공사' 규격인 ESB에는 600[A], 1200[A], 2000[A], 3000[A], 4000[A] 등이 규격으로 있다.

(2) 투입전류

선로가 고장으로 차단된 후에 고장이 회복되었는지 확인이 되지 않은 상태에서 재투입하여 강제 송전을 시도하는 경우가 있다. 이때 고장이 회복되어 있지 않으면 접촉자가 접촉되는 즉시 고장전류가 다시 흐르게 되어 전자적인 반발력을 받게되는데 이 반발력을 이겨야 투입이 완료된다. 이와 같은 반발력을 이겨내고 투입할 수 있는 전류의 최대치를 정격투입전류라고 한다. 정격투입전류는 통상 정격차단전류의 2.5배를 표준으로 하고 있다. 정격투입전류는 규정된 표준동작책무와 동작 상태에 따라 투입할 수 있는 투입전류의 한도치를 말하며, 투입 시 최초 주파에서 발생하며 순시치로 표시한다.

(3) 차단전류

차단전류란 차단기가 차단된 순간에 각 극에 흐르는 전류를 말하며 아-크발생 순간의 순시값으로 정한다. 차단전류에는 교류분과 직류분이 포함되며 교류분은 3상의 평균치, 직류분은 3상중 최대치를 말한다. 차단전류 중 교류분만을 표현할 때는 대칭 차단전류라 하고 직류분을 포함하면 비대칭 차단전류라 한다.

정격차단전류는 정격전압, 정격주파수, 선로의 조건에서 규정한 표준동작책무와 동작 상태에 따라 차단할 수 있는 차단전류의 한도를 말하며 교류분의 실효치로 표시한다. 차단기의 차단 용량은 그 차단기를 적용할 수 있는 계통의 3상 단락용량의 한도를 나타내며 다음 식으로 구한다.

$$\text{정격차단용량[MVA]} = \sqrt{3} \times \text{정격전압[kV]} \times \text{정격차단전류[kA]} \qquad (10.19)$$

바. 시간에 관한 사항

(1) 개극시간과 아-크시간

개극시간이란 폐로 상태에 있는 차단기의 트립 제어장치가 여자된 순간부터 아-크 접촉자(아-크 접촉자가 없는 경우는 주 접촉자)가 개방 될 때까지의 시간을 말한다. 정격개극시간은 표준치가 정해져 있지 않으며 제작자의 설계기준에 의하고 있다.

아-크시간이란 아-크 접촉자(아-크 접촉자가 없는 경우는 주 접촉자)의 개방순간부터 모든 극의 주 전류가 차단되는 순간까지의 시간을 말한다. 어떤 극에 대해 표현할 때는 그 극의 아-크 접촉자 또는 주 접촉자의 개방 순간부터 그 극의 주 전류가 차단되는 순간까지의 시간을 말한다.

(2) 차단시간

개극시간과 아-크시간을 합한 것을 차단시간이라 한다. 정격차단시간이란 정격전압, 정격주파수 조건에서 규정한 표준동작책무의 동작 상태에 따라 차단할 경우, 차단시간의 한도를 말한다. 정격차단시간은 정격주파수를 기준으로 하여 싸이클(Cycle)로 나타내며 ESB에서는 3, 5, 8 싸이클 등을 표준으로 하고 있다. 또한 정격전압 하에서 정격차단전류의 30% 이상의 전류를 차단할 때의 시간은 정격차단시간을 초과할 수 없다.

(3) 투입시간

투입시간이란 개로 상태에 있는 차단기의 투입제어장치가 여자된 순간부터 아-크 접촉자(아-크 접촉자가 없는 경우 주 접촉자)가 접촉될 때까지의 시간을 말한다. 무부하 시 투입시간이란 통상 정격전압 72.5[kV] 이하에서는 소정의 표준동작책무를 수행하는데 지장이 없는 값으로 하며 170[kV] 이상에서는 0.27초로 하고 있다.

사. 동작책무(Duty cycle)

KSC, ESB, JEC등에 의한 표준 동작책무는 [표 10.14]와 같다.

[표 10.14] 각 규정에 의한 표준 동작책무

구분		Duty cycle
KSC	동력조작(기호 : A)	O-(1분)-CO-(3분)-CO
	동력조작(기호 : B)	CO-(15초)-CO
	수동조작(기호 : M)	O-(2분)-O 및 CO
JEC	일반용(기호 : A)	O-(1분)-CO-(3분)-CO
	일반용(기호 : B)	CO-(15초)-CO
	고속도 재폐로용(기호 : R)	O-(0.3초)-CO-(1분)-CO
ESB	일반용	CO-(15초)-CO
	고속도 재폐로용	O-(0.3초)-CO-(3분)-CO

KSC는 JEC에 준하고 있으며 기호 A, B는 고속도용이 아닌 재투입 시 사용된다. A가 가장 널리 사용되고 B는 이보다 재투입 시간이 짧은 것에 보통 사용된다. ESB는 IEC에 준하여 2종으로 구분하고 있다.

[표 10.15] 차단기 정격(ESB 규정)

정격전압 (kV)	정격차단전류 (kA)	정격전류(A)	정격투입전류 (kA)	정격차단시간 (Hz)
7.2	12.5	600, 1200	31.5	8
	25	600, 1200, 2000	63	
	31.5	1200, 2000, 3000	80	
	40	1200, 2000, 3000, 4000	100	
25.8	12.5	600, 1200	31.5	5
	25	600, 1200, 2000, 3000	53	
	40	2000, 3000	100	
72.5	12.5	600, 1200	31.5	5
	20	1200, 2000	50	
	31.5	1200, 2000, 3000, 4000	80	
170	31.5	600, 1200, 2000	80	3
	40	1200, 2000	100	
	50	1200, 2000, 3000, 4000	125	
	63	2000, 4000	158	
362	40	2000, 4000	100	3

5. 피뢰기

5.1 피뢰기의 정격 및 구비조건

가. 정격전압

피뢰기에서 정격전압이라 함은 단위 동작책무를 소정의 회수로 반복 수행할 수 있는 사용주파수의 전압 최고한도 실효치를 의미한다. 계통의 지락 사고 등으로 인하여 발생하는 상용주파수의 과전압은 지속 시간이 뇌서지와 비교할 때 상대적으로 매우 길기 때문에 피뢰기로 보호하는 것은 어렵다. 따라서 원칙적으로 피뢰기의 정격전압은 이러한 상용주파수의 과전압보다 높게 할 필요가 있다. 정격전압은 다음식과 같이 계통의 최고 허용전압에서 발생하는 1선지락 사고 시 건전상의 대지전압보다 약간 높게 책정한다.

$$E_r = \alpha \cdot \beta \cdot \frac{V_{\max}}{\sqrt{3}} \tag{10.20}$$

여기서,

α : 접지계수로서, 비접지계는 $\sqrt{3}$ 전후, 유효접지계는 $(0.65 \sim 0.81) \times \sqrt{3}$ 전후

β : 여유도로서, 1.1~1.15 보통 1.15를 적용

$V_{\max}$: 계통의 최고 허용전압

또는 비유효접지계통에서는 다음 식을 사용하기도 한다.

$$E_r = \text{공칭전압} \times \frac{1.4}{1.1} \tag{10.21}$$

나. 공칭 방전전류

피뢰기에 흐르는 방전전류의 크기는 변전소의 차폐유무와 그 지역의 연간 뇌발생빈도수(IKL)에 관계되나 보통 수전설비에 사용하는 피뢰기의 방전전류는 154kV 계

통에서는 10kA로, 22.9kV 계통에서는 5kA나 10kA를 사용한다. 계통전압 및 BIL과 관련하여 국내에서 사용되는 피뢰기의 정격을 [표 10.16]에 정리하였다.

[표 10.16] 계통의 제전압과 피뢰기의 정격

공칭전압 (kV)	계통 최고전압 (kV)	BIL (kV)	상용주파내전압 (kV)	피뢰기 정격전압 (kV)	공칭 방전전류 (kA)
22	25.8	150	50	28	5,10
22.9	25.8	125	50	18/21	5,10
25(철도)	27.5	325	140	42	5,10
50(철도)	55	325	140	75	5,10
154	170	650(유효접지) 750(비유효접지)	275(유효접지) 325(비유효접지)	138/144	10

1) 한국철도에서는 154kV용 Scott 변압기 및 CB에 BIL 750kV 적용
2) 한전에서는 154kV용 변압기는 BIL 650kV 적용, CB는 BIL 750kV 적용

다. 제한전압

충격파 전압이 내습하여 피뢰기가 방전할 때 피뢰기의 단자간에 나타나는 전압이며 그 값은 파고치로서 나타낸다. 피뢰기의 제한전압은 곧바로 충격파 내습 시 곧바로 피보호기기에 걸리는 전압이므로 다음과 같이,

변압기의 절연강도>(피뢰기의 제한전압+피뢰기의 접지저항 전압강하) (10.22)

를 만족하여야 한다.

5.2. 피뢰기의 종류 및 구조

피뢰기는 크게 갭(Gap)형과 갭리스(Gapless)형으로 분류할 수 있으며 그 구조와 특성은 다음과 같다.

가. 갭형 피뢰기

갭형으로 많이 사용되는 피뢰기는 밸브저항형으로 직렬갭과 특성요소(비선형 저항체 : S_iC)로 되어 있는 단위소자를 필요한 개수만큼 포개서 애자 속에 밀봉한 구조를 가지고 있으며 계통전압에 따라 직렬로 연결하여 사용한다.

(1) 직렬갭

직렬갭은 정상 전압에서는 방전하지 않고 절연 상태를 유지하지만 이상 과전압이 발생할 때에는 신속히 이상 전압을 대지로 방전해서 이상 과전압을 흡수함과 동시에 계속해서 흐르는 속류를 빠른 시간 내 차단하는 특성을 가지고 있다.

(2) 특성요소

특성요소는 탄화규소(S_iC) 입자를 각종 결합체와 혼합하여 모양을 만든 후 고온에서 구워낸 것으로 비선형 저항 특성을 가지고 있어 밸브저항체라고도 한다. 뇌서지 등의 큰 충격 전압에 대해서는 저항값이 작아져서 제한전압을 낮게 억제함과 동시에 비교적 낮은 계통전압에서는 높은 저항값으로 속류 등을 차단하여 직렬갭에 의한 차단을 용이하게 도와주는 작용을 한다.

나. 갭리스형 피뢰기

최근에 많이 사용되고 있는 Z_nO 갭리스 피뢰기의 특성을 보면 다음과 같다.

(1) 갭리스형의 특성

특성요소를 기존의 S_iC 특성요소에서 Z_nO 금속산화물 특성요소로 바꾸어 사용함으로써 S_iC 보다 뛰어난 비선형 특성을 얻을 수 있었으며 이로 인해 직렬갭으로 선로와 절연을 할 필요성이 없어지게 되었다. 따라서 갭형 피뢰기에 비하여 소형화할 수 있고 가격도 낮출 수 있는 효과를 가져왔다.

(2) 갭리스형의 주요특징

- ○ 방전갭이 없으므로 구조가 간단하여 소형 경량화할 수 있다.
- ○ 소손 위험이 적고 이상적인 피뢰기에 가까운 성능을 기대할 수 있다.
- ○ 속류가 없으므로 빈번한 작동에도 잘 견디며 특성요소의 변화가 적다.
- ○ 그러나, 직렬 갭이 없이 특성요소만으로 절연되어 있어 특성요소의 열화 시 지락 사고와 같은 형태로 진전될 수 있다.

5.3 피뢰기의 시설기준

피뢰기는 법령(전기설비기술기준)에 의해 취부 장소와 설치 방법이 정해져 있다.

가. 법령에 의한 피뢰기의 시설장소

고압 및 특별고압의 전로중 다음에 열거하는 곳 또는 근접한 곳에는 피뢰기를 시설하여야 한다. (기술기준 제46조 제1항)

① 발전소, 변전소 또는 이에 준하는 장소의 가공전선 인입구 및 인출구
② 가공전선로에 접속하는 특고압 배전용 변압기의 고압 측 및 특별고압 측
③ 고압 또는 특별고압 가공전선로로부터 공급을 받는 수용장소의 인입구
④ 가공전선로와 지중전선로가 접속되는 곳

그러나 다음의 경우는 피뢰기의 시설을 생략할 수 있다 (제46조 제2항).

① 직접 접속하는 전선이 짧을 경우
② 사용 전압이 60,000V를 넘는 특별고압전로의 경우에 동일모선에 상시 접속되어 있는 가공전선로의 수가 회로수 7 이하인 때에는 5 이상, 회선수 8 이상인 때에는 4 이상인 경우 (동일 지지물에 2회선 이상 가공선 → 가공전선로의 수는 1로 계산)
③ 피보호기기가 보호범위내에 위치하는 경우

나. AT 급전계통에서 피뢰기의 설치 예시

(1) 변전소 인입부

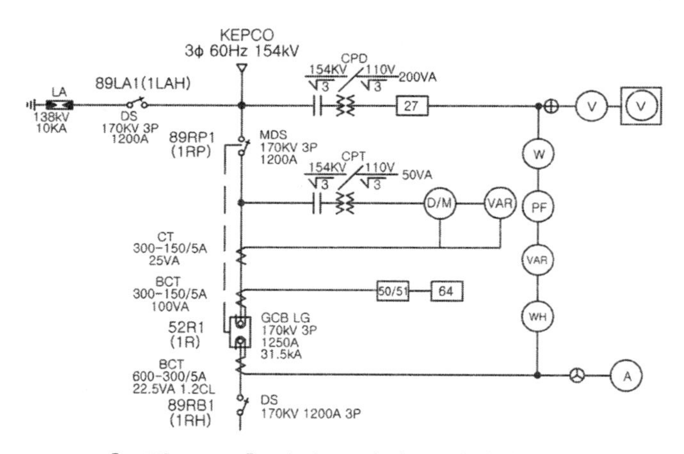

[그림 10.31] 변전소 인입부 피뢰기 설치

(2) Scott 변압기 1차, 2차 M/T상 및 3차

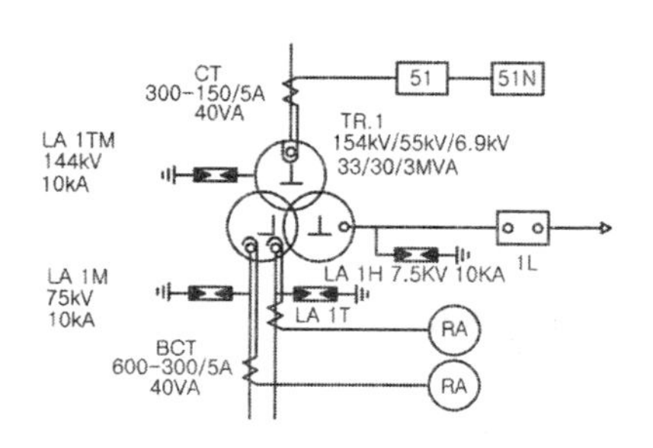

[그림 10.32] Scott 변압기에 피뢰기 설치

(3) 변전소내 1st AT(그림은 M상분만 표시)

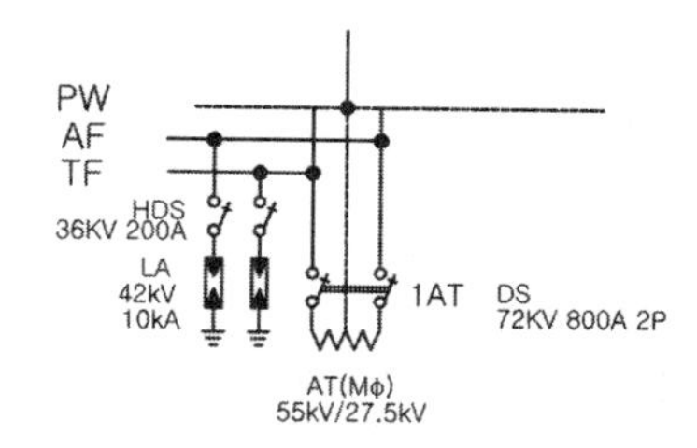

[그림 10.33] 변전소내 AT 변압기에 피뢰기 설치

(4) 전차선로

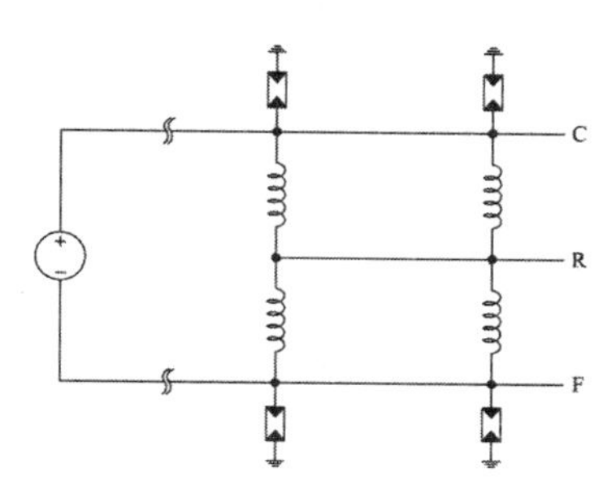

[그림 10.34] AT 전차선로 피뢰기 취부 위치

다. BT 급전계통에서 피뢰기의 설치 예시

변전소 구내는 AT의 경우와 동일하며 전차선로 부분은 흡상변압기의 1,2차 양단에 그림과 같이 취부한다.

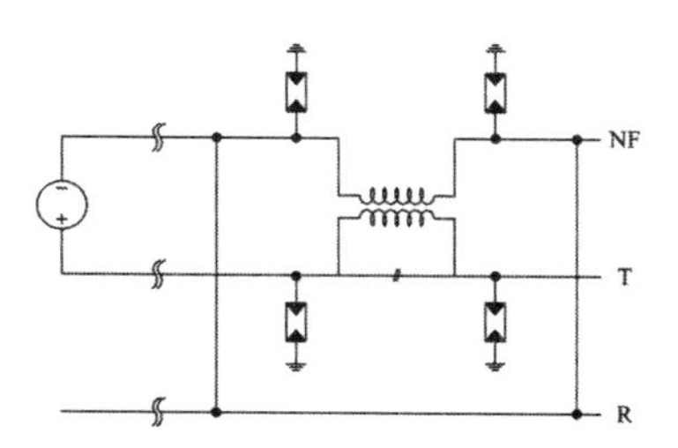

[그림 10.35] BT 전차선로 피뢰기 취부 위치

라. 피뢰기의 유효 이격거리

피뢰기와 기기가 같은 곳에 있으면 기기에 걸리는 전압은 피뢰기의 제한전압과 같지만 거리가 너무 멀리 떨어져 있으면 도래파가 피뢰기와 기기간을 왕복하여 반사되기 때문에 피뢰기로 억제되는 제한전압 e_p보다 큰 값이 기기에 걸리게 된다. 이를 관련식으로 표기하면 다음과 같다.

$$e_t = e_p + 2\mu \frac{S}{V} \text{[kV]} \tag{10.23}$$

여기서,

e_t : 기기에 걸리는 전압 (피보호기기의 BIL)[kV]

e_p : 피뢰기 제한전압[kV]

μ : 도래파의 파두준도[kV/㎲]
일반선로는 보통 200[kV/㎲], 차폐선로는 보통 500[kV/㎲]

V : 서지의 진행속도[m/㎲]
가공선로는 보통 300[m/㎲], 케이블은 보통 150[m/㎲]

S : 피뢰기와 피보호기기간의 거리[m]

위 식으로 계산하면 보통 22[kV]급은 20[m], 154[kV]급은 50[m] 이내로 하면 된다.

마. 피뢰기 접지선의 굵기 선정

피뢰기 접지선은 서지 전류를 충분히 흘려보낼 수 있는 굵기여야 한다. 보통은 1선지락 전류에 의한 제1종 접지선 굵기 계산(KSC 9609)에 준해서 선정한다.

$$A = I_g \cdot \sqrt{\frac{8.5 \times 10^{-6} t}{\log_{10}\left(\frac{T}{274}\right) + 1}} \ [\text{mm}^2] \tag{10.24}$$

여기서,

A : 접지선의 단면적[mm²]

t : 고장 지속 시간(서지 전류 방전 시간)[s]
고장 지속 시간은 0.1~3초 정도이나, 서지 전류 방전 시간은 이보다 짧을 것이다.

T : 방전중 접지선의 최고 상승 허용온도
'접지선 허용온도 -주위온도'이며, 나동선 810[℃], 피복선 80[℃]정도

I_g : 방전전류

위 식의 입력 데이터를 정확히 얻는 것은 어려우므로 일반적으로 다음 표와 같이 적용하기도 한다.

[표 10.17] 피뢰기 접지선의 굵기

피뢰기 정격전압[kV]	도체의 굵기[mm²]
144	100 ~ 150
72	38 ~ 60
28, 21	22 ~ 38

제11장

정류 작용

1. 회로 내에서 정류 소자의 동작
2. 정류 회로
3. 전철용 3상 전파 정류기

1. 회로 내에서 정류 소자의 동작

정류 소자의 일반적 성질은 한 방향으로만 전류를 통과시킨다는 것으로, 근래의 정류 소자는 모두 반도체 재료를 사용하며, 턴-온(Turn-on) 및 턴-오프(Turn-off)의 위상각 조정, 고속 스위칭 및 저 에너지 손실 등을 목적으로 다양한 접합부(Junction) 제작 방식이 고안되고 있다. 이에 따라 시중에는 다이오드, 싸이리스터, GTO, IGBT 등 다양한 소자가 출시되고 있으나 이상적인 정류 소자라면 에너지 손실과 위상 지연 없이 턴-온 시에는 완전한 도체로, 턴-오프 시에는 완전한 부도체로 작용하여야 할 것이다. 전기철도에서 사용되는 전력 반도체들은 예를 든 것과 같이 실로 다양하나, 전기차량을 제외한 직류 정류 설비에 국한하여 생각하면 정류 소자는 주로 대전류에서의 신뢰성이 입증된 다이오드와 싸이리스터가 사용되고 있다. 싸이리스터를 사용하는 경우는 턴-온 위상각을 조절하여 직류 출력을 제어할 수 있다는 점에서 다이오드를 사용하는 보통의 '정류 회로'에 대신하여 '제어 정류 회로'라는 용어를 사용하기도 한다. 이번 절에서는 가장 기본적인 반파 정류 회로를 대상으로 하여 정류 소자로서 다이오드를 사용하는 경우와 싸이리스터를 사용하는 경우의 차이점을 설명하고자 한다. 이들 두 소자의 동작 과정을 알게되면 이들 소자를 사용한 전파 및 다상 정류 회로에서의 차이점도 이해가 가능하리라 본다.

1.1 정류 회로에서 다이오드의 동작

가. 순저항 부하의 경우

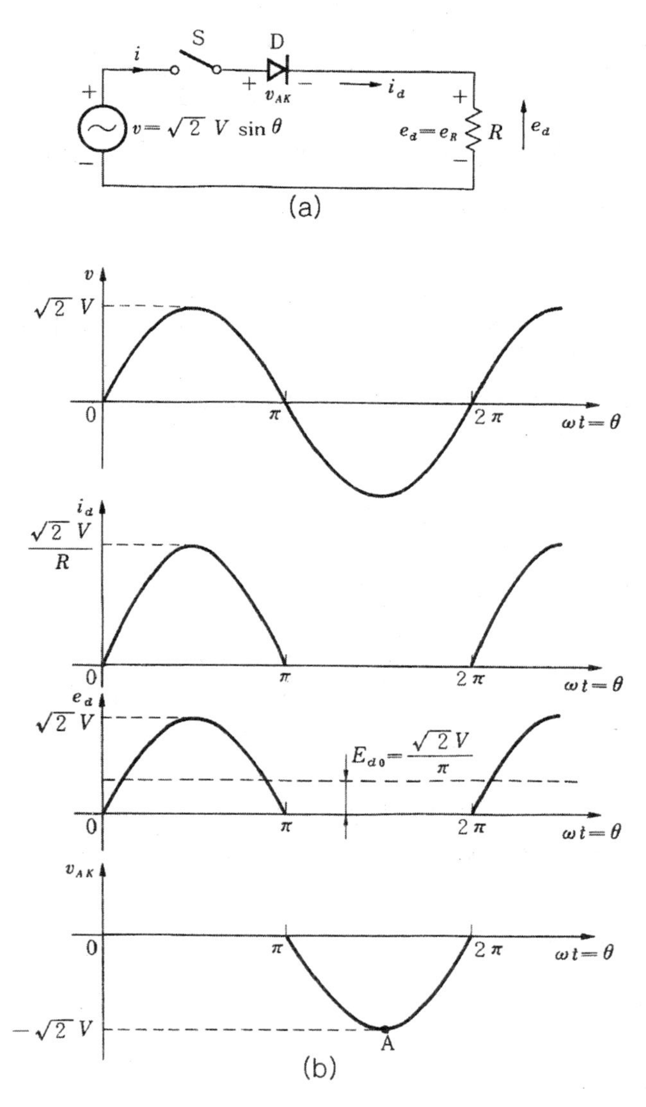

[그림 11.1] 단상 반파 정류 회로(순저항 부하)

[그림 11.1]의 (a)의 회로에서 $v=\sqrt{2}\,V\sin\theta$ 의 정현파 교류전압을 인가하면 $0\leqq\theta\leqq\pi$ 의 기간에만 정류 소자 D는 턴-온되고 저항 R에 걸리는 직류전압 e_d , 전류 i_d , 그리고 다이오드 D에 걸리는 전압 v_{AK}의 파형은 [그림11.1]의 (b)와 같이 표시된다. 이것을 반파 정류라 한다. 여기서 e_d의 평균값 E_{do}는

$$E_{d0} = \frac{1}{2\pi}\int_0^{2\pi} e_d d\theta = \frac{1}{2\pi}\int_0^{\pi} \sqrt{2}\, V\sin\theta\, d\theta \tag{11.1}$$

$$= \frac{\sqrt{2}\, V}{2\pi}[-\cos\theta]_0^{\pi} = \frac{\sqrt{2}\, V}{\pi} = 0.45\, V[\mathrm{V}]$$

이 때 부하에 흐르는 직류전류 i_d는 저항 부하이므로 e_d의 파형과 같게 되며 이것의 평균값 I_d는 다음과 같이 표시된다.

$$I_d = \frac{E_{do}}{R} = \frac{\sqrt{2}\, V}{\pi R} = \frac{V_p}{\pi R} = \frac{I_p}{\pi}[\mathrm{A}] \tag{11.2}$$

여기서 V_p, I_p는 교류전압, 전류의 최대값이다. 교류 쪽에서의 공급 전력 P_{ac}는

$$P_{ac} = I_{Rr}^2 \tag{11.3}$$

이고 실효치(rms) 전류 I_r는 다음과 같다.

$$I_r = \sqrt{\frac{1}{2\pi}\int_0^{\pi}(I_p\sin\theta)^2 d\theta} = \frac{I_p}{2} \tag{11.4}$$

I_r는 부하가 연결되었을 때 AC 전류계에 나타나는 값이 된다. 한편 정류 회로의 효율η는 다음 식으로 표시되는데,

$$\eta = \frac{P_{dc}(\text{직류출력})}{P_{ac}(\text{교류입력})} \times 100[\%] \tag{11.5}$$

반파 정류의 경우는

$$\eta = \frac{I_d^2 R}{I_r^2 R} = \frac{4}{\pi^2} \times 100 = 40.6[\%] \tag{11.6}$$

가 된다. 다음 다이오드 D의 단자간의 전압 v_{AK}는 [그림 11.1]의 (b)에서

$$v_{AK} = R_D I_p \sin\theta \cong 0 \ (0 \leq \theta \leq \pi)$$

$$v_{AK} = \sqrt{2}\, V\sin\theta \ (\pi \leq \theta \leq 2\pi)$$

가 된다. 위의 식에서 R_D는 다이오드의 순방향 저항이고 거의 0에 가깝다. 따라서 순방향 반주기 동안에 다이오드에 걸리는 전압은 거의 0이 된다. 그러나 역방향의 반주기 동안은 교류전압이 그대로 다이오드에 걸리게 된다. 다이오드에 걸리는 역방향전압의 최대값을 최대역전압 PIV(Peak Inverse Voltage)라고 하며, [그림 11.1]의 반파 정류 회로에서는 PIV가 $\sqrt{2}\,V$임을 알 수 있다. 회로에 다이오드를 사용할 때는 그 소자가 PIV에 견딜 수 있는 가를 반드시 확인하여야 한다.

나. 임피던스 부하의 경우

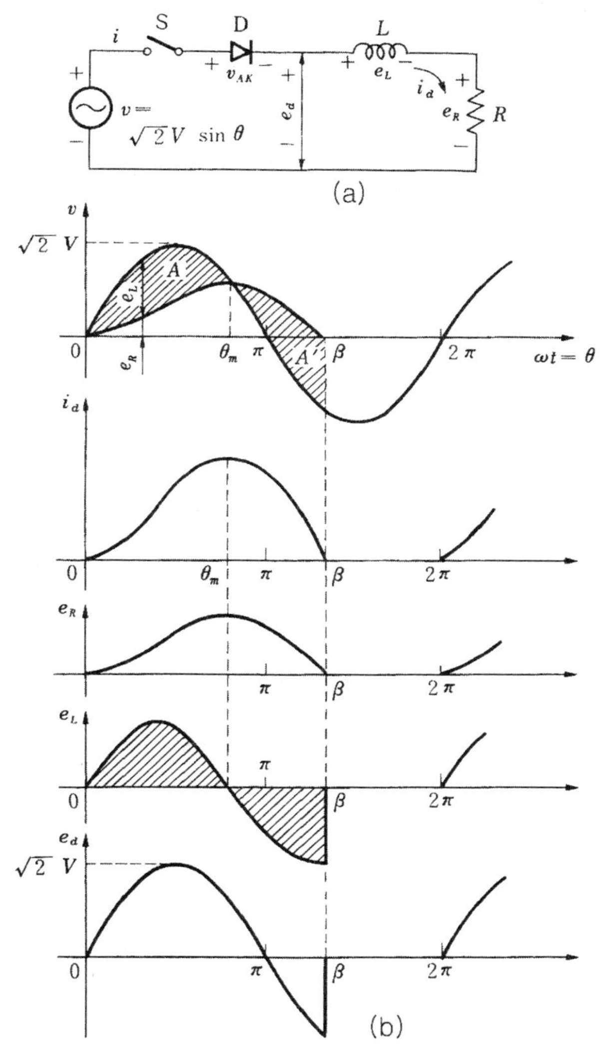

[그림 11.2] 단상 반파 정류 회로(임피던스 부하)

순저항 부하의 경우와는 달리 임피던스 부하의 경우에는 전류와 전압의 파형이 서로 일치하지 않는다. [그림 11.2]의 반파 정류 회로에서 다이오드가 도통 중에 회로방정식은 다음과 같이 된다.

$$\omega L\frac{di_d}{d\theta} + Ri_d = \sqrt{2}\,V\sin\theta\,, \qquad \theta = \omega t \tag{11.7}$$

이 비제차 방정식의 완전해를 구하면 다음과 같다.

$$i_d = \frac{\sqrt{2}\,V}{\sqrt{R^2 + (\omega L)^2}}\sin(\theta - \phi) + Ae^{-\frac{R}{\omega L}\theta}$$

여기서 $\phi = \tan^{-1}(\frac{\omega L}{R})$, A는 경계조건으로 얻어낼 미정계수

$t = 0^+$ 즉, $\theta = \omega t = 0$ 에서 인덕터 L은 개방회로로 작용하므로 $i_d(0) = 0$ 임을 알 수 있고 이를 이용하여 A를 결정하면 다음과 같다.

$$A = \frac{\sqrt{2}\,V}{\sqrt{R^2 + (\omega L)^2}}\sin\phi$$

따라서

$$i_d = \frac{\sqrt{2}\,V}{\sqrt{R^2 + (\omega L)^2}}\left[\sin(\theta - \phi) + \sin\phi\, e^{-\frac{R}{\omega L}\theta}\right] \tag{11.8}$$

위 식을 살펴보면 $\theta = \pi$ 에서 전류 i_d는 0이 되지 않음을 알 수 있다. 실제로 다이오드의 턴-오프는 순저항 부하의 경우와는 달리 $\theta = \pi$ 가 아닌 $i_d = 0$ 이 되는 $\theta = \pi + \beta$ 에서 일어나게 된다. 한편 출력 평균전압은,

$$E_{d0} = \frac{1}{2\pi}\int_0^{\pi+\beta}\sqrt{2}\,V\sin\theta\, d\theta \tag{11.9}$$

$$= \frac{\sqrt{2}\,V}{2\pi}\{1 - \cos(\pi + \beta)\}$$

예로서 V=120[V], 60[Hz], R=20[Ω] 그리고 L=0.531[H]일 때 소호각(Turn-off angle)을 구해보면,

$$i_d = \left(\frac{\sqrt{2}\times 120}{28.28}\right)\left\{\sin(\theta - \frac{\pi}{4}) + 0.707e^{-\theta}\right\}$$

이므로, $i_d = 0$ 으로 하는 소호각θ는 $\sin\left(\theta - \frac{\pi}{4}\right) = -0.707e^{-\theta}$ 을 만족해야 하므로 위의 비선형식을 풀면 θ는 3.9407[rad]($\beta = 45.8^{o}$)이고 임피던스 부하 양단에 나타나는 전압의 평균값 E_{d0}는,

$$E_{d0} = \frac{1}{2\pi}\int_{0}^{3.9407}\sqrt{2}\times 120\sin\theta\, d\theta = 45.84\,[\mathrm{V}]$$

가 된다. 한편 그림의 빗금 친 부분 A에서 전압축 방향의 길이는 인덕터에 걸리는 전압, $e_L = e_d - e_R$ 이고, 빗금 친 부분 A'에서 전압축 방향의 길이는 $e_R - e_d$로 $-e_L$과 같다. 이들 빗금 친 두 부분의 면적 A, A'는 인덕터에 걸리는 전압을 시간 적분한 자속쇄교 λ (Flux linkage : $v = \frac{d\lambda}{dt}$)로서 서로 같아야 하므로,

$$A - A' = \int_{0}^{\theta_m} e_L d\theta - \int_{\theta_m}^{\pi+\beta}(-e_L)\, d\theta = \int_{0}^{\pi+\beta} e_L d\theta = 0$$

로부터 다이오드 도통 기간 중에 인덕터에 걸리는 전압은 평균이 0임을 알 수 있다.

1.2 정류 회로에서 싸이리스터의 동작

싸이리스터의 도통(턴-온)은 게이트 신호에 의하나 소호(턴-오프)는 다이오드와 같이 싸이리스터 통과 전류가 0이 될 때 이루어진다. [그림 11.3]의 (a)는 R과 L로 이루어진 임피던스 부하에서 싸이리스터를 사용하는 단상 반파 제어 정류 회로이고 그림 (b)는 $\theta = \alpha$ 에서 도통되는 경우의 전압 파형이며 , 그림 (c)는 게이트 펄스이다. 그림 (b)에서는 $\Theta = \pi + \beta$ 일 때 싸이리스터 전류가 0이되며 이때 그림 (e)와 같이 싸이리스터의 양단에는 전압 v_{AK}가 걸린다. 싸이리스터의 소호각 $\pi + \beta$는 게이트 펄스의 제어각α, 부하의 R과 L의 영향을 받게되고, 적어도 $2\pi + \alpha$ 시각 이내에 있다.

싸이리스터가 도통중인 기간 $\alpha \leq \theta \leq \pi + \beta$ 에서 회로방정식은 다이오드의 경우와 다를 게 없다. 즉,

$$\omega L\frac{di_d}{d\theta}+Ri_d=\sqrt{2}\,V\sin\theta\,,\qquad \theta=\omega t$$

가 성립하며 이 비제차 방정식의 완전해를 구하면 다음과 같다.

$$i_d=\frac{\sqrt{2}\,V}{\sqrt{R^2+(\omega L)^2}}sin(\theta-\phi)+Ae^{-\frac{R}{\omega L}\theta}$$

여기서 $\Phi=\tan^{-1}(\frac{\omega L}{R})$, A는 경계조건으로 얻어낼 미정계수.

앞에서 설명한 다이오드와 싸이리스터가 다른 점은 바로 경계조건으로 다이오드가 $\theta=0$ 에서 $i_d=0$ 임에 반해 싸이리스터는 $\theta=\alpha$ 에서 $i_d=0$ 이 된다. 이제 이를 이용하여 A를 결정하면

$$A=-\frac{\sqrt{2}\,V}{\sqrt{R^2+(\omega L)^2}}sin(\alpha-\phi)\,e^{\frac{R}{\omega L}\alpha}$$

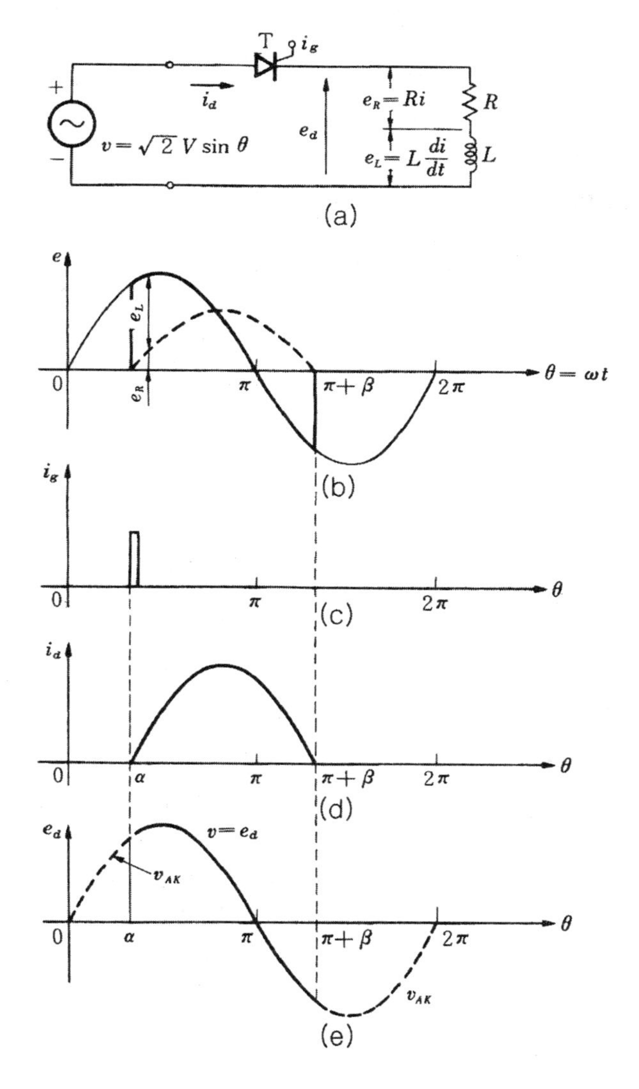

[그림 11.3] 단상 반파 제어 정류 회로(임피던스 부하)

이고 따라서 i_d는

$$i_d = \frac{\sqrt{2}\,V}{\sqrt{R^2 + (\omega L)^2}}\left[\sin(\theta - \phi) - \sin(\alpha - \phi)\,e^{-\frac{R}{\omega L}(\theta - \alpha)}\right] \tag{11.10}$$

지금 $i_d = 0$ 이 되는 소호각$\theta = \pi + \beta$ 는

$$\sin(\pi + \beta - \phi) = \sin(\alpha - \phi)e^{-\frac{R}{\omega L}(\pi + \beta - \alpha)} \tag{11.11}$$

을 만족하므로 여기서β를 구하면 되며β는 점호각α의 함수가 된다. 실제로 위 식과 같은 비선형 방정식을 풀기 위해서는 N-R방법 같은 수치해석적 방법을 필요로 하며 이를 이용하여β를 구했다면, 이때 출력 평균전압은 그림 (e)에서

$$E_{d0} = \frac{1}{2\pi}\int_{\alpha}^{\pi+\beta}\sqrt{2}\,V\sin\theta\,d\theta \tag{11.12}$$

$$= \frac{\sqrt{2}\,V}{2\pi}\{\cos\alpha - \cos(\pi+\beta)\}$$

이 되고 평균전압 역시 점호각α의 함수가 되어 점호각의 조정에 의해 출력전압을 제어할 수 있음을 알 수 있다. 정류 전류의 평균값은 다음 식으로부터 구할 수 있다.

$$i_{d0} = \frac{1}{2\pi}\int_{\alpha}^{\pi+\beta}\frac{\sqrt{2}\,V}{\sqrt{R^2+(\omega L)^2}}\left\{\sin(\theta-\phi)-\sin(\alpha-\phi)\,e^{-\frac{R}{\omega L}(\theta-\alpha)}\right\}d\theta \tag{11.13}$$

이제 다음절부터 설명하는 모든 종류의 정류 회로는 정류 소자로서 다이오드를 사용하는 경우를 예로 하였으나, 다이오드 대신 싸이리스터를 사용하여 똑 같은 회로를 구현할 수 있다. 싸이리스터를 사용하는 경우는 앞에서 살펴본 바와 같이 출력전압의 제어가 가능하므로 전기차량의 회생제동 시 전원전압을 일시적으로 낮추어 전원으로의 회생 효율을 증가시킬 수 있는 등의 장점이 있는 반면 설비가 복잡해지며 고조파 함유량이 증가하는 등의 단점도 가지고 있다.

2. 정류 회로

2.1 단상 전파 정류 회로

[그림 11.4]의 (a)의 회로에서 v의 '+'반주기 동안은 다이오드 D_1, D_2'가 도통하고 '-'의 반주기 동안은 D_2, D_1'가 도통한다. 출력전압 e_d는 그림 (b)와 같은 맥류가 된다. 출력 평균전압 E_{d0}는

$$E_{d0} = \frac{1}{\pi}\int_0^{\pi} \sqrt{2}\, V\sin\theta\, d\theta = \frac{2\sqrt{2}}{\pi}\, V = 0.90\, V[\mathrm{V}] \tag{11.14}$$

가 되고 단상 반파 정류일 때의 2배가 된다. v의 '+'반주기에는 D_2, D_1'에 v가 역방향으로 걸리고 이때D_2나D_1' 양단에는 부하 저항

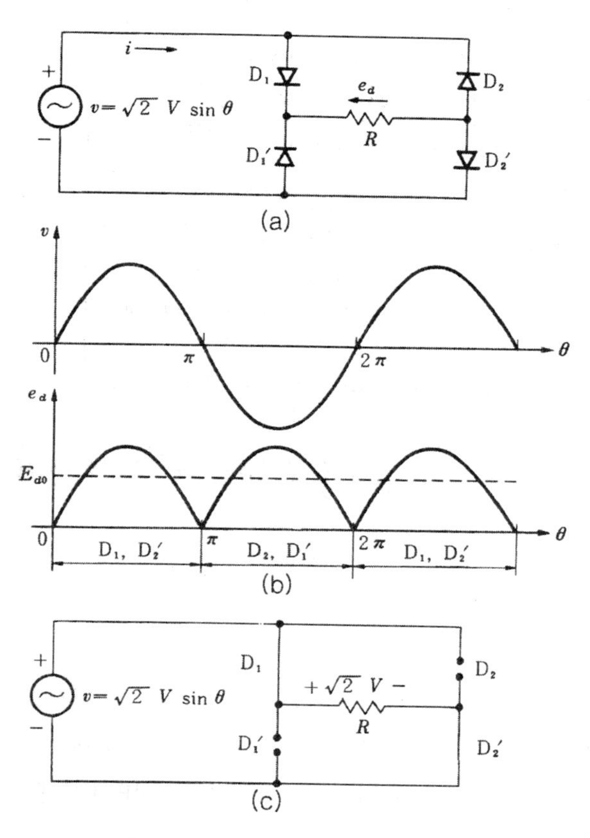

[그림 11.4] 단상 전파 정류 회로

R에 걸리는 출력전압이 그대로 나타나므로 (그림 (c)) PIV는 $\sqrt{2}\,V$[V]로 반파 정류의 경우와 동일함을 알 수 있다. 다음 반주기에서는 D_1, D_2'에 v가 역방향으로 걸린다.

[그림 11.5]와 같은 전원 중간 탭을 이용한 단상 전파 정류 회로에서는 [그림 11.4]의 브릿지 정류 회로 경우의 다이오드 수 4개에 비해 2개의 소자만으로 충분하다. 단 D_1의 도통 때에는 D_2에 $v_{s1}-v_{s2}$의 역방향전압이 걸리므로 이것도 [그림 11.4]와 비교하는 경우에 $|v|=|v_{s1}|=|v_{s2}|$라 하면 직류의 평균값은 같으나 한 소자에 걸리는 PIV는 브릿지 방식에 비해 2배가 된다. 전파 정류 회로에서 부하에 흐르

는 평균전류 I_d는 반파 정류값의 2배이고

$$I_d = \frac{2\sqrt{2}\,V}{\pi R} = \frac{2}{\pi} I_p \tag{11.15}$$

이다. 마찬가지로 효율도 반파 정류 경우의 2배가 되어 $\frac{8}{\pi^2} \times 100 = 81.2[\%]$ 가 된다.

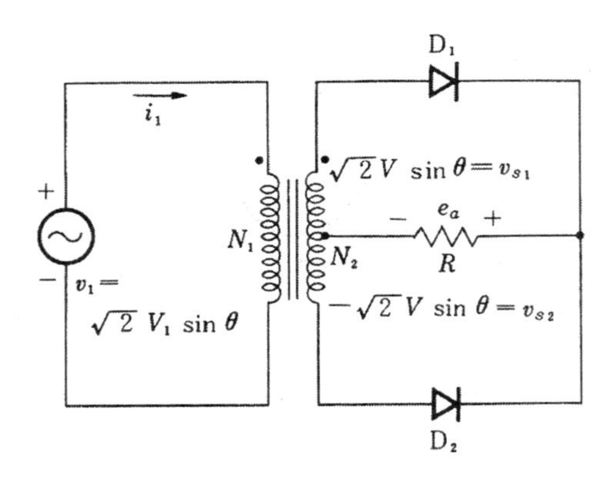

[그림 11.5] 단상 전파 정류 회로(전원 중간점 이용)

2.2 3상 반파 정류 회로

[그림 11.6]과 같이 3상 Y결선으로 된 회로에 3개의 다이오드를 사용하여 캐소드 쪽을 공통으로 한다. 이 때 부하를 통해 변압기의 중성점에 연결한 회로를 3상 반파 정류 회로라 한다. 그림 (a)에서 중성점 O와 점P사이에 $v_{s1} - \mathrm{D}_1$, $v_{s2} - \mathrm{D}_2$, $v_{s3} - \mathrm{D}_3$ 지로(Branch)가 병렬로 접속되어 있다. 평형3상전압 v_{s1}, v_{s2}, v_{s3} 중에서 순시치 전압이 가장 큰 값의 지로의 다이오드가 도통된다. 따라서 부하에 걸리는 전압 e_d의 파형은 그림 (b)와 같이 맥동 직류전압이 된다. 지금 $v_{s1} = \sqrt{2}\,V\cos\theta$ 라고 하면 출력 평균전압 E_{d0}는 다음과 같다.

$$E_{d0} = \frac{1}{\frac{2\pi}{3}} \int_{-\frac{\pi}{3}}^{\frac{\pi}{3}} \sqrt{2}\,V\cos\theta\, d\theta = \frac{3\sqrt{3}\sqrt{2}}{2\pi} V = \frac{3\sqrt{2}}{2\pi} V_l = 0.675\,V_l \quad [\mathrm{V}] \tag{11.16}$$

(여기서 V_l은 선간전압의 실효치 $\therefore V_l = \sqrt{3}\,V$)

이 3상 반파 정류 회로에서 PIV는 다이오드의 비도통 상태에서 걸리는 최대전압이고 D_1이 비도통일 때 걸리는 전압은 $v_{s1}-v_{s2}$, 또는 $v_{s1}-v_{s3}$가 되고 다음과 같다.

$$v_{AK}=\sqrt{2}\,V\cos\theta-\sqrt{2}\,V\cos(\theta-\frac{2\pi}{3}) \qquad (11.17)$$

PIV는 $\theta=60^{\circ}+\frac{n\pi}{2}$ (n=홀수)에서 일어난다. 따라서$\theta=150^{\circ}$ 일 때 PIV는 $\sqrt{3}\times\sqrt{2}\,V=\sqrt{2}\,V_l=2.094E_{d0}$ 가 된다.

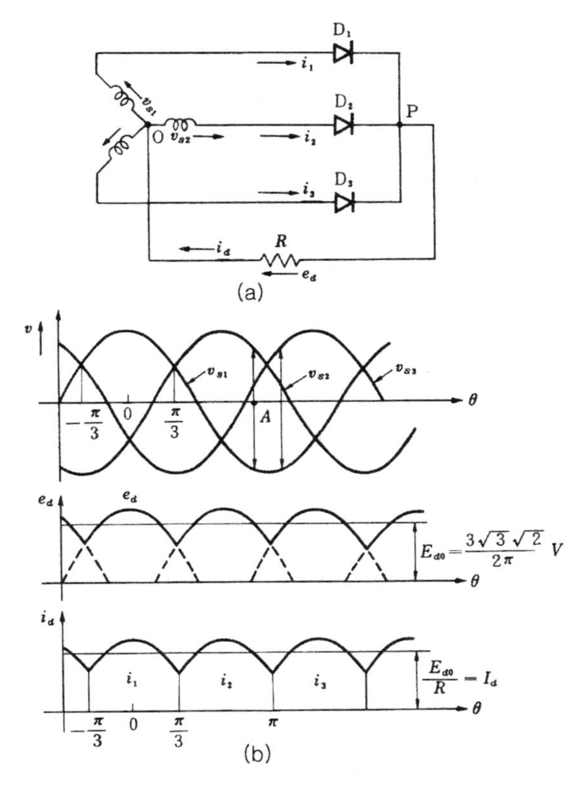

[그림 11.6] 3상 반파 정류 회로

2.3 3상 전파 정류 회로(6-pulse 정류 회로)

[그림 11.7]과 같이 각 상에 2개의 다이오드를 사용하여 구성된 3상 전파 정류 회로를 살펴보기로 한다. Y결선의 상전압을 v_{s1}, v_{s2}, v_{s3}라 하고 선간전압의 실효치를 V_l이라 하자. 여기서 중성점을 O라 하면 부하 쪽의 '+'단자 P와 O사이에는$v_{s1}-D_1$, $v_{s2}-D_2$, $v_{s3}-D_3$의 3개의 회로가 병렬로 결선되어 있으므로 이 부분에서의 정류 작용은 반파 정류의 경우와 동일하다. 따라서 O에 대한 P의 전위는 그림 (b)의 곡선

①과 같이 되며 이 곡선의 평균값은 반파 정류의 경우와 동일하게 $0.675\,V_l$이 된다.

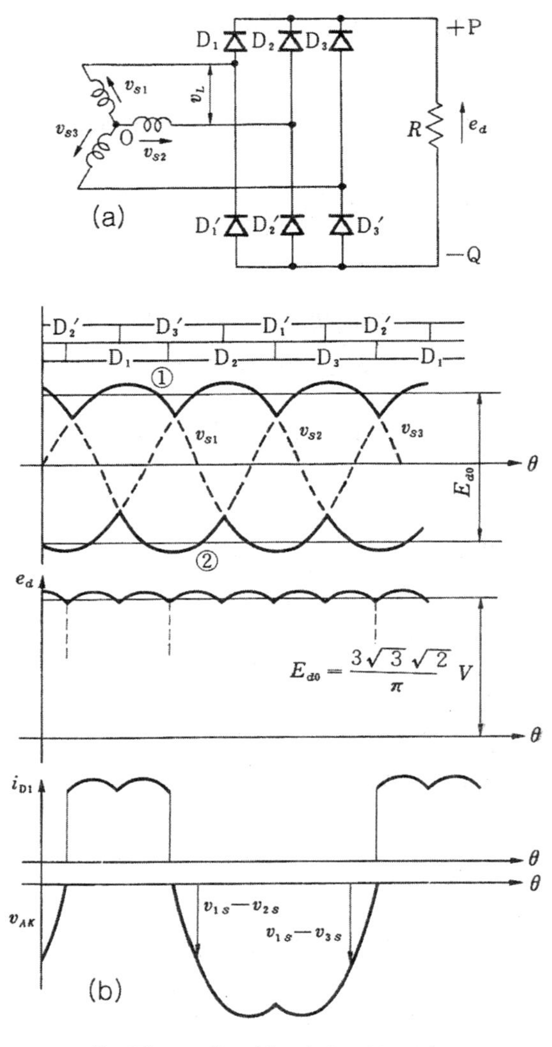

[그림 11.7] 3상 전파 정류 회로

또 중성점 O와 부하 쪽의 '-' 단자 Q사이에는 $D_1-(-v_{s1})$, $D_2-(-v_{s2})$, $D_3-(-v_{s3})$의 3개의 회로가 병렬로 연결되어 있다. 따라서 반파 정류의 경우와 같이 $|-v_{s1}|$,$|-v_{s2}|$,$|-v_{s3}|$ 중에서 값이 가장 작은 회로만이 Q와 O사이에 도통된다. 그 결과 O에 대한 점Q의 전위는 그림 (b)의 곡선 ②와 같이 된다. 부하에 걸리는 직류전압 e_d는 곡선 ①과 곡선 ②사이의 전위차가 되며 평균값 E_{d0}는 $E_{d0} = 0.675\,V_l \times 2 = 1.35\,V_l$ 로 반파 정류의 2배가 된다. 직류전압 e_d의 파형을 보면 교류 입력전압 1주기(360°)동안에 6개의 맥동(Ripple, Pulse)이 나타남을 알 수 있으

며 각 맥동은 60°씩을 점유하게 된다. 따라서 3상 전파 정류 회로를 6-pulse 정류 회로라 부르기도 한다. 각 다이오드의 PIV도 반파 정류의 경우와 역시 동일하게 선간전압 실효치의 $\sqrt{2}$ 배가 되나 출력 평균전압에 대한 배율로 따지면 PIV는 $\sqrt{2}\,V_l = 1.047E_{d0}$ 가 된다. 이제 다음절에서는 이들 3상 전파 정류 회로를 직・병렬 연결하여 12개의 맥동을 포함하는 직류를 얻어내는 방식- 12-pulse 정류 방식-에 대하여 살펴보고자 한다.

3. 전철용 3상 전파 정류기

3.1 변압기 결선에 따른 위상차와 12-pulse 정류 회로

가. △-Y결선 시 선전압 간 위상차

3상 변압기를 △-△로 결선 하는 경우와 △-Y로 결선 하는 경우에는 [그림 11.8]과 같이 30°의 위상차가 생기게 된다. 따라서 변압기를 △-△로 하여 전파 정류를 하는 경우와 변압기를 △-Y로 하여 전파 정류를 하는 경우에는 출력으로 나오는 6-pulse 파형 간에도 서로 30°의 위상차가 생기게 된다. 6-pulse 정류기 출력에서 맥동 1개가 차지하는 각은 60°이므로 30° 위상차를 갖는 두 개의 6-pulse 정류기 출력이 중첩된다면 이 두 정류기의 출력은 서로 골(Valley)과 산(Peak) 사이에 겹쳐져 1주기 360° 동안에 12개의 맥동을 갖는 직류를 만들어 낸다. 이런 정류 방식을 12-pulse 정류 방식이라 부른다. 12-pulse 정류 방식은 전력용 반도체의 정격이 상당히 제한적이었던 1960년대 중반에 간단하면서도 경제적으로 보다 큰 출력을 얻어내려는 목적으로 고안되었으며 오늘날에도 대전력 계통에 널리 적용이 되고 있다.

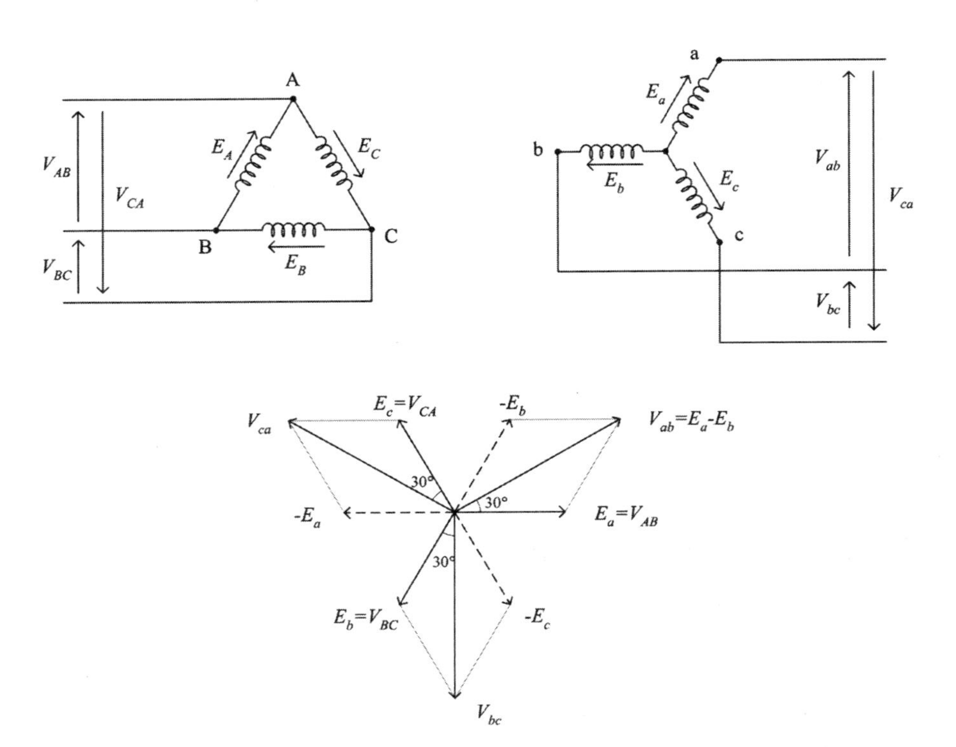

[그림 11.8] Δ-Y결선 시 선전압 간 위상차 (권수비 1:1 가정)

나. 12-pulse 정류 회로

정류기용 변압기의 1차 전원 측 선전류에는 다음 식으로 표현되는 고조파 성분 (Harmonics)이 포함되게 된다.

$$I_n = nP \pm 1\ ,\ h_n = \frac{1}{n} \tag{11.18}$$

여기서 I_n은 고조파 성분

h_n은 기본파 진폭(Amplitude 또는 Magnitude)을 1로 하였을 때 n차 고조파의 진폭 비

P는 펄스의 개수(6, 12 등)

n = 1, 2, 3, ..., ∞

예로서 6-pulse 정류 회로의 경우에는,

I_n = 5, 7, 11, 13, 17, 19, 23, 25, ...

$$h_n = \frac{1}{5},\ \frac{1}{7},\ \frac{1}{11},\ \frac{1}{13},\ \frac{1}{17},\ \frac{1}{19},\ \frac{1}{23},\ \frac{1}{25},\ \cdots\cdots$$

이 되고,

12-pulse 정류 회로라면,

$$I_n = 11,\ 13,\ 23,\ 25,\ .....$$

$$h_n = \frac{1}{11},\ \frac{1}{13},\ \frac{1}{23},\ \frac{1}{25},\ \cdots\cdots$$

이 된다. 이상과 같이 12-pulse정류의 경우는 5차 및 7차 고조파를 제거할 수 있어 전원 측에 미치는 고조파 영향을 대폭 감소시킬 수가 있다. 12-pulse 방식에서 5차 및 7차 고조파가 제거되는 메카니즘은 △결선과 Y결선에서의 30° 위상차로 인하여 변압기 권선 내에서 이들 고조파가 서로 상쇄, 소멸하고 입력 전원전류에는 나타나지 않는 것이므로, 매 순간 △ 측 정류기와 Y 측 정류기가 동일한 부하전류를 분담하여야만 실제로 1차 측 선전류에 5차 및 7차 고조파가 포함되지 않게 된다.

(1) 12-pulse 정류 방식(병렬 연결)

[그림 11.9]와 같이 전파 정류기 2대를 병렬로 연결하여 12-pulse를 얻어내는 방안을 고찰해 보기로 한다. 병렬 연결로 12-pulse를 구현하는 경우에는 [그림 11.9]에 표시된 IPT(Inter Phase Transformer 또는 Interphase Reactor)가 필요하게 된다. IPT는 권선의 $\frac{1}{2}$지점에 탭을 가지고 있는 단권 변압기(AT)의 일종으로 어느 한 쪽 $\frac{1}{2}$권선에 전류가 흐르면 반대 쪽 $\frac{1}{2}$권선에도 기자력을 보존시키기 위하여 같은 양의 전류가 흐르게 하여 부하를 분담시키는 역할을 한다. 이러한 병렬 연결 방식의 문제점으로는, 이론적으로 고조파가 제거되기 위해서는 △ 및 Y 측 변압기가 부하전류를 정확히 각각 반씩 부담하여야 하며 이러기 위해서는 양 변압기의 출력전압이 정확히 일치하여야 한다는 것이다. 그러나 양 변압기 2차 측 권선의 임피던스 불일치와 전압변동율의 차이로 인하여 이러한 조건은 겨우 정격부하 부근에서만 만족될 뿐이다.

병렬 연결 방식의 12-pulse 정류기에서 직류 출력전압은 3상 전파 정류기와 같으므로 $E_{d0} = 1.35\,V_l$ 이 된다. 그러므로 직류 전차선로의 무부하 시 전압 DC 1650[V]

를 얻기 위해서는 정류기용 변압기의 2차 측 선간전압은 $\dfrac{1620}{1.35} = 1200[\mathrm{V}]$ 여야 한다.

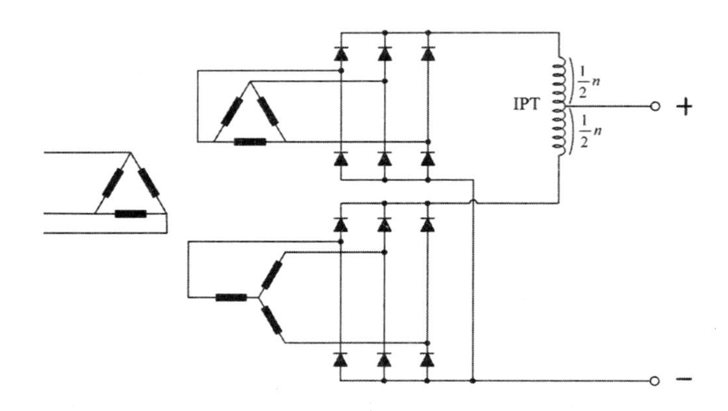

[그림 11.9] 12-pulse 정류 방식(병렬 연결)

(2) 12-pulse 정류 방식(직렬 연결)

12-pulse는 [그림 11.10]과 같이 전파 정류기 2대를 직렬로 연결하여 구현시킬 수도 있다. 이 경우 △ 및 Y 측 정류기는 공히 전 부하전류를 부담하게 되므로 병렬 방식에서와 같은 전류 분배의 문제는 없으며 IPT도 필요없게 된다. 또한 전 부하 영역에서의 고조파 제거가 가능하다. 이러한 이유로 다이오드의 전류 정격이 높아진 근래에는 직렬 연결 방식의 12-pulse 정류 회로가 많이 쓰이고 있다.

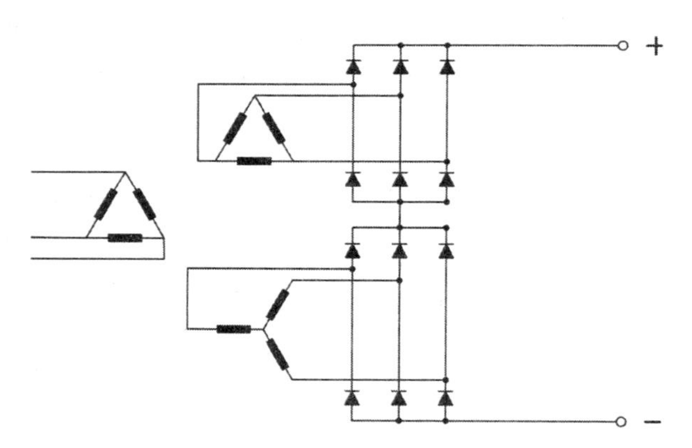

[그림 11.10] 12-pulse 정류 방식(직렬 연결)

이 방식에서 정류기의 직류 출력전압과 정류기용 변압기의 2차 측 선간전압 간의 관계는 $E_{d0} = 2.7\,V_l$ 이 된다.

3.2 직류 전철용 정류기

가. 정류기용 변압기 규격

12-pulse 정류기용 변압기로는 내부에 △-△, Y-△의 2뱅크 변압기를 갖는 4권선 방식과 1차 권선을 공유하는 3권선 방식이 있으나 경량·소형화의 장점을 가지고 있는 3권선 변압기가 주로 사용된다. 변압기의 1차 권선은 교류 권선이 되나 정류기용 변압기의 2, 3차 권선은 직류 권선으로서 전기로용 변압기의 저압 측과 같이 저압·대전류로 되는 수가 많아 결선이 복잡하므로 접속선이 차지하는 비율이 크다. 또 결선에 따라서는 교류 권선과 직류 권선에 흐르는 전류의 실효값이 다르기 때문에 직류 권선의 용량이 교류 권선보다 커지게 되는 것도 이 변압기의 특징이다.

JEC188(일본전기학회·전기규격조사회에서 제정한 규격)에는 반도체 정류 장치 및 사이리스터 변환 장치에 대해 다음과 같이 과부하를 포함하는 7가지의 규격이 제시되어 있다.

[표 11.1] 표준 정격의 종류 (JEC188)

정격의 종류	시험 조건
A_0	정격출력 연속 100% 인가
A	정격출력 연속 100% 인가하여 온도 상승이 멈추어 진 후 정격직류전류의 150%로 1분간
B	정격출력 연속 100% 인가하여 온도 상승이 멈추어 진 후 정격직류전류의 125%로 2시간 및 200%로 10초간
B_0	정격출력 연속 100% 인가하여 온도 상승이 멈추어 진 후 정격직류전류의 125%로 2시간 및 200%로 1분간
C	정격출력 연속 100% 인가하여 온도 상승이 멈추어 진 후 정격직류전류의 150%로 2시간 및 200%로 1분간
D	정격출력 연속 100% 인가하여 온도 상승이 멈추어 진 후 정격직류전류의 150%로 2시간 및 300%로 1분간
E	정격출력 연속 100% 인가하여 온도 상승이 멈추어 진 후 정격직류전류의 120%로 2시간 및 300%로 1분간

나. 몰드 변압기

몰드 변압기(Cast Resin Transformer)는 내열 및 절연 성능이 우수한 에폭시 수지 등으로 권선을 덮은 건식 변압기를 일반적으로 부르는 말이다. 권선을 금형에 넣어 수지 주형하는 주형법과 미리 권선 주위에 글래스 클로스 등을 감아서 수지를 함침하는 함침법의 2종류로 대별된다. 몰드 변압기는 [표 11.2]와 같이 우수한 특징이 있으므로 빌딩, 지하철 등 특히 화재가 우려되는 장소의 전원 변압기에 많이 이용된다. 그러나 사용되고 있는 수지는 통상 자외선에 대하여 수명을 보장할 수 없으므로 옥외에서 사용할 때는 적당한 큐비클 등에 내장시켜야 한다. 에폭시 수지를 사용하는 것들은 통상 B종 또는 F종 절연이며 특수한 수지로 H종도 제작되고 있다. 단자 인출부의 절연은 기중 연면이고 또한 방열 등의 문제로 고저압 권선 사이에 기중 부분이 존재하므로 제작 범위는 통상 공칭전압 33kV 정도이다.

(1) 철심

철심은 경년 변화가 없는 고 투자율의 냉간 압연 방향성 규소강판을 사용하여 철심 및 여자전류를 최소화하는 것이 일반적이며 철심의 접합은 자화 특성 및 여자특성이 양호하도록 강판의 특성을 최대로 고려한 45° 절단 및 랩 조인트(Lap joint) 방식을 채택하고, 철심을 적층한 후 부식을 방지하기 위해 에폭시 페인트로 충분한 방청처리를 한다.

(2) 권선

몰드 변압기의 가장 큰 특징 및 주요 부분은 몰드 권선이다. 고압권선과 저압권선 2개 부분으로 나누어져 있으며 도체는 에폭시 수지와 열팽창 계수가 같은 알루미늄 시트(Sheet)를 사용한다. 고압권선은 보통 저압권선위에 직접 권선하게 되는데, 고저압권선은 각각 에폭시 수지로 몰딩하여 철심에 동심원상으로 배치되며, 고압권선과 저압권선간은 냉각 덕트(Duct)가 있어 권선의 열 방산을 돕고 있다.

권선의 제조 방식은 고진공 상태에서 에폭시 수지를 금형에 넣어 수지 주형하는 주형법과 미리 권선 주위에 글래스 클로스 등을 감아서 수지를 함침하는 함침법의 2종류로 대별된다. 고압권선은 여러 개의 알루미늄 박판 코일로 되어 있으며 에폭시 수지로 고진공에서 주형 몰딩하며, 저압권선은 코일 높이와 같은 폭의 알루미늄 시트 코일로 되어 있으며 절연 물질과 함께 몰딩 되어진다. 진공 몰딩형은 금형에 의해 제조되므로 표면이 미려해 먼지 등의 부착이 적은 반면에 함침형의 경우는 표면이 거칠고 수지층이 얇아 먼지 등의 부착이 많아 내 코로나 특성 저하 및 외부 화재 시 권선 내부에서의 확산 속도가 빠르다는 단점이 있어 진공 몰딩 방식으로 제작한 것이 주종을 이루고 있다.

[표 11.2] 몰드 변압기의 특징

특징	해설
내화성	불연성 수지는 외부로부터 불꽃으로 연소되지만 불꽃을 멀리하면 자기소화 한다. 전압 및 용량에 따라서는 규정에 따라 소화설비를 간단히 할 수도 있다.
절연성	건식 변압기의 BIL 테스트는 유입 변압기 보다 약간 낮추는 것이 보통이나 몰드 변압기는 고체 절연 때문에 유입 변압기와 동등하게 하는 것이 많다.
내습성	권선 전체가 수지에 쌓여 있으므로 고온·다습한 곳에 장시간 방치하여도 절연저항이 저하되지 않는다.
기계적 견고성	단락 등의 충격에 대해서도 권선이 수지로 고정되어 있어 여유가 있으며 내진성에서도 우수
단시간 과부하 용량	권선의 열용량이 크므로 단시간 과부하 정격이 크다.
운반 및 시공성	경량이므로 운송이 용이하며 경우에 따라서는 분해·반입·현지 조립하더라도 신뢰성에 영향이 없다.

(3) 몰드 변압기의 명판 기재 사항들

[그림 11.11]은 국내에서 제작되는 정류기용 3권선 몰드 변압기의 명판을 복사한 것이다. 이를 바탕으로 변압기와 관련된 주요 제원을 설명하고자 한다.

1) 정격용량, 전압 및 전류

일반적인 변압기들과 차이 없으나 3권선 변압기인 경우에는 편의상 각 권선 용량 중 최대의 것을 가지고 정격용량으로 한다.

2) 절연계급

변압기의 뇌임펄스 시험 전압을 나타낸 것으로 BIL이 125kV임을 의미한다.

3) 임피던스 전압

임피던스 전압이 크면 전압변동율도 크다. (전압변동율은 ϵ은 근사적으로 $\epsilon \cong p\cos\phi + q\sin\phi$, 여기서 p는 %저항 강하, q는 %리액턴스 강하이며 ϕ는 부하 역률각) 그러나 임피던스 전압이 작으면 단락전류가 커지는 단점이 있다. 명판에서 1-2차간과 1-3차간의 임피던스 전압이 틀림에 유의하자. 병렬 연결 방식의 12-pulse시스템은 변압기 측에서는 병렬 운전에 해당하므로 특별한 주의를 요한다.

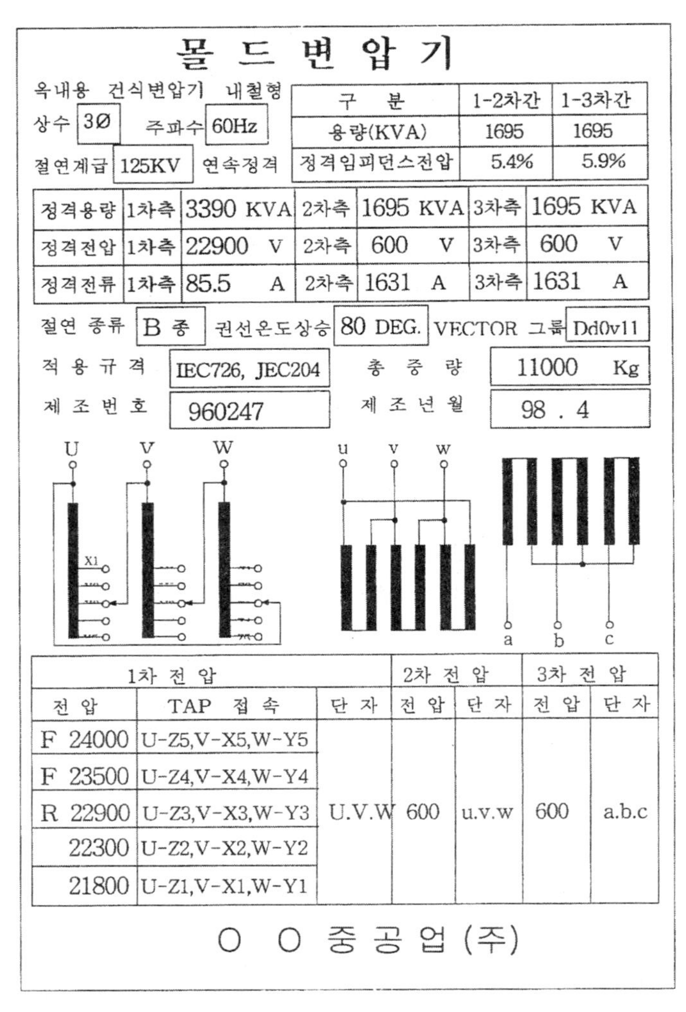

[그림 11.11] 3권선 몰드 변압기 명판 기재 사항

4) 절연의 종류 및 권선 온도 상승

절연 종류의 정의는 KSC4004 (전기기기 절연의 종류)에 따른다.

[표 11.3] 전기기기 절연의 종류

절연의 종류	Y	A	E	B	F	H	C
최고허용온도(℃)	90	105	120	130	155	180	180초과

(온도상승한도 = 최고허용온도 - 40℃ - 여유)

5) VECTOR 그룹

결선 방식에 따른 각변위 표시를 의미하며, IEC76(Power transformers)에서 규정하는 벡터군 기호에 의하여 표기되어 있다.

예제 명판의 Dd0y11의 의미는,

D → 1차권선이 △결선

d → 2차권선이 △결선

0 → 1,2차 권선간 위상차는 0

y → 3차권선이 Y결선

11 → 2차와 3차 권선간의 위상차는 11시 방향. 즉, 30 °

다. 12-pulse 정류기

[그림 11.12]는 직렬 연결 방식의 12-pulse 정류기 회로 결선의 일 예이다. 정류기는 크게 다이오드부, 출력부 및 제어부로 나누어지며 그림은 다이오드부와 출력부를 나타내고 있다.

1) 우선 다이오드부를 살펴보면 12-pulse 정류기이므로 12개의 LEG로 구성되어 있음을 알 수 있다. 여기서 LEG라 함은 [그림 11.7]과 같은 전파 정류 회로에서 다이오드 1개와 같은 역할을 하는 기본 정류 구성 요소를 뜻하며 1 LEG는 실제로 전류 용량을 높이기 위하여 다수의 다이오드가 병렬로 연결되어 구성되게 된다. 그림의 정류기에서는 1 LEG에 다이오드 5개가 사용되고 있다.
2) 각각의 다이오드는 R-C 스너버(snubber)회로, 퓨즈 및 고장이 발생할 경우 전류 분담을 위한 저항이 연결되어 있다.
3) 각각의 다이오드 퓨즈에는 퓨즈가 용단될 때 동작하는 마이크로 스위치가 부착되어 있다. 이 스위치는 제어부에 있는 다이오드 퓨즈 인디케이터 회로와 램프에 연결되어 있다. 대부분의 정류기에서 다이오드가 소손될 경우를 대비하여 다이오드 개개의 정격은 설계치보다 20% 정도의 여유를 갖게 한다. 따라서 LEG에서 다이오드 1개가 파손되는 경우 경보가 동작은 하나 운전은 계속 이루어지게 된다.
4) 다이오드 PN접합부의 온도는 방열판 온도를 통하여 간접적으로 측정된다. 보통 접합부 온도 120~130[℃]에서 경보가 발생하며 130[℃]를 초과하면 운전을 중지시킨다.
5) 출력부의 +, - 모선 양단에는 2개의 써지 제한기가 직렬로 연결되어 있음을 볼 수 있다. 또한 금속 산화 배리스터(MOV)가 모선에 연결되어 있다. 이들 장치는 과도상태 시 발생하는 내부의 과전압과 교류 차단기가 차단될 때마다 변압기 자화전류에 의한 과도현상으로부터 전력용 다이오드를 보호하기 위해서이다.

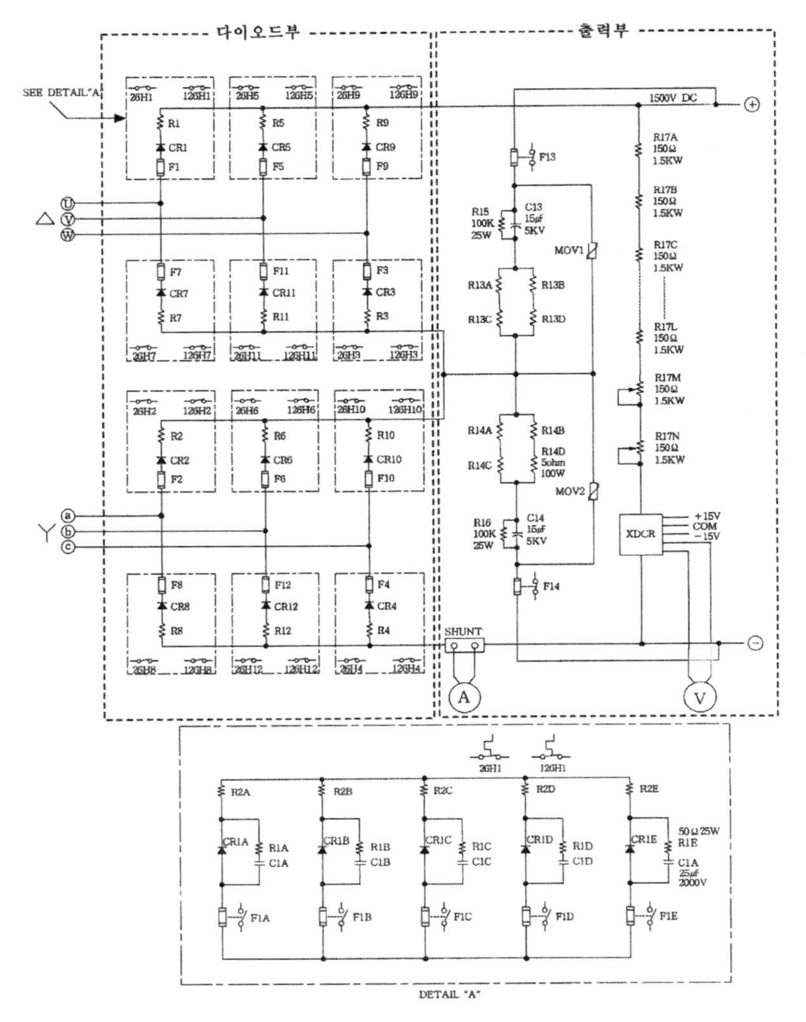

그림 11.12 12-pulse 정류기 회로도

6) 전력용 저항(R17군)은 스너버 회로의 캐패시터에 의해 발생하는 무부하 직류 출력 전압의 피크 값을 제한하는 역할을 하게 된다.
7) 제어부의 접지 계전기(64P)는 'Hot structure' 감지와 'Ground Fault' 감지를 한다. Hot structure감지는 보통 대지와 패널 사이를 저 임피던스로 연결하며 정극(+)모선이 패널에 접촉하게 되면 접지 전류에 의해 동작하게 된다. 한편 Ground Fault 감지는 급전선 접지의 감지를 목적으로 지락사고 시 레일과 대지 사이의 전위차에 의해 동작하게 된다.
8) 제어부에는 이밖에 전류계, 전압계, 온도 계전기(26), 다이오드 퓨즈 용단 검출용 계전기(58) 및 정류기 도어의 개폐를 감시하는 계전기 등도 연결되어 있다.

☞ 열저항을 이용한 접합부 온도 예측 방법

접합부 온도는 직접 측정이 불가능하므로 통전 전류를 통한 발열량 계산으로부터 접합부와 대기간의 열저항(Thermal resistance)을 이용하여 예측하게 된다. 열저항을 사용하게 되면 발열량 W는 전류 I, 온도 T는 전압 V에 유사(Analogy)시켜 $T = RW$ 의 관계를 갖는 열등가 회로로 변환시켜 열전도 문제를 해결할 수 있다. 다만 열저항은 열적 평형상태가 이루어진 정상상태에서의 저항 값과 정류기의 초기 기동 시나 과부하 운전 시의 과도상태에서의 저항 값을 달리 생각해야 한다. [그림 11.13]은 접합부 온도 예측을 위한 열등가 회로를 나타내고 있다.

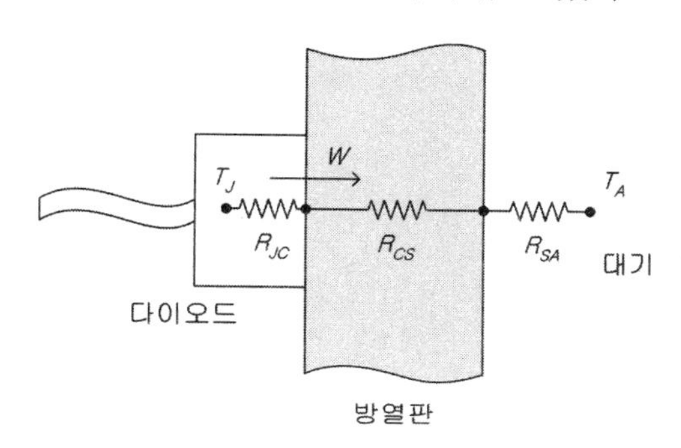

[그림 11.13] 열등가 회로

그림에서, R_{JC}는 p-n 접합부와 케이스간의 열저항
R_{CS}는 케이스와 방열판간의 열저항
R_{SA}는 방열판과 대기간의 열저항

접합부 온도 예측 계산은 다음과 같이 한다.

① 정류 소자 당 통전 전류(I_D)
= DC 부하전류(I_L) / LEG당 정류 소자 수(N)
만약, LEG당 5개의 정류 소자가 병렬 연결되어 있는 정류기에서 정류 소자 1개가 파손되었다면 $N = N-1$ 로 대치

② 다이오드 순방향 전압강하 (V_D)
= I_D × 다이오드 순방향 저항(M) + 다이오드 순방향 문턱전압(B)

③ 다이오드 소모 전력(W)
= $I_D \times V_D$ / 3

④ 접합부 예측 온도(T_J)
= 40℃ + $W \times (R_{JC} + R_{CS} + R_{SA})$

예로서 $I_L = 2000[\mathrm{A}]$, N=5, $M = 0.192[\mathrm{m}\Omega]$, $B = 0.618[\mathrm{V}]$,
정상상태에서 p-n 접합부와 대기간의 열저항 $R_{JA} = R_{JC} + R_{CS} + R_{SA} = 0.379[℃/\mathrm{W}]$ 라 하면 접합부 예측 온도 T_J는 75.1[℃]가 된다.

제12장

직류계통의 보호

1. 직류 차단 현상
2. 직류 고속도 차단기
3. 직류급전계통의 보호

1. 직류 차단 현상

직류 고장전류의 차단은 교류의 경우보다 일반적으로 어렵다고 할 수 있다. 교류 차단 시에는 접촉자가 기계적으로는 개방되었어도 전기적으로는 아-크로 연결되어 있는 경우, 최대 교류 반주기내에 전류가 0이 되는 순간에 소호가 가능하나 직류의 경우에는 전류가 0점을 지나지 않으므로 아-크 에너지가 큰 경우 소호가 이루어지지 않고 단락전류의 정상상태 값에 도달할 수도 있기 때문이다.

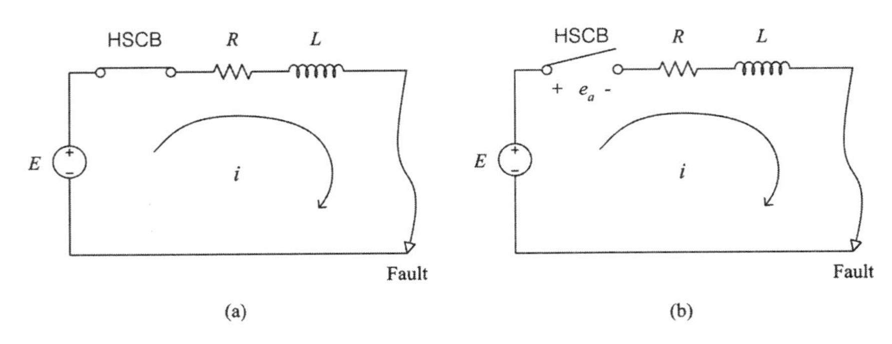

[그림 12.1] 직류 차단

[그림 12.1]의 (a)는 단락이 발생하여 차단기의 접촉자가 개극하기 전의 상태를 나타내고, (b)는 기계적으로 개극은 되었으나 아-크가 발생한 경우를 나타낸다.

무부하 상태의 $t=0$에서 단락이 되었다면(그림 (a)), 다음과 같은 회로방정식이 성립되고

$$L\frac{di}{dt}+Ri=E(t\geq 0),\quad i(0^-)=0 \tag{12.1}$$

따라서,

$$i=\frac{E}{R}\left(1-e^{-\frac{R}{L}t}\right),\ (t\geq 0^+) \tag{12.2}$$

한편, 그림 (b)와 같이 차단기 접촉자가 $t=t_0$에서 개극이 되고, 접촉자 양단에 발생한 아-크 전압을 e_a라면,

$$L\frac{di}{dt}+Ri=E-e_a\quad,\quad (t\geq t_0^+) \tag{12.3}$$

이고 전류 i는

$$i = Ae^{-\frac{R}{L}t} + \frac{E - e_a}{R} \quad \text{(A는 경계조건으로부터 결정)} \tag{12.4}$$

이 된다. $t = t_0^-$ 에서 $e_a = 0$ 이고 이 때 흐르던 전류를 I_0라 하면 I_0는

$$I_0 = \frac{E}{R}\left(1 - e^{-\frac{R}{L}t_0}\right) \tag{12.5}$$

이 조건을 (12.4)식에 대입하여 정리하면 $A = -\dfrac{E}{R}$ 가 되며 따라서 (12.4)식은

$$i = \frac{E}{R}\left(1 - e^{-\frac{R}{L}t}\right) - \frac{e_a}{R} \tag{12.6}$$

그러므로 위 식을 (12.2)식과 비교해 보면 아-크 전압이 증가하게 되면 전류는 감소함을 알 수 있다. 한편 아-크 에너지 E_A 를 계산하면,

$$E_A = \int_{t_0}^{\infty} e_a i\,dt = \int_{t_0}^{\infty}(E - Ri)i\,dt - \int_{t_0}^{\infty} L\frac{di}{dt}i\,dt$$

$$= \int_{t_0}^{\infty}(Ei - Ri^2)dt - \int_{i=I_0}^{i=0} Li\,di$$

$$\therefore\ E_A = \int_{t_0}^{\infty}(Ei - Ri^2)dt + \frac{1}{2}LI_0^2 \tag{12.7}$$

여기서 (12.7)식 우변의 첫째 항은 아-크 발생기간 중 아-크에 대해 전원으로부터 공급되는 에너지를 나타내며 둘째 항은 차단 개시 전 회로가 가지고 있던 에너지를 나타낸다. 즉, I_0가 크면 클수록 아-크 에너지는 증가하여 차단이 어려워짐을 알 수 있다. 그림 12.2는 고장이 발생하여 $t = t_0$, $i(t_0) = I_0$ 에서 접촉자가 개극을 시작하고 이때부터 접촉자 양극간의 간격이 넓어지며, 따라서 아-크 전압 e_a가 증가하게 되고 식(12.6)에 의하여 고장전류가 0이 되는 과정을 나타내고 있다.

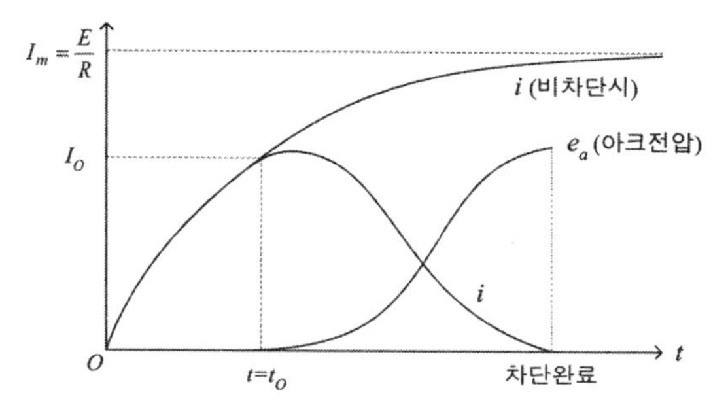

[그림 12.2] 직류 차단 시 아-크 전압 및 고장전류

실제로 e_a는 i 의 비선형 함수이나 다음과 같이 선형화 시켜 아-크 전압 e_a의 근사값을 계산할 수 있다. [그림 12.3]의 (a)와 같이 $t = T_1$, $i(T_1) = I_0$ 에서 접촉자가 개극 하고 이때부터 고장전류 i는 T_2 시간 동안 선형적으로 감소한다고 가정하기로 한다. 그러면 i 는 다음 식과 같으며,

$$i = -\frac{I_0}{T_2}t + \frac{T_1 + T_2}{T_2}I_0 \quad , \left(T_1 \leqq t \leqq T_1 + T_2\right) \tag{12.8}$$

한편 e_a는,

$$e_a = E - L\frac{di}{dt} - Ri \tag{12.9}$$

이므로 (12.8)식을 (12.9)식에 대입하면 아-크 전압 e_a는 다음과 같은 1차식으로 표현된다.

$$e_a = \left(\frac{RI_0}{T_2}\right)t + \left(E + \frac{LI_0}{T_2} - \frac{T_1 + T_2}{T_2}RI_0\right) \quad , \quad \left(T_1 \leqq t \leqq T_1 + T_2\right) \tag{12.10}$$

$$e_a \mid_{t = T_1} = E + \frac{LI_0}{T_2} - RI_0$$

$$e_a \mid_{t = T_1 + T_2} = E + \frac{LI_0}{T_2}$$

[그림 12.3]의 (b)는 (12.10)식을 나타내고 있으며 T_2가 작으면 작을수록 e_a가 증가함을 알 수 있다. 역으로 말하자면 아-크 전압 e_a를 크게 하면 할수록 T_2를 작게, 즉 차단시간을 줄일 수 있음을 알 수 있다.

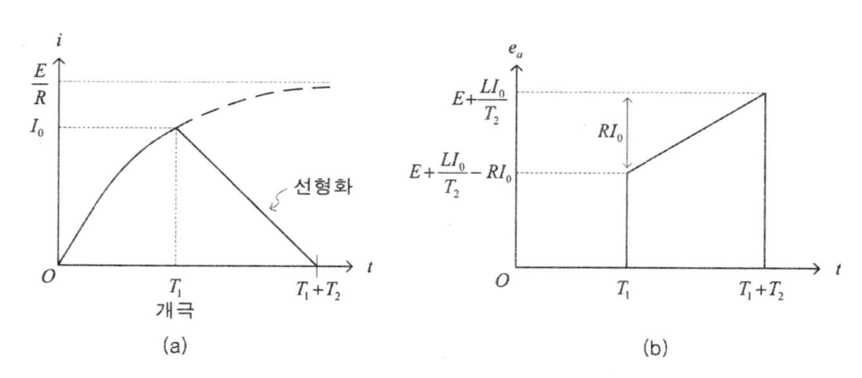

[그림 12.3] 선형화에 의한 아-크 전압 계산

예로서, 고장전류가 20[kA]가 되는 1500[V] DC 계통에서 계통의 인덕턴스가 800 [μH]라 할 때 차단기의 아-크 전압이 어떻게 변하는 지를 검토해 보기로 한다.

개극은 고장 발생 후 20[ms]에 한다고 가정한다.

$$I_m = \frac{E}{R} \text{ 로부터 } \quad 20 \times 10^3 = \frac{1500}{R} \text{ 에서 계통의 저항} R = 0.075[\Omega]$$

그리고 개극 시점에서 고장전류의 크기 I_0는

$$I_0 = 20 \times 10^3 \left(1 - e^{-\frac{0.075}{800 \times 10^{-6}} \times 20 \times 10^{-3}}\right) = 16.9 \quad [\text{kA}]$$

아-크 전압의 최대값 $e_{a-\max}$는

$$e_{a-\max} = e_a \mid_{t = T_1 + T_2} = 1500 + \frac{800 \times 10^{-6} \times 16.9 \times 10^3}{T_2}$$

$$= 1500 + \frac{13.52}{T_2} [\text{V}]$$

T_2와 $e_{a-\max}$는 위 식과 같이 반비례함을 알 수 있다.

이상에서 살펴본 바와 같이 직류전류의 차단에는 다음과 같은 사항이 요구된다.

① 전류가 정정치를 초과하면 가능한 한 신속하게 차단기의 접촉자를 개극 하여 I_0를 작게 한다.

② 아-크 발생 후에는 아-크 길이를 증가시켜 아-크 전압을 크게 한다. 그러나 아-크 전압이 너무 크면 이상 전압으로서 회로의 절연을 파괴할 우려가 있으므로 조심해야 한다.

2. 직류 고속도 차단기

2.1 일반 사양

직류 차단기는 일반적으로 HSCB(High Speed Circuit Breaker)로 불린다. 앞 절에서 살펴본 바와 같이 직류 차단에는 접촉자의 고속 동작이 필수적이므로 고장전류 감지 시 0.01~0.05초에 차단이 가능하다. 일반적으로 HSCB는 양방향성, 전기자계 소호 방식을 가진 단극 유니트로 과전류 또는 조작자의 명령에 의해 개방된다.

DC1500[V] 직류전철계통에 사용되는 HSCB는 보통 다음과 같은 사양을 갖고 있다.

[표 12.1] DC1500[V] 직류전철계통에 사용되는 HSCB 사양

항 목	사 양
정격전압	2000[V]
정격전류	2500~4000[A]
차단용량	10ms에서 보통 75[kA]
동작시간	직접 트립 : 0.01~0.05[s] 조작 개방 : 0.1~0.5[s]
기계적 내구성	약 20만회의 개폐작업 가능

2.2 차단기의 주요 구성

HSCB는 크게 제어회로, 주 접점 회로 및 아-크 슈트(chute)로 나눌 수 있다.

가. 제어부

(1) 투입 기구

가동 접점을 고정 접점에 투입하거나 정상적인 상태에서 차단기를 개방시키기 위한 기구이다. 영구 자석, 전자석, 포크 유니트 및 차단 스프링 등으로 구성되어 있다. [그림 12.4]에서 보듯이 전자석에 투입 전류가 흐르게 되면 영구 자석과 같은 방향의 자속이 발생하여 철심을 끌어당기게 되고 이에 따라 철심에 연결되어 있는 포크 유니트가 가동 접점의 캐치를 밀면서 가동 접점이 투입된다. 투입 후에는 투입 전류가 소멸되어도 영구 자석의 자력이 푸셔의 차단 스프링 장력보다 크므로 계속 투입 상태를 유지하게 된다. 개방 시에는 역방향의 전류를 흘려주면 전자석에 영구 자석의 자속과 반대 방향의 자속이 발생하여 영구 자석의 자속을 감쇄시키므로 이때는 푸셔의 스프링 장력이 자력보다 크게되어 접점이 개방되게 된다.

(2) 트립 기구

사고가 감지되어 트립 기구에 전류가 흐르게 되면 자속이 발생하고 가동 마그네트가 위로 밀리면서 포크를 치게 되어 캐치가 이탈되고 차단 스프링의 장력에

의하여 가동 접점이 개방된다. 트립 기구는 자력이 아니라 스프링의 장력에 의하여 개방 동작을 하므로 고속성이 보장된다.

나. 주 접점부

가동 접점과 고정 접점으로 구성되어 있다.

다. 아-크 슈트

차단기가 개극 시 발생하는 아-크는 접점의 개방과 함께 아-크 슈트로 이동하게 된다. 아-크 슈트는 금속 차폐판과 이온 소멸판으로 구성되어 있으며 금속 차폐판은 아-크를 분산하여 소멸시킨다.

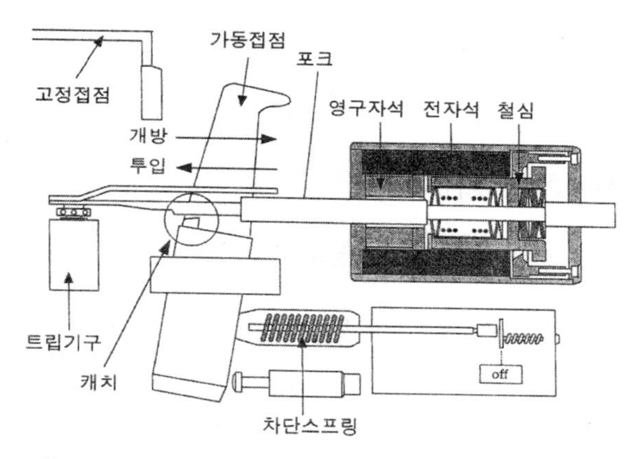

[그림 12.4] HSCB의 제어부와 주 접점부

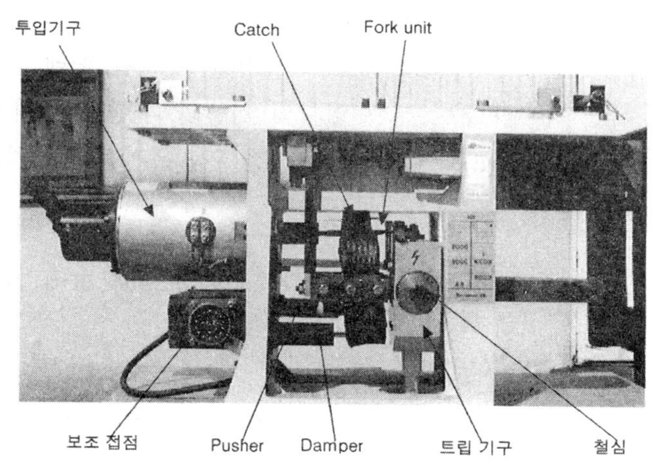

[그림 12.5] HSCB 실 사진

3. 직류급전계통의 보호

3.1 직류 고장 선택 계전기(50F)

교류급전계통(25kV)에서 정상적인 운전전류(부하전류)와 고장전류를 구별하는 것은 그리 어려운 일이 아니다. 비교적 높은 급전 전압으로 인하여 정상적인 운전전류는 고장전류에 비해 그 크기가 매우 작기 때문에 전류 크기의 대소만으로 고장 판별이 가능하다. 그러나 직류급전계통(1500V)에서는 운전전류의 크기가 고장전류의 크기에 거의 접근하여 단순히 크기의 비교만으로는 고장 여부를 판단할 수 없다. 이번 절에서는 직류급전계통에서 고장전류를 판별하는 방법과 관련 보호계전방식에 대해 검토하기로 한다.

가. 고장전류와 운전전류의 차이

[그림 12.6]의 (a)와 같이 직류 급전선로와 레일간에 $t = 0$ 시각에 단락이 발생하였다면 단락 고장전류는 (b)와 같이 변하게 된다. 고장 발생 시 전류 변화율 $\left.\frac{di}{dt}\right|_{t=0} = \frac{E}{L}$ 는 보통의 정상 운전 시에 비해 대단히 크며 고장전류는 최대 $I_m = \frac{E}{R}$ 까지 상승하게 된다. 원거리 사고일수록 R과 L이 증가하므로 $\frac{di}{dt}$ 및 I_m는 그림 (c)와 같이 감소하게 됨에 주목할 필요가 있다. 한편 정상적인 운전전류는 일반적으로 그림 (d)와 같이 전기차량의 노치(Notch)취급과 더불어 단계적으로 증가하며 이런 형태의 운전전류 프로파일(Profile)은 동일 급전구간 대에서 선행 열차의 기동과 후행 열차의 기동이 중첩되는 경우에도 생길 수 있다. 그림 (b)와 (d)에서 고장전류와 운전전류의 차이점으로는, 운전전류는

① 대부분의 경우 초기 전류 변화율($\left.\frac{di}{dt}\right|_{t=0}$)이 고장전류에 비해 작으며,

② 각 단계의 전류 증가폭(ΔI)이 고장전류에 비해 작고,

③ 최대값에 도달하기까지 전류 변화율($\frac{di}{dt}$)이 0에 가깝거나 혹은 (-)가 되는 경우가 여러번 발생한다는 것이다.

따라서 고장전류와 운전전류를 구별하는 이러한 특성들을 이용하여 사고 시 고장을 검출하게 된다. 다음 절에서는 현재 국내에서 사용되고 있는 ΔI 형 50F계전기의 고장 판별 알고리즘에 대해 살펴보기로 한다.

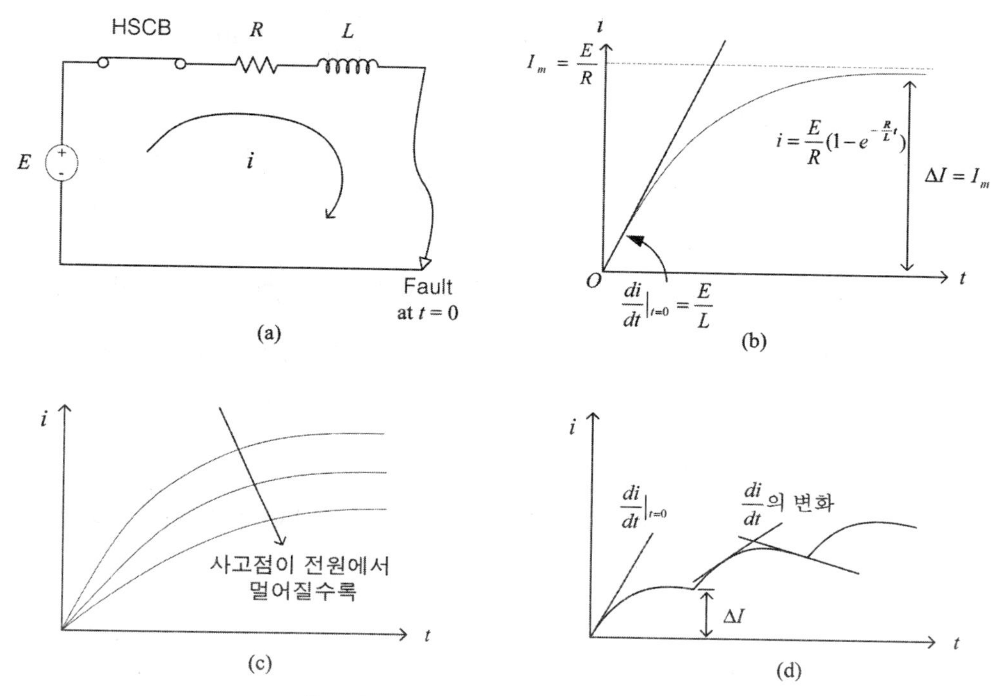

[그림 12.6] 고장전류와 운전전류

나. 직류 고장 선택 계전기(50F)의 검출 알고리즘

50F계전기는 앞 절에서 검토한 고장전류와 운전전류의 차이점으로부터 고장을 검출해 내며 다음과 같은 설정 요소들을 갖고 있다.

(1) E(초기 전류 증가율)

$\left.\frac{di}{dt}\right|_{t=0}$ 의 설정. 보호 구간 중 가장 원거리 사고일 때를 가정한다. $\left.\frac{di}{dt}\right|_{t=0} = \frac{E}{L}$ 이므로 원거리에서의 L값을 대입하여 설정한다. 예로서 급전구간의 저항 및 인덕턴스는 각각 0.05[Ω /km], 2[mH/km]이고 구간 길이는 5[km], 변전소 무부하 전압은 1650[V]라 하면 $E = \frac{1650}{2\times10^{-3}\times5} = 165\,[\mathrm{kA/s}]$ 로 된다. 실제로는 안전율 및 인덕터의 비선형성을 고려하여 계산된 E 값보다는 작게 설정하여야 한다. 당연히 초기 전류 증가율이 E 값보다 큰 경우가 고장전류로 의심받게 된다.

(2) T(고장 판단 설정 시간)

시간 T까지 전류 증가율을 계측한다. T까지의 전류 증가율이 원거리 사고 시의 전류 증가율 이상이면 사고로 판정한다. 보통 T는 R-L 직렬회로의 시정수(time constant) $\tau = \frac{L}{R}$ 로 한다. 예제 데이터로는 $T = \frac{2\times 10^{-3}}{0.05} = 40[\mathrm{ms}]$

(3) F(종기 전류 증가율)

$\left.\frac{di}{dt}\right|_{t=T}$ 의 설정. E와 마찬가지로 보호 구간 중 가장 원거리 사고일 때를 가정한다. T를 회로의 시정수 $\tau = \frac{L}{R}$ 로 하므로 $\left.\frac{di}{dt}\right|_{t=T} = \frac{E}{L}e^{-\frac{R}{L}\times\frac{L}{R}} = 0.37\frac{E}{L}$ 즉, 초기 전류 증가율 E의 37[%]로 한다. 예제 데이터로는 $0.37\times 165 = 61[\mathrm{kA/s}]$. 역시 종기 전류 증가율이 F 값보다 큰 경우가 고장전류로 의심되는 경우이다.

(4) ΔI(설정 고장 전류 증가분)

보호 구간 중 가장 원거리 사고 시의 고장전류 최대값으로 한다. ΔI이상이면 고장전류로 의심된다. $I_m = \frac{E}{R}$ 이므로 예제 데이터로는

$$\frac{1650}{0.05\times 5} = 6600[\mathrm{A}]$$

(5) $\Delta I_{\min}$(설정 고장전류 최소 증가분)

계측된 전류의 기울기 $\left.\frac{di}{dt}\right|_{t=0} \geq E$ 이고(AND) $\left.\frac{di}{dt}\right|_{t=T} \geq F$ 를 만족한다고 모두 고장으로 판단할 수는 없다. 이러한 경우는 물론 고장에 의해서 대부분 발생하기는 하지만 열차의 연속적인 기동에 의해서도 발생할 수 있기 때문이다. 따라서 열차 기동전류에 의한 증가분을 고려한 $\Delta I_{\min}$을 설정하고 이 이상의 전류 증가분이 검출될 때 고장으로 판단한다.

이제 [그림 12.7]과 같이 예제로 주어진 전류 프로파일에 대하여 50F 계전기의 판정을 추론해 보기로 한다. 모든 전류들은 초기 전류 증가율 E이상을 만족한다고 본다.

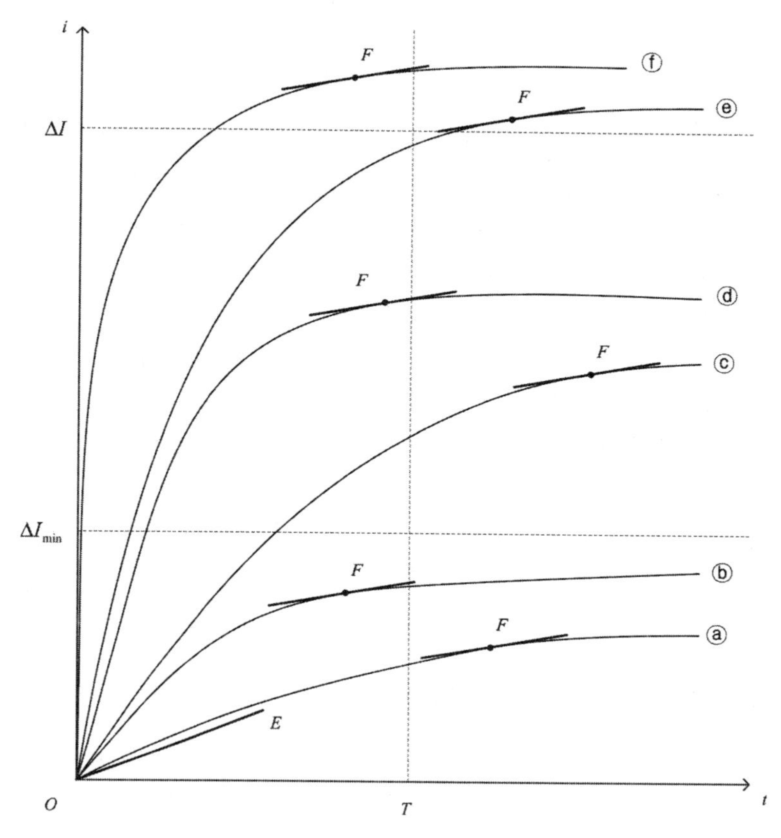

[그림 12.7] 고장전류 판정 예시

전류ⓐ : 운전전류임.

고장 판단 설정 시간 T 를 지나도록 전류 증가율은 F 이상을 유지하고 있으나 전류의 크기는 ΔI_{min} 이하의 값이므로 이는 사고에 의한 전류가 아니라 열차의 연속 기동에 의한 것으로 판단된다. 시간 T에서 운전전류로 판정한다.

전류ⓑ : 운전전류임.

고장 판단 설정 시간 T이전에 전류 증가율은 F이하로 떨어지고 있음. 즉 시간 T에서 살펴본다면 이 시점에서 ⓑ곡선의 전류 증가율이 보호 구간 중 가장 원거리 사고인 경우의 전류 증가율 이하가 되는 것이므로 이는 열차의 정상적인 운전에 의한 전류로 판단된다. 전류의 크기가 ⓐ 경우와 같이 ΔI_{min} 이하의 값이기는 하나, 이 경우 운전전류라고 판단하게 된 요소는 전류의 크기가 아니라 전류 증가율이다. 전류 증가율이 F가되는 시점(T 이전)에서 운전전류로 판정한다.

전류ⓒ : 고장전류임.

고장 판단 설정 시간 T를 지나도록 전류 증가율은 F이상을 유지하고 있으며 전류의 크기는 $\Delta I_{\min}$이상의 값이므로 고장전류로 판단된다. 시간 T에 고장 판정을 내린다.

전류ⓓ : 운전전류임.
고장 판단 설정 시간 T이전에 전류 증가율은 F이하로 떨어지고 있음. 전류가 $\Delta I_{\min}$이상의 값이기는 하나 이 경우 운전전류라고 판단하게 된 이유는 ⓑ의 경우와 마찬가지로 전류 증가율이다. 전류 증가율이 F가되는 시점(T이전)에서 운전전류로 판정한다.

전류ⓔ : 고장전류 임.
고장 판정 사유는 ⓒ의 경우와 동일하다. 전류는 T를 지난 후에 설정한 ΔI 값을 넘어서지만 시간 T까지의 전류 증가율이 F이상을 유지하고 있으므로 시간 T에서 고장으로 판정한다.

전류ⓕ : 고장전류 임.
고장 판단 설정 시간 T이전에 설정한 ΔI 값을 넘어서고 있으며 ΔI 값을 넘어서는 시간까지의 전류 증가율이 F이상이므로 이 시점(T이전)에서 고장으로 판정을 내린다.

다. 구간 보상(Section compensation)

열차가 섹션을 통과할 때 한 급전반에서 다른 급전반으로의 급격한 부하 이전이 발생하게 되는데, 갑작스런 부하 변화는 50F 계전기에 의해 고장으로 판단되어 우발적인 차단기 트립을 유발할 수 있다. 이러한 문제는 [그림 12.8]의 (a)와 같은 계전기 결선을 통한, 소위 구간 보상을 시행하여 해결할 수 있다. 구간 보상 시 한 급전반에서의 전류 증가(감소)는 인접 구간에서의 전류 감소(증가)에 의해 그림 (b)와 같이 보상된다. 각 급전반에 있는 50F계전기는 자기 보호 구간에서의 전류 I_1의 증가분 ΔI_1과 인접 구간에서의 전류 I_2의 증가분 ΔI_2와의 대수합 $S = \Delta I_1 + \Delta I_2$ 을 통해 고장 여부를 판단하게 된다.

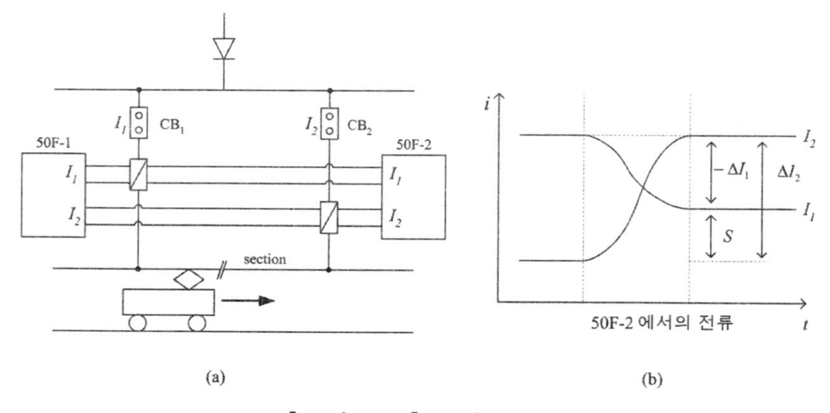

[그림 12.8] 구간 보상

직류 고장 선택 계전기의 고장 판별 알고리즘은 지속적으로 개선이 이루어지고 있으며 전동차의 동특성(Dynamics) 및 운행 선도를 고려한 운전전류 분석을 통해 보다 정밀한 고장 판단 알고리즘이 개발될 수 있도록 활발히 연구 중이다.

3.2 역전류 계전기(32)

역전류 계전기는 직류 정극(+) 모선에서 정류기 쪽으로 거꾸로 전류가 흘러 들어가는 것을 감지하여 동작한다. 전류가 전차 선로에서 정극(+)모선 쪽으로 흘러 들어가게 되는 경우는 정류기 내부에 단락사고 등이 발생하였을 때나 열차의 회생 제동시, 또는 양단 급전구간에서 무부하 시에 한쪽의 전원전압이 높은 경우 등인데, 회생 제동 중인 전철의 팬타그래프의 전압은 역행 중인 전철의 팬타그래프 전압보다 높아야 하며 이때 제동으로 발생된 에너지의 대부분은 인근을 역행 중인 타 전동차에 의해 소비되는데, 만약 제동차량의 팬타 전압이 전원전압 보다 높게 되는 경우에 전류는 전철 팬타로부터 전차선을 통해 정극(+) 모선 쪽으로 흐르면서 선로의 저항 성분에 의해 열에너지로 소비되게 된다. 한편 양단 급전구간에서 전원전압의 차이에 의해 흐르는 전류는 전자의 경우와 마찬가지로 선로의 저항 성분에 의해 소비되며, 실제로는 양측 전원의 크기는 큰 차이가 없으며, 급전구간 내에서 무부하 상태도 거의 없으므로 역전류 계전기의 주목적은 정류기 내부 사고 감지에 있다고 볼 수 있다.

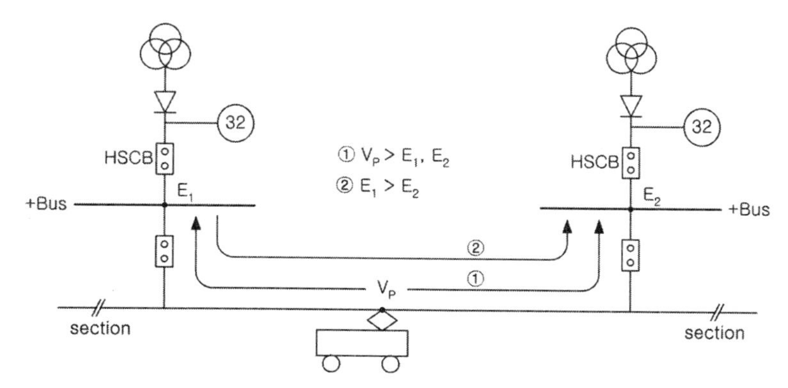

[그림 12.9] 역전류 계전기

3.3 직류 접지 계전기(64P)

직류 접지 계전기는 변전소의 접지극과 음극 모선사이에서의 전압을 측정하여 전압 상승이 설정치 이상이 되면 직류 지락이라고 판단한다. 변전소 내에서 직류

1500V 회로가 지락된 경우 64P에 발생하는 전압 V_{64}는 다음과 같이 표시된다.

$$V_{64} = 1500 - V_{arc} \times \frac{R_E + R_R}{R_E + R_R + R_0} \tag{12.11}$$

여기서,

V_{arc} : 아-크 전압

R_E : 변전소 메쉬 접지저항

R_R : 레일의 누설저항

R_0 : 변전소 내부저항

아-크 전압은 일반적인 경험에 의하면 300V 정도이며, 변전소 내부저항은 약 0.1Ω 이하이고, 변전소 메쉬 접지저항과 레일의 누설저항의 합은 5Ω 정도이므로 (12.11)식에 따라 계산하면 V_{64}는 1200V 정도의 전압이 된다. 64P의 정정치는 보통 400V, 500V, 600V가 있고 일반적으로 500V 설정이면 적절하다고 본다.

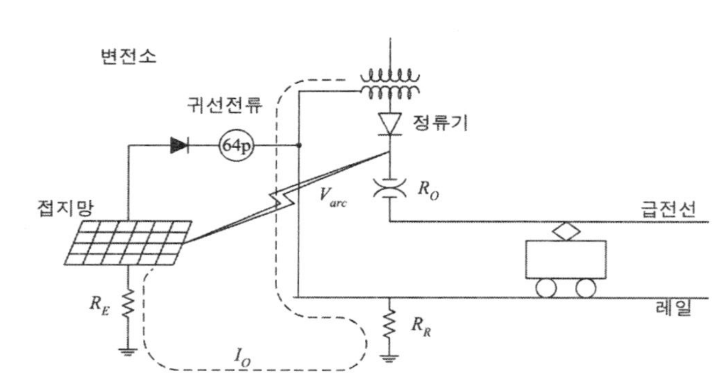

[그림 12.10] 접지 계전기 동작 원리

제13장

전식

1. 일반 사항

매설된 금속이 전기적인 원인에 의해 부식되는 현상을 전기 부식이라 한다. 매설된 금속 구조물과 토양이라는 주변 환경을 생각해 볼 때에, 토양으로 유입된 전류가 가장 흐르기 쉬운(전기저항이 작은) 경로는 저항이 작은 금속 구조물이다. 따라서 토양으로 유입된 전류는 거의 모두가 금속 구조물로 유입되는데, 이처럼 유입된 전류에 의해 발생하는 부식을 전기 부식이라고 한다.

전기 화학적인 관점에서 전해질 속에 있는 금속에 전류가 흘렀을 때 일어나는 반응을 보면 양극반응과 음극반응으로 구분할 수 있다. 양극반응은 전류가 금속으로부터 전해질로 유출되는 곳에서 발생하며 결과적으로 금속에 부식을 일으키며, 반대로 음극반응은 전류가 전해질로부터 금속으로 유입되는 곳에서 일어나게 된다. 다시 말하자면 전류가 유출된다는 것은 금속의 그 부분이 양극화된다는 것을 의미하고 금속이 양극화된다는 것은 이온화가 됨을 의미하며 이는 양극에서 금속부가 부식함을 의미하는 것이다. 반대로 생각하면 전류가 유입되는 곳은 음극화 되어 방식이 된다는 점이다. 전식 또는 방식량에 대해서는 패러데이(Faraday)가 발견한 법칙에 의하여, 전하량 1[F](1Faraday=96,500Coulomb=전자6.02 $\times 10^{23}$ 개)에 의해 일어나는 화학 변화량이 1[g당량]이므로 직류전류 I [A]가 t[s] 동안 토양 속의 금속 매설물을 통과하면 $\frac{It}{96,500}$ [g당량]의 전식이 발생하게 된다. 예로서 알루미늄(Al)1[g]이 이온화 되는데 필요한 전하량은 알루미늄이 3가이므로(Al^{+3}) 알루미늄 1[g]은 3[g당량]이 되고 전하량은 3[F]이 필요하게 된다. 전기방식을 음극방식(Cathodic protection)이라고도 하는데, 이것은 구조물을 음극화 함으로써 양극반응은 억제되고 음극반응만이 일어날 수 있도록 전류를 인위적으로 투입하는 방식 방법이기 때문이다.

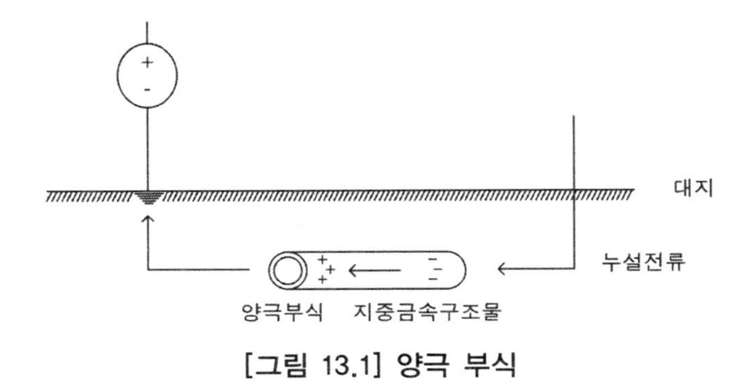

[그림 13.1] 양극 부식

2. 미주전류(누설전류, Stray current)와 대지전위

매설 구조물의 전기 부식은 유입되는 전류원에 따라 지하철 미주전류에 의한 전기 부식과 인접한 음극방식체로부터의 간섭에 의한 전기 부식 등 두 가지로 구분할 수 있으며, 최근에는 전력 공급용 송변전선으로부터의 교류 유도에 의한 교류 부식도 검토되고 있다. 일반적으로 교류에 의한 부식은 직류에 비해 훨씬 작은 것으로 알려져 있으며 철, 동 및 납에 있어서 교류전류에 의한 부식 속도는 직류전류의 경우에 비교하여 1% 이하인 반면, 알루미늄은 수십 %에 달한다고 알려져 있다. 동의 경우, 자연 부식에 비해 교류전류 크기가 20[mA/cm^2] 이상이 되면 부식이 증대되는데 저전류 밀도의 교류는 부식을 감소시킨다고 한다. 교류전류는 주로 전력선으로부터 오는 경우가 대부분이므로 부식에 미치는 영향뿐 아니라 안전이라는 관점에서의 대책이 더욱 필요하다고 생각된다.

이제 [그림 13.2]와 같이 전동차로부터 귀환되는 운전전류 중의 일부가 미주전류로 대지를 통과하게 되면 전류 통과 경로상의 레일전위와 대지전위는 밑의 그림과 같은 분포를 나타내게 된다. 전동차가 위치하고 있는 지점의 레일전위는 대지전위에 비해 상대적으로 높다. 이는 전류가 레일로부터 대지로 빠져나가고 있다는 점을 생각하면 대지 보다는 상대적으로 레일이 전위가 높아야 할 것이기 때문이다. 이렇게 대지를 통과한 전류는 변전소의 음극으로 귀환하게 되는데 이때는 대지전위가 레일의 전위보다 상대적으로 높게 된다. 전동차 위치에서 대지에 비해 상대적으로 높았던 레일의 전위는 변전소 위치에서는 상대적으로 낮아지므로 경로 상에 그림에 표시된 바와 같은 전류 0의 중성점이 반드시 생긴다. 중성점으로부터 변전소까지의 구간을 '전식위험지역'이라 부르며 그 이유는 이 구간에서는 지중 매설 금속 구조물의 전위가 대지전위와 같고 따라서 금속 매설물로부터 전류가 전해질(토양)로 나오게 되는 양극 부식이 일어나기 때문이다. 전식위험지역은 전동차의 운행에 따라 이동하게 된다.

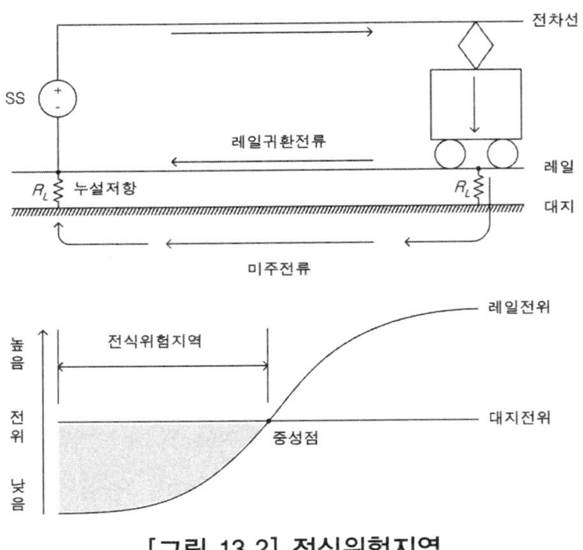

[그림 13.2] 전식위험지역

전철 차고 등에서는 레일이 차고 실내나 배관류 등의 저접지 구조물과 전기적으로 접촉하는 경우가 있고, 이때에는 국소적으로 수십~수백 [A]의 큰 누설전류가 생기는 일이 있다. 이와 같이 큰 전류에 의한 전식은 매우 단시간에 설비 장해를 주기 때문에 이상 전식이라 부른다. 이상 전식에 관여하는 전류값은 매우 크기 때문에 부식뿐만이 아니라 그 전류 경로에서는 불꽃, 발열과 같은 문제를 낳는 경우도 있다. 또한 차고 건물이나 그에 접속되어 있는 배관류 등에는 레일의 대지전압이 더해지기 때문에 감전의 문제도 생길 수 있다. 이와 같이 이상 전식은 단시간에 큰 장해를 초래할 수 있으므로 특수한 경우를 제외하고는 레일이 저접지 구조물과 전기적으로 접속되는 설비를 금하고 있다.

3. 전철 및 피방식 구조물 측의 방식 대책

전철 측의 방식 대책으로는 다음과 같은 것들을 들 수 있다.

① 도상의 배수를 양호하게 하고 절연도상, 절연 체결장치 등을 채용하여 누설저항을 크게 한다.

② 레일 본드의 설치를 완전하게 하고 필요에 따라 보조 귀선을 설치하며 또는 크로스 본드를 증설하여 귀선저항을 감소시킨다.

③ 변전소 수를 증가시키고 급전구역을 축소하여 누설전류를 감소시킨다.
④ 가공절연귀선을 설치하고 레일 내의 전위경도를 감소시켜 누설전류를 작게 한다.

피방식구조물 측의 방식 대책으로는 다음과 같은 것들을 들 수 있다.
① 피복 도장으로 절연저항이 큰 도장막을 실시한다.
② 매설 금속체를 금속관 등의 도체에 의해 차폐한다.
③ 매설 금속체의 접속부 등에 전기적으로 절연을 시행한다.
④ 전철 궤도와의 접근을 피하고 가능한 한 이격 거리를 크게 한다.

4. 전기방식

전기방식은 외부에서 일정한 전원을 인가하여 피방식구조물 자체의 전위가 (-)수천 mV가 유지되도록 만드는 방법으로 보통 전원을 인가하는 방법에 따라 희생양극식, 외부전원식, 배류식 등으로 분류하게 된다.

4.1 희생양극식

희생양극식은 철(Fe의 자연 전위는 대략 (-)400~-500[mV]정도)의 자연 전위보다 더 낮은 물질(Mg의 자연 전위는 (-)1,600[mV])을 도선으로 연결하면 희생양극에서 전류가 유출되어 피방식 금속 구조물 쪽으로 유입됨으로써 희생양극은 점점 부식되어 소모되고 금속 구조물은 반대로 방식이 되는 방법이다. 유지보수비용이 적다는 장점은 있으나 방식면적이 작고 희생양극이 소모되면 미 방식이 발생할 우려가 높다.

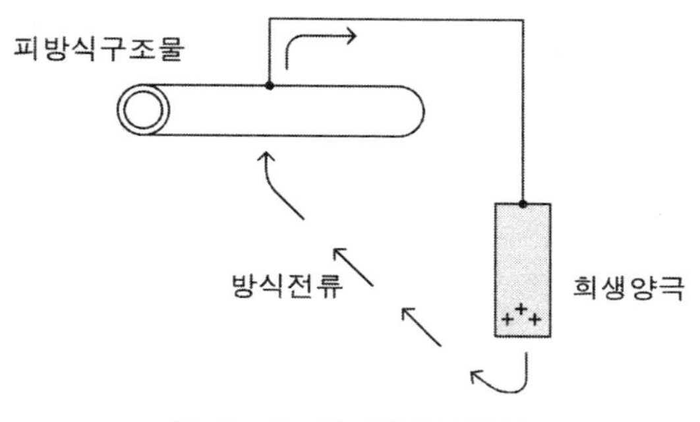

[그림 13.3] 희생양극식

4.2 외부전원식

외부전원식은 관리소 내에 있는 정류기와 지중 깊이 설치하는 양극(Deep-well anode)으로 구성된다. 정류기에서는 한전에서 들어오는 상용 교류전원을 직류로 변환하고 이 전류는 (+)극을 통해서 지중으로 유출되어 피방식 금속 구조물로 유입되고 다시 정류기의 (-)극으로 회귀하게 된다. 지중에 설치된 양극에서는 전류가 유출되어 부식이 진행되고 반면, 금속 구조물로는 방식전류가 유입되어 부식이 억제되게 된다. 지중 양극은 통상 지하 60~80[m] 정도 구멍을 뚫어 그 속에 설치하게 되는데, 전류 유출은 잘 되면서 부식은 잘 되지 않는 재료가 사용되며 대표적인 것은 고규소 주철(HSCI Hihg Silicon Cast Iron) 등이 있다.

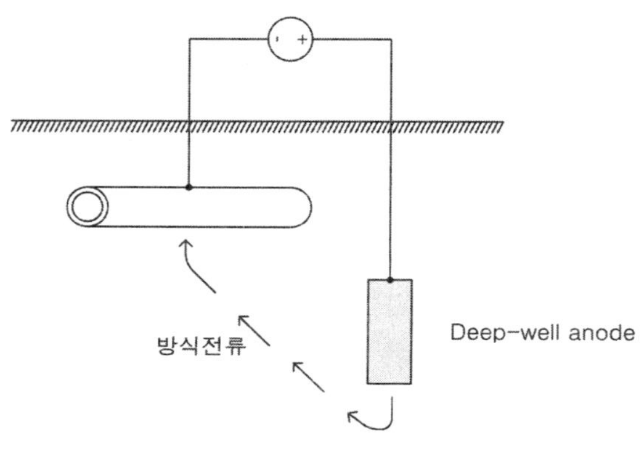

[그림 13.4] 외부전원식

4.3 배류식

배류식이라 함은 전철의 레일에서 누설되어 인근의 피방식 구조물에 유입된 전류를 전해질(토양)을 통하지 않고 직접 도체(배류선)를 통해 다시 전철의 레일 혹은 전철 변전소의 부극으로 귀환시키는 방법을 말한다. 피방식 구조물에 유입된 미주전류를 전철의 레일 혹은 전철 변전소의 음극으로 귀환시키기 위해서는 피방식 구조물과 레일 혹은 전철 변전소의 음극 사이를 전기적으로 접속하여야 한다. 이때 사용되는 접속선을 배류선이라고 부르며, 이 접속회로의 차이에 따라 각각 직접배류식, 선택배류식 및 강제배류식으로 구분한다.

가. 직접배류식

피방식 구조물과 전철변전소의 음극 혹은 레일 사이를 직접 도체로 접속하는 방법으로써 [그림 13.5]와 같다. 이 방법은 간단하고 설비비가 가장 적게 드는 방법이지만 변전소가 하나밖에 없고, 또 배류선을 통해 전철로부터 피방식 구조물로 유입하는 즉, 역류가 없는 경우에만 사용 가능한 방법으로써 전철 시스템이 단순했던 초창기에 일부 적용이 되었던 방법이며 지금과 같이 시스템이 복잡하고 누설전류의 유출입 지점이 복잡한 상황에서는 적용하기 어렵다.

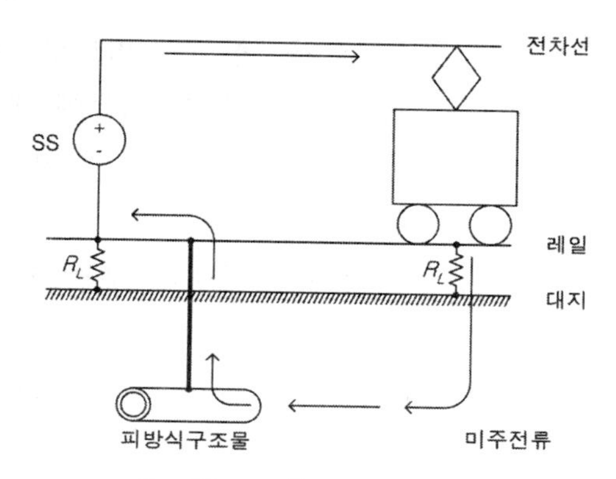

[그림 13.5] 직접배류식

나. 선택배류식

선택배류식은 직접배류식에서 문제가 되는 역류의 문제를 해결코자 하는 것으로 역류를 방지하면서 정방향(피방식 구조물로부터 레일 측 방향)으로 전류를 흘려주기 위해서는 배류선에 다이오우드와 같은 역류 방지 장치를 부착하여야 한다. 이 역류 방지 장치를 선택배류기라고 부르며 이 장치를 사용하는 방식을 선택배류식이라고 한다. 선택배류식은 비교적 낮은 투자비로 전식을 효과적으로 방지할 수 있으나 다음과 같은 문제점도 있다.

① 피방식 금속 구조물에 대하여 레일의 전위가 높거나 없을 때에는 작동이 중지되고 무방식 상태가 된다.

② 위와 같은 경우, 레일에 근접한 금속 구조물에 유입된 전류가 레일의 원방에서 유출될 때는 효과가 없다.

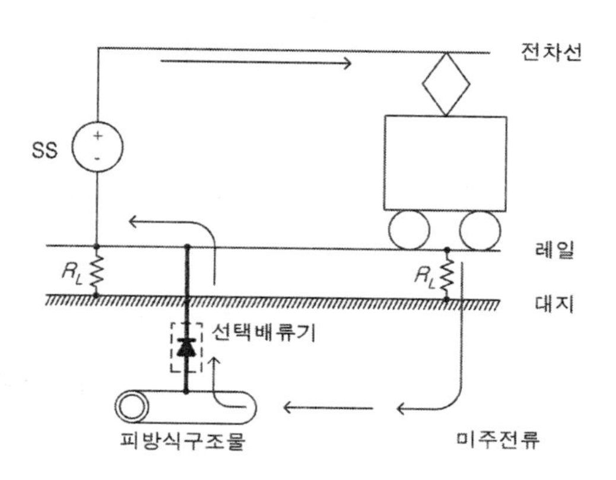

[그림 13.6] 선택배류식

다. 강제배류식

피방식 구조물과 레일 혹은 전철변전소의 음극 사이를 연결하는 회로에 직류전원을 인가하여 배류를 촉진하는 방식을 강제배류식이라고 한다. 이 방법은 앞서의 외부전원식의 양극으로서 레일을 사용하므로 개념적으로는 동일하지만 레일의 전위가 큰 폭으로 변동하기 때문에 역류를 방지하는 회로가 별도로 필요하고 또, 앞에서 언급한 다른 배류방식과 비슷한 구조를 가지고 있기 때문에 배류법의 일종으로 취급한다. 따라서 선택배류식과 외부전원식의 중간 성질을 가지고 있으며 방식법으로는 비교적 신기술이다. 강제배류식의 특징으로는 다음과 같다.

① 선택배류식에 비해 상시 배류를 하므로 미주전류에 의한 전식을 포함하여 피방식 구조물을 상시 방식할 수가 있다.

② 외부전원식에 비하여 레일을 전극으로 이용하므로 전극의 설치 장소 및 설치 비용을 절감할 수 있다

③ 강제배류식을 적용한다는 것 자체가 선택배류의 효율이 낮은 지역이라는 것을 의미하며, 또 강제배류의 효율을 높이기 위해서는 레일-대지간 전압을 충분히 높여야 하므로 배류 지점은 과방식이 되기 쉽다.

④ 강제배류식이 적용된 인근에는 선택배류의 적용이 불가능하다. 즉, 강제배류로 인해 레일의 전압이 주위의 대지에 비해 충분히 높아져 있으므로 더 이상 이 부근에서는 선택배류식의 적용이 불가능하게 된다.

⑤ 만일 배류전류에 교류분이 포함되어 있으면 이 전류가 신호 전류에 영향을 미쳐 신호가 오동작할 우려가 있다. 따라서 정류기에는 평활 회로가 사용하여야 하며 리플을 줄이기 위하여 3상 전파 정류기를 사용하는 것이 바람직하다.

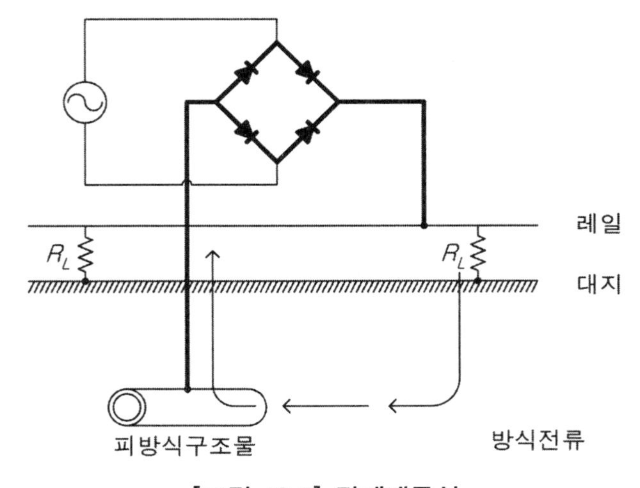

[그림 13.7] 강제배류식

[표 13.1] 배류법의 종류 및 장단점

종류	장 점	단 점
선택 배류법	- 건설비가 적다. - 유지비가 적다. - 전철과의 상대적 위치에 따라서는 효과가 클 수 있다. - 열차 운행시는 자연 부식도 방지할 수 있다.	- 타 매설물에 간섭이 크다. - 효과 범위가 제한된다. - 열차의 운행 정시시나 레일의 전위가 높을 때에는 전기방식이 용이하지 않다.
강제 배류법	- 효과 범위가 넓다. - 전압·전류의 조정이 용이하다. - 열차의 운행 정지시에도 방식이 된다.	- 타 방식법의 병행 적용이 어렵다. - 신호 장애를 유발할 수 있다. - 전원이 필요하다. - 배류점 부근에서 과방식이 될 수 있다.

제14장

SCADA 시스템과 측정데이터의 처리

1. SCADA와 EMS

SCADA (Supervisory Control And Data Acquisition)시스템은 원격 장치를 감시 및 제어하기 위한 목적으로 코드화된 신호를 통신 채널을 사용하여 운용하는 시스템이다. 원격 장치의 아날로그 또는 디지털 정보를 원격소 장치(RTU)를 통하여 수집, 표시 및 기록하고 중앙 처리 장치가 원격 장치를 감시 및 제어한다. 어떤 감시 제어 장치가 SCADA로 불리기 위해서는 다음과 같은 기능 들을 구비하고 있어야 한다.

① 원격 장치의 경보 상태에 따라 미리 규정된 동작을 하는 경보 기능
② 원격 장치를 수동 및 자동 또는 이들 둘을 복합적으로 사용하여 동작할 수 있게 하는 제어 기능
③ 원격 장치의 상태(state)를 수신하고 표시 및 기록하는 기능
④ 디지털 정보를 수신 및 합산하여 표시 및 기록에 사용할 수 있는 기능.

1923년 J.J. Bellamy와 R.G. Richardson은 제어점을 선택한 후에 제어를 실행하는 점검 후 제어(check-before-operate)방식이라는 기술을 적용하여 현대식 RC(Remote Control) 시스템을 개발하였다. 1927년에는 H.E. Hershey가 원격지로부터 감시되는 정보를 기록하는 시스템을 처음 설계했다. 이러한 기술이 태동이 되어 1970년대 중반부터는 디지털컴퓨터 기술이 원격 측정 (TM : Tele-Metering), 원격 제어 (TC : Tele-Control) 또는 원방제어 (SC : Supervisory Control)에 본격적으로 활용되게 되었으며 이때부터 SCADA (Supervisory Control And Data Acquisition)시스템이라는 용어가 등장하게 되어 오늘날 원방감시시스템의 대명사처럼 사용되고 있다. [표 14.1]은 SCADA시스템의 변천을 년대별로 요약한 것이다.

상업용 전력계통에서 SCADA는 [그림 14.1]에서 보는 바와 같이 EMS(Energy Management System)의 하부 구조 내지는 외곽 구조로서 SCADA로 취득된 원시 데이터는 EMS를 구성하고 있는 다양한 모듈 들, 예로서 AGC(Automatic Generation Control), SE(State Estimation), OPF(Optimal Power Flow) 등에서 필요한 정보로 가공되고 다시 SCADA를 통해 원격 장치를 제어하게 된다.

[표 14.1] SCADA 시스템의 기술 변화

연대 [제어형태]	형태의 변천 지원기술	기능의 변천 제어기능	프랜트
1940년대 [직접제어]	ㅇ분산 기술 ㅇ고전 기술	[제1단계의 기능] ㅇ시스템의 상태감시	소규모 일체형
1950년대 [원방감시제어]	[진공관 시대] ㅇ원방감시제어 ㅇ통신 기술 ㅇ아날로그 기술	[제2단계의 기능] ㅇ시스템의 상태감시와 제어 ㅇ제어결과의 확인	소규모 분산형
1960년대 [집중감시제어]	[트랜지스터 시대] ㅇ반도체, 전자화 기술 ㅇ컴퓨터 기술 ㅇ디지털 기술	[제3단계의 기능] ㅇ시스템의 상태감시와 제어 ㅇ제어결과의 확인과 비교	중규모 분산형
1970년대 [대규모 집중감시제어]	[IC, LSI 시대] ㅇ집적화 기술 ㅇ마이크로프로세서 기술 ㅇ데이터베이스 기술 ㅇ화상처리 기술	[제4단계의 기능] ㅇ시스템의 상태감시와 자동 제어 ㅇ제어결과의 확인과 비교 ㅇ부가기능의 개발과 기록	대규모 분산형
1980년대 [계층분산제어]	[VLSI 시대] ㅇ광일렉트로닉스 기술 ㅇ광통신 기술 ㅇ다중처리 기술	[제5단계의 기능] ㅇ최적 제어 ㅇ안전 제어 ㅇ예측보전과 전문가 시스템	연계형 (Data Links)
1990년대 [자율분산제어]	[GaAs 시대] ㅇ슈퍼컴퓨터 기술 ㅇISDN 디지털 통신망 기술 ㅇ인공지능(AI) 기술 ㅇ멀티미디어 기술	[제6단계의 기능] ㅇ환경제약 제어 ㅇ인텔리전트 제어 ㅇ바이오피드백 제어	통합형 (Integration)

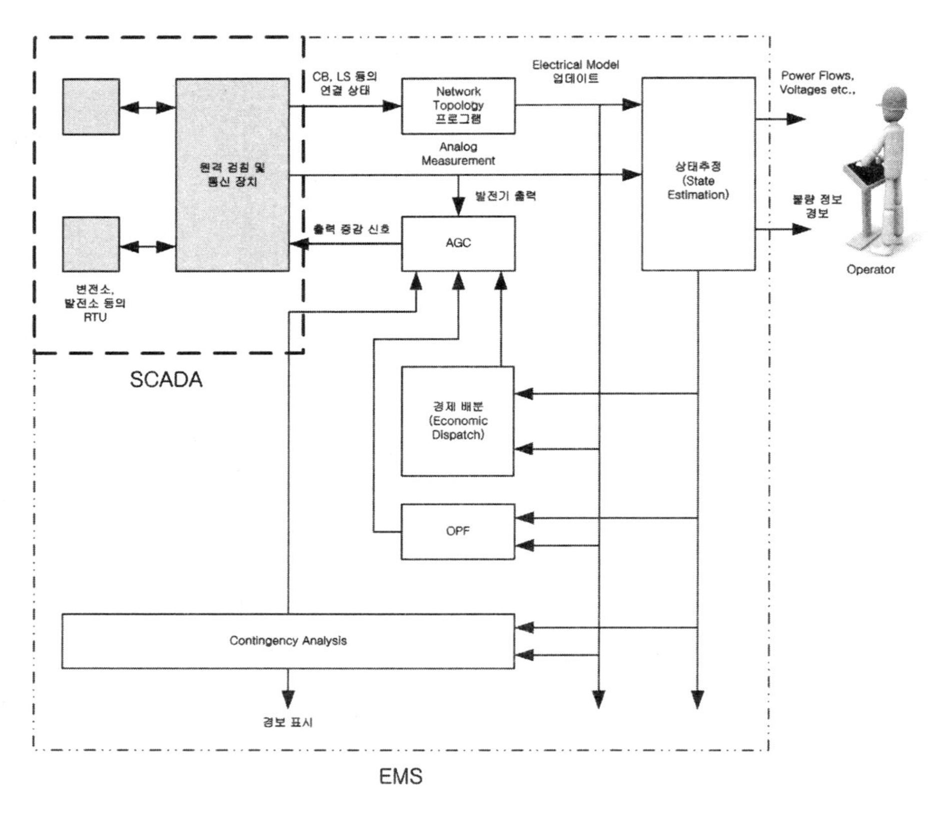

[그림 14.1] SCADA와 EMS의 관계

2. SCADA 시스템의 구성과 기능

SCADA 시스템은 크게 중앙 처리 장치와 원격소 장치(RTU : Remote Termainal Unit)로 구분할 수 있으며 원방 감시, 원방 측정, 제어, 경보 발생 등의 기능을 가지고 있다.

2.1 중앙 처리 장치

중앙 장치는 주컴퓨터 장치, MMI(Man-Machine Interface)장치, 현시반, 통신 제어 장치, 시스템 이중화 장치로 구성되어 있다.

가. 주컴퓨터 장치

32bit~64bit RISC 마이크로프로세서를 사용하는 Unix machine이 대부분이며 관제점(Point)의 숫자에 따라 장치 규모는 결정된다. 주변 장치로 대용량 HDD, Tape Back-up 장치, CRT와 프린터로 구성된 시스템 콘솔(Console) 그리고 LAN을 포함한 고속 데이터 통신 장치를 가지고 있다.

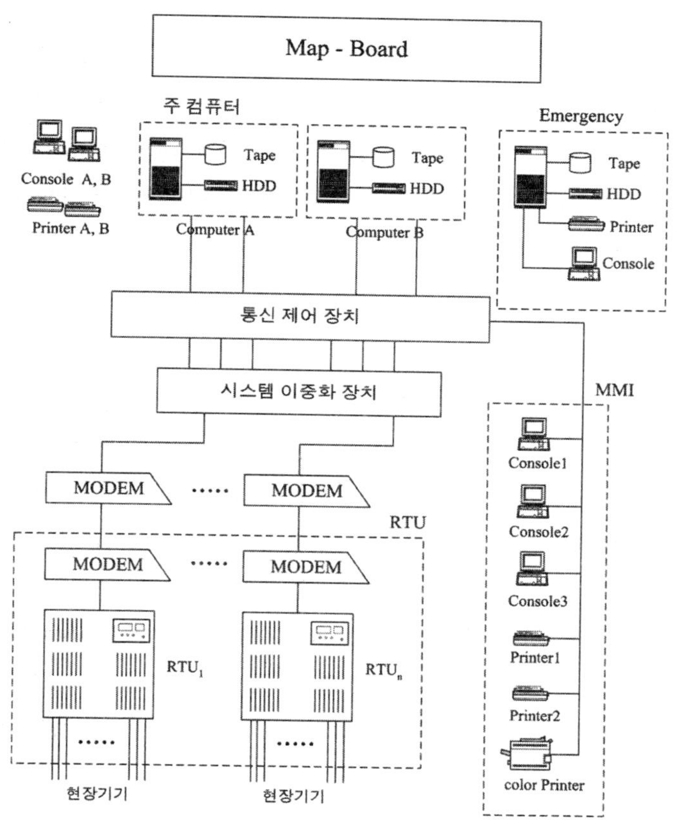

[그림 14.2] SCADA 시스템의 일반적인 H/W 구성

나. MMI 장치

MMI 장치는 용어 그대로 사람과 시스템 사이에 정보 교환을 목적으로 만든 장치로 사령자 조작반, 출력 장치반으로 구성되어 진다.

(1) 사령자 조작반

RGB Display, 키보드, 마우스 등으로 구성되어 뒤에 설명하는 SCADA 시스템의 일반적인 기능들(원방 감시, 원방 측정, 제어 기능 등)을 수행하게 된다.

(2) 출력 장치반

용도별로 몇 개의 프린터로 나누어져 있다. RGB Display의 화면을 Hard-copy하는 칼라 프린터, SCADA 시스템과 관련된 이상 정보를 출력하는 시스템 경보・사건 프린트, 현장에서 수집된 각종 경보 상황을 출력하는 현장 프린터, 보고서를 작성하는 보고서 프린터 등이 있다.

다. 현시반

현시반은 보통 맵보드(Map-board)와 현시반 콘솔로 구성되어 있다. 맵보드는 종전에 모자이크 패널(Mosaic Panel)로 많이 구성하였으나 근래에는 계통의 변경 및 추가 정보의 현시에 용이하게 대처할 수 있도록 LCD Projector 등의 사용이 증가하고 있다. 현시반 콘솔은 주컴퓨터 장치의 시스템 콘솔 이상시 포인트(Point)의 제어, 감시를 대신할 수 있다.

라. 통신 제어 장치

통신 제어・장치는 2중화되어 있으며, 실시간 처리 운영체제가 내장되어 있어, 전력계통의 감시·제어 기능을 주컴퓨터 장치와 분산 처리하면서 RTU와 실시간으로 통신하고 그 데이터를 신속하게 처리하여 주컴퓨터 장치로 송신하고 사령자의 제어명령을 수신하여 RTU로 전송하게 하며, 주컴퓨터 장치의 고장시에도 계통 상황을 용이하게 파악할 수 있도록 현시반의 제어 및 표시 기능을 관장하고 있다. 통신 제어장치와 RTU와의 연결은 통신 제어 장치와 RTU가 1:1로 연결되는 Dedicate 방식, 1개의 통신 제어 장치와 다수의 RTU가 연결되는 Shared 방식 그리고 MUX(Multiplexor)를 사용하는 방식 등 다양한 방식이 존재하며 속도와 신뢰성 측면에서 비약적인 발전이 계속되고 있다.

마. 시스템 이중화 장치

1) 시스템 이중화 장치는 중앙 처리 장치의 상태를 감시하여 이상을 발견하면 즉시 모든 프린터, RTU, 통신 채널 등의 동작중인 주변기기를 예비 컴퓨터로 절체 시킨다.
2) 주・예비 중앙 처리 장치는 전용 링크를 통해 고속으로 실시간 데이터와 주요 시스템 버퍼를 상회 백업하는 기능이 있다.
3) 사령자가 수동으로 고장 복구 또는 주・예비 중앙 처리 장치의 역할을 변경시킬 수 있다.

2.2 원격소 장치

RTU는 피제어소(변전소 등)에 설치되어 있는 설비로부터의 현장 정보를 취득, 분석하여 통신 제어 장치로 송신하며 반대로 통신 제어 장치로부터 제어 명령을 수신하여 처리한다. RTU는 포인트 단위로 현장 설비를 관리하며 보통 다음과 같은 3가지 유형으로 분류된다.

가. 포인트 유형

(1) 상태 포인트(Status Point)

차단기, 단로기, 계전기 등 개・폐(on-off)의 2종류로 나타낼 수 있는 데이터를 관리한다. 이런 종류의 데이터를 상태 데이터라 부르며 '0', '1'로 표시되는 디지털 데이터라 할 수 있다.

(2) 아날로그 포인트(Analog Point)

전압, 전류, 전력 등과 같이 연속적인 값을 갖는 데이터를 관리한다. 상태 데이터와 상대되는 개념이다.

(3) 누산 포인트(Accumulative Point)

전력량(kWH)과 같이 시간에 따른 적산이 필요한 데이터를 관리한다.

RTU는 그림에서 보듯이 다수의 기능별 보드(Board)로 구성되어 있다. 보드들은 집적도가 높아짐에 따라 형태상으로 통합되기도 하나 기능상으로는 다음과 같다.

나. 주요 기능 보드

(1) CPU 보드

RTU의 각 기능 보드로부터 제반 데이터를 수집하여 통신 제어 장치로 송신하고 통신 제어 장치로부터 제어 명령을 수신하여 해당 보드에 전달하는 기능을 가지고 있다.

(2) MODEM

중앙 처리 장치와 RTU간의 원거리 통신을 위한 장치. Digital/Analog 신호 변환을 위한 장치이다.

(3) 감시 보드(또는 디지털 입력 보드)

차단기, 단로기, 계전기 등의 동작 상태 데이터를 취득하여 그 결과를 CPU

보드로 전송한다.

(4) 제어 보드(또는 디지털 출력 보드)

디지털 출력용 보드로서 보조 계전기 접점을 이용, CPU 보드로부터 온 제어 신호에 따라 차단기, 단로기 등의 현장 설비를 제어한다.

(5) 아날로그 입력 보드

현장 설비로부터 취득한 전압, 전류, 전력 등의 아날로그 데이터를 디지털 신호로 변환하여 CPU 보드로 전송한다. 입력은 변환기(Transducer)를 통하여 공급된다.

(6) 누산 보드(또는 펄스 입력 보드)

펄스를 일정 시간 동안 누산 처리하는 보드로 전력량 등을 입력받아 CPU 보드로 전송한다. 디지털 입력 보드와 통합되어 있는 경우가 많다.

(7) 변환기

현장 설비 신호를 RTU에 입력시켜 주며 전압, 전류, 전력 및 전력량을 변환시켜 주는 장치로서 CT, PT로부터 입력 신호를 변환시켜 아날로그 입력 보드나 누산 보드에 전송해 주는 장치이다.

2.3 SCADA 시스템의 일반적인 기능

가. 원방 감시 기능

현장 설비에 대한 상태 포인트의 접점 상태에 대한 데이터 수집을 의미한다. 상태 데이터는 RTU와의 주기적인 데이터 통신으로 취득하며 데이터는 사령자 조작반 디스플레이 상의 화면 출력과 맵보드(Map board)로 출력된다. 이에 해당되는 사항으로는,

○ 차단기 개폐 상태
○ 계전기 동작 상태
○ SOE(Sequence Of Event)
○ 기타 접점 상태

가 있다.

나. 원방 측정 기능

현장 설비에 대한 아날로그 포인트의 아날로그 데이터 수집 기능을 의미한다. 아

날로그 데이터 역시 RTU와의 주기적인 데이터 통신으로 취득하며 취득한 아날로그 데이터는 사령자 조작반 디스플레이 상의 화면 출력과 맵보드로 출력된다. 이에 해당되는 사항으로는,

○ 전압, 전류 측정

○ 유효 및 무효 전력 측정

○ 탭 위치, 온도 측정 등

이 있다.

다. 제어 기능

운영자가 현장 설비에 대한 제어를 할 수 있는 기능을 말하며 각 기기별로 독립적으로 제어가 가능하도록 되어있다. RTU의 제어 보드를 통하여 기기를 제어한다. 이 기능에 해당되는 사항으로는,

○ 차단기, 계전기 등의 개폐 상태 제어

○ 제어하고자 하는 위치까지 '증가', '감소' 시키는 증감 제어

를 들 수 있다.

라. 경보 발생보고 기능

통신 이상시 또는 원방 감시 및 측정 대상 기기 중 비정상적인 상황(상태 포인트의 상태 변화, 아날로그 포인트의 한계치 초과)가 발생한 기기가 있을 때 경보 발생을 보고하는 기능을 말한다. 이 기능에 해당되는 사항으로는,

○ 아날로그 데이터(전압, 전류 등)의 상·하한 값 초과 또는 미달

○ 상태 데이터(차단기, 계전기 등의 개폐)의 접점 상태 변화

○ 장치간 데이터 송수신의 이상 발생

등을 들 수 있다.

마. MMI(Man-Machine Interface) 기능

운영자가 시스템을 운영하는데 필요한 조작 명령을 용이하게 처리하기 위한 관점에서 만들어진 기능들을 뜻한다. 예로서, 키보드 입력보다는 마우스를 사용한다거나, 윈도우를 기능별로 발생시켜 운영자의 혼돈을 최소화하는 것들을 의미한다. 운영자의 요구 조건에 따라 많이 달라질 수 있는 기능이다.

바. 보고서 작성 기능

운영자가 요구하는 각종 보고서 양식을 일정한 주기별로 보고하거나(일보 또는

월보) 부정기적인 요구에 의해 보고하는(관리자의 요구 등) 기능을 말한다.

사. 화면 감시 기능

결선도 관리자, 경보 윈도우 관리자, 시스템 관리자 등을 통해 현장 설비를 감시한다. 이들 관리자는 개별 윈도우 감시 화면으로 나타나며 이러한 감시 화면의 종류에는 SCADA 설계 사양에 따라 달라지기는 하나 일반적으로는 다음과 같은 것들이 있다.

(1) 결선도 관리자

결선도에 표시되는 상태/아날로그 포인트 및 기타 정적 포인트 정보를 포함하는 운영 화면으로 기본적으로는 맵보드와 동일하게 구성된다. 결선도 상에서 포인트의 감시/제어/경보인지 등의 기능이 수행된다. 기본적으로 항상 운영되는 운영 관리자이다.

(2) 경보 관리자

시스템을 운영하면서 발생하는 모든 경보 내용을 운영자가 숙지할 수 있도록 화면에 출력하는 관리 화면으로 가장 최근에 발생한 경보 내용부터 표시되도록 되어 있다. 경보 윈도우 상에서는 기타 응용 관리자를 호출할 수 있으며 경보인지 동작을 수행할 수 있다.

(3) 시스템 관리자

시스템을 운영하는데 필요한 태그(Tag)(태그는 특정 동작을 수행허가 또는 금지시킬 수 있는 항목을 말함. 태그에 대해서는 별도로 설명)의 운영, 검색시간, 저장주기, 보고서 출력여부 등과 같은 시스템 파라메타들을 변경할 수 있으며, 기타 응용 관리자를 호출하는 기능 및 시스템의 파일을 관리하며 시스템의 종료절차를 수행하는 관리자이다.

(4) 페이지 관리자

여러 개의 관련있는 상태/아날로그 포인트들을 연계하여 하나의 페이지 단위로 관리하는 관리자를 말한다.

(5) 사고 누산 관리자

사고 횟수의 관리가 필요한 중요 포인트의 사고 횟수를 관리하는 운영화면으로 지정된 누산 횟수의 도달 시나 운영자 요구에 의해 현재 이력을 표시하는 관리자이다.

(6) 트렌드(Trend) 관리자

아날로그 포인트의 감시를 운영자가 쉽게 숙지할 수 있도록 시간에 따른 데이터의 분포로 그래픽화면 상에 출력시키는 관리자로서 기능에 따라 실시간 트렌드 화면과 히스토리(History) 트렌드 화면으로 나누어진다.

(7) DB 관리자

시스템 운영에 필요한 데이터 베이스를 편집하고 수정하는 기능을 제공하는 운영 관리자이다.

(8) 보고서 관리자

일보 및 월보 보고서에 따른 출력 형식의 편집이나 보고서 내용을 수정, 출력하는 기능을 가진 관리자이다.

아. 로거(Logger) 출력 기능

현장 설비의 감시와 관련된 정보를 출력한다. 화면 Hard-copy, 각종 통계, 보고서의 출력 등이 이에 해당된다.

자. 태깅(Tagging) 기능

시스템을 운영하면서 특정 동작을 수행허가 또는 금지시킬 수 있는 항목을 태그라하며 이러한 항목을 설정/해제하는 동작을 태깅이라 한다. 태그 항목은 기능에 따라서 시스템 태그와 포인트 태그로 분류한다.

1) 시스템 태그에는 다음 [표 14.2]와 같은 종류가 있다.

[표 14.2] 시스템 태그의 종류

항목	태그 선택	의미
제어 태그	금지/허가	시스템에 대한 전반적인 제어동작을 허가 또는 금지
경보 태그	금지/허가	시스템의 경보 발생을 허가 또는 금지
경보음 태그	금지/허가	경보가 발생한 경우 경보음의 출력을 허가 또는 금지
이벤트 태그	금지/허가	이벤트 내용이 프린터로 출력되는 것을 허가 또는 금지
데이터 태그	금지/허가	데이터 프린터 상으로의 출력을 허가 또는 금지
Line type 태그	비적용/적용	포인트의 색상을 Line type에 따라 적용할 것인지 또는 경보 레벨에 따라 적용할 것인지를 결정

[표 14.3] 포인트 태그의 종류

항목	태그	의미
상태 포인트	제어 태그	태그가 설정된 경우에는 상태 포인트의 on-off 제어 및 증감제어 동작을 할 수 없다.
	경보 태그	태그가 설정된 경우에는 포인트의 상태 변화가 발생하여도 경보를 발생하지 않는다.
	검색 태그	태그가 설정된 경우에는 포인트의 상태를 검색하지 않는다. 이 태그가 설정되면 경보 태그는 동작하지 않는다.
아날로그 포인트	경보 태그	태그가 설정된 경우에는 포인트 데이터가 한계치를 벗어나도 경보를 발생하지 않는다.
	검색 태그	태그가 설정된 경우에는 포인트의 상태를 검색하지 않는다.

2) 포인트 태그

상태 및 아날로그 포인트들의 기능 동작을 제어하는 항목으로 포인트별로 설정 및 해제가 가능하도록 되어있다. 포인트에 대한 태깅은 페이지 관리자에서 할 수 있으며 포인트 태그의 종류를 [표 14.3]에 나타내었다.

3. 전력 조류계산

EMS에서 SCADA만을 운용하고 있는 대부분의 전철 전력계통에서 전력 조류계산은 그다지 활용도가 높아 보이지 않지만, 현재는 수전 변전소의 다중화와 함께 수전 선로의 네트워크화가 진행되고 있으며 지능형 전력망(Smart grid) 연계 등으로 인하여 계통의 정확한 상태 파악이 중요한 문제로 대두되고 있다. 상업용 전력계통과 전철 전력계통의 차이라면 이제는 발전기를 제외하고는 거의 없다고 볼 수 있으며 따라서 EMS의 자동발전제어(AGC), 경제급전(ED) 등의 발전 자동화와 관련된 부분을 제외한 전력 조류계산(Load flow calculation 또는 Power flow calculation)과 상태추정(State estimation)은 철도에서도 필요한 기능이라고 할 수 있다. 이제 설명하고자 하는 전력 조류계산은 사실, 전력계통 해석의 가장 기본이 되는 해석법으로 굳이 철도가 아니더라도 전력계통 엔지니어가 반드시 알 고 있어야 할 사항이라고 할 것이다.

3.1 전력 방정식

전력 조류계산의 1차적인 목적은 전력계통 모선(Bus)에서의 전압(크기와 위상)을 결정하는 것이라고 할 수 있다. 우선적으로 모선에서 전압의 크기와 위상이 결정되면 이를 토대로 모선 사이를 연결하는 각 선로에서의 유효전력 및 무효전력의 이동 즉 조류 및 이들 선로에서의 손실 등을 계산해 내는 것이다. 바꿔 말하면 조류계산을 나타내는 방정식이 있다면 이 방정식의 독립변수는 모선에서 전압의 크기와 위상이 되며, 이 방정식을 우리가 보통 전력 방정식(Power equations)이라고 부른다. 전력 방정식은 다음과 같은 순서로 유도할 수 있다.

가. 노드(Node)방정식, $I_{bus} = Y_{bus}V_{bus}$

노드방정식 $I_{bus} = Y_{bus}V_{bus}$ 로부터 시작한다.

여기서, I_{bus} 는 모선에 주입되는(Injected) 전류

Y_{bus} 는 모선 어드미턴스(Bus admittance) 행렬

V_{bus} 는 모선의 전위(기준 노드는 대지로 간주)

위의 방정식은 회로이론에서 소개되고 있는 노드해석법의 경우와 동일하다. 즉, 노드해석법을 적용하는 경우와 동일하게 모선 어드미턴스 행렬 Y_{bus}를 작성한다. (행렬의 대각 요소(Diagonal term)는 그 모선에 연결된 모든 어드미턴스의 합으로, 그리고 대각외 요소(Off-diagonal term)는 모선과 모선 사이에 연결된 어드미턴스 합의 음수로 취한다.) 그러면 $I_{bus} = Y_{bus}V_{bus}$의 노드 방정식에서 I_{bus}는 모선으로 들어가는 전류 전원의 값과 같으므로, 이때 전류 I_{bus}를 모선주입전류(Bus injected current)라 부른다.

나. 복소전력 , $S = V_{bus}I_{bus}^*$

노드방정식에서의 I_{bus}와 V_{bus} 를 사용하여 복소전력 $S = V_{bus}I_{bus}^*$ 를 취하면 이때의 S는 능동소자 표기방식(Active sign convention)으로 표현된 복소전력이 된다. 즉, S는 생산 전력이 되며 이를 모선주입전력(Bus injected power)이라 한다.

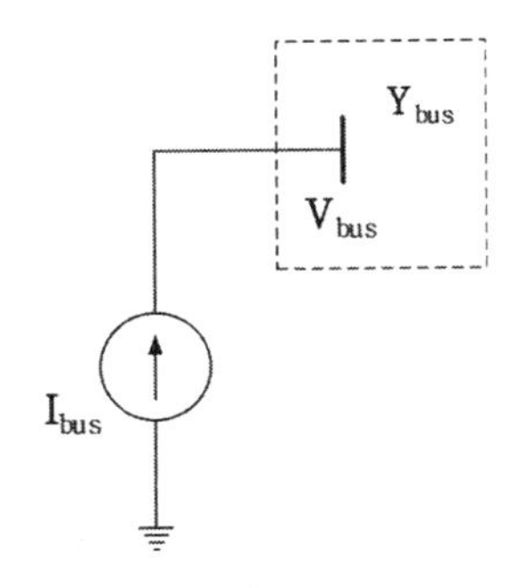

[그림 14.3] 모선주입전류

다. 전력 방정식 유도

$I_{bus} = Y_{bus}V_{bus}$로부터 i번째 모선의 주입 전류 i_i는 다음과 같이 쓸 수 있다.

$$\begin{bmatrix} i_1 \\ i_2 \\ \vdots \\ i_i \\ \vdots \\ i_n \end{bmatrix} = \begin{bmatrix} \\ \\ y_{i1}\ y_{i2}\ \cdots y_{ii}\ \cdots y_{in} \\ \\ \\ \end{bmatrix} \begin{bmatrix} v_1 \\ v_2 \\ \vdots \\ v_i \\ \vdots \\ v_n \end{bmatrix}$$

$$\therefore i_i = \sum_{k=1}^{n} y_{ik} v_k \tag{14.1}$$

따라서 i 번째 모선에서의 모선주입전력은

$$s_i = v_i \times i_i^* = v_i \times \left(\sum_{k=1}^{n} y_{ik} v_k \right)^* = v_i \times \sum_{k=1}^{n} y_{ik}^* v_k^* \tag{14.2}$$

여기서,

$v_i = V_i \angle \theta_i$

$v_k = V_k \angle \theta_k$

$\theta_{ik} = \theta_i - \theta_k$

$y_{ik} = G_{ik} + jB_{ik}$

라 하면

$$s_i = \sum_{k=1}^{n} V_i V_k \angle \theta_{ik} (G_{ik} - jB_{ik}) \tag{14.3}$$

이를 정리하면 다음과 같은 전력 방정식을 얻을 수 있다.

$$P_i = \sum_{k=1}^{n} V_i V_k \left(G_{ik} \cos\theta_{ik} + B_{ik} \sin\theta_{ik} \right) \tag{14.4}$$

$$Q_i = \sum_{k=1}^{n} V_i V_k \left(G_{ik} \sin\theta_{ik} - B_{ik} \cos\theta_{ik} \right) \tag{14.5}$$

위 (14.4)식 및 (14.5)식에서 P_i와 Q_i는 i번째 모선의 주입 전력 즉, 생산 전력이다. 그러므로 i번째 모선에서의 부하전력이 P_d , Q_d라면 이 값은 전력 방정식에서 $-P_d$, $-Q_d$로 들어가야 한다.

3.2 조류계산의 특징

가. 모선의 유형(Bus type)

모든 모선에는 우리가 관심이 있는 4가지의 물리량이 존재한다. 즉, 모선 전압의 크기(V_i), 모선의 위상각(θ_i), 모선에 주입되는 유효전력(P_i) 및 모선에 주입되는 무효전력(Q_i)의 4가지 물리량이다. 이들 4가지의 물리량 중에서 각각의 모선에서는 항상 2가지만이 지정된 값(Constant)으로 주어진다. 이 주어지는 물리량에 따라 전력 조류계산에서 모선의 유형은 다음 3가지로 분류한다.

(1) 슬랙모선(Slack bus)

$v_1 = 1.0\angle 0^\circ$ 로 지정되는 모선으로서 모선번호를 보통①로 한다. 즉, 모선 전압의 크기(1.0)와 위상각(0°)의 2가지가 결정된 모선으로서 이후 얻어지는 다른 모선의 조류계산 결과는 모두 이 크기나 위상각에 대한 상대적인 값이 된다. 보통 계통 내에서 가장 큰 발전기가 연결된 모선으로 설정하거나, 부분 계통의 조류계산을 시행하는 경우라면 무한모선(Infinite bus)으로 슬랙모선을 설정한다. 조류계산을 시행하여 다른 모선에서 전압의 크기와 위상각이 모두 결정되고 나면 슬랙모선에서 모선주입전력 $P_1 + jQ_1$을 계산한다. 슬랙모선에 발전기가 연결된 경우에는 이 주입 전력이 발전기의 용량 범위 내인지를 확인한다. 슬랙모선은 조류계산을 하고자 하는 계통에 반드시 1개가 설정되어야만 전력 방정식의 해를 구할 수 있다.

(2) 부하모선(Load bus 또는 PQ bus)

모선주입전력 $P_i + jQ_i$가 확정된 모선. 즉, 모선 주입 유효전력과 모선 주입 무효전력의 2가지가 결정된 모선으로서 이 모선에서의 소모 전력이 $S_d = P_d + jQ_d$ 라면, 전력 방정식에는 $-S_d$로 값을 넣어야 한다.

(3) 전압조정모선(Voltage controlled bus 또는 PV bus)

모선 전압의 크기와 모선 주입 유효전력의 2가지가 결정된 모선. 보통 슬랙모선을 제외한 다른 발전기가 연결된 모선이 이 유형에 해당되는데, 발전기의 무효전력 조정 능력을 통해 단자 전압의 크기를 일정하게 유지할 수 있는 모선이라고 할 수 있다. 이때 발전기의 무효전력 조정에는 $Q_{\min} \le Q_G \le Q_{\max}$의 범위가 있으므로 조류계산을 하는 반복 과정에서 계산된 무효전력 Q_{calc} 가 이 범위 내라면 전압조정모선(즉, P와 V가 일정한 모선)을 계속 유지하고 만약 $Q_{calc} \ge Q_{\max}$라면, 발전기의 전압 조정 능력을 상실하게 되어 무효전력이 $Q_{\max}$인 부하모선(PQ bus)으로 바뀐다. 마찬가지로 $Q_{calc} \le Q_{\min}$이면 무효전력이 $Q_{\min}$인 부하모선으로 바뀐다. 그러나 이후의 반복 과정에서 다시 $Q_{\min} \le Q_{calc} \le Q_{\max}$로 들어오면 부하모선에서 다시 전압조정모선(PV bus)로 바뀐다. 발전기 연결이 없는 전철 전력계통에서라면 이 모선을 고려할 필요가 없다.

나. 계산의 진행

모든 모선은 다음과 같이 조류계산으로 계산되어야 할 2개의 변수를 갖는다.

- ○ 슬랙모선이라면 → 모선 주입 유,무효전력 P, Q
- ○ 부하모선이라면 → 모선 전압의 크기 및 위상각 V, θ
- ○ 전압조정모선이라면 → 모선 주입 무효전력 및 위상각 Q, θ

한편, 조류계산의 1차적인 목표는 각 모선에서의 전압의 크기와 위상각을 구하는 것(슬랙모선은 제외)이므로 예로서 ①은 슬랙모선 ②, ③은 부하모선 ④, ⑤는 전압조정모선이라면 P_2, Q_2, P_3, Q_3, P_4 및 P_5의 6개의 전력 방정식으로부터 우선 V_2, θ_2, V_3, θ_3, θ_4 및 θ_5의 6개의 V, θ를 구하고, 이후 슬랙모선 ①에서 P_1, Q_1 및 전압조정모선 ④, ⑤에서 Q_4, Q_5를 계산해 낸다.

3.3 조류계산 예제

다음과 같은 3모선의 예제 계통을 통하여 조류계산의 과정을 이해해 보기로 한다. 3개의 모선은 앞에서 설명한 모선의 유형을 모두 포함하고 있다. ①번 모선은 슬랙모선으로 설정하였으며 ②번 모선은 전압의 크기와 유효전력이 정해져 있는 전압조정모선 그리고 ③번 모선은 부하모선이다.

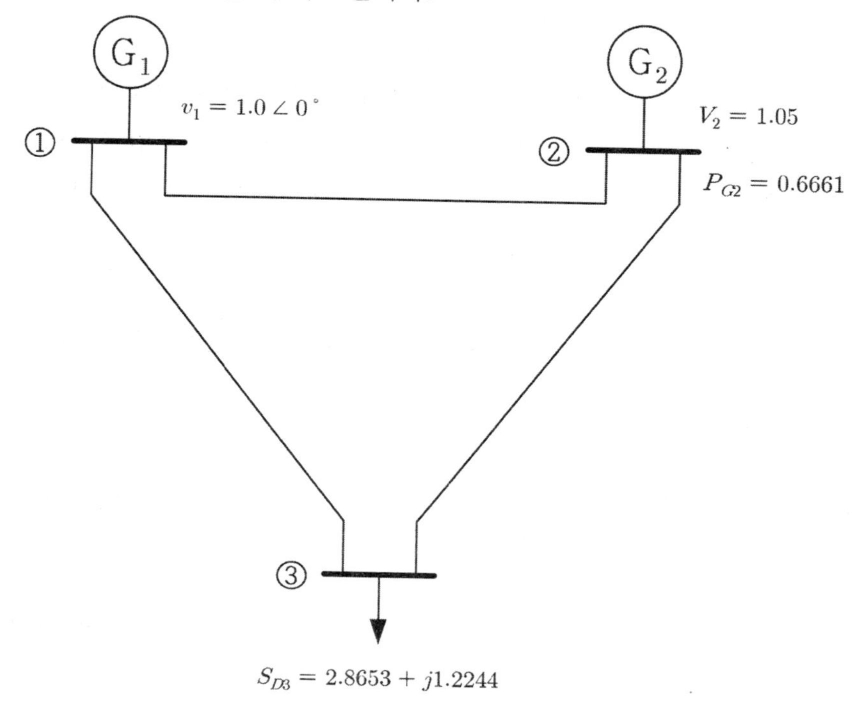

[그림 14.4] 3모선 조류 계산 예제 계통

다만, 이 예제에서는 전압조정모선인 ②번 모선에서 무효전력 조정 범위는 정해져 있지 않다고 보고 계산하기로 한다.

가. 전력 방정식

3개의 모선을 연결하는 송전선로의 파라메타는 모두 동일하다고 보기로 하며, π 등가회로로 취급하기로 한다. 단위는 또한 모두 PU.

$$Y_c = j0.01 \text{ 및 } Z_l = j0.1$$

모선 어드미턴스 행렬 Y_{bus}는 회로이론의 노드해석법에서 Y 행렬을 작성하는 경우와 동일하므로 다음과 같이 작성될 것이다.

$$y_{11} = -j10 - j10 + j0.01 + j0.01 = -j19.98$$
$$y_{12} = -(-j10) = j10$$

본 예제에서는 $y_{11}=y_{22}=y_{33}$이며 대각외(Off-diagonal) 요소들은 모두 같으므로,

$$\therefore \mathrm{Y}_{bus}=\begin{bmatrix} -j19.98 & j10 & j10 \\ j10 & -j19.98 & j10 \\ j10 & j10 & -j19.98 \end{bmatrix}$$

이제 전력(유효 및 무효)값을 알고 있는 모선에 대해 전력 방정식을 세운다. 부하 모선에서는 P, Q 에 대해 전력 방정식을 세울 수 있으며 전압조정모선에서는 P 에 대해 전력 방정식을 세울 수 있다. 따라서 본 예제에서는 P_2, P_3 및 Q_3 에 대해 3개의 전력 방정식을 세우기로 한다.

$$P_2=\sum_{k=1}^{3} V_2 V_k\{G_{2k}\cos(\theta_2-\theta_k)+B_{2k}\sin(\theta_2-\theta_k)\}=\sum_{k=1}^{3} V_2 V_k B_{2k}\sin(\theta_2-\theta_k)$$

($\because \mathrm{Y}_{bus}$ 행렬에서 G_{ij} 는 모두 0)

그리고 알고 있는 값 즉, 슬랙모선의 전압 및 위상 $V_1=1.0$, $\theta_1=0$과 전압조정모선의 전압 $V_2=1.05$를 이 식에 대입하면,

$$P_2=10.5\sin\theta_2+10.5V_3\sin(\theta_2-\theta_3)$$ ---------- 이 식을 f_1 식이라 하자.

마찬가지로 P_3는

$$P_3=\sum_{k=1}^{3} V_3 V_k\{G_{3k}\cos(\theta_3-\theta_k)+B_{3k}\sin(\theta_3-\theta_k)\}$$

$$P_3=10V_3\sin\theta_3+10.5V_3\sin(\theta_3-\theta_2)$$ ---------- f_2

그리고

$$Q_3=\sum_{k=1}^{3} V_3 V_k\{G_{3k}\sin(\theta_3-\theta_k)-B_{3k}\cos(\theta_3-\theta_k)\}$$

$$Q_3=-10V_3\cos\theta_3-10.5V_3\cos(\theta_3-\theta_2)+19.98V_3^2$$ ---------- f_3

이제 위의 f_1, f_2, f_3의 세 식으로부터 θ_2, θ_3, V_3의 3개의 값을 Newton-Raphson 반복법으로 구해내기로 한다. Newton-Rahpson 방법의 알고리즘은 다음과 같으며,

$$X^{k+1}=X^k-J(X^k)^{-1}f(X^k)$$

이를 본 예제에 적용시키면 다음과 같은 반복식으로 표현할 수 있다.

$$\begin{bmatrix} \theta_2 \\ \theta_3 \\ V_3 \end{bmatrix}^{k+1} = \begin{bmatrix} \theta_2 \\ \theta_3 \\ V_3 \end{bmatrix}^{k} - J(\theta_2^k, \theta_3^k, V_3^k)^{-1} \begin{bmatrix} f_1(\theta_2^k, \theta_3^k, V_3^k) \\ f_2(\theta_2^k, \theta_3^k, V_3^k) \\ f_3(\theta_2^k, \theta_3^k, V_3^k) \end{bmatrix}$$

여기서 자코비안 J는 $J = \begin{bmatrix} \frac{\partial f_1}{\partial \theta_2} & \frac{\partial f_1}{\partial \theta_3} & \frac{\partial f_1}{\partial V_3} \\ \frac{\partial f_2}{\partial \theta_2} & \frac{\partial f_2}{\partial \theta_3} & \frac{\partial f_2}{\partial V_3} \\ \frac{\partial f_3}{\partial \theta_2} & \frac{\partial f_3}{\partial \theta_3} & \frac{\partial f_3}{\partial V_3} \end{bmatrix}$ 로 주어지며, 자코비안의 각 요소는

$$\frac{\partial f_1}{\partial \theta_2} = -10.5\cos\theta_2 - 10.5V_3\cos(\theta_2 - \theta_3)$$

$$\frac{\partial f_1}{\partial \theta_3} = 10.5V_3\cos(\theta_2 - \theta_3)$$

$$\frac{\partial f_1}{\partial V_3} = -10.5\sin(\theta_2 - \theta_3)$$

$$\frac{\partial f_2}{\partial \theta_2} = 10.5V_3\cos(\theta_3 - \theta_2)$$

$$\frac{\partial f_2}{\partial \theta_3} = -10V_3\cos\theta_3 - 10.5V_3\cos(\theta_3 - \theta_2)$$

$$\frac{\partial f_2}{\partial V_3} = -10\sin\theta_3 - 10.5\sin(\theta_3 - \theta_2)$$

$$\frac{\partial f_3}{\partial \theta_2} = 10.5V_3\sin(\theta_3 - \theta_2)$$

$$\frac{\partial f_3}{\partial \theta_3} = -10V_3\sin\theta_3 - 10.5V_3\sin(\theta_3 - \theta_2)$$

$$\frac{\partial f_3}{\partial V_3} = 10\cos\theta_3 + 10.5\cos(\theta_3 - \theta_2) - 39.96V_3$$

$\underline{k=1}$

이제 초기치를 $\begin{bmatrix} \theta_2 \\ \theta_3 \\ V_3 \end{bmatrix}^0 = \begin{bmatrix} 0 \\ 0 \\ 1 \end{bmatrix}$로 하여 다음 단계인 $k=1$에서의 개선된 값을 구하면,

$$\begin{bmatrix}\theta_2\\\theta_3\\V_3\end{bmatrix}^1=\begin{bmatrix}0\\0\\1\end{bmatrix}-\begin{bmatrix}-21 & 10.5 & 0\\10.5 & -20.5 & 0\\0 & 0 & -19.46\end{bmatrix}^{-1}\begin{bmatrix}0.6661\\-2.8653\\-0.7044\end{bmatrix}=\begin{bmatrix}-0.0513\\-0.1660\\0.9638\end{bmatrix}$$

수렴성의 판별을 위해 norm 값을 다음과 같이 취해보면

$$\mathrm{norm}\left(\begin{bmatrix}0.6661\\-2.8653\\-0.7044\end{bmatrix}\right)=3.0249\gg\epsilon\ (\epsilon=1.0\times10^{-5})$$

이므로 다음 단계의 반복계산을 수행한다.

$\underline{k=2}$

$\begin{bmatrix}\theta_2\\\theta_3\\V_3\end{bmatrix}^1=\begin{bmatrix}-0.0513\\-0.1660\\0.9638\end{bmatrix}$ 을 이용하여 다음 단계인 $k=2$ 에서의 개선된 값을 구하면,

$$\begin{bmatrix}\theta_2\\\theta_3\\V_3\end{bmatrix}^2=\begin{bmatrix}-0.0513\\-0.1660\\0.9638\end{bmatrix}-\begin{bmatrix}-20.5396 & 10.0534 & -1.2022\\10.0534 & -19.5588 & 2.8550\\-1.1587 & 2.7517 & -18.2201\end{bmatrix}^{-1}\begin{bmatrix}0.0459\\-0.1136\\-0.2253\end{bmatrix}=\begin{bmatrix}-0.0524\\-0.1744\\0.9502\end{bmatrix}$$

수렴성의 판별을 위해 norm 값을 다음과 같이 취해보면

$\mathrm{norm}\left(\begin{bmatrix}0.0459\\-0.1136\\-0.2253\end{bmatrix}\right)=0.2565\gg\epsilon$ 이므로 다음 단계의 반복계산을 수행한다.

$\underline{k=3}$

다시 $\begin{bmatrix}\theta_2\\\theta_3\\V_3\end{bmatrix}^2=\begin{bmatrix}-0.0524\\-0.1744\\0.9502\end{bmatrix}$ 을 이용하여 다음 단계인 $k=3$에서의 개선된 값을 구하면,

$$\begin{bmatrix}\theta_2\\\theta_3\\V_3\end{bmatrix}^3=\begin{bmatrix}-0.0524\\-0.1744\\0.9502\end{bmatrix}-\begin{bmatrix}-20.3890 & 9.9034 & -1.2781\\9.9034 & -19.2618 & 3.0130\\-1.2145 & 2.8631 & -17.7016\end{bmatrix}^{-1}\begin{bmatrix}0.0011\\-0.0022\\-0.0040\end{bmatrix}=\begin{bmatrix}-0.0524\\-0.1745\\0.9500\end{bmatrix}$$

수렴성의 판별을 위해 norm 값을 취해보면

$$\text{norm}\left(\begin{bmatrix} 0.0011 \\ -0.0022 \\ -0.0040 \end{bmatrix}\right) = 0.0047 > \epsilon$$ 이므로 아직 충분히 수렴하고 있지 않다.

$\underline{k=4}$

다시 $\begin{bmatrix} \theta_2 \\ \theta_3 \\ V_3 \end{bmatrix}^3 = \begin{bmatrix} -0.0524 \\ -0.1745 \\ 0.9500 \end{bmatrix}$을 이용하여 다음 단계인 $k=4$에서의 개선된 값을 구하면,

$$\begin{bmatrix} \theta_2 \\ \theta_3 \\ V_3 \end{bmatrix}^4 = \begin{bmatrix} -0.0524 \\ -0.1745 \\ 0.9500 \end{bmatrix} - \begin{bmatrix} -20.3862 & 9.9006 & -1.2796 \\ 9.9006 & -19.2563 & 3.0161 \\ -1.2156 & 2.8653 & -17.6921 \end{bmatrix}^{-1} \begin{bmatrix} 4.01 \times 10^{-7} \\ -8.13 \times 10^{-7} \\ -13.47 \times 10^{-7} \end{bmatrix} = \begin{bmatrix} -0.0524 \\ -0.1745 \\ 0.9500 \end{bmatrix}$$

수렴성의 판별을 위해 norm 값을 취해보면

$$\text{norm}\left(\begin{bmatrix} 4.01 \times 10^{-7} \\ -8.13 \times 10^{-7} \\ -13.47 \times 10^{-7} \end{bmatrix}\right) = 1.6242 \times 10^{-6} < \epsilon$$

∴ 구하고자 하는 $\begin{bmatrix} \theta_2 \\ \theta_3 \\ V_3 \end{bmatrix} = \begin{bmatrix} -0.0524 \\ -0.1745 \\ 0.9500 \end{bmatrix}$

이때 P_1, Q_1 및 Q_2는 각각

$$P_1 = \sum_{k=1}^{3} V_1 V_k \{ G_{1k} \cos(\theta_1 - \theta_k) + B_{1k} \sin(\theta_1 - \theta_k) \}$$
$$= V_1 V_2 B_{12} \sin(\theta_1 - \theta_2) + V_1 V_3 B_{13} \sin(\theta_1 - \theta_3)$$
$$= 10.5 \times 10 \times \sin(0 + 0.0524) + 0.9500 \times 10 \times \sin(0 + 0.1745) = 2.1992$$

$$Q_1 = \sum_{k=1}^{3} V_1 V_k \{ G_{1k} \sin(\theta_1 - \theta_k) - B_{1k} \cos(\theta_1 - \theta_k) \}$$
$$= -B_{11} V_1^2 - B_{12} V_1 V_2 \cos(\theta_1 - \theta_2) - B_{13} V_1 V_3 \cos(\theta_1 - \theta_3)$$
$$= 19.98 - 10 \times 1.05 \times \cos(0 + 0.0524) - 10 \times 0.9500 \times \cos(0 + 0.1745) = 0.1387$$

$$Q_2 = \sum_{k=1}^{3} V_2 V_k \{ G_{2k} \sin(\theta_2 - \theta_k) - B_{2k} \cos(\theta_2 - \theta_k) \}$$
$$= -B_{21} V_2 V_1 \cos(\theta_2 - \theta_1) - B_{22} V_2^2 - B_{23} V_2 V_3 \cos(\theta_2 - \theta_3)$$

$$=-10\times1.05\times\cos(-0.0524)+19.98\times1.05^2-10\times1.05\times0.9500\times\cos(0.1222)$$
$$=1.6417$$

(발전기 G_2 는 무효전력을 생산하고 있다. 발전기는 진상 운전 중이다.)

이상의 3모선 계통 예제를 통해 살펴본 바와 같이 조류계산의 과정은 쉽게 전산 코드화가 가능하다. IEEE에서는 14모선, 30모선, 57모선 등 다양한 표본 모선 계통(Standard bus systems)을 조류계산 결과와 함께 제공하고 있으므로 본인이 작성한 코드의 정확성을 테스트 해 볼 수 있을 것이다.

4. 상태추정

운용 중인 전력계통의 상태는 계통에 설치된 측정기를 통해 제공되는 계통 상태 변수의 값을 통해서 파악하게 된다. 앞 절에서도 살펴본 바와 같이 이렇게 측정된 값은 조류계산 등을 통하여 직접 측정된 계통 변수 외에 다른 계통 변수들의 값을 제공해 줄 수 있다. 따라서 측정치의 정확성은 상당히 중요하다고 볼 수 있으나 모든 계측기 들은 고장 상태가 아닌 정상적인 동작 상태에서도 일정 범위 내의 오차를 포함한 측정치를 제공하고 있으며 또한 가끔씩 고장 상태에서 큰 오차를 포함한 측정치를 나타내기도 한다. 엄격한 의미에서의 SCADA는 이러한 데이터를 오차 보정 없이 그대로 EMS에 제공하게 된다. 이번 절에서는 이렇게 오차가 포함된 데이터를 보정하고 고장 난 측정기를 제거하여 측정 데이터의 정확성을 향상시키는 방법, 소위 상태추정이라 부르는 기법에 대해 살펴보고자 한다. [그림 14.1]에서도 표시되어 있는 바와 같이 상태추정 기능은 EMS와 같은 전력 자동화시스템에서 매우 중요한 역할을 하고 있다.

4.1 최소자승오차

다음과 같은 직류 모선에 직류 송전선로 3회선이 연결되어 있다. [그림 14.5]의

(a)와 (b)에는 모두 직류전류계가 부착되어 있으나 (a)에는 3회선의 송전선로 중 2회선에만, (b)에는 3회선의 송전선로 모두에 부착되어 있다. 부착된 전류계의 오차 등급은 모두 동일하고 전류계는 모두 정상적인 동작 상태에 있다고 본다.

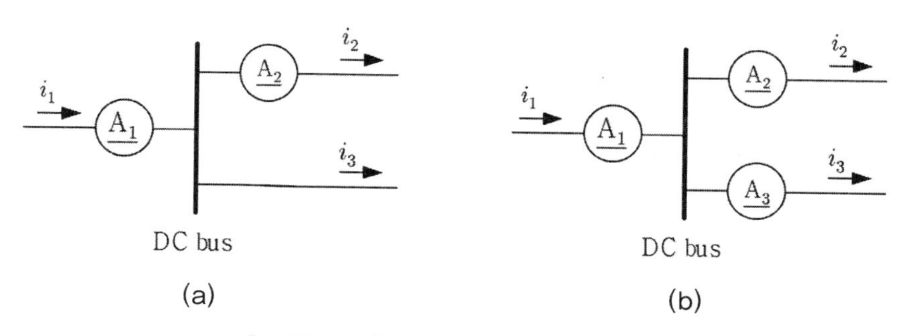

[그림 14.5] 직류 모선 연결 3회선

그림 (a), (b) 경우 공히 i_1 , i_2는 전류계의 지시값이 각각 500[A], 180[A]를 나타낸다고 하자. 이때 그림 (a)의 경우 i_3는 전류계가 없다고 하더라도 KCL을 이용하여 $500-180=320$[A]임을 알 수 있다. 그러면 320[A]는 실제 송전선로를 흐르는 전류값인가? 물론 아니다. i_1 , i_2의 측정값에 오차가 포함되어 있으므로 320[A]라는 값은 참값일 확률이 아주 작다고 보아야 할 것이다. 하지만 운영자 입장에서는 i_3는 320[A]라고 믿는 수 외에 다른 대안은 없을 것이다. 이제 (b)의 경우에는 i_3를 계산에 의하지 않고 실제로 계측기로 측정할 수 있는데 이때 계측된 값이 330[A]가 나왔다고 하자. 그러면 (a)의 경우와는 또 다른 문제가 발생한다. $500-180 \neq 330$ 이기 때문이다. 330[A]가 맞는 것인가? 아니면 320[A]가 맞는 것인가? 아니면 둘 다 아닌 것인가? 그림 (a)와 (b)에서의 문제는 부정확한 측정값을 얻을 수밖에 없다는 점에서 서로 같아 보이나 실상은 다른 경우라 할 수 있다. 동일한 계통(회로)인 그림 (a)와 (b) 회로에서 상태(독립)변수는 KCL, $i_1-i_2-i_3=0$에 의해 i_1 , i_2 , i_3 중 어느 2개만이 된다. 그림 (a)는 2개의 상태변수만을 측정하였으며 그림 (b)는 2개의 상태변수와 이 외에 1개의 종속변수를 측정한 경우가 된다. 계통 상태변수 모두를 측정이 가능하다면 이때 우리는 계통 내의 모든 변수 값을 상태변수의 결합으로 구해낼 수 있으므로 가관측성(Observability)이 확보되었다고 말하고 있으며 그림 (a), (b) 두 경우 모두 가관측성을 확보하고 있다. 하지만 그림 (b)의 경우에는 그림 (a)의 경우에는 없는 잉여(Redundancy)측정치를 보유하고 있다. 이러한 잉여측정치가 있을 때 우리는 다음과 같은 과정으로 참값에 가까운 상태변수 값을 추정할 수 있다.

$\hat{i_1}$, $\hat{i_2}$, $\hat{i_3}$ 를 전류 i_1 , i_2 , i_3 의 참값으로 추정한 값이라고 하자.

그러면 각 측정기에서 발생하는 오차 ϵ_1 , ϵ_2 , ϵ_3 는 다음과 같다.

$$\epsilon_1 = 500 - \hat{i_1} \ , \ \epsilon_2 = 180 - \hat{i_2} \ , \ \epsilon_3 = 330 - \hat{i_3}$$

이때 측정기 전체에서 생기는 오차는 각각의 오차가 ± 값을 나타낼 수 있으므로 이들을 더하면 오히려 전체 오차가 감소하는 경우도 있으므로 계통 전체에서 발생하는 오차의 총량을 표현하는 지수(Index)로 이들을 자승(Square)하여 더한 값으로 쓰기로 한다.

$$J = \epsilon_1^2 + \epsilon_2^2 + \epsilon_3^2 = \left(500 - \hat{i_1}\right)^2 + \left(180 - \hat{i_2}\right)^2 + \left(330 - \hat{i_3}\right)^2$$

여기에 $\hat{i_1}$, $\hat{i_2}$, $\hat{i_3}$ 간의 관계식 즉, KCL에 의해 얻어진 $\hat{i_1} - \hat{i_2} - \hat{i_3} = 0$ 을 대입하면,

$$J\left(\hat{i_1}, \hat{i_2}\right) = \left(500 - \hat{i_1}\right)^2 + \left(180 - \hat{i_2}\right)^2 + \left(330 - \hat{i_1} + \hat{i_2}\right)^2$$

이제 위와 같은 자승오차(Square error)를 최소화하는 값 $\hat{i_1}$, $\hat{i_2}$는,

$$\Delta J = \frac{\partial J}{\partial \hat{i_1}} \Delta \hat{i_1} + \frac{\partial J}{\partial \hat{i_2}} \Delta \hat{i_2} = 0$$

여야 하므로 $\frac{\partial J}{\partial \hat{i_1}} = 0$ 및 $\frac{\partial J}{\partial \hat{i_2}} = 0$ 를 만족하여야 한다.

$\frac{\partial J}{\partial \hat{i_1}} = 0$ 로부터 $4\hat{i_1} - 2\hat{i_2} = 1600$ ----- ①과 그리고

$\frac{\partial J}{\partial \hat{i_2}} = 0$로부터 $2\hat{i_1} - 4\hat{i_2} = 300$ ----- ②의 두식으로부터

$\therefore \hat{i_1} = 483.3$ [A] 및 $\hat{i_2} = 166.7$ [A] 그리고 $\hat{i_3} = 316.6$ [A]의 추정값을 얻을 수 있으며 이들 추정값은 자승오차의 합을 최소로 하는 즉, 최소자승오차(Least square error)를 가지게 하는 값이다.

4.2 상태추정과 불량정보검출

가. 상태추정

상태추정 알고리즘은 앞 절에서 살펴본 예를 일반화한 것으로서 이에 대하여 설명하기로 한다. 일반적으로 관찰대상이 되는 계통에서 계측기를 통하여 측정되는 측정 데이터 집합은 오차를 고려하지 않는다면 계통 상태변수의 함수로 표현되어야 한다. 즉, 가관측(Observable) 계통이라면 측정데이터 집합 내의 모든 데이터는 상태변수를 사용하여 정의할 수 있다. 이제 계통의 모든 측정 데이터가 이 조건을 만족한다고 보고 우리가 실제로 취득하는 계측기의 측정값을 Z_M이라 하면 Z_M에는 오차 E이 포함되어 있으며 이 오차 E와 상태변수 X의 함수로 정의된 실제값 즉, 측정점의 측정값 함수 $h(X)$ 간의 관계는 다음과 같은 식으로 표현할 수 있다.

$$Z_M = h(X) + E \tag{14.6}$$

상태변수의 수를 n, 측정 데이터의 수를 k로 하면 $k \geq n$은 가관측 필요조건이라 할 수 있으며 여기서,

$X = [x_1, x_2, \cdot\cdot\cdot\cdot\, x_n]^T$ (상태벡터)

$Z_M = [z_{m1}, z_{m2}, \cdot\cdot\cdot\cdot\, z_{mk}]^T$ (측정벡터)

$$h(X) = \begin{bmatrix} h_1(x_1, x_2, \cdot\cdot\cdot\cdot\, x_n) \\ h_2(x_1, x_2, \cdot\cdot\cdot\cdot\, x_n) \\ \vdots \\ \vdots \\ h_k(x_1, x_2, \cdot\cdot\cdot\cdot\, x_n) \end{bmatrix}$$

(상태변수에 의해 정의된 측정점의 측정값 함수 벡터)

$E = [\epsilon_1, \epsilon_2, \cdot\cdot\cdot\cdot\, \epsilon_k]^T$ (오차 벡터)

한편, 오차 ϵ_i은 다른 요인에 의해 편향되지 않는다면 평균값 0인 가우시안(Gaussian) 분포를 가지며 다음과 같이 쓸 수 있다.

$$P(\epsilon_i) = \frac{1}{\sqrt{2\pi\sigma_i^2}} \exp\left(\frac{-\epsilon_i^2}{2\sigma_i^2}\right) \tag{14.7}$$

여기서 σ_i는 ϵ_i의 표준편차(Standard deviation)이며, σ_i^2은 분산(Variance)이다. 당연히 계측기의 정밀도가 떨어질수록 표준편차는 증가할 것이다. 이제 상태추정의 목적은 앞 절의 예제에서와 마찬가지로 계측기에서 발생하는 오차의 제곱 즉, 자승오차를 최소화하는 상태변수 값을 구하는 것이다.(물론 가관측 조건에 해당되어야 한다) 이해를 돕기 위해 앞 절의 전류값 추정 문제를 (14.6)식으로 도식화하여 설명하면 다음의 문제와 같다.

<u>3 전류계의 문제</u>

○ $Z_M = h(X) + E$

○ $(k=3) > (n=2)$

∴ 가관측 필요조건은 만족하고 있다. 실제로는 충분조건도 만족하고 있다.

○ $X = [i_1, i_2]^{\mathrm{T}}$

○ $Z_M = [500, 180, 330]^{\mathrm{T}}$

○ $h(X) = \begin{bmatrix} i_1 \\ i_2 \\ i_1 - i_2 \end{bmatrix}$

∵측정점 3곳의 전류를 상태변수 i_1 , i_2 로 표현.

○ $E = [\epsilon_1, \epsilon_2, \epsilon_3]^{\mathrm{T}}$

그러면,

$$J(i_1, i_2) = J(X) = \epsilon_1^2 + \epsilon_2^2 + \epsilon_3^2 = (500 - i_1)^2 + (180 - i_2)^2 + (330 - i_1 + i_2)$$
$$= \sum_{i=1}^{3} [z_{mi} - h_i(X)]^2$$

를 최소화하는 i_1 , i_2 를 구하는 최소자승오차의 문제

즉, 앞 절의 예제를 해결하는 과정과 지금 설명하고 있는 상태추정의 과정은 동일하다는 것이다. 이번 절에서 우리가 한 가지 더 고려를 해야 하는 것은 앞 절의 예제가 전류계의 오차 등급이 모두 동일하다고 보고 지수 J를 최소화하는 상태변수의 값을 구해낸 문제였다면 하지만, 실제로 계통에 부착된 계측기들의 오차는 각각 다를 수 있으며 이런 경우에는 오차가 작은 계측기 쪽이 오차가 큰 계측기 쪽 보다

더 큰 가중치(Weight)를 가질 수 있도록 지수 J를 변형시켜서 이를 최소화하는 상태변수의 값을 구하겠다는 것이다. 이러한 가중치로서 사용하기에 적절한 것으로 각 계측기 분산의 역수인 $\frac{1}{\sigma_i^2}$이 있다. 즉,

▶ 양호한 계측기 → 작은 σ_i^2 → 큰 $\frac{1}{\sigma_i^2}$

▶ 불량한 계측기 → 큰 σ_i^2 → 작은 $\frac{1}{\sigma_i^2}$

의 관계가 있으므로 이를 사용하여 지수 J 를 변형시키면,

$$J(X) = \sum_{i=1}^{k} \frac{[z_{mi} - h_i(X)]^2}{\sigma_i^2}$$

$$= [Z_M - h(X)]^{\mathrm{T}} R^{-1} [Z_M - h(X)] \quad \text{여기서, } R = \begin{bmatrix} \sigma_1^2 & \dots & 0 \\ \vdots & \ddots & \vdots \\ 0 & \dots & \sigma_k^2 \end{bmatrix} \tag{14.8}$$

여기서 대각행렬 R 은 계측기 오차간의 상관관계(Correlation)가 없는 경우의 오차 공분산(Covariance)행렬에 해당된다. 이제 상태추정은 (14.8)식으로 주어지는 지수, 즉 목적함수를 최소화하는 상태변수 X를 구하는 과정이며 일반적으로 가중최소자승(WLS, Weighted Least Square)의 문제로 불린다. 목적함수 $J(X)$를 최소화하는 상태변수 X는 다음의 조건을 만족하여야 한다.

$$\frac{\partial J(X)}{\partial X} = 0 \tag{14.9}$$

【부록1】을 참조하여 위 조건식을 정리해 보기로 한다. 위 식은 다음과 같이 다시 쓸 수 있다.

$$\frac{\partial J(X)}{\partial X} = \begin{bmatrix} \frac{\partial J(X)}{\partial x_1} \\ \frac{\partial J(X)}{\partial x_2} \\ \vdots \\ \frac{\partial J(X)}{\partial x_n} \end{bmatrix} = \begin{bmatrix} 0 \\ 0 \\ \vdots \\ 0 \end{bmatrix} \tag{14.10}$$

한편, (14.8)식을 사용하여 상태변수 x_1 에 대한 편도함수를 구하면

$$\frac{\partial J(X)}{\partial x_1} = -2\sum_{i=1}^{k} \frac{[z_{mi} - h_i(X)]}{\sigma_i^2} \frac{\partial h_i(X)}{\partial x_1} \tag{14.11}$$

이 되고, 이 식을 행렬을 사용하여 정리하면 다음과 같다.

$$\frac{\partial J(X)}{\partial x_1} = -2\begin{bmatrix} \frac{\partial h_1(X)}{\partial x_1} & \frac{\partial h_2(X)}{\partial x_1} & \cdots & \frac{\partial h_k(X)}{\partial x_1} \end{bmatrix} R^{-1} \begin{bmatrix} z_{m1} - h_1(X) \\ z_{m2} - h_2(X) \\ \vdots \\ z_{mk} - h_k(X) \end{bmatrix} \tag{14.12}$$

변수 x_2 , x_3 , ..., x_n 에 대한 편도함수도 (14.12)식과 같은 형태가 될 것이므로 이를 구하여 (14.10)식에 대입하면 다음과 같이 정리할 수 있다.

$$\frac{\partial J(X)}{\partial x} = -2\begin{bmatrix} \frac{\partial h_1(X)}{\partial x_1} & \frac{\partial h_2(X)}{\partial x_1} & \cdots & \frac{\partial h_k(X)}{\partial x_1} \\ \frac{\partial h_1(X)}{\partial x_2} & \frac{\partial h_2(X)}{\partial x_2} & \cdots & \frac{\partial h_k(X)}{\partial x_2} \\ \vdots & \vdots & \vdots & \vdots \\ \frac{\partial h_1(X)}{\partial x_n} & \frac{\partial h_2(X)}{\partial x_n} & \cdots & \frac{\partial h_k(X)}{\partial x_n} \end{bmatrix} R^{-1} \begin{bmatrix} z_{m1} - h_1(X) \\ z_{m2} - h_2(X) \\ \vdots \\ z_{mk} - h_k(X) \end{bmatrix} = \begin{bmatrix} 0 \\ 0 \\ \vdots \\ 0 \end{bmatrix}$$

(14.13)

위 식에서 처음에 나오는 $n \times k$의 행렬은 그 구성이 자코비안 행렬의 요소들로 되어 있으나, 일반적인 자코비안과는 다르게 정방행렬(Square matrix)이 아니며, 행과 열이 바뀐 상태로 되어있다. 여기서 다음과 같이 H라는 행렬을 정의하여 위 식을 간소화하기로 한다.

$$H = \begin{bmatrix} \frac{\partial h_1(X)}{\partial x_1} & \frac{\partial h_1(X)}{\partial x_2} & \cdots & \frac{\partial h_1(X)}{\partial x_n} \\ \frac{\partial h_2(X)}{\partial x_1} & \frac{\partial h_2(X)}{\partial x_2} & \cdots & \frac{\partial h_2(X)}{\partial x_n} \\ \vdots & \vdots & \vdots & \vdots \\ \frac{\partial h_k(X)}{\partial x_1} & \frac{\partial h_k(X)}{\partial x_2} & \cdots & \frac{\partial h_k(X)}{\partial x_n} \end{bmatrix} \tag{14.14}$$

그러면 (14.10)식은 자코비안과 유사한 행렬 H 를 사용하여 다음과 같이

$$-H^{\mathrm{T}}R^{-1}[Z_M-h(X)]=0 \tag{14.15}$$

의 연립방정식을 푸는 문제로 귀결된다. 이제 이 방정식을 Newton-Raphson 반복법으로 풀기 위해서 (14.15)식의 자코비안 J_F(자코비안과 유사한 행렬 H 가 아님)를 구하면 다음과 같다.

$$J_F=\frac{\partial}{\partial X}\{-H^{\mathrm{T}}R^{-1}[Z_M-h(X)]\}=H^{\mathrm{T}}R^{-1}H=G \tag{14.16}$$

따라서 (14.15)식에 대한 Newton-Raphosn 반복법의 적용 규칙은 다음과 같게 된다.

$$X^{k+1}=X^k+(G^k)^{-1}\{[H^k]^{\mathrm{T}}R^{-1}[Z_M-h(X^k)]\}\quad (k=0,1,2,.....) \tag{14.17}$$

나. 불량정보 유무 판정

(14.17)에 의해 수렴된 상태추정의 결과를 얻어냈다면 그 결과가 신뢰할 수 있는 결과인지를 확인해 보아야 한다. 즉, 측정값에 불량정보가 포함되어 있다면 이를 이용한 상태추정의 결과는 신뢰성을 확보할 수 없으며 따라서 이런 불량정보를 제공하고 있는 계측기는 없는지 확인이 필요한데, 불량정보의 유무 판정에는 일반적으로 카이제곱분포(χ^2distribution)가 활용된다. 이제 n개의 확률변수(Random variable) $x_1, x_2, ..., x_n$을 고려하고 각각의 확률변수가 모두 독립적이며 표준 정규분포를 따른다면 다음과 같은 새로운 확률변수 y 를 정의할 수 있다.

$$y=\sum_{i=1}^{n}x_i^2 \tag{14.18}$$

이때 y는 카이제곱분포를 따른다. [그림 14.6]은 k=1에서 5까지의 카이제곱분포를 나타낸 것으로서 여기서 k는 자유도(Degree of freedom)를 나타내며 자유도란 위 (14.18)식의 제곱 합에서 독립변수의 개수를 의미한다.

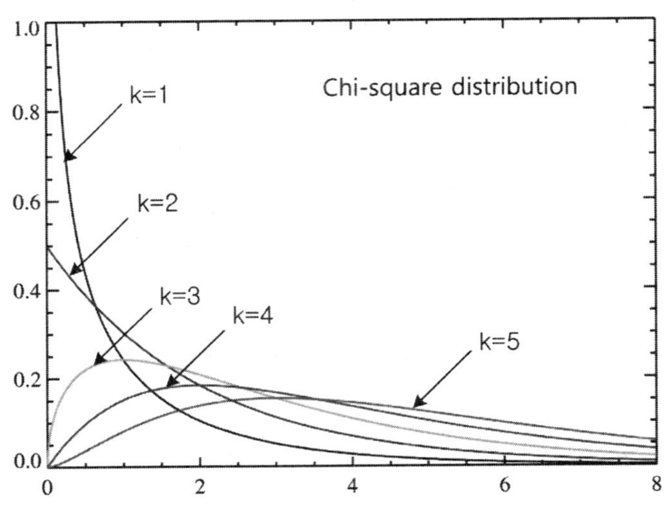

[그림 14.6] 카이 제곱 분포

이제 다음과 같이 계측기에서의 측정값 z_{mi}와 상태추정된 값 $\hat{X}$에 의한 측정값 함수 $h_i(\hat{X})$ 사이의 차이, 즉 잔류오차(Residual error)에 관해 다음의 계산을 하면,

$$f(\hat{X}) = \sum_{i=1}^{k} \frac{\left[z_{mi} - h_i(\hat{X})\right]^2}{\sigma_i^2} = \sum_{i=1}^{k}\left(\frac{\widehat{e_{ri}}}{\sqrt{R_{ii}}}\right)^2 = \sum_{i=1}^{k}(\widehat{e_{ri}}^{N})^2 \tag{14.19}$$

여기서, R_{ii} : (14.8)식의 오차 공분산 행렬 대각 요소

$\widehat{e_{ri}}$: 측정값과 상태추정된 값을 이용한 측정값 함수 사이의 오차 i번째 계측기의 잔류오차

$\widehat{e_{ri}}^{N}$: 위 오차의 정규화 된(Normalized) 오차

$f(\hat{X})$ 는 아무리 커도 자유도 $k-n$(k는 측정값의 개수 그리고 n은 상태변수의 개수, $k>n$은 가관측성의 필요조건)의 카이제곱분포를 하게 될 것이다. 만약, 이렇게 계산된 $f(\hat{X})$의 값이 자유도 k의 카이제곱분포표(【부록2】 참조)에서 우리가 정한 1종 오류(보통 α로 호칭함)에 해당하는 값보다 크다면, 이는 $1-\alpha$의 신뢰도를 갖고 상태추정을 하는 경우에 측정값 z_{mi}들 중에 불량정보가 적어도 1개 이상 포함되어 있음을 의미하게 된다. 다음 절의 예제를 참조하는 것이 내용을 이해하는데 도움이 될 것이다.

다. 불량정보 위치 확인

위와 같은 과정에 의해 불량정보가 포함되어 있다고 판명이 되면 불량정보가 어느 계측기에서 발생 하였는지를 찾아내서 이를 제거시켜야 한다. 물론 제거한 후에도 계통의 가관측성은 유지할 수 있어야 하므로 측정값은 잉여를 갖고 있어야 한다. 이러한 불량정보의 위치를 확인하기 위한 과정도 역시 정규화 된 계측기의 오차를 갖고 판정하게 된다. 그러나 (14.19)식에서 정규화된 오차를 구하기 위해 잔류오차를 계측기 오차의 표준편차로 나누어 준 것에 반해(다시 말하면 계측기의 가중치를 반영), 이번 경우에는 상태추정 과정이 완료된 상태에서 가장 큰(상대적으로) 오차를 나타내는 계측기를 찾고자 하는 것이 목적이므로 각각의 잔류오차를 이들 잔류오차의 표준편차로 나누어야 목적에 맞는 정규화 된 오차를 구할 수 있다. (14.8)식으로 주어지는 목적함수는 상태추정된 값 $\hat{X}$에서

$$\left.\frac{\partial h(X)}{\partial X}\right|_{X=\hat{X}} = H(\hat{X}) = \hat{H} = constant \tag{14.20}$$

로 볼 수 있으므로 다음과 같이 선형화시킬 수 있으며

$$J_L(X) = \left[Z_M - \hat{H}X\right]^{\mathrm{T}} R^{-1} \left[Z_M - \hat{H}X\right] \tag{14.21}$$

이를 최소화하는 X는

$$\hat{X} = \left[\hat{H}^{\mathrm{T}} R^{-1} \hat{H}\right]^{-1} \hat{H}^{\mathrm{T}} R^{-1} Z_M = \hat{G}^{-1} \hat{H}^{\mathrm{T}} R^{-1} Z_M \tag{14.22}$$

여기서, $\hat{G} = \hat{H}^T R^{-1} \hat{H}$

으로 구할 수 있다. (【부록1】 참조) 이 식을 사용하여

$$\hat{Z}_c = h(\hat{X}) = \hat{H}\hat{X} = \hat{H}\hat{G}^{-1}\hat{H}^{\mathrm{T}} R^{-1} Z_M \tag{14.23}$$

로 나타낼 수 있고, 이제 잔류오차의 공분산은 다음과 같은 과정으로 구할 수 있다.

$$\left(Z_M - \hat{Z}_c\right)\left(Z_M - \hat{Z}_c\right)^{\mathrm{T}} = \left[I - \hat{H}\hat{G}^{-1}\hat{H}^{\mathrm{T}} R^{-1}\right] Z_M Z_M^{\mathrm{T}} \left[I - R^{-1}\hat{H}\hat{G}^{-1}\hat{H}^T\right] \tag{14.24}$$

이므로 공분산은 이 식의 기대값으로 계산된다.

$$\Xi\left[\left(Z_M - \hat{Z}_c\right)\left(Z_M - \hat{Z}_c\right)^{\mathrm{T}}\right] = \left[I - \hat{H}\hat{G}^{-1}\hat{H}^{\mathrm{T}} R^{-1}\right] \Xi\left[Z_M Z_M^{\mathrm{T}}\right] \left[I - R^{-1}\hat{H}\hat{G}^{-1}\hat{H}^T\right] \tag{14.25}$$

여기서 $\Xi\left[Z_M Z_M^{\mathrm{T}}\right]$는 (14.8)식의 대각 공분산 행렬 R 이어야 하므로

$$\Xi\left[\left(Z_M-\hat{Z}_c\right)\left(Z_M-\hat{Z}_c\right)^{\mathrm{T}}\right]=\left[I-\hat{H}\hat{G}^{-1}\hat{H}^{\mathrm{T}}R^{-1}\right]\left[R-\hat{H}\hat{G}^{-1}\hat{H}^{T}\right]$$
$$=\left[I-\hat{H}\hat{G}^{-1}\hat{H}^{\mathrm{T}}R^{-1}\right]\left[I-\hat{H}\hat{G}^{-1}\hat{H}^{T}R^{-1}\right]R \qquad (14.26)$$

이 식에서 $\left[I-\hat{H}\hat{G}^{-1}\hat{H}^{\mathrm{T}}R^{-1}\right]$은 멱등성(Idempotent)을 갖고 있는 대표적인 행렬로서, 멱등성이란 자기 자신과의 곱이 다시 자기 자신이 되는 성질을 뜻한다.

$$\Xi\left[\left(Z_M-\hat{Z}_c\right)\left(Z_M-\hat{Z}_c\right)^{\mathrm{T}}\right]=\left[I-\hat{H}\hat{G}^{-1}\hat{H}^{\mathrm{T}}R^{-1}\right]R=R-\hat{H}\hat{G}^{-1}\hat{H}^{\mathrm{T}} \qquad (14.27)$$

위 행렬의 대각요소가 구하고자 하는 잔류오차의 공분산에 해당된다. 이 대각요소를 $\acute{R}_{ii}$라 하면 정규화된 잔류오차는 다음과 같이 계산된다.

$$\frac{\left|z_{mi}-h_i(\hat{X})\right|}{\sqrt{\acute{R}_{ii}}} \quad (i=1,2,\ldots\ldots,k) \qquad (14.28)$$

이 값이 큰 측정값이 우선적으로 불량정보일 가능성이 높다고 보게 된다. 불량정보를 제거한 후에는 이제 $k-1$의 측정값으로 다시 상태추정을 시행하고(물론 $k-1 \geq n$), 그 결과에 대해 (14.19)식을 사용하여 불량정보 유무를 판단하여야 한다.

4.3 상태추정 예제

가. 선형계통 상태추정의 예

다음과 같은 직류 계통에서 상태추정을 시행해 보기로 한다. 측정은 두 개의 전류계 (z_{m1}, z_{m2})와 두 개의 전압계(z_{m3}, z_{m4})로 하고 전원 전압 v_1, v_2를 이 계통의 상태변수로 선정한다.

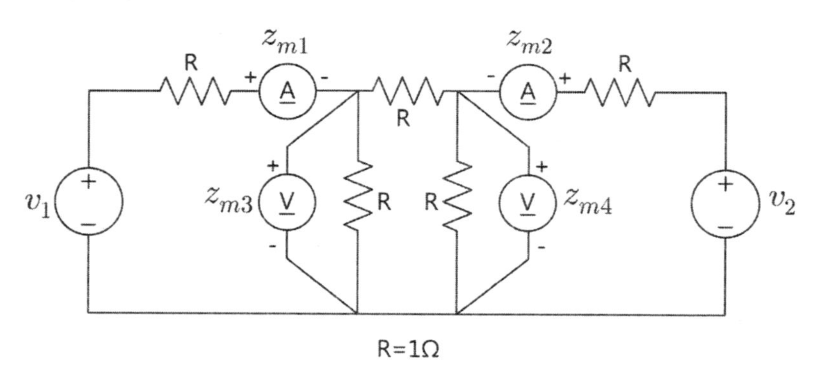

[그림 14.7] 예제 계통

전류계, 전압계의 측정값 Z_M 은 다음과 같다고 하자.

$$Z_M = \begin{bmatrix} z_{m1} & z_{m2} & z_{m3} & z_{m4} \end{bmatrix}^T = \begin{bmatrix} 9.01 & 3.02 & 6.98 & 5.01 \end{bmatrix}^T$$

한편, 전류계는 100 ± 30[A]의 규격을 갖고 있고 ± 30[A]의 오차는 확률밀도함수에서 3σ에 해당한다고 보면 30[%]의 오차가 3σ에 해당되므로 전류계는 $\sigma = 0.1$이 된다. 이런 식으로 하여 전압계에서는 $\sigma = 0.1\sqrt{2}$ 라고 하자. 그러면 오차 공분산 행렬 R 은 다음과 같은 대각행렬이 된다.

$$R = diag\begin{bmatrix} 0.01 & 0.01 & 0.02 & 0.02 \end{bmatrix}$$

이제 전원 전압 v_1 , v_2를 상태변수로 보고 측정점의 측정값 함수 $h(V)$를 구해보면

$$h_1(V) = \frac{5}{8}v_1 - \frac{1}{8}v_2$$

$$h_2(V) = -\frac{1}{8}v_1 + \frac{5}{8}v_2$$

$$h_3(V) = \frac{3}{8}v_1 + \frac{1}{8}v_2$$

$$h_4(V) = \frac{1}{8}v_1 + \frac{3}{8}v_2$$

따라서 H 행렬은 다음과 같이 된다.

$$H = \begin{bmatrix} 0.625 & -0.125 \\ -0.125 & 0.625 \\ 0.375 & 0.125 \\ 0.125 & 0.375 \end{bmatrix}$$

이제 (14.16)식 및 (14.17)식의 Newton-Rhapson 반복법을 적용하면,

$$G = H^T R^{-1} H = \begin{bmatrix} 0.625 & -0.125 & 0.375 & 0.125 \\ -0.125 & 0.625 & 0.125 & 0.375 \end{bmatrix} \begin{bmatrix} 100 & 0 & 0 & 0 \\ 0 & 100 & 0 & 0 \\ 0 & 0 & 50 & 0 \\ 0 & 0 & 0 & 50 \end{bmatrix} \begin{bmatrix} 0.625 & -0.125 \\ -0.125 & 0.625 \\ 0.375 & 0.125 \\ 0.125 & 0.375 \end{bmatrix}$$

$$= \begin{bmatrix} 48.4375 & -10.9375 \\ -10.9375 & 48.4375 \end{bmatrix}$$

반복식은,

$$V^{k+1} = V^k + (G^k)^{-1}\left\{[H^k]^T R^{-1}\left[Z_M - h(V^k)\right]\right\} \quad (k = 0, 1, 2, ...)$$

로 되나 측정점의 측정값 함수 $h(V)$가 선형방정식이므로 1회의 계산으로 수렴하게

된다. $V^0 = \begin{bmatrix} 10 \\ 10 \end{bmatrix}$를 초기값으로 하여 위식에 대입하면,

$$V^1 = \hat{V} = \begin{bmatrix} \hat{v}_1 \\ \hat{v}_2 \end{bmatrix} = \begin{bmatrix} 16.0072 \\ 8.0261 \end{bmatrix}$$

과 같이 추정된 상태변수를 구할 수 있으며 보정된 측정값 즉 $h(\hat{V})$는 $h(\hat{V}) = \begin{bmatrix} 9.00123 \\ 3.01544 \\ 7.00596 \\ 5.01070 \end{bmatrix}$로 계산된다. 이제 이러한 상태추정의 결과를 신뢰할 수 있는지 (14.19)식과 같은 정규화된 잔류 오차의 합을 구해보면,

$$f(\hat{V}) = \sum_{i=1}^{4} \frac{\left[z_{mi} - h_i(\hat{V})\right]^2}{\sigma_i^2}$$
$$= 100(9.01 - 9.00123)^2 + 100(3.02 - 3.01544)^2 + 50(6.98 - 7.00596)^2 + 50(5.01 - 5.01070)^2$$
$$= 0.043507$$

지금과 같은 예제의 상태추정 문제에서 자유도는 측정점의 개수가 4이고 상태변수의 개수가 2이므로 $4 - 2 = 2$가 된다. 우리가 1종오류 α를 $\alpha = 0.01$로 하면, 다시 말해 $1 - \alpha = 0.99$(99[%])의 신뢰도를 갖고 상태추정을 하기로 한다면 카이제곱분포표에서 자유도 2에 해당하는 값 9.21과 비교하여 위의 계산 값이 작으므로 ($0.043507 < 9.21$) 불량정보는 포함되어 있지 않다고 판단하게 된다. 만약, 전류계, 전압계의 측정값 Z_M 중 z_{m4}를 다음과 같이 바꾼다면 불량정보의 유무가 어떻게 되는지 검토해 보기로 한다.

$$Z_M = \left[z_{m1}\ z_{m2}\ z_{m3}\ z_{m4}\right]^{\mathrm{T}} = [9.01\ \ 3.02\ \ 6.98\ \ 4.40]^{\mathrm{T}}$$

전과 동일한 과정을 거쳐 상태추정을 해 보면 정규화된 잔류오차의 합을 다음과 같이 얻을 수 있다.

$$f(\hat{V}) = \sum_{i=1}^{4} \frac{\left[z_{mi} - h_i(\hat{V})\right]^2}{\sigma_i^2}$$
$$= 100(0.06228)^2 + 100(0.15439)^2 + 50(0.05965)^2 + 50(0.49298)^2$$
$$= 15.1009$$

이번 경우에는 $\alpha = 0.01$, 자유도 2에 해당하는 카이제곱분포표의 값 9.21과 비교

해서 잔류오차의 합이 크므로 99[%]의 신뢰도를 유지할 수 없다. 다시 말하면 측정값 중에 적어도 1개 이상의 불량정보가 존재함을 의미한다. 어떤 측정값이 불량정보인지를 판별하기 위해 (14.27)식과 (14.28)식을 사용하면,

$$\frac{|z_{m1}-h_1(\hat{X})|}{\sqrt{\acute{R}_{11}}}=\frac{0.06228}{\sqrt{(1-0.807)\times 0.01}}=1.4178$$

$$\frac{|z_{m2}-h_2(\hat{X})|}{\sqrt{\acute{R}_{22}}}=\frac{0.15439}{\sqrt{(1-0.807)\times 0.01}}=3.5144$$

$$\frac{|z_{m3}-h_3(\hat{X})|}{\sqrt{\acute{R}_{33}}}=\frac{0.05965}{\sqrt{(1-0.193)\times 0.02}}=0.4695$$

$$\frac{|z_{m4}-h_4(\hat{X})|}{\sqrt{\acute{R}_{44}}}=\frac{0.49298}{\sqrt{(1-0.193)\times 0.02}}=3.8804$$

위의 계산 결과에 의하면 우선은 z_{m4}가 불량정보로 판별이 된다. 시스템은 z_{m4}를 제거한 후에도 측정값의 개수가 상태변수의 개수보다 크므로 $(4-1>2)$ 가관측성은 유지되고 있으며 이제 자유도는 1이 되었다. 축소된 측정값으로 상태추정을 다시 시행하고 위와 같은 과정의 불량정보 유무 판정을 역시 다시 하여야 한다.

나. 비선형계통 상태추정의 예

[그림 14.8]의 계통에 대해 상태추정을 해보기로 한다. 이 계통은 조류계산 예제로 살펴보았던 [그림 14.4]의 3모선 계통으로서 조류계산 결과와 상태추정의 결과를 비교해 보기로 한다. 측정점의 개수는 5개로 모선에서의 주입 전력 P_1, P_2, P_3, Q_2, Q_3를 측정하였더니 PU로 다음과 같다고 하자.

$$Z_M=[z_{m1}\ z_{m2}\ z_{m3}\ z_{m4}\ z_{m5}]^T=[2.2000\ 0.6700\ -2.8300\ 1.8000\ -1.2300]^T$$

한편 계측기의 오차는 모두 $\sigma=0.01$에 해당한다고 보면

$$R=diag[0.0001\ 0.0001\ 0.0001\ 0.0001\ 0.0001]$$

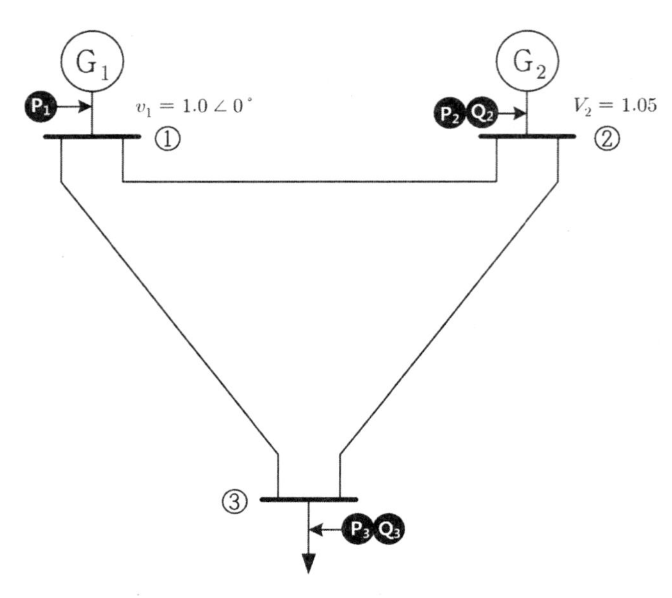

[그림 14.8] 예제 계통

계통의 상태변수는 조류계산 때와 마찬가지로 $X = [\theta_2\ \theta_3\ v_3]^T$이며 이를 사용하여 측정점의 측정값 함수 $h(X)$는 다음과 같은 식으로 쓸 수 있다.

$$h_1(X) = -10.5\sin\theta_2 - 10V_3\sin\theta_3$$
$$h_2(X) = 10.5\sin\theta_2 + 10.5V_3\sin(\theta_2 - \theta_3)$$
$$h_3(X) = 10V_3\sin\theta_3 + 10.5V_3\sin(\theta_3 - \theta_2)$$
$$h_4(X) = -10.5\cos\theta_2 + 22.028 - 10.5V_3\cos(\theta_2 - \theta_3)$$
$$h_5(X) = -10V_3\cos\theta_3 - 10.5V_3\cos(\theta_3 - \theta_2) + 19.98V_3^2$$

따라서 H 행렬의 요소는 다음과 같이 된다.

$$\frac{\partial h_1}{\partial \theta_2} = -10.5\cos\theta_2$$
$$\frac{\partial h_1}{\partial \theta_3} = -10V_3\cos\theta_3$$
$$\frac{\partial h_1}{\partial V_3} = -10\sin\theta_3$$
$$\frac{\partial h_2}{\partial \theta_2} = 10.5\cos\theta_2 + 10.5V_3\cos(\theta_2 - \theta_3)$$

$$\frac{\partial h_2}{\partial \theta_3} = -10.5\,V_3 \cos(\theta_2 - \theta_3)$$

$$\frac{\partial h_2}{\partial V_3} = 10.5 \sin(\theta_2 - \theta_3)$$

$$\frac{\partial h_3}{\partial \theta_2} = -10.5\,V_3 \cos(\theta_3 - \theta_2)$$

$$\frac{\partial h_3}{\partial \theta_3} = 10\,V_3 \cos\theta_3 + 10.5\,V_3 \cos(\theta_3 - \theta_2)$$

$$\frac{\partial h_3}{\partial V_3} = 10 \sin\theta_3 + 10.5 \sin(\theta_3 - \theta_2)$$

$$\frac{\partial h_4}{\partial \theta_2} = 10.5 \sin\theta_2 + 10.5\,V_3 \sin(\theta_2 - \theta_3)$$

$$\frac{\partial h_4}{\partial \theta_3} = -10.5\,V_3 \sin(\theta_2 - \theta_3)$$

$$\frac{\partial h_4}{\partial V_3} = -10.5 \cos(\theta_2 - \theta_3)$$

$$\frac{\partial h_5}{\partial \theta_2} = -10.5\,V_3 \sin(\theta_3 - \theta_2)$$

$$\frac{\partial h_5}{\partial \theta_3} = 10\,V_3 \sin\theta_3 + 10.5\,V_3 \sin(\theta_3 - \theta_2)$$

$$\frac{\partial h_5}{\partial V_3} = -10 \cos\theta_3 - 10.5 \cos(\theta_3 - \theta_2) + 39.96\,V_3$$

이제 (14.16)식 및 (14.17)식의 Newton-Rhapson 반복법을 적용하기로 한다.

$\underline{k=0}$

$X^0 = \begin{bmatrix} \theta_2 \\ \theta_3 \\ V_3 \end{bmatrix}^0 = \begin{bmatrix} 0 \\ 0 \\ 1 \end{bmatrix}$ 을 초기 추정값으로 하여 $k=1$ 에서의 추정값을 계산하면,

$$H^0 = \begin{bmatrix} -10.5000 & -10.0000 & 0 \\ 21.0000 & -10.5000 & 0 \\ -10.5000 & 20.5000 & 0 \\ 0 & 0 & -10.5000 \\ 0 & 0 & 19.4600 \end{bmatrix}, \quad h(X^0) = \begin{bmatrix} 0 \\ 0 \\ 0 \\ 1.0280 \\ -0.5200 \end{bmatrix}, \quad \therefore X^1 = \begin{bmatrix} -0.0512 \\ -0.1649 \\ 0.9552 \end{bmatrix}$$

그리고 $\| X^1 - X^0 \|_2 = 0.1784 > \epsilon = 10 \times 10^{-8}$ 로 아직 해는 수렴하지 않고 있으므로 개선된 해를 구하는 과정을 다시 반복한다.

$\underline{k=1}$

$$X^1 = \begin{bmatrix} -0.0512 \\ -0.1649 \\ 0.9552 \end{bmatrix} \text{ 일 때}$$

$$H^1 = \begin{bmatrix} -10.4862 & -9.4220 & 1.6417 \\ 20.4507 & -9.9644 & 1.1916 \\ -9.9644 & 19.3865 & -2.8333 \\ 0.6009 & -1.1382 & -10.4322 \\ 1.1382 & -2.7063 & 17.8718 \end{bmatrix}, \quad h(X^1) = \begin{bmatrix} 2.1054 \\ 0.6009 \\ -2.7063 \\ 1.5773 \\ -1.1580 \end{bmatrix}, \quad \therefore X^2 = \begin{bmatrix} -0.0524 \\ -0.1745 \\ 0.9458 \end{bmatrix}$$

$\underline{k=2}$

$$X^2 = \begin{bmatrix} -0.0524 \\ -0.1745 \\ 0.9458 \end{bmatrix} \text{ 일 때}$$

$$H^2 = \begin{bmatrix} -10.4856 & -9.3148 & 1.7363 \\ 20.3429 & -9.8573 & 1.2795 \\ -9.8573 & 19.1721 & -3.0159 \\ 0.6608 & -1.2102 & -10.4217 \\ 1.2102 & -2.8525 & 17.5260 \end{bmatrix}, \quad h(X^2) = \begin{bmatrix} 2.1917 \\ 0.6608 \\ -2.8525 \\ 1.6851 \\ -1.2976 \end{bmatrix}, \quad \therefore X^3 = \begin{bmatrix} -0.0524 \\ -0.1747 \\ 0.9457 \end{bmatrix}$$

$\| X^3 - X^2 \|_2 = 2.37 \times 10^{-4} > \epsilon$ 로 다음 단계의 개선된 해를 구한다.

$\underline{k=3}$

$$X^3 = \begin{bmatrix} -0.0524 \\ -0.1747 \\ 0.9457 \end{bmatrix} \text{ 일 때}$$

$$H^3 = \begin{bmatrix} -10.4856 & -9.3128 & 1.7379 \\ 20.3409 & -9.8553 & 1.2812 \\ -9.8553 & 19.1681 & -3.0191 \\ 0.6621 & -1.2116 & -10.4215 \\ 1.2116 & -2.8551 & 17.5196 \end{bmatrix}, \quad h(X^3) = \begin{bmatrix} 2.1930 \\ 0.6621 \\ -2.8551 \\ 1.6871 \\ -1.3002 \end{bmatrix}, \quad \therefore X^4 = \begin{bmatrix} -0.0524 \\ -0.1747 \\ 0.9457 \end{bmatrix}$$

$\| X^4 - X^3 \|_2 = 1.78 \times 10^{-6} > \epsilon$ 로 아직 설정된 오차 범위에 들어오지 않았다.

$\underline{k=4}$

$$X^4 = \begin{bmatrix} -0.0524 \\ -0.1747 \\ 0.9457 \end{bmatrix} \text{ 일 때}$$

$$H^4 = \begin{bmatrix} -10.4856 & -9.3128 & 1.7379 \\ 20.3409 & -9.8553 & 1.2812 \\ -9.8553 & 19.1681 & -3.0191 \\ 0.6621 & -1.2116 & -10.4215 \\ 1.2116 & -2.8551 & 17.5195 \end{bmatrix},\ h(X^4) = \begin{bmatrix} 2.1930 \\ 0.6621 \\ -2.8551 \\ 1.6871 \\ -1.3002 \end{bmatrix},\ \therefore X^5 = \begin{bmatrix} -0.0524 \\ -0.1747 \\ 0.9457 \end{bmatrix}$$

$\| X^5 - X^4 \|_2 = 1.35 \times 10^{-8} < \epsilon$ 이므로 계산은 수렴하고 추정된 상태변수의 값 $\hat{X}$는

$\hat{X} = \begin{bmatrix} -0.0524 \\ -0.1747 \\ 0.9457 \end{bmatrix}$ 이 된다. 그리고 $\hat{H} = H^4$ 및 $h(\hat{X}) = h(X^4)$ 이 된다. 상태추정은 일단락되었으나 불량정보의 유무 판별이 필요하므로 (14.19)식을 사용하여 계산하면,

$$f(\hat{X}) = \sum_{i=1}^{5} \frac{\left[z_{mi} - h_i(\hat{X}) \right]^2}{\sigma_i^2} = 184$$

여기서 예제 계통은 상태변수의 개수가 3이고 측정점의 개수는 5이므로 자유도는 $5-3=2$가 된다. 카이제곱분포표에서 1종 오류 α를 0.01로 한다면 즉, 0.99(99[%])의 신뢰성을 갖고 상태추정을 하는 경우라면 계산 결과인 184는 카이제곱분포표에서의 값 9.21보다 크므로 불량정보가 없을 확률이 이 신뢰성(99[%])에 미치지 않는다는 뜻이다. 다시 말하면 이 경우에는 불량정보가 포함되어 있는 것으로 보아야 한다. 어느 측정값이 불량정보인지의 판별은 (14.28)식을 사용하면 다음과 같으므로

$$\frac{|z_{m1} - h_1(\hat{X})|}{\sqrt{R'_{11}}} = \frac{0.0070}{\sqrt{0.3356 \times 10^{-4}}} = 1.2083$$

$$\frac{|z_{m2} - h_2(\hat{X})|}{\sqrt{R'_{22}}} = \frac{0.0079}{\sqrt{0.3350 \times 10^{-4}}} = 1.3649$$

$$\frac{|z_{m3} - h_3(\hat{X})|}{\sqrt{R'_{33}}} = \frac{0.0251}{\sqrt{0.3410 \times 10^{-4}}} = 4.2983$$

$$\frac{|z_{m4} - h_4(\hat{X})|}{\sqrt{R'_{44}}} = \frac{0.1129}{\sqrt{0.7128 \times 10^{-4}}} = 13.3724$$

$$\frac{|z_{m5}-h_5(\hat{X})|}{\sqrt{\acute{R}_{55}}}=\frac{0.0702}{\sqrt{0.2756\times10^{-4}}}=13.3720$$

우선은 정규화 오차가 가장 큰 $z_{m4}(Q_2)$를 불량정보로 보고 이를 제거한 후 4개의 측정값을 사용하여 다시 상태추정을 한다.

<u>$k=0$</u>

$$X^0=\begin{bmatrix}\theta_2\\\theta_3\\V_3\end{bmatrix}^0=\begin{bmatrix}0\\0\\1\end{bmatrix}$$ 일 때

$$H^0=\begin{bmatrix}-10.5000 & -10.000 & 0\\ 21.0000 & -10.5000 & 0\\ -10.5000 & 20.5000 & 0\\ 0 & 0 & 19.4600\end{bmatrix},\ h(X^0)=\begin{bmatrix}0\\0\\0\\-0.5200\end{bmatrix},\ \therefore X^1=\begin{bmatrix}-0.0512\\-0.1649\\0.9635\end{bmatrix}$$

$\| X^1-X^0 \|_2=0.1765>\epsilon=10\times10^{-8}$ 이므로 계속 반복법을 적용한다.

<u>$k=1$</u>

$$X^1=\begin{bmatrix}-0.0512\\-0.1649\\0.9635\end{bmatrix}$$ 일 때

$$H^1=\begin{bmatrix}-10.4862 & -9.5044 & 1.6417\\ 20.5378 & -10.0515 & 1.1916\\ -10.0515 & 19.5560 & -2.8333\\ 1.1481 & -2.7299 & 18.2056\end{bmatrix},\ h(X^1)=\begin{bmatrix}2.1191\\0.6109\\-2.7299\\-1.0073\end{bmatrix},\ \therefore X^2=\begin{bmatrix}-0.0522\\-0.1732\\0.9501\end{bmatrix}$$

$\| X^2-X^1 \|_2=0.0158>\epsilon$ 이므로 계속 반복법을 적용한다.

<u>$k=2$</u>

$$X^2=\begin{bmatrix}-0.0522\\-0.1732\\0.9501\end{bmatrix}$$ 일 때

$$H^2=\begin{bmatrix}-10.4857 & -9.3589 & 1.7233\\ 20.3889 & -9.9032 & 1.2670\\ -9.9032 & 19.2622 & -2.9903\\ 1.2038 & -2.8411 & 17.6926\end{bmatrix},\ h(X^2)=\begin{bmatrix}2.1855\\0.6556\\-2.8411\\-1.2261\end{bmatrix},\ \therefore X^3=\begin{bmatrix}-0.0522\\-0.1734\\0.9499\end{bmatrix}$$

$\| X^3-X^2 \|_2=2.90\times10^{-4}>\epsilon$ 이므로 계속 반복법을 적용한다.

$\underline{k=3}$

$$X^3 = \begin{bmatrix} -0.0522 \\ -0.1734 \\ 0.9499 \end{bmatrix} \text{일 때}$$

$$H^3 = \begin{bmatrix} -10.4857 & -9.3563 & 1.7249 \\ 20.3862 & -9.9005 & 1.2686 \\ -9.9005 & 19.2568 & -2.9934 \\ 1.2050 & -2.8433 & 17.6834 \end{bmatrix}, \quad h(X^3) = \begin{bmatrix} 2.1867 \\ 0.6567 \\ -2.8433 \\ -1.2300 \end{bmatrix}, \quad \therefore X^4 = \begin{bmatrix} -0.0522 \\ -0.1734 \\ 0.9499 \end{bmatrix}$$

$\| X^4 - X^3 \|_2 = 9.84 \times 10^{-8} < \epsilon$ 이므로 해는 수렴된 것으로 보고 반복 계산을 종료한다.

다시 불량정보 유무를 판정하기 위해 (14.19)식을 사용하여 정규화된 잔류편차의 합을 구해보면 다음과 같다.

$$f(\hat{X}) = \sum_{i=1}^{4} \frac{\left[z_{mi} - h_i(\hat{X})\right]^2}{\sigma_i^2} = 5.33$$

측정점의 개수는 1개가 줄고 상태변수의 개수는 계속 3이므로 카이제곱분포표에서 1종오류 α가 0.01인 경우의 값을 확인하면 6.63임을 알 수 있고 따라서 이 경우에는 $5.33 < 6.63$ 이므로 측정값에 불량정보는 포함되어 있지 않다고 말할 수 있다.

제15장

전력 케이블

1. 허용전류

전기차량 부하의 지속적인 증가와 함께 기존 철도의 전철화 사업이 활발히 진행되면서 전철 변전소의 수전 전압은 점차 높아지고 있는 실정이며, 지중선로를 이용한 154kV급의 초고압 수전도 적극적으로 검토되고 있다. 동일한 송전용량인 경우 지중선로의 건설비용은 가공선로의 건설비용에 비해 약 15~20배 가량 비싸다고 알려져 있는데, 이럼에도 불구하고 지중선로로 수전을 하는 경우는 다음과 같이,

① 도로법, 도시계획법, 건축법, 하천법, 공원법, 소방법 등의 각종 법령에 의해 제한을 받아 가공선로를 시설할 수 없는 경우
② 장경간으로 가공선로 시설이 곤란한 경우
③ 전력 공급의 신뢰성 또는 안전성이 특히 중요하다고 판단되는 경우
④ 가공선로의 유지보수가 인력 운용 및 기술 등의 이유로 곤란한 경우

등을 들 수 있을 것이다.

그간 22(22.9)kV급 XLPE(CV) 케이블은 철도 현장에서 많이 사용되어 설계 및 시공에 관한 기술 축적이 상당 부분 되어 있다고 생각되나, 154kV급 이상의 초고압 케이블에 대해서는 현재까지는 전력회사 및 케이블 제작사의 관련 엔지니어들 일부를 제외하면 일반에게는 보편적으로 기술 축적이 이루어지고 있지 않다고 판단된다. 근래 급유 계통 등의 부속설비가 필요한 OF 케이블을 대신하여 상대적으로 편리한 XLPE 케이블의 사용이 증가하고는 있으나 장기간의 사용 실적으로 신뢰성을 인증받은 OF 케이블에 비해 XLPE 케이블은 아직은 그 사용 실적이 미천하여 장기간의 신뢰성을 보장하기에는 이르다고 판단된다. 따라서 시공과 유지보수의 편이성으로 인하여 XLPE 케이블을 사용하는 경우에는 관련 전기적, 기계적 특성을 엄밀하게 검토하여 설계, 시공, 유지보수의 매 단계에서 이러한 특성들이 반영되어야 케이블의 적정 수명이 보장되어질 것이다. 이 책에서는 케이블의 전기적 특성과 관련하여 케이블의 허용전류, 시스유기전압 및 XLPE 케이블의 열화대책에 대해 설명하기로 한다.

가공선로의 경우 허용전류는 단락용량에 의해 결정되는 것이 일반적이나 지중선로의 경우는 케이블에서 발생하는 각종 손실에 의한 열과 주위 온도와의 열적 평형조건에 의해서 결정되게 된다. 따라서 케이블의 허용전류를 구하는 식은 각종 열저항 및 제 손실과 관련된 이론식 및 실험식들이 혼재되어 있어 매우 복잡할 뿐만 아니라 일반화되어 있지 않은 관계로 현장에서의 적용에 혼돈이 있다고 판단된다. 현

재 케이블의 허용전류를 구하기 위해 사용되는 기준은 일본의 JCS-168D에 의한 것과 유럽의 IEC1982에 의한 두 가지로 대별할 수 있는데 이들 둘 중에 국내 현장에서는 주로 JCS-168D가 많이 사용되고 있다. 이 책에서는 XLPE 단심 케이블과 국내에서 주로 시공되는 포설 방법 위주로, JCS-168D에 의한 허용전류 계산 방법을 설명하고자 한다.

지중 송전선로의 송전용량은 케이블의 허용전류로 결정한다. 보통 허용전류라는 것은 케이블에서의 전력 손실(도체 손실, 유전 손실, 시스 손실 등)로 인해 상승하는 도체 온도상승과 기저온도와의 합이 케이블 절연체의 최고허용온도(일반적으로 도체최고허용온도라고 한다) 를 넘지 않는 전류를 말한다. 즉, 케이블의 허용전류는 손실에 의한 열과 주위 온도와의 열적 평형 조건에 의해서 결정되게 되며 정상상태(Steady state)에 도달하였을 때의 전류를 의미한다. 또 허용전류는 그 통전 시간으로 상시・단시간・단락시의 3종류로 분류된다.

1.1 상시 허용전류 계산식

케이블에 통전할 때 발생하는 도체 손실 및 유전 손실에 동반하는 발생열은 케이블의 절연체와 시스를 통해서 외부로 발산된다. 통전 초기에는 각부의 열용량 때문에 그 열이 축적되지만 점차 주위로 전달되어 정상상태가 되며 이때 케이블의 허용전류는 다음과 같이 구할 수 있다.

가. 직매 및 관로

$$I = \sqrt{\frac{T_1 - T_0 - T_d}{nrR_{th}}} \quad [A] \qquad (15.1)$$

나. 기중 및 암거포설

$$I = \eta_0 \sqrt{\frac{T_1 - T_0 - T_d}{nrR_{th}}} \quad [A] \qquad (15.2)$$

다. 가공포설 (일사의 영향이 있는 경우)

$$I = \sqrt{\frac{T_1 - T_0 - T_d - T_s}{nrR_{th}}} \quad [A] \qquad (15.3)$$

여기에서,

n : 케이블 선심수 (3심의 경우는 $n=3$, 단 Triplex형의 경우 $n=1$)

r : 교류 도체실효저항 [Ω /cm]

T_1 : 도체최고허용온도[℃]

T_0 : 기저온도[℃]

T_s : 일사로 인한 온도 상승[℃]

T_d : 유전체 손실에 의한 온도 상승[℃]

R_{th} : 전체 열저항 [℃ · cm/W]

η_0 : 다조수 포실인 경우의 저감율

[표 15.1] 기중, 암거 포설 시의 다조수 포설에 의한 저감율(η_0)

조 수	전 류 저 감 율 (η_0)								
	1	2	3	6	4	6	8	9	12
배열 / 중심간격	○	○○	○○○	○○○○○○	○○ ○○	○○○ ○○○	○○○○ ○○○○	○○○ ○○○ ○○○	○○○○ ○○○○ ○○○○
S = d		0.85	0.80	0.70	0.70	0.60	-	-	-
S = 2d	1.00	0.95	0.95	0.90	0.90	0.90	0.85	0.80	0.80
S = 3d		1.00	1.00	0.95	0.95	0.95	0.95	0.85	0.85

(d는 케이블의 직경, S는 케이블과 케이블 사이의 수직 및 수평 거리)

JCS-168D에서 제시하고 있는 위의 3식들은 기본적으로는 전부 열전도 문제를 전기회로에서 옴(Ohm)의 법칙에 유사(Analogy)시킨 $T=W \cdot R$로부터 얻어짐을 알 수 있다.

여기서,

T는 옴의 법칙에서의 전압강하 V에 해당하는 온도 강하

W는 옴의 법칙에서 전류 I에 해당하는 도체 손실로서, $i^2 r$

R은 옴의 법칙에서 전기저항 R에 해당하는 열저항

1.2 단시간 허용전류 계산식

단시간 허용전류는 사고 시 건전 선로에 일시적인 과부하(일반적으로 10시간 이내) 송전을 필요로 하는 경우에 적용하는 것으로 다음 식과 같이 계산한다.

$$I_2 = \sqrt{\frac{1}{nr_2}\left\{\frac{T_2 - T_1}{R_{int}(1-\exp(-\alpha_1 t_0)) + R_{out}(1-\exp(-\alpha_2 t_0))} + nI_1^{\,2}r_1\right\}} \qquad (15.4)$$

여기에서,

I_2 : 단시간 허용전류[A]

I_1 : 과부하 전류 통전전의 도체 전류(또는 상시 허용전류)[A]

T_2 : 단시간 도체 허용온도[℃]

T_1 : 과부하 전류 통전 전의 도체 온도(또는 상시 도체허용온도)[℃]

n : 케이블 선심수

r_2 : 단시간 도체 허용온도에서의 교류 도체실효저항[Ω /cm]

r_1 : 과부하 전류 통전전의 교류 도체실효저항[Ω /cm]

R_{int} : 케이블 각부의 열저항(관로식 · 기중 · 암거포설의 경우는 표면 방산 열저항을 포함한다)[C · cm/W]

R_{out} : 관로 및 토양의 열저항[℃ · cm/W]

α_1 : 케이블의 온도 상승 시정수의 역수[1/hour] (이 수치는 도체 사이즈, 케이블 종류마다 열용량과 열저항으로 계산되지만 보통 0.6이 되는 경우가 많다)

α_2 : 관로 및 토양의 온도 상승 시정수의 역수[1/hour] (토양중의 수분에 따라서도 다르지만 보통 0.03이 된다)

t_0 : 과부하 지속시간[hour]

과부하의 빈도와 계속시간에 대해서는 일률적으로 결정할 수는 없지만 연 수회 그리고 계속시간으로 수 시간을 채택하고 있는 경우가 많다.

1.3 단락 시 허용전류 계산식

단락 시 허용전류는 선로 고장 시에 지락전류 혹은 단락전류에 견딜 수 있는 도체를 선정하기 위해 검토하는 것으로서 매우 단시간이기 때문에 발생 열량은 모두 도체에 축적된다고 가정하고 다음 식으로 계산한다.

XLPE 케이블의 경우이며 OF 케이블인 경우는 다른 식으로 표현된다.

$$I_3 = \sqrt{\frac{JQ_cA_c}{ar_1t_s} log_e \frac{\frac{1}{a} - 20 + T_5}{\frac{1}{a} - 20 + T_4}} \tag{15.5}$$

여기에서,

J : 4.2

Q_c : 도체의 단위체적당 열용량 [cal/cm^3 · ℃]

(동 도체 : 0.81, 알루미늄 도체 : 0.59)

A_c : 도체 단면적[cm^2]

α : 20℃일 때 도체의 온도 계수

r_1 : 20℃에서의 교류 도체실효저항 [Ω /cm]

T_4 : 단락전의 도체 온도 [℃]

T_5 : 단락 시 도체 허용온도 [℃]

t_s : 단락전류 지속시간 [초]

1.4 제 정수

가. 교류 도체실효저항(r)[Ω /cm]

교류 도체실효저항은 다음 식으로 계산한다.

$$r = r_0 \times k_1 \times k_2 \tag{15.6}$$

여기에서,

r_0 : 20℃에서의 최대 직류도체저항 [Ω /cm]

계산하는 식이 있으나 일반적으로 케이블 제작사가 제공.

k_1 : 최고도체허용온도와 20℃일 때의 직류도체저항의 비

즉, $k_1 = 1 + a(T_1 - 20)$ (15.7)

a : 저항 온도 계수, T_1 : 최고도체허용온도

k_2 : 교류도체저항과 직류도체저항과의 비

한편, $k_2 = 1 + \lambda_s + \lambda_p$ (XLPE 케이블의 경우) (15.8)

λ s : 표피효과계수, λ p : 근접효과계수

표피효과는 도체의 유효 단면적을 축소시키는 역할을 하므로 저항을 증가시키게 되며 보통 이 효과를 억제하기 위해 도체 사이즈 600~2000mm^2 케이블에 대해서는 분할압축원형 연선이 넓게 사용되고 있다. 근접효과는 근접하는 다른 상의 도체와의 상호작용에 의해 외관상의 교류 저항이 높아지는 현상을 일컫는다.

(1) 표피효과계수 (λ_s) 와 근접효과계수 (λ_p)

λ_s와 λ_p의 수치는 도체 형상에 따라 다르며 다음 식으로부터 구한다.

1) 원형 도체 및 분할 중공 도체의 경우

표피효과계수(λ_s)

$$\lambda_s = F(X) = \frac{X\{berXbei'X - beiXber'X\}}{2\{(ber'X)^2 + (bei'X)^2\}} - 1 \quad (15.9)$$

여기서,

$$X = \sqrt{\frac{8\pi f \mu_s k_{s1}}{r_0 k_1 \times 10^9}} \quad (15.10)$$

한편, k_{s1} = 1.0 (비분할 도체)

= 0.44(4 분할 도체)

= 0.39(6분할 도체)

= 0.37(7분할 도체)

= 0.32(분할 소선 절연 도체)

$r_0 k_1$: 사용 온도에서의 직류도체저항

μ_s : 도체의 비투자율

(보통, 동과 알루미늄에서는 μ_s = 1.0)

(15.9)식의 $beiX$, $berX$는 Bessel function 관련 급수(Series)이며 $bei'X$, $ber'X$는 이들의 1계 도함수이다. 일반적으로 (15.9)식은 적용하기에 너무 복잡하므로

만약 (15.10)식을 사용하여 구한 X가 $X < 2.8$ 의 조건을 만족한다면 다음과 같은 간략식을 대신 사용한다.

$$\lambda_s = F(X) = \frac{X^4}{192 + 0.8X^4} \tag{15.11}$$

근접효과계수 (λ_p)

$$\lambda_p = \frac{\frac{3}{2}\left(\frac{d_1}{S}\right)^2 G(X')}{1 - \frac{5}{24}\left(\frac{d_1}{S}\right)^2 H(X')} \tag{15.12}$$

여기에서,

d_1 : 도체 외경

S : 도체 중심 간격

$X' = \sqrt{0.8}\,X = 0.894\,X$

$$G(X') = \frac{X'}{4} \times \frac{berX'ber'X' + beiX'bei'X'}{(beiX')^2 + (berX')^2} \tag{15.13}$$

$$H(X') = \frac{F(X')}{G(X')} \tag{15.14}$$

마찬가지로 (15.12)식도 $X' < 2.8$ 을 만족하면 다음의 간략 식으로 대치할 수 있다.

$$\lambda_p = \frac{X'^4}{192 + 0.8X'^4}\left(\frac{d_1}{S}\right)^2 \times \left\{0.312\left(\frac{d_1}{S}\right)^2 + \frac{1.18}{\frac{X'^4}{192 + 0.8X'^4} + 0.27}\right\} \tag{15.15}$$

2) 부채형 도체의 경우

표피효과계수(λ_s)

원형 도체인 경우와 모두 같다.

근접효과계수 (λ_p)

$$\lambda_p = \frac{\frac{5}{4}\left(\frac{d_1}{S}\right)^2 G(X')}{1 - \frac{5}{24}\left(\frac{d_1}{S}\right)^2 H(X')} \tag{15.16}$$

단, $\left(\frac{d_1}{S}\right)$ 은 같은 사이즈의 원형 도체인 경우의 수치를 사용한다.

3) 중공 도체의 경우

표피효과계수(λ_s)

원형 도체인 경우와 모두 같다.

근접효과계수 (λ_p)

원형 도체인 경우와 같다. (15.12)~(15.15)식을 사용하여 구한다.

다만, X는 다음 식으로부터 구한다.

$$X = \sqrt{\frac{8\pi f \mu_s k_{s2}}{r_0 k_1 \times 10^9}} \tag{15.17}$$

$$k_{s2} = \frac{d_i - d_o}{d_i + d_o}\left(\frac{d_i + 2d_o}{d_i + d_o}\right)^2$$

여기에서, d_i : 도체 외경, d_o : 도체 내경

나. 열저항

지중선로 각 부분의 열저항은 다음 식으로부터 구한다.

(1) 절연체의 열저항(R_1)

절연체의 열저항은 다음 표에 의한다.

[표 15.2] 절연체의 열저항

케이블 \ 열저항	절 연 체 [℃·cm/W]
단심 케이블 (종이 절연케이블 및 고무 플라스틱 케이블)	$R_1 = \frac{\rho_1}{2\pi}\log_e\frac{d_2}{d_1}$ (15.18)
다심 케이블 (종이 절연케이블 및 고무 플라스틱 케이블)	$R_1 = \frac{\rho_1 G_1 \eta_1}{2\pi n}$ (15.19)
파이프식, 트리플렉스형 케이블	$R_1 = \frac{\rho_1}{6\pi}\log_e\frac{d_2}{d_1}$ (15.20)

여기서,

ρ_1 : 절연체의 고유 열저항 [℃·cm/W]

d_1 : 도체 외경, 비압축일 때는 원형연선, 압축일 때는 압축원형 연선의 외경을 취한다[cm]. 단, 선형일 경우는 동일 단면을 가지는 원형 도체를

취한다.

d_2 : 절연체 외경, 단, 차폐층 및 파이프식 케이블의 보강층을 포함한 것으로 한다. 고무·플라스틱 케이블인 경우는 테이프류를 포함한다[cm].

G_1 : 보통 시몬즈 곡선이라 불리는 차트로부터 구한 값으로 형상계수라 불린다. 차트와 교정식 등은 JCS-168D에 명기되어 있으나 생략하기로 하고 계산을 요할 경우 케이블 메이커로부터 데이터를 받아서 사용할 수 있다.

(2) 케이블 외장부의 열저항(R_2)

케이블 외장부의 열저항은 다음 표에 의한다.

[표 15.3] 케이블 외장부의 열저항

케이블 \ 열저항	절 연 체 [℃·cm/W]
단심 케이블 및 트리플렉스형 케이블	$R_2 = \frac{\rho_2}{2\pi} \log_e \frac{d_4}{d_3}$ (15.21)
SL 케이블	$R_2 = \frac{\rho_2 G_1}{6\pi}$ (15.22)

여기서,

ρ_2 : 외장부의 고유 열저항 [℃·cm/W]

d_3 : 외장 하경[cm]

d_4 : 외장 외경[cm]

G_1 : 시몬즈 곡선으로부터의 형상계수

(주) 알루미늄피등 Corrugate가 있는 경우는, 계곡과 산의 평균경을 취한다.

(3) 표면 방산 열저항(R_3)[℃·cm/W]

• 관로 및 기중 포설로 일사의 영향이 없는 경우

1공 1조포설 $R_3 = \frac{10\rho_3}{\pi d_5}$ (15.23)

1공 3조포설(3조표적) $R_3 = \frac{30\rho_3}{2.16\pi d_5}$ (15.24)

트리플렉스형 $R_3 = \frac{30\rho_3}{\pi d_5}$ (15.25)

여기서,

ρ_3 : 표면 고유 열저항 [℃ · cm/W]

d_5 : 케이블 외경[mm] (트리플렉스형에서는, 외접원경)

- 가공 포설로 일사의 영향이 있는 경우

$$R_3 = \frac{M_c}{\pi \cdot d_5 \cdot (K_c + K_r \cdot C_s) \times 10^{-1}} \tag{15.26}$$

여기서,

M_c : 케이블의 조수(트리플렉스형 및 3조 표적의 경우는 3으로 한다.)

C_s : 전선표면과 흑체와의 복사계수의 비 (0.9)

K_r : 복사 방열의 계수

$$K_r = 0.000567 \left\{ \frac{\left(\frac{273 + T_{sf}}{100}\right)^4 - \left(\frac{273 + T_2}{100}\right)^4}{T_{sf} - T_2} \right\}$$

K_c : 대류 방열의 개수

$$K_c = 0.00572 \times \frac{\sqrt{\frac{V}{d_5 \times 10^{-1}}}}{\left(273 + T_2 + \frac{T_{sf} - T_2}{2}\right)^{0.123}}$$

위 식에서,

V : 풍속(0.5m/s)

T_2 : 케이블 주위 온도[℃]

T_{sf} : 케이블 표면 온도 또는 피복전선 표면 온도 [℃]

선 종류에 따라 다음 표와 같다.

[표 15.4] 케이블 표면 온도

선 종류	표면온도 [℃]
OW	55
OE	65
OC	80
CV 케이블	60
BN, PN, EV 케이블	55

• 트라후 포설의 경우 트라후 표면 방산 열저항

$$R_3 = \frac{M_t 10 \rho_3}{\pi \sqrt{xy}} \tag{15.27}$$

여기서,

x : 트라후의 외폭 [mm]

y : 트라후의 높이 [mm]

M_t : 트라후 내 케이블 조수

(4) 토양 및 관로의 열저항(R_5)[℃ · cm/W]

$$R_5 = \frac{M_c g \eta_2}{2\pi}\left\{\log_e \frac{4L_0}{d_7} + \sum_{m=1}^{Nc-1} \log_e \sqrt{\frac{4L_0 L_m}{{X_m}^2} + 1}\right\} \tag{15.28}$$

여기서,

g : 토양 및 관로를 평균한 고유 열저항 [℃ · cm/W]

η_2 : 토양 열저항의 저감율([표 15.5]에 의한다.)

L_0 : 열저항을 구하는 기준케이블의 지표면에서부터
케이블 중심까지의 깊이 [cm]

L_m : m 번째 케이블의 지표면으로부터의 깊이 [cm]

X_m : 기준 케이블과 m번째 케이블과의 중심거리 [cm]

M_c : 관로 포설에서의 1공안에 케이블 조수 (트리플렉스형은 1)

N_c : 직매 포설의 경우는 케이블 조수
관로 포설인 경우는 케이블이 들어있는 공수

d_7 : 직매의 경우는 케이블 외경[cm]
관로 포설의 경우는 관로 내경

케이블에 관계하는 각종 재료·토양 등의 고유 열저항 및 표면 방산 열저항 값을 [표 15.6]에 표시한다.

다. 제 손실

지중선로 각 부분에서의 제 손실은 다음 식으로부터 구한다.

(1) 유전체 손실

유전체 손실 (W_d)는 다음과 같다.

$$W_d = 2\pi f C n \frac{E^2}{3} tan\delta \times 10^{-5} \quad [\text{W/cm}] \tag{15.29}$$

[표 15.5] 관로 포설 시의 토양 열저항의 저감율 (η_2)

케이블이 들어있는 공수	1공 1조 포설	1공 3조 포설
1	1.0	0.9
2	0.9	0.85
3	0.85	0.8
4	0.8	0.75
5	0.8	0.7
6	0.8	
7	0.75	
8	0.75	
9	0.75	
10	0.75	
11	0.7	
12	0.7	

직매포설의 경우는, η_2=1.0(1조 포설), 0.9(2조 이상 포설)

[표 15.6] 고유 열저항 및 표면 방산 고유 열저항(ρ_1, ρ_2, ρ_3 및 g에 적용)

종 별	고유열저항 [℃·cm/W]	종 별	표면 방산 열저항 [℃·cm/W]
석면	600	FRP	1000
에틸렌프로필렌고무	500	콘크리트	1000
폴리에틸렌	450	연피	1,300($500 + 20d_5$, $d_5 \leq 40$)
가교 폴리에틸렌	450	쥬트	900($500 + 10d_5$, $d_5 \leq 40$)
비닐	600	비닐	900($500 + 10d_5$, $d_5 \leq 40$)
쥬트	600	폴리에틸렌	900($500 + 10d_5$, $d_5 \leq 40$)
토양 및 토양과 관로를 평균한 것	습지 보통지 건조지	60 100 150	
모래 및 콘크리트 트라후		200	
FRP 트라후		850	
콘크리트	경	110	
	중	70	
물	30℃	165	
	70℃	150	

여기에서,

f : 주파수 [Hz]

C : 정전용량 [μF/km]

$$C = \frac{\epsilon}{18 \log_e \frac{d_2}{d_1}}$$

위 식에서,

ϵ : 유전율

d_1 : 절연체 하경(반도전층을 포함한다) [cm]

d_2 : 절연체 외경(반도전층을 포함하지 않는다) [cm]

E : 선간최고전압[kV]

$\tan\delta$: 유전 정접

n : 선심수 (트리플렉스형의 경우는 $n = 3$)

[표 15.7] 유전율(ϵ) 및 유전정접($\tan\delta$)

종별	유전율(ϵ)	유전정접($\tan\delta$)
폴리에틸렌 케이블	2.3	0.001
가교 폴리에틸렌 케이블	2.3	0.001
에틸렌프로필렌 고무 케이블	4.0	0.03

(2) 시스 및 보강층의 손실

시스 및 보강층에 발생하는 손실의 크기는 보통, 도체 손실에 대한 비율로 표시한다. 일반 케이블의 경우에는 다음과 같다.

$$P_s = P_1 + P_2 = \frac{1}{W_c}(W_{s1} + W_{s2}) \qquad (15.30)$$

여기에서,

$$P_1 = \frac{W_{s1}}{W_c}, \quad P_2 = \frac{W_{s2}}{W_c}$$

W_c : 도체 손실 [W/cm]

W_{s1} : 시스 회로 손실 [W/cm]

W_{s2} : 시스 와전류 손실 [W/cm]

(3) 회로 손실율(P_1)

회로 손실율은 단심 케이블을 시스 접지식으로 사용할 경우에 대해서만 계산하고, 시스 절연식 및 다심 케이블의 경우는 계산하지 않는다. 단심 케이블에 있어서 시스를 크로스 본드할 경우 크로스 본드 구간에 불평형이 있을 때를 제외하고는 연피·알루미늄피를 불문하고 보통 다음 값을 사용하고 있다. 15.2 케이블 시스 전위 참조

1공 1조 포설의 경우 P1 = 0.05

1공 3조 포설의 경우 P1 = 0.02

(4) 와전류 손실율(P_2)

일반 3심 케이블의 시스 와전류 손실(P_2)

$$P_2 = \frac{3r_s}{r}\left\{\left(\frac{2S_2}{D_{sm}}\right)^2 \frac{1}{1+\left(\frac{r_s}{2\pi f}\times 10^9\right)^2} + \left(\frac{2S_2}{D_{sm}}\right)^4 \frac{1}{1+\left(\frac{2r_s}{2\pi f}\times 10^9\right)^2}\right\} \tag{15.31}$$

여기에서,

S_2 : 도체 중심과 케이블 중심과의 간격 [cm]

단, 부채꼴 도체인 경우의 S_2는 다음 식으로 계산한다.

$$S_2 = \frac{0.84d_e + 2t_1}{\sqrt{3}}$$

위 식에서,

d_e : 같은 사이즈의 원형 도체의 외경 [cm]

t_1 : 절연두께 (차폐층도 포함) [cm]

D_{sm} : 시스 평균 직경 [cm]

f : 주파수 [Hz]

r_s : 시스 저항 [Ω /cm].

일반 단심케이블의 시스 와전류 손실의 계산식으로는 보통 K.W. Miller와 Imai의 식이 있는데 이에 대해서는 '15.2 케이블 시스 전위' 참조

라. 제 온도

(1) 유전체 손실에 따른 온도 상승(T_d)

유전체 손실에 따른 온도 상승(T_d)는 다음 식으로 구한다.

직매 포설의 경우

$$T_d = W_d\left(\frac{1}{2}R_1 + R_2 + R_5\right) \tag{15.32}$$

관로 포설의 경우

$$T_d = W_d(\frac{1}{2}R_1 + R_2 + R_3 + R_5) \quad (15.33)$$

기중・암거 포설 및 가공 케이블의 경우

$$T_d = W_d(\frac{1}{2}R_1 + R_2 + R_3) \quad (15.34)$$

(2) 일사에 의한 온도 상승(T_s)

일사에 의한 온도 상승 (T_s)은 다음 식으로 구한다.

$$T_s = C_s \cdot W_s d_5 R_3 \times \frac{1}{M_c} \times 10^{-1} \quad [℃] \quad (15.35)$$

여기에서,

d_5 : 케이블 외경 또는 파이프 외경 [mm]

C_s : 복사계수, (12.26)식과 동일 (0.9)

W_s : 일사량 [0.1 W/cm2]

M_c : 케이블의 조수

R_3 : 케이블 표면 방산 열저항 [℃・cm/W]

(3) 기저온도(T_0)

기저온도는 대기의 온도 변화, 지표면으로부터의 깊이 및 일사의 영향 등으로 변화함과 동시에 계절마다 변동하지만 과거의 실측과 통계 데이터에 근거해 보통 다음 표와 같은 값을 사용한다.

(4) 도체최고허용온도

상시 도체최고허용온도 및 단락 시 도체최고허용온도는 보통 [표 15.9]의 값이 적용되고 있다. 상시 도체최고허용온도는 매일 일정시간 또는 연속적으로 선로를 보호 유지하는데 지장이 없는 온도이지만 경우에 따라서는 케이블 열신축량, 토양 수분의 이동상황을 고려해서 결정하는 수도 있다.

단시간 도체최고허용온도로서 일반적인 것은 현재의 경우 AEIC (Association of Edison Illuminating Companies)의 규정뿐이지만 보통은 상시 도체최고허용온도 보다 10~15℃ 더한 값이 적용되고 있다.

단락 시 도체최고허용온도는 초단위의 과부하 현상이기 때문에 주로 절연체의 열특성 (인화점, 발화점, 분해점 등)을 고려해서 결정된다.

[표 15.8] 기저온도

포설 방법	기저온도[℃]
관 로 인 입	25
직 매	25
기중 및 암거	40

[표 15.9] 도체최고허용온도

케이블 종별	상시 T_1 [℃]	단시간 T_2 [℃]	단락시 T_5 [℃]
폴리에틸렌 케이블	75	90	140
가교 폴리에틸렌 케이블	90	105	230
에틸렌프로필렌 고무 케이블	80		230
비닐 케이블	60		120

마. 전체 열저항(R_{th}) 및 손실율

전체 열저항 (R_{th})은 다음 식으로 구할 수 있다.

(1) 직매포설

$$R_{th} = R_1 + (1 + P_s)(R_2 + L_f R_5) \tag{15.36}$$

(2) 관로포설

$$R_{th} = R_1 + (1 + P_s)(R_2 + R_3 + L_f R_5) \tag{15.37}$$

(3) 기중 · 암거 · 가공 포설

$$R_{th} = R_1 + (1 + P_S)(R_2 + R_3) \tag{15.38}$$

(4) 손실율(L_f)

손실율이란 케이블 부하의 변동 양상을 나타낸 것으로서 정의는 다음식과 같다.

$$L_f = \frac{\sum_{n=1}^{24} I_n^2}{24 \times I_{max}^2} \tag{15.39}$$

여기에서,

I_n : 1일을 24시간으로 분할했을 때 각 시간마다의 평균전류

I_{max} : 1일 중 최대전류 (1시간 평균전류로 생각해서)

그러나 일반적인 경우의 손실율은 [표 15.10]에 나타내는 값이 된다.

[표 15.10] 손실율 (L_f)

종별	손실율 (L_f)
일반 송전선, 배전선	0.6 ~ 0.8 (0.75를 적용하는 경우가 많음)
특수 송전선 (화력에서의 인출선 등)	1.0

1.5 허용전류 계산 예

다음과 같은 관로 포설의 경우를 예로 하여 앞에서 설명한 허용전류 계산을 수행해 보기로 한다.

가. 검토 조건

○ 케이블 : 154kV CV 400mm^2/1C (AL Sheath)

○ 포설 조건 : 관로 포설 (1공 1조) 1회선

○ 관로 내경 (d_7) : 200[mm]

○ Sheath 접지 : 크로스 본드

○ 주파수 : 60[㎐]

○ 손실율 (L_f) : 0.75

○ 토양 열저항 (g) : 100[℃.cm/W]

○ 지표면에서부터 기준 케이블 중심까지의 깊이 (L_0) : 2,500[mm]

○ 케이블 중심거리 (S) : 360[mm]

○ 케이블 매설도

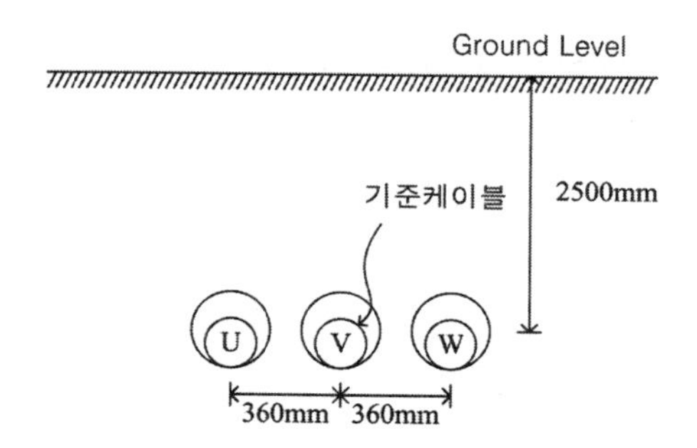

나. 상시 허용전류 계산

(1) 교류 도체실효저항 : r

$r = r_0 \times k_1 \times k_2 = 6.0766 \times 10^{-7}[\Omega/\text{cm}]$

$r_0 = 4.61 \times 10^{-7}$ (케이블 제작사 제공)

$k_1 = 1 + \alpha(t_1 - 20) = 1.2751$

$\alpha = 0.00393$

$t_1 = 90$ ([표 15.9]로부터)

$k_2 = 1 + \lambda_s + \lambda_p = 1.0338$

$$X = \sqrt{\frac{8\pi f \mu_s k_{s1}}{r_0 k_1 \times 10^9}} = 1.602 < 2.8$$

$\mu_s = 1.0$ (동의 비투자율)

$k_{s1} = 1.0$ (400mm2 도체는 비분할)

$r_0 \cdot k_1 = 5.8782 \times 10^{-7}$

X가 2.8보다 작으므로 λ_s와 λ_p는 간략식을 사용해도 된다.

$$\lambda_s = F(X) = \frac{X^4}{192 + 0.8X^4} = 0.0334$$

$$\lambda_p = \frac{X'^4}{192 + 0.8X'^4}\left(\frac{d_1}{S}\right)^2$$

$$\times \left\{0.312\left(\frac{d_1}{S}\right)^2 + \frac{1.18}{\dfrac{X'^4}{192 + 0.8X'^4} + 0.27}\right\}$$

$\therefore \quad \lambda_p = 0.00039$

여기서,

$d_1 = 24.1$ [mm] (케이블 제작사 제공)

$S = 360$ [mm]

$X' = \sqrt{0.8}\,X = 1.4326$

(2) 절연체의 열저항(R_1)

[표 15.2]의 단심 케이블로부터

$$R_1 = \frac{\rho_1}{2\pi}\log_e\frac{d_2}{d_1} = 84.4835 \ [℃ \cdot \mathrm{cm/W}]$$

$\rho_1 = 450$ [℃.cm/W] ([표 15.6]에서 가교 폴리에틸렌 절연체 적용)

$d_1 = 24.1$ [mm] (케이블 제작사 제공)

$d_2 = 78.4$ [mm] (케이블 제작사 제공)

(3) 케이블 외장부의 열저항(R_2)

[표 15.3]의 단심 케이블로부터

$$R_2 = \frac{\rho_2}{2\pi}\log_e\frac{d_4}{d_3} = 6.5154 \ [℃ \cdot \mathrm{cm/W}]$$

$\rho_2 = 450$ [℃.cm/W] ([표 15.6]에서 폴리에틸렌 방식층 적용)

$d_3 = 94.5$ [mm] (케이블 제작사 제공)

$d_4 = 103.5$ [mm] (케이블 제작사 제공)

(4) 표면 방산 열저항(R_3)

1공 1조 포설이므로 (15.23)식을 적용

$$R_3 = \frac{10\rho_3}{\pi d_5} = 26.2825 \ [℃ \cdot \mathrm{cm/W}]$$

$\rho_3 = 900$ [℃.cm/W]

([표 15.6]에서 폴리에틸렌 방식층의 표면 방산 열저항 적용)

$d_5 = 109$ [mm] (케이블 제작사 제공)

(5) 토양 및 관로의 열저항(R_5)

$$R_5 = \frac{M_c g \eta_2}{2\pi}\left\{\log_e\frac{4L_0}{d_7} + \sum_{m=1}^{Nc-1}\log_e\sqrt{\frac{4L_0L_m}{{X_m}^2}+1}\right\} = 124.1794 \quad [℃ \cdot \mathrm{cm/W}]$$

$g = 100$ [℃.cm/W] ([표 15.6]에서 토양 보통지 적용)

$\eta_2 = 0.85$ ([표 15.5]에서 1공 1조 포설, 3공 적용)

$L_0 = 2500$ [mm]

(기준 케이블은 열저항 조건이 가장 열악하다고 생각되는 가운데 공의 케이블로 선정)

$L_m = 2500$ [mm]

$X_m = 360$ [mm]

$M_c = 1$

$N_c = 3$

$d_7 = 200$ [mm]

$$\therefore R_5 = \frac{1 \times 100 \times 0.85}{2\pi} \times \left\{ \begin{aligned} & \log_e\left(\frac{4 \times 2500}{200}\right) + \\ & \log_e \sqrt{\frac{4 \times 2500 \times 2500}{360^2} + 1} + \log_e \sqrt{\frac{4 \times 2500 \times 2500}{360^2} + 1} \end{aligned} \right\}$$

$$= 124.1794$$

(6) 유전체 손실(W_d)

$$W_d = 2\pi f Cn \frac{E^2}{3} tan\delta \times 10^{-5} = 0.0048 \ \text{[W/cm]}$$

$E = 170$ [kV]

$f = 60$ [Hz]

$n = 1$

$\tan\delta = 0.001$ ([표 15.7]로부터)

C : 정전용량 [μF/km]

$$C = \frac{\epsilon}{18 \log_e \dfrac{d_2}{d_1}} = 0.131$$

$\epsilon = 2.3$ ([표 15.7]로부터)

$d_1 = 27.9$ [cm] (케이블 제작사 제공)

$d_2 = 73.9$ [cm] (케이블 제작사 제공)

(7) 회로 손실율(P_1)

$P_1 = 0.05$ (1공 1조, 크로스 본드)

(8) 와전류 손실율(P_2)

K.W. Miller의 식을 적용하기로 한다.

$$P_2 = \frac{R_S}{R_C} \cdot \frac{1}{(\frac{R_S}{\omega} \times 10^9)^2 + (\frac{1}{5})(\frac{S}{r})} \times \left\{ A_1 \times (\frac{r}{S})^2 + A_2 \times (\frac{r}{S})^4 \right\} = 0.0221$$

여기에서,

$R_S = 4.95 \times 10^{-7}$ [Ω /cm] (케이블 제작사 제공)

$R_C = 6.0766 \times 10^{-7}$ [Ω /cm]

ω : 각속도 $\omega = 2\pi f$

$S = 36$ [cm]

$r = 4.43$ [cm] (케이블 제작사 제공)

$A_1 = 6.0$, $A_2 = 0.5$ (케이블 시스 전위 [표 15.16]에 의하여)

(9) 시스 손실율(P_s)

$$P_s = P_1 + P_2 = 0.0721$$

(10) 유전체 손실에 따른 온도 상승(T_d)

$$T_d = W_d(\frac{1}{2}R_1 + R_2 + R_3 + R_5) = 0.9562 \quad [℃]$$

(11) 전체 열저항(R_{th})

$$R_{th} = R_1 + (1 + P_s)(R_2 + R_3 + L_f R_5) = 219.4954 \quad [℃ \cdot cm/W]$$

(12) 상시 허용전류(I)

$$I = \sqrt{\frac{T_1 - T_0 - T_d}{nrR_{th}}} = 692.9 \quad [A]$$

여기에서,

$T_1 = 90$ [℃] ([표 15.9]에서)

$T_0 = 25$ [℃] ([표 15.8]에서)

2. 케이블 시스 전위

단심 케이블에서 케이블 금속 시스에는 상시에도 상용 주파수대의 운전전류에 의한 전자유도로 상당히 높은 수준의 유기전압이 발생하고 이상 시에는 써지 전류의 고주파 성분에 의하여 심각할 정도의 이상 전압이 유도된다. 따라서 케이블의 금속 시스는 반드시 접지하여야 하나 케이블의 포설 긍장이 상당히 길다면 편단 접지만으로는 접지하지 않은 반대 부분 전압이 과도하게 상승하고 반대로 양단을 모두 접지한다 면 시스에 큰 순환전류가 발생해서 열을 발생시키고 결과적으로는 방식층의 조기 열화 및 케이블 허용전류를 감소시키는 등의 문제가 있다. 이 때문에 단심 케이블에서는 상시 및 이상 시와 시스 손실, 방식층 보호 및 근접 통신선에의 유도 등 종합적인 견지에서 시스 전위 상승 대책을 수립할 필요가 있다.

2.1 시스 유기 전위 계산식

도체에 흐르는 전류에 의한 전자유도로 시스에 유기되는 전위는 기본적으로는 (15.40)식으로 표시되며 한 점에서 시스를 접지하면 다른 점에서는 그 접지 점으로부터의 거리에 따라서 시스와 대지간에 전위차가 발생된다.

$$E = \sum jX_{mi}I_i \ \ [\text{V/km}] \qquad (15.40)$$

(단, X_{mi} : 도체와 시스의 상호 리액턴스 [Ω /km], I_i : 전류 [A])

[표 15.11]은 '전력 케이블 기술 핸드북'에 나와 있는 자료로 2상 이상의 배열을 고려하는 경우는 케이블의 상 배열과 지오메트리에 의해 본 표에 언급한 식으로 시스 유기 전위를 계산할 수 있다. 시스 전위의 허용치를 결정하고자 할 때는 시스 전위에 의한 케이블 외장의 부식과 인체의 안전에 대한 고려가 필요하나 현재는 방식 케이블이 일반적으로 널리 사용되고 있기 때문에 부식을 고려할 필요는 없고 인체에 대한 안전과 써지 침입 혹은 발생 시의 방식층이나 절연 접속부(IJ)의 절연통 파괴를 방지하는 관점에서 결정된다. 일반적으로 상시 시스 전위로서는 30~60V가 허용 전위로서 이용되는 수가 많다. 일본의 '노동안전위생규칙'에는 50V 이하에서는 특별한 안전대책은 필요 없고 50V를 넘을 경우에는 감전을 방지하기 위한 울타리 등을 설치할 것이 규정되어있다. 한편 우리나라는 한국전력에서 자체적으로 50V를 허용전압으로 보고 있다.

2.2 시스 전위 감소 대책

케이블의 시스 전위를 감소시키는 방안으로는 가공 전선로와 마찬가지로 케이블 그 자체를 연가(Transposition)시키는 것이 바람직하나 케이블의 중량과 큰 직경(Diameter), 그리고 시스의 허용 왜(Distortion)등의 제약 조건으로 인하여 사실상 불가능하다. 따라서 이를 대신하기 위하여 다음에 열거하는 바와 같이 다양한 방법이 적용되고 있으며 여기서는 간략히 각각의 방식에 대하여 살펴보고자 한다.

[표 15.11] 각종 배열에서의 시스유기 전위 계산식

배 열		Ⓐ—Ⓑ (단상)	Ⓐ Ⓑ Ⓒ (삼각)	ⒶⒷⒸ (요람)	Ⓐ ⒷⒸ (직각)	ⒶⒷⒸ ⒸⒷⒶ (3조병렬2단)	ⒶⒷⒸ ⒶⒷⒸ (3조병렬2단)
시스 전위 v/km	EA	-jXmIB	$\frac{X_m}{2}(-j$ $-\sqrt{3})I_B$	$\frac{1}{2}[j(-X_m+a)-$ $\sqrt{3}Y]I_B$	$\frac{1}{2}[j(-X_m+\frac{a}{2})-$ $\sqrt{3}Y]I_B$	$\frac{1}{2}[j(-X_m+\frac{b}{2})-$ $\sqrt{3}Y]I_B$	$\frac{1}{2}[j(-X_m+\frac{b}{2})-$ $\sqrt{3}Y]I_B$
	E_B	jX_mI_B	jX_mI_B	jX_mI_B	jX_mI_B	$j(X_m+\frac{a}{2})I_B$	$j(X_m+\frac{a}{2})I_B$
	E_C	-	$\frac{X_m}{2}(-j$ $+\sqrt{3})I_B$	$\frac{1}{2}[j(-X_m+a)+$ $\sqrt{3}Y]I_B$	$\frac{1}{2}[j(-X_m+\frac{a}{2})$ $+\sqrt{3}Y]I_B$	$\frac{1}{2}[j(-X_m+\frac{b}{2})+$ $\sqrt{3}Y]I_B$	$\frac{1}{2}[j(-X_m+\frac{b}{2})+$ $\sqrt{3}Y]I_B$
부 호 Y		-	-	X_m+a	$X_m+\frac{a}{2}$	$X_m+a-\frac{b}{2}$	$X_m+a+\frac{b}{2}$
비고		$a=2\omega\log_e 2\times10^{-4}[\Omega/km]$ $b=2\omega\log_e 5\times10^{-4}[\Omega/km]$ $X_m=2\omega\log_e\frac{S}{r_m}\times10^{-4}[\Omega/km]$			S=케이블 중심간 거리 [m] r_m=시스의 평균 반경 [m]		

가. 케이블 배열 검토

케이블의 배열과 간격에 의해 시스 전위는 대폭으로 변한다. 1회선의 경우를 생각하면, 케이블 3조를 정삼각형 배치로서 케이블 간격을 최대한 축소한 경우, 결국 삼각 표적 포설의 경우가 시스 전위는 가장 낮다.

1공 1조 포설 다회선 관로의 경우에도, 케이블의 상배열을 검토함으로써 시스 전위를 감소시키는 것은 가능하다. 단 이러한 방법은 뒤에 설명하겠지만 시스 와전류

손 나아가서는 케이블의 허용전류에도 영향을 미치기 때문에 종합적인 측면에서의 검토가 필요할 것이다.

나. 솔리드 본드(Solid bond) 방식

시스를 2부분 이상에서 접지하는 방식으로, 시스 전위는 거의 영이 되지만 전술한 바와 같이 시스 회로 손실이 생긴다. 이 때문에 다음과 같은 경우에 채용된다.

○ 허용전류 측면에서 충분한 여유가 있든지, 혹은 시스의 저항이 비교적 높고 (고무·플라스틱 절연 케이블 등) 시스 회로 손실이 문제가 되지 않을 경우

○ 장거리의 해저케이블 등과 같은 특수한 포설 조건으로 인하여 여타의 시스 전 위 감소방식의 적용이 불가능한 경우

다. 편단 접지 방식

케이블의 편단에서 시스를 접지하고 다른 반대쪽 단은 개방해 두는 방법으로, 시스 회로손은 영이 된다. 단, 이 방식에서는 써지가 침입할 때 개방단에서 써지 전압이 2배로 증폭되기 때문에 방전 갭 혹은 소형 피뢰기를 사용하여 이상 전압을 억제한다. 편단 접지 방식은 발변전소 구내에 포설되는 짧은 길이의 케이블에 적용되고 있으며 케이블이 비교적 긴 경우라면 케이블 중앙점에서 접지하고 양단을 개방하는 것도 가능하다.

라. 크로스 본드(Cross bond) 방식

긍장이 긴 단심케이블에 대해서 세계적으로 널리 채용되고 있는 접지 방식이다. 이 방식에는 절연접속함(IJ : Insulation joint) 및 보통접속함(NJ : Normal joint)의 2종류의 접속함이 필요하다. IJ는 접속함 중앙부에 절연통을 가지고 있으며 시스는 여기서 접속함 좌우로 분리된다. 물론 도체는 당연히 서로 연결되어 있다. NJ는 일반적인 접속함으로 도체와 시스가 그대로 연결되게 되는 구조를 갖고 있다. 크로스 본드 방식은 그림 15.1에 표시한대로 IJ를 2번 지나는 동안 시스를 연가 시키고 NJ에서는 직접 접지를 하게된다. 이렇게 되면 NJ 및 IJ로 구성된 3 접속 구간이 크로스 본드 1 구간이 되며 시스는 케이블 내 도체 1상을 기준으로 볼 때 abc 3상을 모두 거쳐가게 된다. 따라서 케이블 자체를 연가 시키지 못하는 경우 대안으로서 시스를 연가 시킨다고 생각할 수 있다. 이 방식에서는 케이블구간 길이를 동동하게 하면, 3구간에서의 시스 전위의 벡타 합은 대체로 영이 되어 시스회로손을 줄일 수 있다. [그림 15.2]는 솔리드 본드의 경우와 비교하여 크로스 본드를 할 경우 몇 %의

손실이 발생하는가를 표시한 도면으로 $X = Y = 1.0$으로서 접속구간의 길이가 완전히 평형된 경우 시스회로손이 0이 됨을 보여주고 있다. 또, 시스의 대지전위 최대치도 1구간의 케이블 길이에 상당하는 치가 된다. ([그림 15.3] 참조)

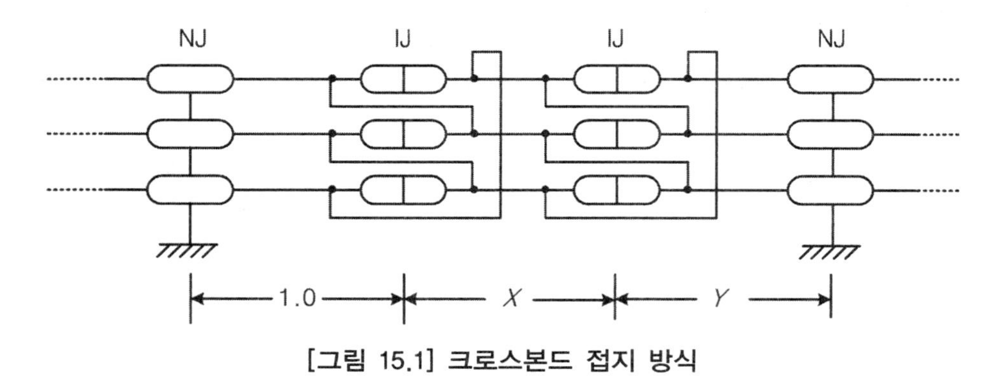

[그림 15.1] 크로스본드 접지 방식

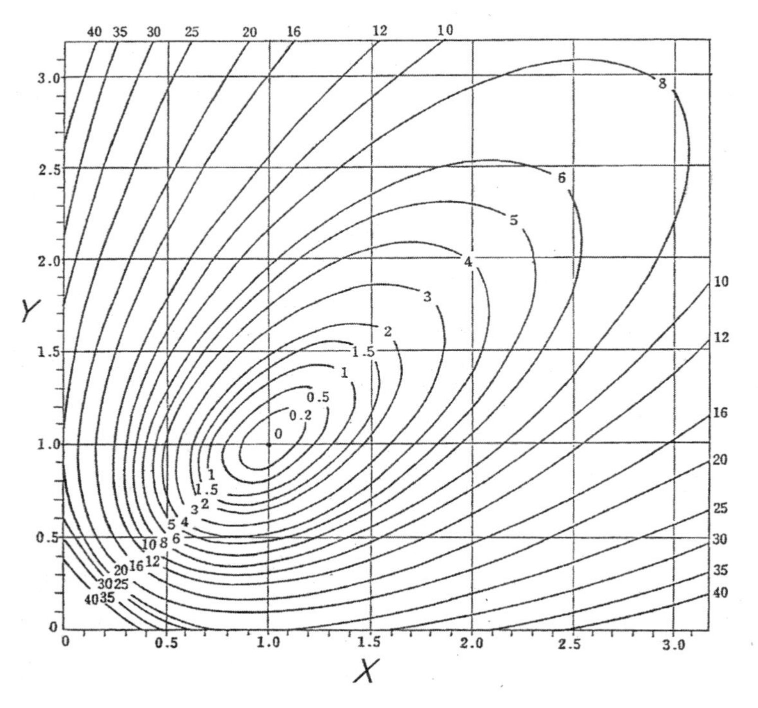

[그림 15.2] 솔리드 본드 대비 크로스 본드시의 시스회로손(%)

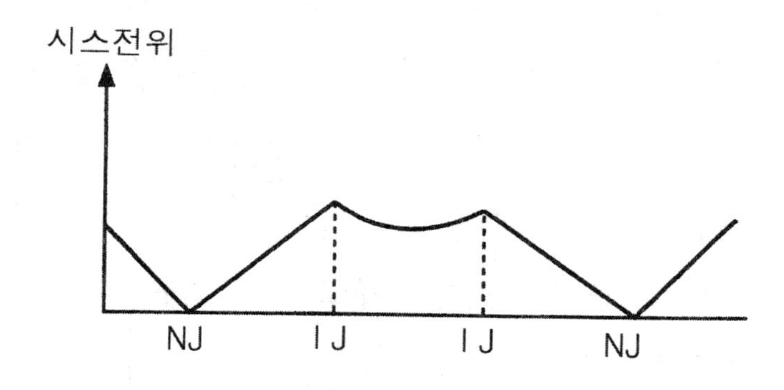

[그림 15.3] 크로스 본드 시의 시스 전위

마. IEEE형 접지 방식

이 방식은 케이블 소구간이 3의 배수가 아닐 경우 종단접속부를 포함하는 1개 소구간을 편단 접지 방식으로 하고, 나머지는 크로스 본드 접지 방식을 적용하는 것을 말안다. 크로스 본드 구간의 마지막 보통접속함은 비접지로 하며, 단락 시 단락전류의 통전 경로와 써지 침입에 의한 과전압 발생을 억제하기 위하여 보통접속함의 시스를 종단접속부의 접지까지 병행지선을 이용하여 접속한다.

2.3 방식층 및 절연접속부 보호 대책

케이블 접속점은 뇌 써지나 개폐 써지가 침입할 경우 침입 측과 투과 측의 파동임피던스 차이로 인하여 써지 전파의 변이점으로 작용하게 되므로 절연접속함의 절연통 및 시스-대지간에 고전압이 발생하게 된다. 절연통간에 발생하는 써지 전압은 대부분이 케이블의 금속 시스-대지 사이에서 분담하기 때문에 어느 전압 계급에 있어서도 방식층 빛 절연통의 보호레벨을 넘게되어 써지 대책이 필요하게 된다. SF6 가스 중 종단부의 케이블 방식층 및 절연통을 고주파의 개폐 써지로부터 보호하기 위한 장치(CCPU : Cable Covering Protection Unit)로는 절연통 사이에 갭리스 피뢰기를 설치하거나 혹은 캐패시터를 장치하게된다. 캐패시터는 주파수가 높아질수록 임피던스가 작아지므로 고주파의 써지에 대해 바이패스(Bypass) 특성을 보인다. 그러나 침입 써지의 주파수 성분이 상정되어 있는 주파수보다 작을 경우에는 전압 억제효과는 저하된다.

갭리스 피뢰기는 응답 특성을 좋게 하기 위해서 간극을 생략하고 비선형 비저항체(산화아연-ZnO)이 주성분)만으로 구성된 보호장치이며 캐패시터와는 써지를 억제하는 메카니즘이 다르다고 할 수 있다. 절연접속함에 널리 사용되는 갭리스 피뢰기의 구조를 [그림 15.4]에, 성능의 한 예를 [표 15.12]에 나타내었다.

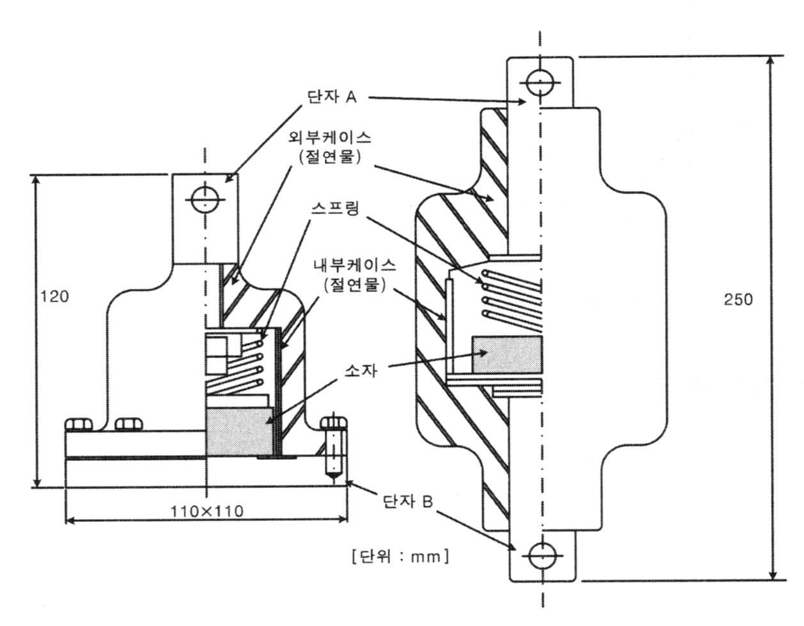

[그림 15.4] 갭리스 피뢰기 구조예 (66kV 이상)

[표 15.12] 갭리스 피뢰기의 제원 예

항목		특성
1	동작개시전압	직류 또는 상용주파수전압을 인가하고, 소자를 흐르는 저항부 전류 파고치 1mA일 때의 인가전압 파고치가 4.5kV 이상인 것
2	제한전압	기본 충격파 전류(8×20μ s)23kA를 통전했을 때, 단자간 전압이 14 kV이하인 것
3	반복충격전류 에 의한 피로특성	기본 충격파 전류(8×20μ s)21kA이상을 100회 통전 후, 상용주파전압 3.4kV, 0.4초에 견디고 그후 2의 특성을 만족하는 것
4	동작시 상용주파수 내전압 특성	상용주파수전압 21.8kV를 인가한 상태에서 기본 충격파 전류(8×20μ s) 23kA를 중량한 후 계속해서 상용주파수전압 2.8kV, 130초에 견디고, 그 후, 1, 2의 특성을 만족하는 것
5	절연저항	보호장치의 양단자 사이의 절연저항이 100MΩ 이상인 것
6	내수성능	50℃, 2kg/cm²·G의 수중에 24시간 침잠시킨 후, 50℃와 상온의 수중에 20분 간격으로 각 5회 침잠시켜, 그 후 1, 2의 특성을 만족하는 것
7	외장절연성능	① 기본 충격파 전압(1.2×50μ s) -50kV 3회 ② 상용주파전압 5kV 1분간에 견딜수 있는 것.

가. CCPU 장착 방식

CCPU를 장착하는 방법은 현재 다음과 같은 3가지 방식이 채용되고 있다.

① 대지간 방식 ([그림 15.5]에 표시한 방법)

② 교락 비접지 방식 ([그림 15.6]에 표시한 방법)

③ 교락 접지 방식 ([그림 15.7]에 표시한 방법)

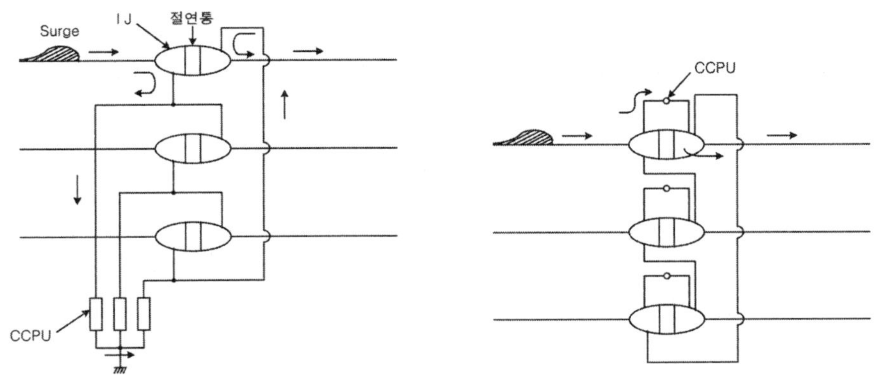

[그림 15.5] 대지간 방식 **[그림 15.6] 교락 비접지 방식**

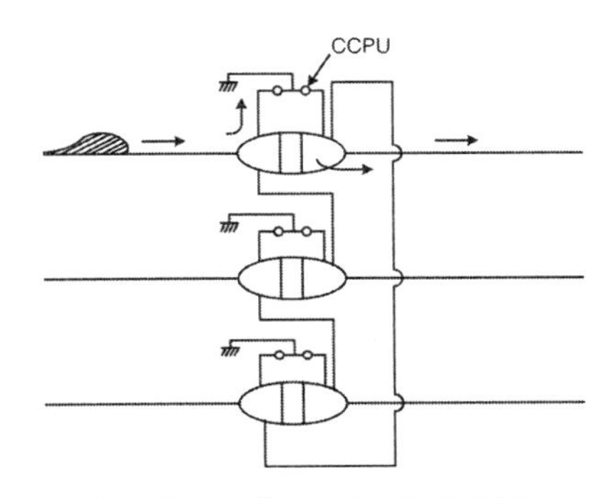

[그림 15.7] 교락 접지 방식

크로스 본드 절연접속부의 보호 효과를 절연통 사이 써지 전압의 크기로만 평가하면, 이론적으로 절연통 사이 발생 전압의 크기는,

① 대지간 방식>② 교락 접지 방식 (제한전압×2) >③ 교락 비접지 방식 (제한전압)

의 순으로 교락 비접지 방식이 가장 보호 효과가 크다.

그러나 시스 - 대지간인 경우는,

① 교락 비접지 방식 > ② 대지간 방식 > ③ 교락 접지 방식

의 순으로 교락 접지 방식이 가장 보호 효과가 크게된다.

보호장치를 절연접속부에 장치할 경우에 그 리드선의 길이가 길어지면 리드선 부분에서의 전압강하가 크게 영향을 미치는 것에 주의하여야 한다. 따라서 대지간 방

식은 교락 접지 방식에 비해 이런 점에서 떨어진다고 볼 수 있다.

[표 15.13]은 '전기연구소(KERI)'에서 시행한 뇌 써지 실증 실험 결과를 인용한 것으로서 앞에서 설명한 대로 시스 - 대지간은 교락 접지 방식이, 절연통간은 교락 비접지 방식이 보호 효과 측면에서 각각 우수함을 보여주고 있다. 한편 써지 침입 측으로부터 첫 번째 IJ에는 대지간 방식을 적용하고 두 번째 IJ는 교락 비접지 방식을 적용하는 절충형 방식에 대한 실험도 시행되었는데 [표 15.13]과 같은 만족할 만한 결과가 나와 이 방식이 시스 - 대지간 및 절연통간의 보호에 우수할 뿐만 아니라 경제적으로도 피뢰기의 숫자를 줄일 수 있는 등 이점이 있는 것으로 판단되어 현재 '한국전력'에서는 [표 15.14]와 같은 방식으로 CCPU를 케이블 계통에 설치하고 있다.

[표 15.13] 뇌 써지 실증 실험 결과(전기연구소 시행)

결선방식	접지저항 [Ω]	첫 번째 IJ			두 번째 IJ			비 고
		시스-대지전압 (써지측) [kVpeak]	절연통 전압 [kVpeak]	크로스 본드전압 [kVpeak]	시스-대지전압 (써지측) [kVpeak]	절연통 전압 [kVpeak]	크로스 본드전압 [kVpeak]	
교락 접지방식	5	20.7	41.8	28.5	11.2	22.3	23.8	
	10	19.0	40.6	28.7	10.0	22.1	247.1	
	15	18.3	42.2	27.0	9.8	21.8	25.0	
교락 비접지방식	5	25.4	32.0	19.1	9.7	21.1	428	
	10	24.1	32.2	19.1	9.8	20.6	42.8	
	15	25.4	32.0	19.1	9.7	21.0	42.8	
교락 비접지+ 대지간방식	5	22.4	47.8	25.5	5.0	17.0	13.0	X-bond 제1구간만 대지간 방식
	10	23.4	48.5	20.8	5.7	18.8	14.8	
	15	17.4	50.8	19.7	8.2	17.8	17.1	

[표 15.14] 지중 송전계통에 대한 CCPU 장착 방식과 범위

케이블 종단 형태	종단접속부	중간접속부	
		제1 크로스 본드 구간 (써지 침입측)	나머지 구간
GIS	CCPU 1개	대지간방식+교락 비접지	교락 비접지 방식
기중S/S	CCPU 1개	대지간방식+교락 비접지	교락 비접지 방식
가공선	CCPU 1개	대지간방식+교락 비접지	교락 비접지 방식

2.4 시스 손실 및 감소 대책

시스 손실에는, 도체 전류에 의한 전자유도로 인하여 시스 상호간 및 시스-대지사이를 순환하는 시스 전류가 발생해 이로 인한 시스 회로 손실과, 시스에 발생하는 와전류(Eddy current)에 의한 와전류 손실이 있게 된다. 이들 손실의 계산방법 및 그 감소대책을 소개하고자 한다.

가. 시스 회로 손실 계산식

시스 회로 손실이 발생하는 경우는 시스 양단을 일괄하여 접지하는 솔리드 본드 방식의 경우 및 크로스 본드 방식의 경우이며 편단 접지의 경우는 시스 회로 손실은 0이다.

정삼각형 배치와 같은 완전히 대칭인 포설 조건을 제외하면, 시스 회로에는 영상분, 정상분, 역상분 전류가 흘러, 각각 시스 회로 손실발생의 원인이 되지만 이중에서 영상분 및 역상분은 정상분에 비하면 무시할 수 있다. 이 때문에 정상분만을 고려해서 시스 회로 손실을 구하는 것이 일반적이다.

시스 회로 손실은 기본적으로는 다음 식에 의해 구할 수 있다.

$$W_S = I_S^2 R_S = \frac{|E_S|^2 R_S}{|Z_S|^2} = \frac{\left|\sum_{m=1}^{n-1} X_m I_m\right|^2 R_S}{R_S^2 + X_S^2} \qquad (15.41)$$

여기에서,

W_S : 시스 회로 손실

I_S : 시스 전류

Z_S : 시스의 자기 임피던스 $Z_S = R_S + jX_S$

E_S : 다른 시스를 흐르는 전류 및 케이블 도체 전류에 의한 시스유기전압

X_m : 대상 시스와 다른 시스 및 도체와의 상호 임피던스

I_m : 다른 시스 및 도체를 흐르는 전류

n : 시스 및 도체의 수

위 식에 의해 각 시스의 회로 손실이 산출되지만 보통은 이것들의 회로 손실의 산술평균치를 그 계통의 시스 회로 손실로 해서 구한다.

솔리드 본드 시스의 회로 손실을 대표적인 몇 가지 상 배열에 대해서 [표 15.15]에 나타낸 식으로 구할 수 있다.

[표 15.15] 솔리드본드 시의 시스 회로 손실

배열		Ⓐ—Ⓑ (단상)	Ⓐ / ⒷⒸ (정삼각형)	ⒶⒷⒸ (3조병렬)	Ⓐ / ⒷⒸ (직각)	ⒶⒷⒸ / ⒸⒷⒶ (2조병렬 2단)	ⒶⒷⒸ / ⒶⒷⒸ (3조병렬 2단)
시스전류 [A]	A	$\frac{jX_m}{R_S+jX_m}I_B$	$-\frac{jX_m(-1+j\sqrt{3})}{2(R_S+jX_m)}I_B$	$\frac{-(1-\sqrt{3}N)+j(M+\sqrt{3})}{2(M+j)(N+j)}I_B$			
	B	$\frac{-jX_m}{R_S+jX_m}I_B$	$\frac{jX_m}{R_S+jX_m}I_B$	$-\frac{j}{N+j}I_B$			
	C	-	$\frac{jX_m(-1-j\sqrt{3})}{2(R_S+jX_m)}I_B$	$\frac{-(1+\sqrt{3}N)+j(M-\sqrt{3})}{2(M+j)(N+j)}I_B$			
케이블 1조당의 평균 시스손실 [W/km]		$\frac{X_m^2R_S^2}{R_S^2+X_m^2}I_B^2$	$\frac{X_m^2R_S}{R_S^2+X_m^2}I_B^2$	$\frac{(M^2+N^2+2)R_S}{2(M^2+1)(N^2+1)}I_B^2$			
부호	M	-	-	$\frac{R_S}{X_m+a}$	$\frac{R_S}{X_m+\frac{a}{2}}$	$\frac{R_S}{X_m+a-\frac{b}{2}}$	$\frac{R_S}{X_m+a+\frac{b}{2}}$
	N	-	-	$\frac{R_S}{X_m-\frac{a}{3}}$	$\frac{R_S}{X_m-\frac{a}{6}}$	$\frac{R_S}{X_m+\frac{a}{3}-\frac{b}{6}}$	$\frac{R_S}{X_m+\frac{a}{3}-\frac{b}{6}}$
비 고		$a=2\omega\log_e 2\times10^{-4}$[Ω /km] $b=2\omega\log_e 5\times10^{-4}$[Ω /km] $X_m=2\omega\log_e\frac{S}{r_m}\times10^{-4}$[Ω /km]			S : 케이블 중심 간격 [m] r_m: 케이블 시스의 평균 반경 [m] I_B : B상 도체 전류 [A] R_S : 시스 저항 [Ω /km]		

시스를 크로스 본드 함으로써 이 회로 손실은 감소되지만 각 경간 길이 및 상 배열의 불평형 정도에 따라 많은 차이가 발생한다. 이 불명형과 시스 회로 손실과의 관계는 앞서 나타낸 [그림 15.2]와 같다. 케이블 허용전류를 계산하기 위해서 시스 손실을 구하는 경우는 크로스 본드의 시스 회로 손실을 구하는 경우이며, 연(Pb)피 및 알루미늄(Al)피의 경우에 다음과 같이 일반적으로 도체 저항손에 대한 몇 퍼센트로 간주하여 계산을 하고 있다.

1공 1조 설비 도체 손실의 5%
1공 3조 설비 도체 손실의 2%

와이어 실드 및 스텐레스 시스 (와이어 실드 포함)인 경우는 아직 계산 또는 실측되어진 것은 없으며 필요하다면 알루미늄피의 경우와 같은 값을 이용하면 될 것으로 판단된다.

나. 크로스 본드 시의 시스 회로 손실 감소대책

크로스본드 방식을 적용하는 경우 포설 조건 등으로 인하여 3구간을 균등하게 분할할 수 없는 경우 불평형이 심하다면 회로 손실이 커지게 되는데 일본에서는 [그림 15.8]에 표시한 것과 같은 시스 전류 억제장치를 사용하기도 한다.

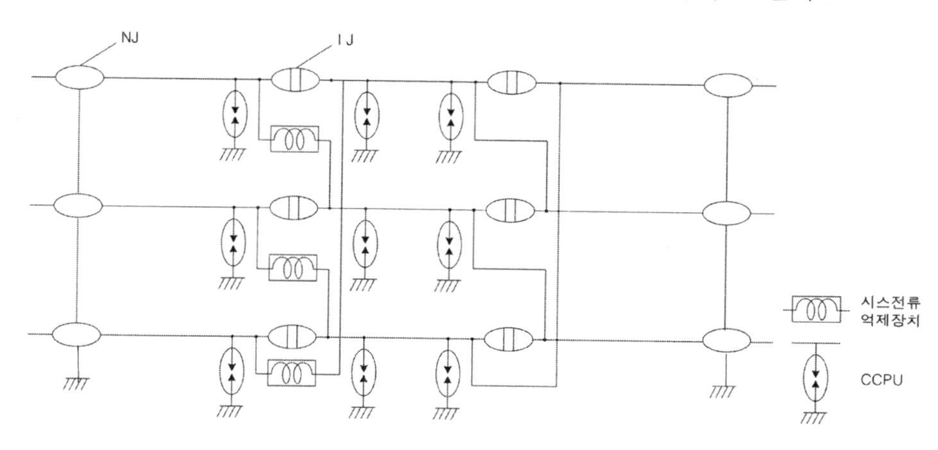

[그림 15.8] 시스 전류 억제장치

그러나 일반적인 경우 크로스 본드의 사용 그 자체가 시스유기전압 및 손실을 방지하는 차원에서 고안된 시스템인 바 특별한 대책은 고려되지 않고 있다.

다. 시스 와전류 손실 계산

시스 와전류 손실 계산식으로서는 K.W.Miller의 계산식이 주로 사용되고 있으며 이를 일본인인 Imai가 개량한 계산식도 사용되고 있다. 여기에서는 두개의 계산식을 소개하고자 한다.

(1) K.W.Miller의 계산식

$$\frac{W_P}{I_2 R_C} = \frac{R_S}{R_C} \cdot \frac{1}{(\frac{R_S}{\omega} \times 10^9)^2 + (\frac{1}{5})(\frac{S}{r})} \times \left\{ A_1 \times (\frac{r}{S})^2 + A_2 \times (\frac{r}{S})^4 \right\} \qquad (15.42)$$

여기에서,

W_P : 시스 와전류 손실 [W/cm]

I : 케이블 통전 전류 [A]

R_S : 시스 저항 [Ω /cm]

R_C : 도체 저항 [Ω /cm]

ω : 각속도 $\omega = 2\pi f$

S : 케이블 중심간격 [cm]

r : 시스평균 반경 [cm]

한편 A_1, A_2는 (15.43)식 및 (15.44)식으로 결정되며 [표 15.16]에 대표적 상 배열에 대한 계산 결과를 정리하였다.

$$A_1 = 2\sum_{M=1}^{k}\left(\frac{I_M^{\ 2}+J_M^{\ 2}}{C_M^{\ 2}}\right)+2\times\sum_{M,Y=1,M\neq Y}^{k}\left\{\frac{(I_M I_Y+J_M J_Y)}{C_M C_Y}cos(\alpha_M-\alpha_Y)\right\} \quad (15.43)$$

$$A_2 = \frac{1}{2}\sum_{M=1}^{k}\left(\frac{I_M^{\ 2}+J_M^{\ 2}}{C_M^{\ 4}}\right)+\frac{1}{2}\times\sum_{M,Y=1,M\neq Y}^{k}\left\{\frac{(I_M I_Y+J_M J_Y)}{C_M^{\ 2}C_Y^{\ 2}}cos2(\alpha_M-\alpha_Y)\right\} \quad (15.44)$$

여기에서,

k : 케이블 조수

M, Y : 케이블 번호

C_M, C_Y : $\frac{D_M}{S}$, $\frac{D_Y}{S}$

D_M, D_Y : 대상 케이블과 케이블 M, Y와의 중심간격 [cm]

I_M, I_Y, J_M, J_Y : 케이블 M, Y의 통전 전류의 실수부 및 허수부의 I에 대한 비

$\alpha_M-\alpha_Y$: 시스 와전류 손실을 계산하는 케이블과 M, Y 케이블이 이루는 각도

(2) Imai의 계산식

K.W.Mller의 계산식은 시스 와전류 자신의 자기 인덕턴스분을 무시한 근사 계산식인데 Imai는 이것을 교정하여 자기 인덕턴스분까지도 고려한 계산식을 도출해 냈다.

$$\frac{W_P}{I_2 R_C}=\frac{R_S}{R_C}\cdot\frac{1}{(\frac{R_S}{\omega}\times 10^9)^2}\times\left\{K(1)\times A_1\times(\frac{r}{S})^2+K(2)\times A_2\times(\frac{r}{S})^4\right\} \quad (15.45)$$

(단, A_1, A_2는 K.W.Mller 식에서의 A_1, A_2와 동일하고)

$$K(1)=\frac{1}{1+\left(\frac{rt}{2}\right)^2\left(\frac{4\pi\omega}{\sigma\times 10^9}\right)^2} \quad (15.46)$$

$$K(2)=\frac{1}{1+\left(\frac{rt}{4}\right)^2\left(\frac{4\pi\omega}{\sigma\times 10^9}\right)^2}$$

여기에서,

t : 시스 두께 [cm], σ : 시스 저항율 [Ω ·cm]이다.

시스 손실이 큰 경우에 K.W.Mller 식의 오차는 Imai의 식보다 큰 것으로 알려져 있다. 따라서 1공 3조 포설 등과 같이 3조가 밀착 혹은 근접해서 포설되어 있고 동시에 대 직경의 케이블인 경우에는 Imai의 식을 사용하는 것이 바람직하다고 알려져 있다.

[표 15.16] 각종 상 배열에서의 A_1, A_2 (Miller의 계산식의 정수)

		u_1 v_1	u_1 / v_1 w_1	u_1 v_1 w_1	u_1 / v_1 w_1	u_1 v_1 w_1 / u_2 v_2 w_2	u_1 v_1 w_1 / w_2 v_2 u_2
A_1	u_1	2.000	3.000	1.500	2.000	4.400	3.200
	v_1	2.000	3.000	6.000	4.000	14.000	2.000
	w_1	-	3.000	1.500	2.000	4.400	3.200
	u_2	-	-	-	-	4.400	3.200
	v_2	-	-	-	-	14.000	2.000
	w_2	-	-	-	-	4.400	3.200
A_2	u_1	0.500	1.250	0.406	0.625	1.666	1.246
	v_1	0.500	1.250	0.500	1.500	2.375	2.375
	w_1	-	1.250	0.406	0.625	1.666	1.246
	u_2	-	-	-	-	1.666	1.246
	v_2	-	-	-	-	2.375	2.375
	w_2	-	-	-	-	1.666	1.246

		u_1 v_1 w_1 / w_2 v_2 u_2 / u_3 v_3 w_3	u_1 v_1 w_1 / u_2 v_2 w_2 / u_3 v_3 w_3	u_1 v_1 w_1 u_2 v_2 w_2	u_1 v_1 w_1 w_2 v_2 u_2
A_1	u_1	3.180	6.180	1.278	1.677
	v_1	3.660	18.060	4.597	7.597
	w_1	3.180	6.180	1.722	3.722
	u_2	3.780	6.180	1.722	1.677
	v_2	0.000	24.000	4.597	7.597
	w_2	3.780	6.180	1.278	3.722
	u_3	3.180	6.180	-	-
	v_3	3.660	18.060	-	-
	w_3	3.180	6.180	-	-
A_2	u_1	1.149	2.019	0.383	0.410
	v_1	2.442	2.922	0.559	0.559
	w_1	1.149	2.019	0.649	0.315
	u_2	3.025	3.780	0.649	0.410
	v_2	4.500	0.000	0.559	0.559
	w_2	3.025	3.780	0.383	0.315
	u_3	1.149	2.019	-	-
	v_3	2.442	2.922	-	-
	w_3	1.149	2.019	-	-

라. 시스 와전류 손실 계산 예

[그림 15.9]에 표시하는 상 배열에 대해서 Imai의 계산식에 의한 계산 예를 들기로 한다.

〈예제 계통〉

케이블 ; 154kV 1×800㎟ OFAZV, 시스 평균반경 $r=3.74$ cm, 시스두께 $t=0.2$ cm, 교류 도체 저항 (85℃) $R_C=0.31\times10^{-6}$ Ω/cm, 시스 저항률(50℃) $\sigma=3.17\times10^{-6}$ Ω · cm, 주파수 f=50Hz, 케이블 포설 간격 $S=25$ cm

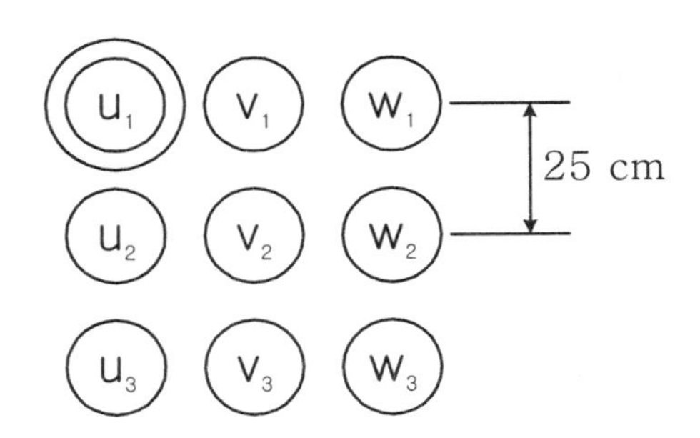

[그림 15.9] 케이블 상 배열

계산 대상 케이블은 그림 15.9 중 ◎의 케이블로 한다.

$$K(1)=\frac{1}{1+\left(\frac{3.74\times0.2}{2}\right)^2\left(\frac{4\pi\times2\pi\times50}{3.17\times10^3}\right)^2}=0.82$$

$$K(2)=\frac{1}{1+\left(\frac{3.74\times0.2}{4}\right)^2\left(\frac{4\pi\times2\pi\times50}{3.17\times10^3}\right)^2}=0.948$$

시스 저항 R_S 는

$$R_S=\frac{3.17\times10^{-6}}{\pi\times0.2\times(3.74\times2)}=0.675\times10^{-6}\ [\Omega/\text{cm}]$$

[표 15.16]에서,

$A_1=6.18$, $A_2=2.019$

$$\frac{W_P}{I^2R_C}=\frac{0.675\times10^{-6}}{0.31\times10^{-6}}\times\frac{0.82\times6.18(3.74/25)^2+0.948\times2.019\times(3.74/25)^4}{\{0.675\times10^3/(2\pi\times50)\}^2}$$
$$=0.054$$

따라서, 시스 와전류손은 도체 저항손의 5.4%가 된다.

마. 시스 와전류 손실 감소대책

시스 와전류 손실을 감소시키기 위한 별도의 장치는 고안된 것이 없으며 와전류 손실은 비단 케이블에서의 문제만이 아니라 변압기 철심과 같은 경우에도 적층을 하거나 자성체의 재질 개선과 같은 방법 외에는 특별한 방법이 없다. 케이블에서 가능한 몇 가지 감소 대책을 열거하자면 다음과 같다.

○ 금속 시스의 고유저항을 높게 한다. (예를 들면 Al피보다 SUS피 쪽이 시스 와전류 손실은 작다.) [표 15.17]에 계산 예를 표시하였다.

○ 케이블 간격을 벌린다. (소거리에서 효과가 있다.) [표 15.17] 참조

○ 시스 와전류 손실을 작게하는 상배열을 선택한다. [표 15.18] 참조

이 결과로 봐서는 동상분은 가능한 한 분산해서 포설하는 것이 와전류 손실 감소에 유효하다고 판단된다.

[표 15.17] Al피와 SUS피의 와전류 손실율 계산 예

케이블의 종류		275㎸ 1600㎟ CV (전단 두께 27㎜)		
케이블의 배치		표적배치		정삼각형배치 (이격거리 250㎜)
시스 재질		Al 피 (두께 3.0㎜)	SUS 피 (두께 0.8㎜)	Al 피 (두께 3.0㎜)
와전류 손실율 (도체손실에 대한 비)	Miller의 식	0.86	0.017	0.22
	Imai의 식	0.63	0.017	0.22

[표 15.18] 와전류 손실율과 상배열의 관계
154㎸ 1800㎟ OFAZV, 포설 간격 S=15㎝, Imai의 식

케이블 \ 상배열	u_1 v_1 w_1 v_2 u_2 w_2 u_3 v_3 w_3	u_1 v_1 w_1 u_2 u_3 w_3 v_2 w_2 v_3	u_1 v_1 w_1 v_2 w_2 u_2 w_3 u_3 v_3	u_1 v_1 w_1 u_2 w_2 v_2 v_3 w_3 u_3	u_1 v_1 w_1 u_2 w_2 v_2 v_3 w_3 u_3
u_1	0.159	0.081	0.061	0.032	0.072
v_1	0.458	0.096	0.359	0.085	0.228
w_1	0.159	0.081	0.090	0.048	0.024
u_2	0.162	0.100	0.130	0.085	0.164
v_2	0.610	0.008	0.185	0.085	0.093
w_2	0.162	0.100	0.159	0.078	0.155
u_3	0.159	0.081	0.379	0.085	0.071
v_3	0.458	0.096	0.054	0.032	0.111
w_3	0.159	0.081	0.142	0.048	0.044

3. CV 케이블의 열화 진단

3.1 열화 진단 대상

가. 열화 원인

CV 케이블의 열화 원인으로서는 전계의 인가, 열에 의한 수축 팽창, 기계적인 왜곡, 환경 (물, 화학물질) 등의 물리 화학적인 원인 외에 개미, 쥐, 곰팡이 등의 생물적인 원인이 있을 수 있으며 케이블의 설치 시 그리고 설치 후에 받는 외상도 열화 요인의 하나로 볼 수 있다. 한편 접속부에 대해서는 시공 불량에 의한 보이드(Void), 크랙(Crack)의 발생, 이물질의 혼입 및 수분의 침입 등이 열화의 원인이 된다. 이 중

에서 실제로 절연파괴로 이어지는 열화로서 우리가 검출해 내고자 하는 열화로는 부분 방전이 발생하는 열화, 수트리(Water tree)에 의한 열화 등이다. 열화 진단법은 기본적으로는 6.6[kV] 급이나 특고압 케이블이나 다 같은 방법이지만 케이블의 구조가 T-T형 → E-T형 → E-E형으로 변화하는데 따라서 열화판정도 그 만큼 어려워졌다.

[표 15.19] 반도전층 제조 방법에 따른 케이블 구조의 분류

형식	내부 반도전층	외부 반도전층
T-T형	반도전성 Tape	반도전성 Tape
E-T형	압출 반도전층	반도전성 Tape
E-E형	압출 반도전층	압출 반도전층

나. 수트리의 종류

수트리는 트리가 발생하는 기점에 따라 내도 트리, 외도 트리, 보우타이 트리로 나눌 수 있다.

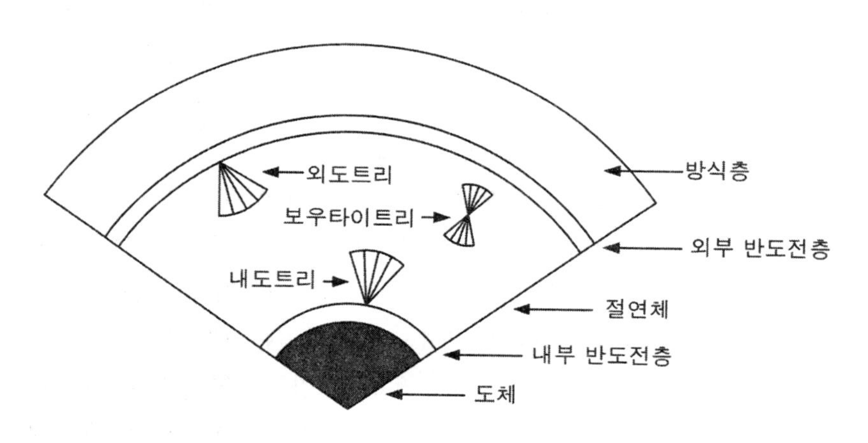

[그림 15.10] 수트리의 종류

(1) 내도 트리

내도 트리는 내부 반도전층과 절연체간의 경계면에 전계 집중부가 존재하는 경우, 여기를 기점으로 하여 외부 반도전층 쪽으로 향하여 신장하는 트리를 말하며 T-T형의 경우는 내부 반도전성 테이프의 작은 줄기, 미소 갭이 원인이 되고 E-T, E-E형에서는 압출 반도전층의 돌기가 원인이 된다.

(2) 외도 트리

외도 트리는 외부 반도전층과 절연체간의 경계면에 전계 집중부가 존재하는 경우, 여기를 기점으로 하여 내부 반도전층 쪽으로 향하여 신장하는 트리를 말하며 절연체 외표면의 상처, T-T 및 E-T형의 경우는 반도전성 테이프의 작은 줄기 그리고 E-E형에서는 압출 반도전층의 돌기가 원인이 된다.

(3) 보우타이(Bowtie) 트리

보우타이 트리는 절연체 중에 보이드 또는 이물질이 존재하여 이것에 전계가 집중한 경우에 발생하며 여기를 기점으로 하여 절연체 내부를 내부 반도전층 및 외부 반도전층 양쪽으로 향하여 신장하는 트리를 말한다. 내외 반도전층 양측을 향하므로 트리의 모양은 나비넥타이 형상을 하게 된다.

3.2 열화 진단법

가. 유전정접($\tan\delta$)와 직류 누설전류 측정

일본에서 조사된 자료에 의하면 내부 반도전층이 테이프형 구조인 경우(T-T, E-T)에는 사고 원인의 약 80%가 수트리에 의한 것으로 나타나고 있으며 압출 구조(E-E)에서는 수트리에 의한 사고가 거의 없이 대부분의 고장이 시공 불량에 의한 것으로 판명되고 있다. 수트리가 일어난 케이블을 시료로 하여 교류 절연파괴전압과 관계가 있는 검출 인자를 다양하게 조사한 결과, 유전정접($\tan\delta$)와 직류 누설전류가 CV 케이블의 교류 파괴전압치와 밀접한 관계가 있음을 알아냈으며 수트리 열화를 표시하는 효과적인 열화 판정 방법이라는 것을 알 수 있었다. 현재, 일본의 전력회사에서 실시되고 있는 6.6kV급 CV 케이블의 열화 진단 시험은 대부분이 직류 누설전류를 주체로 하며 여기에 $\tan\delta$ 또는 부분 방전 측정을 병행하여 [표 15.20]과 같은 종합적인 판정을 내리고 있다. 직류 고압에 의한 누설전류, 성극비, Kick현상의 측정은 각 사마다 실시하고는 있지만 그 열화판정의 기준은 서로 상이하다.

[표 15.20] 일본의 전력회사별 6.6[kV]급 CV 케이블의 절연 열화 판정 기준

측정항목		회사별	A사	B사	C사
간이판정 메가측정					10MΩ 이하면 불량
정밀측정	직류고전압	인가전압	10kV, 10분	10kV, 3분 후 16kV, 7분	6kV, 5분 10kV, 5분
정밀측정	직류고전압	누설전류 [μ A]	0.1이하 a 0.1~1.0 b 1.0이상 c	0.3이하 양호 0.3~5.0 요주의 5.0이상 불량	0.1이하 양호 1.0~10 요주의 10이상 불량
정밀측정	직류고전압	성극비	상승경향 c	1.0이상 양호 1.0이하 요주의	점차로 증가하는 경향이면 불량
정밀측정	직류고전압	Kick현상	있음 c	있음 요주의	있음 불량
정밀측정	직류고전압	불평형률 [%]			200이하 양호 200이상 요주의
정밀측정	직류고전압	판정			요주의가 2개 항목 있는 경우는 불량
정밀측정	tanδ 측정 (3.8kV) [%]		0.1이하 a 0.5~5.0 b 5.0이상 c	0.5이하 양호 0.5~5.0 요주의 5.0이상 불량	
정밀측정	부분 방전시험				DC 10kV 상승, 강하 또는 준삼각파 전압으로 1000pC보다 큰 경우는 요주의
종합판정			A : 모두 a인 경우 B : a,c 이외의 것 C : c가 있는 것	○요주의가 2개 항목 이상은 불량 ○10kV 5μ A일 때는 16kV는 중지	○요주의는 1년 이내 주기로 재측정 ○불량은 DC 20.7kV 내압 시험을 한 후, 미파괴인 경우는 6개월 이내에 재측정

표 중에서,

○ Kick현상은 열화가 많이 진행되어 큰 국부 결함을 갖고 있는 케이블에서 나타나는 현상으로서 '누설전류-시간 특성' 그래프에서 급격한 변동을 나타낸다. 케이블의 열화 상황을 판단하는 중요한 정보가 된다.

○ 성극비는,

$$성극비 = \frac{전압\ 인가\ 1분\ 후의\ 전류치}{전압\ 인가\ 최종\ 시점의\ 전류치}$$

로서, 흡수전류와 누설전류의 비를 표현한 값이고 열화가 진행된 케이블에서는 시간이 경과함에 따라 누설전류가 증가하므로 성극비는 1보다 작게 된다.

○ 불평형률은,

$$불평형률 = \frac{3상\ 중의\ 누설\ 전류치의\ 최대치 - 최소치}{3상의\ 누설\ 전류의\ 평균치}$$

로서, 3상의 누설전류치의 편차비율을 표시하는 값이다. 케이블은 3상이 동일 조건이므로 각 상의 값이 편차가 크면 절연 이상을 의심할 수 있다.

특고압 CV 케이블의 경우는 6.6[kV]급 케이블에 비교하면 열화진단 측정 시의 측정 전압도 높고 감도도 높게 해야 한다. 특고압 CV 케이블의 직류 누설전류를 현장에서 측정하는 경우 미세 전류의 측정이 필요하지만 측정 조건에 따라서는 정확한 수치가 파악될 수 없는 경우도 있다.

예로서 현장에서 직류 누설전류를 측정할 경우에는 [그림 15.11]과 같은 전류 요소를 고려해야 한다. i_1만 측정되는 것이 바람직하나 측정 누설전류에는 그 외 성분들이 포함되게 되는데, 이 중 i_2는 피할 수 없는 것이며 i_3 및 i_4는 조건에 따라 감소시킬 수 있다.

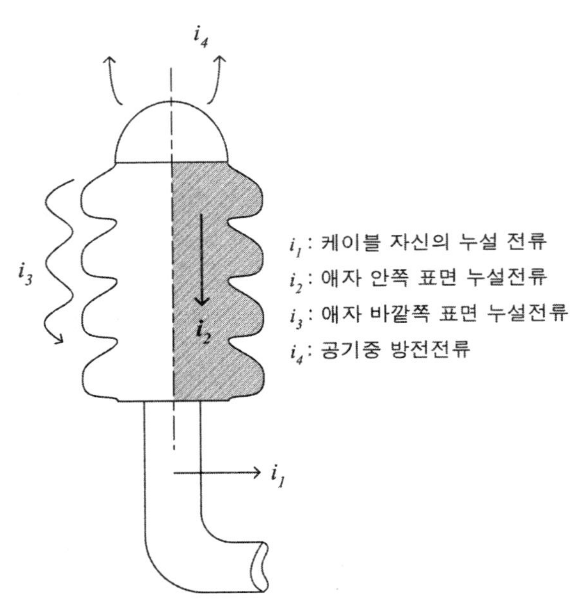

[그림 15.11] 종단부의 누설전류

일본에서 77kV 100mm^2 CV 케이블 100m를 이용해서 각종의 조건에서 측정한 결과로서 최적의 조건은 [그림 15.12]와 같이 고압 리드선은 차폐부 CV 케이블, 고압 단자 처리는 실드링과 폴리에틸렌 카바, 가이드 전극 위치는 애자 최하부임을 알아냈다.

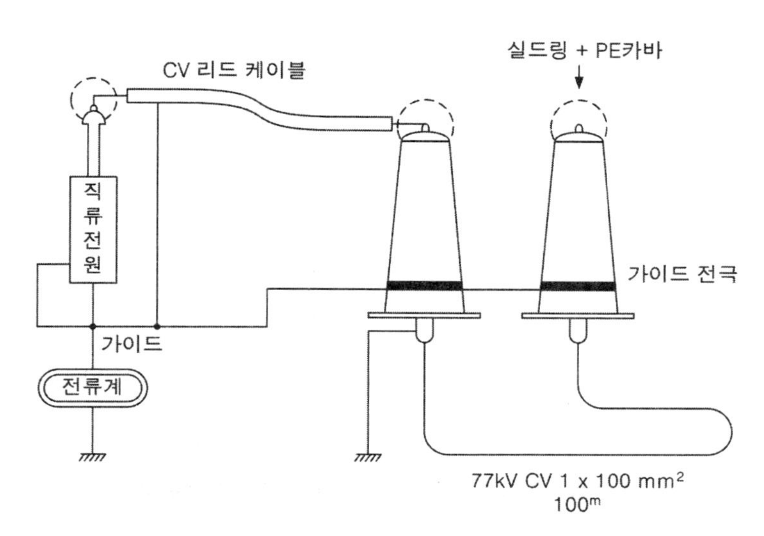

[그림 15.12] 직류 누설전류 측정 시의 조건

나. 부분 방전 시험

케이블 절연체내의 보이드, 외상 등에 의한 표면의 상처, 접속부의 틈새 및 크랙 등의 검출에는 부분방전 시험이 효과가 있다.

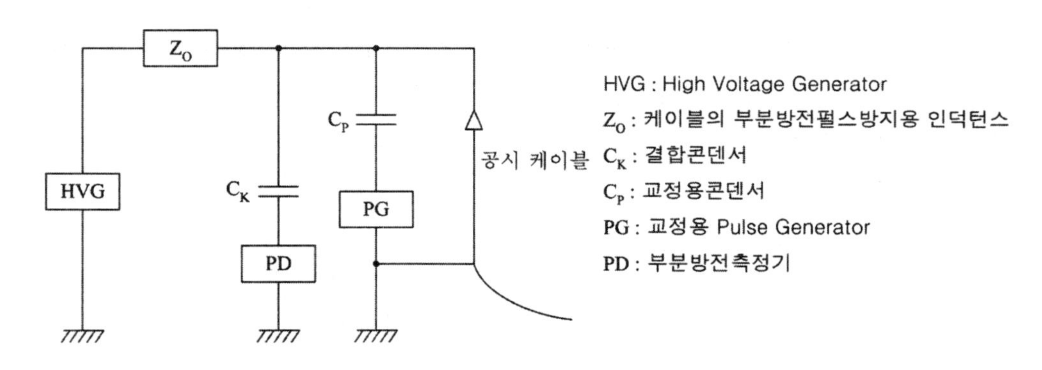

[그림 15.13] 부분방전 측정의 기본회로

다. 활선 열화 진단법

정전을 할 필요없이 활선 상태에서 상시 절연감시 또는 활선 상태에서 정기적으로 열화진단을 하는 방법이 개발되고 있으며 다음과 같은 방법들이 있다.

(1) 직류 중량법

직류 중량법에 의한 활선 절연 감시방법 (On Line Cable Monitor : OLCM 으로 약칭)의 특징은 모선 GPT의 중성점에 직류 50V를 인가함으로써 케이블의 절연저항을 활선 상태로 측정하는 것이다.

절연저항 측정 시의 기본회로를 [그림 15.14]에 표시하였다. 측정 중 GPT의 중성점 G_1과 측정 대상 케이블의 금속 시스 G_2는 콘덴서 C_1, C_2를 사용하여 대지와 절연한 후 직류전류계 I에 의한 직류전류를 시험해 본다.

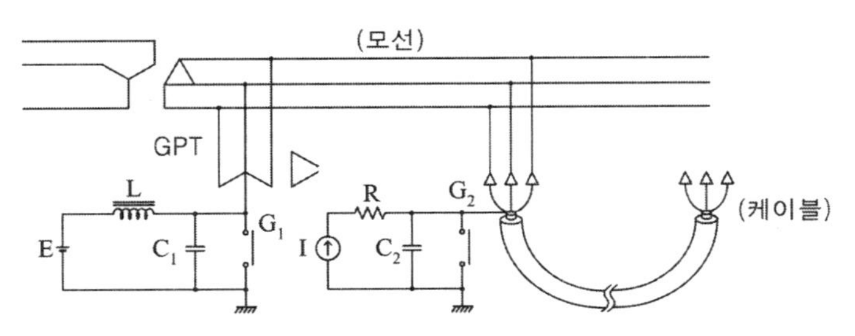

[그림 15.14] 직류 중량법에 의한 측정회로

동일 케이블에서 OLCM과 종래의 직류 고압법 및 1000V 메가에 의한 측정치를 비교한 결과로는 OLCM 에 의한 측정치가 종래법에 의한 측정치의 거의 1/3 이 되었다는 데이터가 있는데 이러한 원인은 명확하지 않지만 직류전압에서도 쉽게 전류가 흐르는 상태가 되기 때문이라고 생각된다.

(2) 직류 성분법

직류 성분법은 CV 케이블에 교류 전계를 걸고 수트리의 정류 작용에 의해 상용주파 전류 중의 직류 성분을 접지선에서 측정하는 방법이다.

[그림 15.15]에 직류 성분측정 회로를 표시하고 있다.

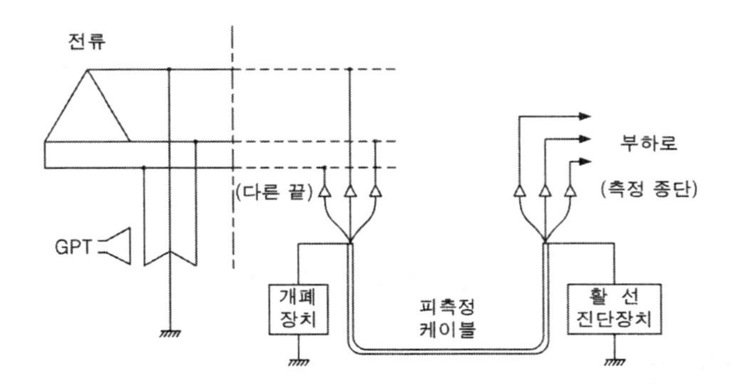

[그림 15.15] 직류 성분법에 의한 측정회로

라. 앞으로의 열화 진단 기술

현재 새롭게 제안되고 있는 방법으로서는 수트리로 열화된 케이블에서 전하의 거동을 측정하는 잔류 전압법, 역흡수 전류법, 직류 피크 전류법 등 직류를 이용한 방법이 있다. 직류 누설전류 측정법과 마찬가지로 이들 방법이 케이블 열화와 상관성이 있다고 하는 연구 결과가 나오고 있으므로 이들 방법에 대한 신뢰성 평가에는 다소 시간이 소요될 전망이다. 접속부에 대해서는 이 밖에 초음파에 의한 부분 방전의 검출, 방사선 촬영에 의한 이상의 검출 등이 제안되고 있다. 앞으로의 열화진단 기술로서는 이상에서 설명한 직접적인 열화 측정만이 아니라 열화의 원인이 되는 성분, 열, 기계적인 움직임 등을 각종의 센서에 의해 측정하고 간접적으로 열화를 검출하는 방법도 생각할 수 있다.

부 록

【부록 1】 행렬에 관한 정의와 성질

1. 두 행렬의 곱을 전치(Transpose)한 것은 각 행렬을 전치한 것을 역순으로 곱한 것과 같다. 즉,

$$[CD]^T = D^T C^T$$

2. 스칼라(Scalar)의 전치는 스칼라 그 자신이다. 예로서 $z^T My$ 가 스칼라라면,

$$z^T My = [z^T My]^T$$

   1.의 성질을 사용하여 다시 정리 하면,

$$[z^T My]^T = [My]^T z = y^T M^T z$$

3. 정의 : P와 S가 실수의 대칭(Symmetric) 행렬일 때 만약,

$$y^T P y > 0 \quad (\text{여기서 } y \neq 0)$$

   라면 P는 Positive definite 한 행렬이라 한다. 만약,

$$y^T S y \geq 0 \quad (\text{여기서 } y \neq 0)$$

   라면 S는 Positive semi definite 한 행렬이라 한다.

4. Positive definite 행렬과 Positive semi definite 행렬의 합은 Positive definite 행렬이 된다. 다음과 같이

$$y^T [P+S] y = y^T [Py + Sy] = y^T P y + y^T S y$$

   3. 의 정의로부터 $y^T P y + y^T S y > 0$ 따라서 $[P+S]$는 Positive definite가 된다.

5. 행렬이 Positive definite면 역행렬이 존재한다.

6. $s(y)$를 $y = [y_1 \ y_2 \ \cdots \ y_m]^T$ 의 스칼라 함수라 하자.
그러면 s의 y에 대한 경도(Gradient)는 다음과 같이 정의된다.

$$\frac{\partial s}{\partial y}(y) = \begin{bmatrix} \frac{\partial s}{\partial y_1}(y) \\ \frac{\partial s}{\partial y_2}(y) \\ \vdots \\ \frac{\partial s}{\partial y_m}(y) \end{bmatrix}$$

7. y 및 z는 $m \times 1$ 행렬, M은 $m \times m$ 행렬이라고 하자. 스칼라 $y^T Mz$의 y에 대한 미분 $\frac{\partial}{\partial y}[y^T Mz]$는 $m \times 1$ 행렬인 Mz 를 상수 행렬로 보고 $c = Mz$ 라 놓으면,

$$\frac{\partial}{\partial y}[y^T c] = \frac{\partial}{\partial y}[y_1 c_1 + y_2 c_2 + \cdots + y_m c_m]$$

여기서 6. 의 정의로부터,

$$\frac{\partial}{\partial y}[y^T c] = c = Mz$$

8. 다음 2차 형식(Quadratic form)의 스칼라 $y^T My$ 의 경도는 7. 의 성질과 곱의 미분에 대한 규칙을 적용해서 구할 수 있다.

$$\frac{\partial}{\partial y}[y^T My] = \frac{\partial}{\partial y}[y^T c^{(1)}] + \frac{\partial}{\partial y}[c^{(2)^T} y] \text{ (곱의 미분에 대한 규칙 적용)}$$

여기서 $c^{(1)} = My$ 및 $c^{(2)^T} = y^T M$ 은 상수 행렬이다. $c^{(2)^T} y$ 는 스칼라이며 2.에서 보았듯이 스칼라의 전치는 역시 스칼라 그 자신이므로,

$$\frac{\partial}{\partial y}[y^T My] = \frac{\partial}{\partial y}[y^T c^{(1)}] + \frac{\partial}{\partial y}[y^T c^{(2)}]$$

이제 7. 의 성질로부터

$$\frac{\partial}{\partial y}[y^T My] = c^{(1)} + c^{(2)} = My + M^T y$$

여기에 M 이 대칭(Symmetric) 행렬이라면

$$\frac{\partial}{\partial y}[y^T My] = 2My$$

9. 정의 : 만약 a 가 y (m×1 행렬) 및 z (n×1 행렬)의 n×1 행렬 함수(Matrix function) 이라면,

$$\frac{\partial}{\partial y}[a(y,z)] = \begin{bmatrix} \frac{\partial a_1}{\partial y_1}(y,z) & \frac{\partial a_1}{\partial y_2}(y,z) & \cdots & \frac{\partial a_1}{\partial y_m}(y,z) \\ \frac{\partial a_2}{\partial y_1}(y,z) & \frac{\partial a_2}{\partial y_2}(y,z) & \cdots & \frac{\partial a_2}{\partial y_m}(y,z) \\ \vdots & \vdots & & \vdots \\ \frac{\partial a_n}{\partial y_1}(y,z) & \frac{\partial a_n}{\partial y_2}(y,z) & \cdots & \frac{\partial a_n}{\partial y_m}(y,z) \end{bmatrix}$$

10. 정의 : 만약 s 가 y (m×1 행렬)의 스칼라 함수 이면,

$$\frac{\partial^2 s}{\partial y^2}(y) = \begin{bmatrix} \frac{\partial^2 s}{\partial y_1^2}(y) & \frac{\partial^2 s}{\partial y_1 \partial y_2}(y) & \cdots & \frac{\partial^2 s}{\partial y_1 \partial y_m}(y) \\ \frac{\partial^2 s}{\partial y_2 \partial y_1}(y) & \frac{\partial^2 s}{\partial y_2^2}(y) & \cdots & \frac{\partial^2 s}{\partial y_2 \partial y_m}(y) \\ \vdots & \vdots & & \vdots \\ \frac{\partial^2 s}{\partial y_m \partial y_1}(y) & \frac{\partial^2 s}{\partial y_m \partial y_2}(y) & \cdots & \frac{\partial^2 s}{\partial y_m^2}(y) \end{bmatrix}$$

또한 미분의 순서를 바꿀 수 있다면 $\frac{\partial^2 s}{\partial y^2}$ 은 대칭 행렬이 된다.

11. 위의 10. 의 정의로부터 만약 R 이 실수의 m×m 대칭 행렬이고 u 가 m×1 행렬이면,

$$\frac{\partial^2}{\partial u^2}[u^T Ru] = 2R$$

【부록 2】 카이제곱분포표 (Chi-square distribution table)

Percentage Points of the Chi-Square Distribution

Degrees of Freedom	Probability of a larger value of x^2								
	0.99	0.95	0.90	0.75	0.50	0.25	0.10	0.05	0.01
1	0.000	0.004	0.016	0.102	0.455	1.32	2.71	3.84	6.63
2	0.020	0.103	0.211	0.575	1.386	2.77	4.61	5.99	9.21
3	0.115	0.352	0.584	1.212	2.366	4.11	6.25	7.81	11.34
4	0.297	0.711	1.064	1.923	3.357	5.39	7.78	9.49	13.28
5	0.554	1.145	1.610	2.675	4.351	6.63	9.24	11.07	15.09
6	0.872	1.635	2.204	3.455	5.348	7.84	10.64	12.59	16.81
7	1.239	2.167	2.833	4.255	6.346	9.04	12.02	14.07	18.48
8	1.647	2.733	3.490	5.071	7.344	10.22	13.36	15.51	20.09
9	2.088	3.325	4.168	5.899	8.343	11.39	14.68	16.92	21.67
10	2.558	3.940	4.865	6.737	9.342	12.55	15.99	18.31	23.21
11	3.053	4.575	5.578	7.584	10.341	13.70	17.28	19.68	24.72
12	3.571	5.226	6.304	8.438	11.340	14.85	18.55	21.03	26.22
13	4.107	5.892	7.042	9.299	12.340	15.98	19.81	22.36	27.69
14	4.660	6.571	7.790	10.165	13.339	17.12	21.06	23.68	29.14
15	5.229	7.261	8.547	11.037	14.339	18.25	22.31	25.00	30.58
16	5.812	7.962	9.312	11.912	15.338	19.37	23.54	26.30	32.00
17	6.408	8.672	10.085	12.792	16.338	20.49	24.77	27.59	33.41
18	7.015	9.390	10.865	13.675	17.338	21.60	25.99	28.87	34.80
19	7.633	10.117	11.651	14.562	18.338	22.72	27.20	30.14	36.19
20	8.260	10.851	12.443	15.452	19.337	23.83	28.41	31.41	37.57
22	9.542	12.338	14.041	17.240	21.337	26.04	30.81	33.92	40.29
24	10.856	13.848	15.659	19.037	23.337	28.24	33.20	36.42	42.98
26	12.198	15.379	17.292	20.843	25.336	30.43	35.56	38.89	45.64
28	13.565	16.928	18.939	22.657	27.336	32.62	37.92	41.34	48.28
30	14.953	18.493	20.599	24.478	29.336	34.80	40.26	43.77	50.89
40	22.164	26.509	29.051	33.660	39.335	45.62	51.80	55.76	63.69
50	27.707	34.764	37.689	42.942	49.335	56.33	63.17	67.50	76.15
60	37.485	43.188	46.459	52.294	59.335	66.98	74.40	79.08	88.38

【부록 3】 Green 함수를 이용한 파동방정식 $\dfrac{\partial^2 w}{\partial t^2} = a^2 \dfrac{\partial^2 w}{\partial x^2} + \Phi(x,t)$의 해

다음과 같은 초기조건을 갖는 비제차 파동방정식(Nonhomogeneous wave equation)에서, 유한한 구간 $0 \le x \le l$ 에서의 경계조건 문제를 고려하기로 한다.

$$t=0 \text{ 에서 } w=f(x) \text{ 그리고 } \frac{\partial w}{\partial t}=g(x)$$

라 하면, 위 방정식의 해는 Green의 함수 $G(x,\epsilon,t)$ 를 사용하여 여러 가지 경계조건 문제에서 다음과 같이 표시할 수 있다.

$$w(x,t)=\frac{\partial}{\partial t}\int_0^l f(\epsilon)G(x,\epsilon,t)d\epsilon+\int_0^l g(\epsilon)G(x,\epsilon,t)d\epsilon+\int_0^t\int_0^l \Phi(\epsilon,\tau)G(x,\epsilon,t-\tau)d\epsilon d\tau$$

1. 경계조건이 $x=0$ 에서 $w=0$ 그리고 $x=l$ 에서 $w=0$ 인 경우,
   이 때 Green의 함수는 다음과 같이 주어진다.

$$G(x,\epsilon,t)=\frac{2}{a\pi}\sum_{n=1}^{\infty}\frac{1}{n}\sin\left(\frac{n\pi x}{l}\right)\sin\left(\frac{n\pi\epsilon}{l}\right)\sin\left(\frac{n\pi at}{l}\right)$$

2. 경계조건이 $x=0$ 에서 $\dfrac{\partial w}{\partial x}=0$ 그리고 $x=l$ 에서 $\dfrac{\partial w}{\partial x}=0$ 인 경우,
   이 때 Green의 함수는 다음과 같이 주어진다.

$$G(x,\epsilon,t)=\frac{t}{l}+\frac{2}{a\pi}\sum_{n=1}^{\infty}\frac{1}{n}\cos\left(\frac{n\pi x}{l}\right)\cos\left(\frac{n\pi\epsilon}{l}\right)\sin\left(\frac{n\pi at}{l}\right)$$

3. 경계조건이 $x=0$ 에서 $\dfrac{\partial w}{\partial x}-k_1 w=0$ 그리고 $x=l$ 에서 $\dfrac{\partial w}{\partial x}+k_2 w=0$ 인 경우,
   (단, $k_1>0$ 그리고 $k_2>0$) 이때 Green의 함수는 다음과 같이 주어진다.

$$G(x,\epsilon,t)=\frac{1}{a}\sum_{n=1}^{\infty}\frac{1}{\lambda_n\|u_n\|^2}\sin(\lambda_n x+\phi_n)\sin(\lambda_n\epsilon+\phi_n)\sin(\lambda_n at)$$

여기서, $\phi_n=\tan^{-1}\dfrac{\lambda_n}{k_1}$, $\|u_n\|^2=\dfrac{l}{2}+\dfrac{(\lambda_n^2+k_1k_2)(k_1k_2)}{2(\lambda_n^2+k_1^2)(\lambda_n^2+k_2^2)}$

또한, λ_n은 방정식 $\cot(\lambda l)=\dfrac{\lambda^2-k_1k_2}{\lambda(k_1+k_2)}$ 의 양(+)의 값을 갖는 해

【부록 4】 접촉력 및 전차선 변위 계산 예제의 MATLAB 코드

```
% 전차선 접촉력 및 변위 계산 프로그램
% 1경간=60[m], 8경간=480[m], Dropper간격=6[m]
% 질점 간 분할 수 Ns
Ns=20;
% 차량 이동속도
v=300;
% 가선 기본 데이터
Lt=1; mt=1.334; Tt=20000;
Lm=3; mm=1.815; Tm=14000;
% 브라켓 및 드롭퍼 강성
ku=100e3; % 브라켓 상부 메신저 지지점
kl=5e3; % 브라켓 하부 트롤리 지지점
kde=100e3; % 드롭퍼 인장시
kdc=0; % 드롭퍼 압축시
% 팬터그래프 기본 데이터
M1=7.0; M2=8.1; M3=23.0;
K1=9000; K2=1200; D3=140;
po=70;
fs=0.018*(v*1000/3600)^2;
% 단위 이동 시간 및 거리(Lt를 10등분한 거리)
dt=Lt/(v*1000/3600)/Ns;
dl=Lt/Ns;
% 계산을 간편하게 하기 위한 파라메타 정의
a=(dt^2/mt)*(Tt/Lt);
c=(dt^2/mt)*kl;
de=(dt^2/mt)*kde;
dc=(dt^2/mt)*kdc;
b=(dt^2/mm)*(Tm/Lm);
s=(dt^2/mm)*ku;
ge=(dt^2/mm)*kde;
gc=(dt^2/mm)*kdc;
% 초기조건 설정
y=zeros(481,1); yo=zeros(481,1);
x=zeros(161,1); xo=zeros(161,1);
Y=zeros(3,1); Yo=zeros(3,1);
% 행렬 메모리 할당
yn=zeros(481,1); xn=zeros(161,1); Yn=zeros(3,1);
```

```
tme=zeros(480*Ns,1); dis=zeros(480*Ns,1); cfo=zeros(480*Ns,1);
ydis=zeros(480*Ns,481); xdis=zeros(480*Ns,161); Ydis=zeros(480*Ns,3);
% 질점 운동방정식
for k=1:480
    for j=0:Ns-1
        for i=1:481 % 트롤리선의 질점에 대한 운동방정식
            if i==1 % 첫번째 질량
                yn(i,1)=(2*(1-3*a)-2*c)*y(i,1)+2*a*y(i+1,1)-yo(i,1);
            elseif i==481 % 마지막 질량
                yn(i,1)=2*a*y(i-1,1)+(2*(1-3*a)-2*c)*y(i,1)-yo(i,1);
            elseif (i~= 1) && (i~=481) && (mod(i+59,60)==0)
            % 트롤리선 가동브라켓 연결 질점
                yn(i,1)=a*y(i-1,1)+(2*(1-a)-c)*y(i,1)+a*y(i+1,1)-yo(i,1);
            elseif mod(i+2,6)==0 % 트롤리선 드롭퍼 연결 질점
                if x(1/3*(i-1)+1,1) <= y(i,1) % 드롭퍼 압축시
                    yn(i,1)=a*y(i-1,1)+(2*(1-a)-dc)*y(i,1)+a*y(i+1,1)-yo(i,1)+
                            dc*x(1/3*(i-1)+1,1);
                else % 드롭퍼 인장시
                    yn(i,1)=a*y(i-1,1)+(2*(1-a)-de)*y(i,1)+a*y(i+1,1)-yo(i,1)+
                            de*x(1/3*(i-1)+1,1);
                end
            else % 그 외의 나머지 질점들
                yn(i,1)=a*y(i-1,1)+2*(1-a)*y(i,1)+a*y(i+1,1)-yo(i,1);
            end
        end
        for i=1:161 % 메신저선의 질점에 대한 운동방정식
            if i==1 % 첫번째 질량
               xn(i,1)=(2*(1-3*b)-2*s)*x(i,1)+2*b*x(i+1,1)-xo(i,1);
            elseif i==161 % 마지막 질량
               xn(i,1)=2*b*x(i-1,1)+(2*(1-3*b)-2*s)*x(i,1)-xo(i,1);
            elseif (i~=1) && (i~=161) && (mod(i+19,20)==0)
            % 메신저선 가동브라켓 연결 질점
               xn(i,1)=b*x(i-1,1)+(2*(1-b)-s)*x(i,1)+b*x(i+1,1)-xo(i,1);
            elseif mod(i,2)==0 % 메신저선 드롭퍼 연결 질점
                if x(i,1) <= y(3*(i-1)+1,1) % 드롭퍼 압축시
                    xn(i,1)=b*x(i-1,1)*(2*(1-b)-gc)*x(i,1)+b*x(i+1,1)-xo(i,1)+
                            gc*y(3*(i-1)+1,1);
                else % 드롭퍼 인장시
                    xn(i,1)=b*x(i-1,1)*(2*(1-b)-ge)*x(i,1)+b*x(i+1,1)-xo(i,1)+
                            ge*y(3*(i-1)+1,1);
```

```
            end
        else % 그 외의 나머질 질점들
            xn(i,1)=b*x(i-1,1)+2*(1-b)*x(i,1)+b*x(i+1,1)-xo(i,1);
        end
end
% 접촉점 이동에 따른 접촉력 분배를 위한 조정계수
alpha=(Ns-j)/Ns;
beta=j/Ns;
gamma=(Ns-1-j)/Ns;
delta=(j+1)/Ns;
% 접촉력 계산
pm=(2*Y(1,1)-Yo(1,1)-dt^2/M1*(K1*(Y(1,1)-Y(2,1))-fs)-(gamma*yn(k,1)
+delta*yn(k+1,1)))/((alpha*gamma/mt+beta*delta/mt+1/M1)*dt^2);
% 접촉점 양단 질량의 운동방정식 수정
yn(k,1)=yn(k,1)+(dt^2/mt)*alpha*pm;
yn(k+1,1)=yn(k+1,1)+(dt^2/mt)*beta*pm;
% 팬타그래프 운동방정식
Yn(1,1)=(2-dt^2/M1*K1)*Y(1,1)+dt^2/M1*K1*Y(2,1)-dt^2
        /M1*pm-Yo(1,1)+dt^2/M1*fs;
Yn(2,1)=dt^2/M2*K1*Y(1,1)+(2-dt^2/M2*(K1+K2))*Y(2,1)+dt^2
        /M2*K2*Y(3,1)-Yo(2,1);
Yn(3,1)=1/(dt/2/M3*D3+1)*(dt^2/M3*K2*Y(2,1)+(2-dt^2/M3*K2)*Y(3,1)+dt^2
        /M3*po+(dt/2/M3*D3-1)*Yo(3,1));
% 다음 단계를 위한 초기조건 수정
for i=1:481
    yo(i,1)=y(i,1);
    y(i,1)=yn(i,1);
end
for i=1:161
    xo(i,1)=x(i,1);
    x(i,1)=xn(i,1);
end
for i=1:3
    Yo(i,1)=Y(i,1);
    Y(i,1)=Yn(i,1);
end
% 계산결과 저장
tme((k-1)*Ns+(j+1),1)=((k-1)*Ns+(j+1))*dt; % time
dis((k-1)*Ns+(j+1),1)=((k-1)*Ns+(j+1))*dl; % distance
cfo((k-1)*Ns+(j+1),1)=pm; % contact force
```

```
        for  i=1:481
            ydis((k-1)*Ns+(j+1),i)=yn(i,1); % 각 트롤리 질점의 시간에 따른 변위
        end
        for  i=1:161
            xdis((k-1)*Ns+(j+1),i)=xn(i,1); % 각 메신저 질점의 시간에 따른 변위
        end
        for  i=1:3
            Ydis((k-1)*Ns+(j+1),i)=Yn(i,1); % 각 팬타그래프 질점의 시간에 따른 변위
        end
    end
end
```

색 인

[ㅅ]

[ㅇ]

[ㅎ]